westermann

Hubert Lämmerzahl, Helmut Frenzel

Fachmathematik Holz

8. Auflage

AF834724

Bestellnummer 94727

Die in diesem Produkt gemachten Angaben zu Unternehmen (Namen, Internet- und E-Mail-Adressen, Handelsregistereintragungen, Bankverbindungen, Steuer-, Telefon- und Faxnummern und alle weiteren Angaben) sind i. d. R. fiktiv, d. h., sie stehen in keinem Zusammenhang mit einem real existierenden Unternehmen in der dargestellten oder einer ähnlichen Form. Dies gilt auch für alle Kunden, Lieferanten und sonstigen Geschäftspartner der Unternehmen wie z. B. Kreditinstitute, Versicherungsunternehmen und andere Dienstleistungsunternehmen. Ausschließlich zum Zwecke der Authentizität werden die Namen real existierender Unternehmen und z. B. im Fall von Kreditinstituten auch deren IBANs und BICs verwendet.

Zusatzmaterialien zu „Fachmathematik Holz"

Für Lehrerinnen und Lehrer

Lösungen zum Schulbuch: 978-3-427-94733-2
Lösungen zum Schulbuch Download: 978-3-427-94730-1

BiBox westermann inkl. E-Book

BiBox Einzellizenz für Lehrer/-innen (Dauerlizenz): 978-3-427-94736-3
BiBox Kollegiumslizenz für Lehrer/-innen (Dauerlizenz): 978-3-427-94739-4
BiBox Kollegiumslizenz für Lehrer/-innen (1 Schuljahr): 978-3-427-94742-4

Für Schülerinnen und Schüler

BiBox westermann inkl. E-Book

BiBox Einzellizenz für Schüler/-innen (1 Schuljahr): 978-3-427-94745-5
BiBox Klassensatz PrintPlus (1 Schuljahr): 978-3-427-94748-6

Druck und Bindung: Westermann Druck GmbH, Georg-Westermann-Allee 66, 38104 Braunschweig

ISBN 978-3-427-**94727**-1

Seite

Vorwort

Das seit Jahren bewährte Standardwerk „Fachmathematik Holz“ ist inhaltlich ergänzt und formal weitgehend überarbeitet und modernisiert worden. Wie seither ist dieses Werk konzipiert für die im Berufsfeld Holztechnik zusammengefassten Einzelberufe Tischler/-in (Schreiner/-in), Holzmechaniker/-in, technische(r) Zeichner/-in sowie Glaser/-in (Fachrichtung Fensterbau). Stoffauswahl und -umfang orientieren sich an den bundeseinheitlichen Rahmenlehrplänen und den Lehrplänen der Bundesländer mit einer berufsfeldbreiten Grund- und darauf aufbauenden Fachbildung.

Ziel des Buches ist es, bei den Auszubildenden berufliche Handlungs- und Fachkompetenz für die Anforderungen in Schule und Betrieb zu entwickeln. Auch soll die Bereitschaft zu permanenter Fort- und Weiterbildung geweckt werden. Die Auszubildenden sollen befähigt werden, Berechnungen selbstständig zu planen und zu lösen und die Ergebnisse lernfeldbezogen zu beurteilen. Das mathematische Wissen und Können soll zu fachgerechten, d. h. zu produktions-, planungs-, konstruktions-, werkstoff- und fertigungsbezogenen Berechnungen qualifizieren.

Zur Aufteilung der Informationsseiten:

- In der **linken** Spalte stehen kurz gefasst und damit einprägsam und leicht verständlich dargestellt mathematische Erläuterungen. Erklärt werden technisch-physikalische Gesetzmäßigkeiten und deren Zusammenhänge. Formeln sind farbig unterlegt, in Worten und mit Formelzeichen angegeben und abgeleitet.
- Die **rechte** Spalte enthält – den mathematischen Erläuterungen gegenübergestellt – Beispielaufgaben mit Berechnungen und Lösungen.

Die Gliederung der beruflichen Themenbereiche ermöglicht es, das Buch auch als Nachschlagewerk zu benutzen. Jedes Kapitel beginnt mit einer fachlich-mathematischen Einführung in das betreffende Stoffgebiet. Die zahlreichen Aufgaben mit unterschiedlichen Schwierigkeitsgraden geben den Lernenden genügend Gelegenheit zum Üben.

„Fachmathematik Holz“ kann an gewerblichen Berufsschulen eingesetzt werden: im Berufsfeld Holztechnik, im Berufsgrundbildungsjahr sowie in ein- oder zweijährigen Berufsfachschulen und in Meister- und Technikerschulen.

Einen Fahrplan für die Lernfelder 1 bis 12 im Bereich der Fachmathematik Holz finden Sie auf den Seiten 7 bis 10.

Konstruktive Kritik und Verbesserungsvorschläge werden gerne entgegengenommen.

Die Verfasser

Stundenübersicht für die Lernfelder im Ausbildungsberuf Tischler/-in				
Lernfelder				
Nr.	**Thema**	**1. Jahr**	**2. Jahr**	**3. Jahr**
1	Einfache Produkte aus Holz herstellen	80		
2	Zusammengesetzte Produkte aus Holz und Holzwerkstoffen herstellen	80		
3	Produkte aus unterschiedlichen Werkstoffen herstellen	80		
4	Kleinmöbel herstellen	80		
5	Einzelmöbel herstellen		80	
6	Systemmöbel herstellen		60	
7	Einbaumöbel herstellen und montieren		60	
8	Raumbegrenzende Elemente des Innenausbaus herstellen und montieren		80	
9	Bauelemente des Innenausbaus herstellen und montieren			60
10	Baukörper abschließende Bauelemente herstellen und montieren			100
11	Erzeugnisse warten und instand halten			40
12	Einen Arbeitsauftrag aus dem Tätigkeitsfeld ausführen			80
Summen insgesamt: 880		**320**	**280**	**280**

Lernfeld 1: Einfache Produkte aus Holz herstellen

Mathematische Grundlagen Kapitel 1		
Mathematische Hilfsmittel Kapitel 2	Tabellen und Taschenrechner	Seite 54–62
Mathematische Funktionen und Maße Kapitel 3	Maßstäbe Toleranzen Winkel, Winkelfunktionen Pythagoreischer Lehrsatz	Seite 74 f. Seite 81 ff. Seite 65–71 Seite 63 f.
Geometrische Grundlagen und Anwendungen Kapitel 5	Längen und Strecken Flächeneinheiten Verschnitt Volumeneinheiten Brettberechnung Stammberechnung	Seite 93 ff. Seite 97 Seite 101 ff. Seite 124 f. Seite 107 ff. Seite 142 ff.
Holztrocknung Kapitel 6	Arbeiten des Holzes	Seite 145 ff.

Lernfeld 2: Zusammengesetzte Produkte aus Holz und Holzwerkstoffen herstellen

Mathematische Grundlagen Kapitel 1		
Mathematische Hilfsmittel Kapitel 2	Tabellen und Taschenrechner	Seite 54–62
Holzwerkstoffe Kapitel 7.1	Materialmengen Verschnitt Materialpreise	Seite 203 Seite 101 f. Seite 203
Furnier Kapitel 7.2	Kennzeichnung Furnierdicken	Seite 207 Seite 207
Holzbearbeitungsmaschinen Kapitel 6.7	Vorschubgeschwindigkeit Schnittgeschwindigkeit Schnittgüte	Seite 177 Seite 179 Seite 182

Lernfeld 3: Produkte aus unterschiedlichen Werkstoffen herstellen

Mathematische Grundlagen Kapitel 1		
Mathematische Hilfsmittel Kapitel 2	Tabellen und Taschenrechner	Seite 54–62
Kunststoffe Kapitel 7.3	Materialmaße	Seite 209 ff.
Flachglas Kapitel 7.6	Glasarten und Maße	Seite 217
Klebstoffe Kapitel 7.4	Klebstoffarten Klebstoffmenge	Seite 212 Seite 213
Oberfläche Kapitel 7.3	Lackarten, Lackmenge	Seite 215
Elektrotechnik Kapitel 6.6	Elektrische Leistung Elektrische Arbeit	Seite 170 Seite 171

Lernfeld 4: Kleinmöbel herstellen

Mathematische Grundlagen Kapitel 1		
Mathematische Hilfsmittel Kapitel 2	Tabellen und Taschenrechner	Seite 54–62
Geometrische Grundlagen und Anwendungen Kapitel 7.3	Flächenberechnungen Verschnitt	Seite 97 Seite 101 ff.
CNC-Technik Kapitel 4.2	Koordinatensysteme Bemaßung Programmierung Weginformationen Schaltinformationen	Seite 88 Seite 89 ff. Seite 91 ff. Seite 90 Seite 90

Lernfeld 5: Einzelmöbel herstellen

Mathematische Grundlagen Kapitel 1		
Mathematische Hilfsmittel Kapitel 2	Tabellen und Taschenrechner	Seite 54-62
Geometrische Grundlagen und Anwendungen Kapitel 7.3	Flächenberechnungen Verschnitt	Seite 97 Seite 101 ff.
Furnier Kapitel 7.2	Kennzeichnung Furnierdicken	Seite 207 Seite 207 ff.
Klebstoffe Kapitel 7.4	Klebstoffarten Klebstoffmengen	Seite 212 ff. Seite 212 ff.

Lernfeld 6: Systemmöbel herstellen

Mathematische Grundlagen Kapitel 1		
Mathematische Hilfsmittel Kapitel2	Tabellen und Taschenrechner	Seite 54–62
CNC-Technik Kapitel 4.2	Koordinatensysteme Bemaßung Programmierung Weginformationen Schaltinformationen	Seite 88 Seite 89 ff. Seite 91 f. Seite 90 Seite 90
Spanntechniken Kapitel 6.5	Hydraulik Pneumatik	Seite 164 ff. Seite 167 ff.
Mathematische Funktionen und Maße Kapitel 3	Toleranzen	Seite 81 ff.

Lernfeld 7: Baukörper abschließende Bauelemente herstellen und montieren

Mathematische Grundlagen Kapitel 1		
Mathematische Hilfsmittel Kapitel 2	Tabellen und Taschenrechner	Seite 54–62
Technisch-physikalische Mathematik Kapitel 6		
Wärmeschutz im Innenausbau Kapitel 6.8	Wärmedämmstoffe	Seite 191 ff.
Flachglas Kapitel 7.6	Glasarten Glasdicken	Seite 217 Seite 218

Lernfeld 8: Raumbegrenzende Elemente des Innenausbaus herstellen und montieren

Mathematische Grundlagen Kapitel 1		
Mathematische Hilfsmittel Kapitel 2	Tabellen und Taschenrechner	Seite 54–62
Wärmeschutz im Innenausbau Kapitel 6.8	Bauphysikalische Größen Wärmeleitfähigkeit Wärmedämmstoffe	Seite 191 Seite 192 ff. Seite 192 ff.

Lernfeld 9: Bauelemente des Innenausbaus herstellen und montieren

Mathematische Grundlagen Kapitel 1		
Mathematische Hilfsmittel Kapitel 2	Tabellen und Taschenrechner	Seite 54–62
Materialmengen und Materialpreise Kapitel 7		
Holzwerkstoffplatten Kapitel 7.1	Materialmengen Materialpreise	Seite 203 ff. Seite 203 ff.
Furniere Kapitel 7.2	Furnierarten Furnierdicken	Seite 207 ff. Seite 208 ff.

Lernfeld 10: Baukörper abschließende Bauelemente herstellen und montieren

- Mathematische Grundlagen – Kapitel 1
- Mathematische Hilfsmittel – Kapitel 2 → Tabellen und Taschenrechner, Seite 54–62
- Technisch-physikalische Mathematik – Kapitel 6
- Wärmeschutz im Innenausbau – Kapitel 6.8 → Wärmedämmstoffe, Seite 192 ff.
- Flachglas – Kapitel 7.6 → Glasarten, Seite 217; Glasdicken, Seite 218

Lernfeld 11: Erzeugnisse warten und instand halten

- Mathematische Grundlagen – Kapitel 1
- Mathematische Hilfsmittel – Kapitel 2 → Tabellen und Taschenrechner, Seite 54–62

Lernfeld 12: Einen Arbeitsauftrag aus dem Tätigkeitsfeld ausführen

- Kalkulatorische Grundlagen – Kapitel 8
- Materialliste – Kapitel 8.1
- Lohnberechnungen – Kapitel 8.2
- Gemeinkosten – Kapitel 8.3
- Maschinenkosten – Kapitel 8.3
- Durchführung einer Kalkulation – Kapitel 8.4

1 Mathematische Grundlagen

1.1 Mathematische und physikalische Begriffe

Physikalische Größen und Gleichungen

Am Beispiel einer maschinentechnischen Berechnung werden hier physikalische Größen und Gleichungen vorgestellt.

Mit einem Vorschubgerät werden auf einer Abrichthobelmaschine 108 Meter Leisten in 12 Minuten gefügt. Wie groß ist die Vorschubgeschwindigkeit in Meter pro Minute?

Größen beschreiben technische Vorgänge. Sie werden gemessen oder berechnet (s. S. 12), mit Formelzeichen abgekürzt und unterschieden nach:

- Beschaffenheit (qualitativ) ⟶ Welche Eigenschaft?
- Menge (quantitativ) ⟶ Welche Menge?

Weg (Strecke) s; Zeit t
108 Meter; 12 Minuten

Zahlenwerte sind reine Zahlen ohne Benennungen.

108; 12

Einheiten sind in den Normen als Bezugsgrößen festgelegt. Sie bestimmen den Wert der Größen und werden mit Einheitenzeichen angegeben.

s in m; t in min

Größenwerte ergeben sich aus dem Produkt von Zahlenwert und Einheit.

$s = 108 \cdot \text{m} = 108\ \text{m}$
$t = 12 \cdot \text{min} = 12\ \text{min}$

Größenwert = Zahlenwert · Einheit

Größengleichungen stellen die Beziehungen zwischen Größen in Formeln dar.

$$\text{Vorschubgeschwindigkeit} = \frac{\text{Weg}}{\text{Zeit}}$$

Die Größen können mit Formelzeichen abgekürzt werden.

$$V_\text{f} = \frac{s}{t}$$

Einheitengleichungen geben in Formeln die Beziehungen zwischen den Einheiten an. [ ] steht für eine frei wählbare Einheit.

$$[V_\text{f}] = \frac{\text{m}}{\text{min}}$$

Größenwertgleichungen bestehen aus Zahlenwerten und Einheiten.

$$V_\text{f} = \frac{108\ \text{m}}{12\ \text{min}}$$

Ergebnis: $V_\text{f} = 9\ \frac{\text{m}}{\text{min}}$

Numerische Vorsatzzeichen

Zur besseren Vorstellung und Übersichtlichkeit eines Größenwertes ist es zweckmäßig, numerische Vorsatzzeichen zusammen mit Einheitenzeichen zu schreiben, wenn der Zahlenwert kleiner als 0,1 oder größer als 1 000 ist; beide ergeben das Zeichen der Einheit.

1 µm (Mikrometer)	= ein millionstel Meter	= 0,000001 m
1 dg (Dezigramm)	= ein zehntel Gramm	= 0,1 g
1 mW (Milliwatt)	= ein tausendstel Watt	= 0,001 W
1 daN (Dekanewton)	= zehn Newton	= 10 N
1 km (Kilometer)	= tausend Meter	= 1 000 m
1 hpa (Hektopascal)	= hundert Pascal	= 100 pa

Vorsatzzeichen für dezimale Teile von Einheiten

Vorsatzzeichen	Vorsatz	Dezimale Teile	Faktor
d	Dezi-	Zehntel	10^{-1}
c	Zenti-	Hundertstel	10^{-2}
m	Milli-	Tausendstel	10^{-3}
µ	Mikro-	Millionstel	10^{-6}
n	Nano-	Milliardstel	10^{-9}
p	Pico-	Billionstel	10^{-12}

Vorsatzzeichen für dezimale Vielfache von Einheiten

Vorsatzzeichen	Vorsatz	Dezimale Vielfache	Faktor
da	Deka-	Zehnfache	10^{1}
h	Hekto-	Hundertfache	10^{2}
k	Kilo-	Tausendfache	10^{3}
M	Mega-	Millionenfache	10^{6}
G	Giga-	Milliardenfache	10^{9}
T	Tera-	Billionenfache	10^{12}

Mathematische Zeichen und griechische Buchstaben

Gleichheit und Ungleichheit nach DIN 1302 – Auszug

Zeichen	=	≡	≠	≙	≈	≤	≥	<	>
Bedeutung	gleich	kongruent (identisch)	ungleich	entspricht	etwa, rund	kleiner oder gleich	größer oder gleich	kleiner	größer

Geometrische Darstellungen nach DIN 1302 – Auszug

Zeichen	∥	∦	⊥	∢	∟	$\overline{AB}$	$\overset{\frown}{AB}$
Bedeutung	parallel	nicht parallel	rechtwinklig auf	Winkel	rechtwinklig	Strecke	Bogen

Griechisches Alphabet

Zeichen	Α α	Β β	Γ γ	Δ δ	Ε ε	Ζ ζ	Η η	Θ ϑ	Ι ι	Κ κ	Λ λ	Μ µ
Sprechweise	Alpha	Beta	Gamma	Delta	Epsilon	Zeta	Eta	Theta	Jota	Kappa	Lambda	My

Zeichen	Ν ν	Ξ ξ	Ο ο	Π π	Ρ ρ	Σ σ	Τ τ	Υ υ	Φ ϕ	Χ χ	Ψ ψ	Ω ω
Sprechweise	Ny	Xi	Omikron	Pi	Rho	Sigma	Tau	Ypsilon	Phi	Chi	Psi	Omega

Griechische Buchstaben werden für Größen und mathematische Zeichen verwendet, z. B.:

- Dichte ρ (klein Rho) → Werkstofftechnik
- Elektrischer Widerstand Ω (groß Omega) → Elektrotechnik
- Celsiustemperatur ϑ (klein Theta) → °C (Grad Celsius), Holztrocknung
- Kreiskonstante π (klein Pi) → 3,14; Geometrie
- Normalspannung σ (klein Sigma) → Zug-, Druck-, Biegespannung, Statik
- Schubspannung τ (klein Tau) → Scherspannung, Torsionsspannung, Statik
- Summe Σ (groß Sigma) → Summenzeichen, Mathematik
- Differenz Δ (groß Delta) → Temperaturdifferenz in °C oder K, Bauphysik
- Wärmeleitfähigkeit λ (klein Lambda) → Wärmeschutz
- Wirkungsgrad η (klein Eta) → Maschinentechnik

SI-Einheiten

Im international verbindlichen Einheitensystem, dem SI (Système International d'Unités), sind sieben **Basisgrößen** mit ihren **Basiseinheiten** festgelegt, denen entsprechende **Formelzeichen** und **Einheitenzeichen** zugeordnet sind. Die Vielzahl der Größen, die in der Physik und in der Technik vorkommen, lässt sich von diesen Basisgrößen und -einheiten ableiten.

SI-Basiseinheiten

Basisgröße	Formelzeichen, kursiv geschrieben	Basiseinheit	Einheitenzeichen
Länge	*l, d, s, h*	Meter	m
Masse	*m*	Kilogramm	kg
Zeit	*t*	Sekunde	s
Stromstärke	*I*	Ampere	A
Temperatur	*T*	Kelvin	K
Stoffmenge	*n*	Mol	mol
Lichtstärke	I_v	Candela	cd

Längen-, Flächen- und Volumenberechnungen nach DIN 1304 und DIN 1301

Größe	Länge	Breite	Höhe	Dicke	Durchmesser	Radius	Fläche	Volumen	Winkel	Umfang
Formelzeichen	***l***	***b***	***h***	***d (t, s)***	***d, D***	***r***	***A***	***V***	***α, β, γ …***	***U***
Einheit	**m**	**m**	**m**	**m**	**m**	**m**	**m²**	**m³**	**° Grad**	
weitere Einheiten	mm	mm	mm	mm	mm	mm	mm²	mm³	' Minute	mm
	cm	cm	cm	cm	cm	cm	cm²	cm³	" Sekunde	cm
	dm	dm	dm	dm	dm	dm	dm²	dm³		dm
	km	km	km	km	km	km	km²	km³		km

Mechanische Berechnungen nach DIN 1301

Größe	Masse	Dichte	Kraft	Gewichtskraft	Drehmoment	Druck	Arbeit	Leistung
Formelzeichen	***m***	***ρ (rho)***	***F (force)***	***G*** (F_G)	***M***	***p (pressure)***	***W (work)***	***P (power)***
Einheit	**kg**	**kg/m³**	**N (Newton)**	**N**	**Nm**	**Pa, N/m²**	**J (Joule)**	**W (Watt)**
weitere Einheiten	g	g/cm³	kN	kN	kNm	N/mm²	Ws, Wh	Nm/s, kW
	t	kg/dm³	MN	MN	MNm	MN/m²	kWh, kNm	MW, J/s
		t/m³				bar	kJ, MJ	

Zeit- und Raumzeitberechnungen nach DIN 1301 und DIN 1304

Größe	Zeit	Geschwindigkeit (Schnitt-, Umfang- ...)	Vorschubgeschwindigkeit	Drehzahl (Umdrehungsfrequenz)	Fallbeschleunigung
Formelzeichen	t	v_c	v_f	n	g
Einheit	**s**	**m/s (m · s^{-1})**	**m/min (m · min^{-1})**	**1/s (s^{-1})**	**m/s^2 (m · s^{-2})**
weitere Einheiten	min, h (engl. *hour* = Stunde), d (engl. *day* = Tag), a (lat. *annum* = Jahr)	m/min (m · min^{-1})	m/s (m · s^{-1})	1/min (min^{-1})	

Elektrotechnische Berechnungen nach DIN 1301

Größe	Stromstärke	Spannung	Widerstand	elektrische Arbeit	elektrische Leistung	spezifischer elektr. Widerstand
Formelzeichen	I	U	R	W	P	e
Einheit	**A (Ampere)**	**V (Volt)**	**Ω (Ohm)**	**J (Joule)**	**W (Watt)**	**Ωm (Ohm · Meter)**
weitere Einheiten	µA	µV, mV	kΩ	Ws, Wh	kW	Ωcm^2/cm
	mA	kV	MΩ	kWh, MWh	MW	Ωmm^2/m

Wärmetechnische Berechnungen nach DIN 4108

Größe	Temperatur	Wärmemenge	Wärmeleitfähigkeit	Wärmedurchlasskoeffizient	Wärmedurchgangskoeffizient	Wärmeübergangskoeffizient
Formelzeichen	t	Q	λ	Λ	u	α
Einheit	**K (Kelvin)**	**J (Joule), Ws**	**W/mK**	**W/m^{2}K**	**W/m^{2}K**	**W/m^{2}K**
weitere Einheiten	°C (Celsius)	kJ, MJ, Wh	kW/mK	W/cm^{2}K	W/cm^{2}K	
		kWh, MWh	kJ/hmK	kJ/hKm^2	kJ/hKm^2	

Zusammenhang zwischen SI-Basiseinheiten und abgeleiteten SI-Einheiten

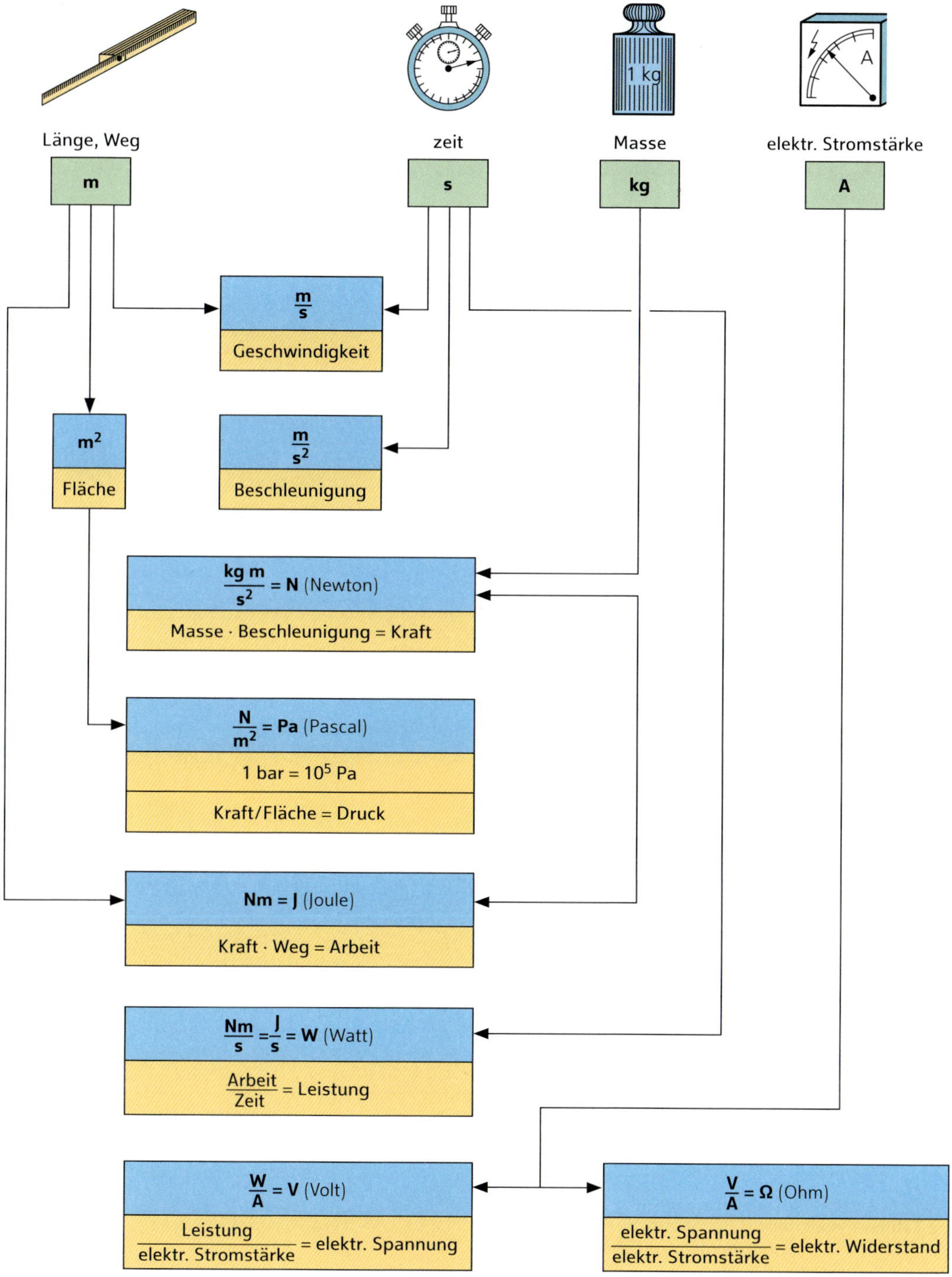

1.2 Zahlbegriffe

Ziffern sind Zahlzeichen, mit denen Zahlen dargestellt werden. Die zehn „arabischen" Ziffern, die ursprünglich aus Indien stammen, wurden im 7. Jahrhundert von den Arabern übernommen und kamen im 12. Jahrhundert nach Europa.

Statt z. B. 5 Punkte (.....) zu setzen, schreibt man 5.

1; 2; 3; 4; 5; 6; 7; 8; 9; 0

Die **Zahl** ist ein Grundbegriff der Mathematik. Reine Zahlen sind ohne Benennung und abstrakt. Mit ihnen bezeichnet man, was mehrfach vorhanden ist. Zahlen bestehen aus Ziffern. Der Wert der Ziffern hängt davon ab, an welcher Stelle sie in der geschriebenen Zahl stehen.

1...10...100...1000...

12; 345; 1058; 11289 usw.

Im **dekadischen Stellenwertsystem** (Dezimalsystem) mit der Grundzahl 10 werden zehn Einheiten zu einer Stufe zusammengefasst. Das Zehnfache einer Einheit ist immer die nächsthöhere Einheit.

Dezimalzahlen ohne Komma haben von rechts nach links die Stellen:
- Einer (E),
- Zehner (Z),
- Hunderter (H),
- Tausender (T),
- Zehntausender (ZT),
- Hunderttausender (HT) usw.

Dezimalzahlen mit Komma haben zusätzlich rechts vom Komma die Stellen:
- Zehntel (z),
- Hundertstel (h),
- Tausendstel (t),
- Hunderttausendstel (ht) usw.

Natürliche Zahlen (Grundzahlen) sind positive ganze Zahlen:
- Gerade Zahlen sind durch zwei teilbar,
- ungerade Zahlen sind nicht durch zwei teilbar.

2; 4; 6; 8; 10 ...
1; 3; 5; 7; 9; 11 ...

Die Zahl **Null** wird den natürlichen Zahlen zugeordnet. Sie ändert den Wert einer Zahl nicht, wenn sie addiert oder subtrahiert wird. Sie ändert aber den Wert auf null, wenn sie multipliziert wird. Durch null kann nicht dividiert werden.

$3 + 0 = 3$
$3 - 0 = 3$
$3 \cdot 0 = 0$
$3 : 0 =$ nicht zulässig

Ganze Zahlen können sein:
- positiv (natürliche Zahlen) mit dem Vorzeichen (+), das auch weggelassen werden kann,
- negativ mit dem Vorzeichen (–), das nicht entfallen darf.

$(+3) = 3$

$(-3) = -3$

Auf der Zahlengeraden können positive und negative Zahlen als Pfeile mit Fußpunkt und Spitze dargestellt werden. Vom Nullpunkt aus werden nach links bis minus unendlich ($-\infty$) die negativen Zahlen, nach rechts bis plus unendlich ($+\infty$) die positiven Zahlen als Strecken im einheitlichen Maßstab abgetragen. Die Größe der Zahl markieren Fußpunkt und Pfeilspitze.

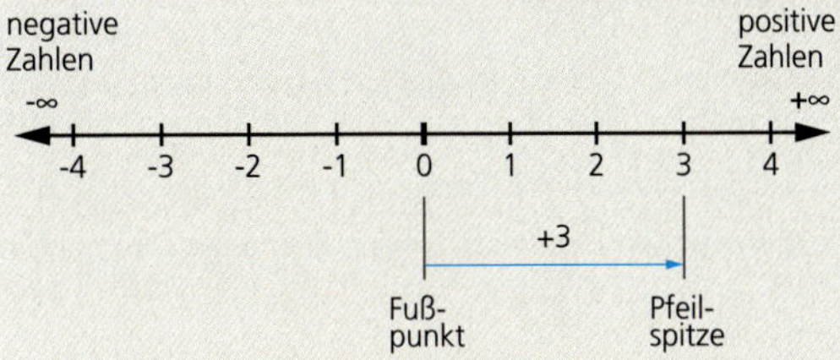

Relative Zahlen sind positive und negative, reelle Zahlen. Sie beziehen sich auf den Nullpunkt der Zahlengeraden.

Rationale Zahlen sind:
- Brüche (gebrochene Zahlen), bei denen Zähler und Nenner positive oder negative Zahlen sein können,
- Dezimalzahlen, die man erhält, indem man den Zähler eines Bruchs durch den Nenner dividiert. Sie können endlich oder periodisch sein.

$\frac{3}{5}$; $\frac{-4}{6}$; $\frac{5}{-8}$

$\frac{3}{4} = 0{,}75$; $\frac{-4}{6} = -0{,}666...$

Irrationale Zahlen sind nicht rationale Zahlen. Sie lassen sich nicht als Brüche zweier ganzer Zahlen darstellen, sondern nur als Dezimalzahlen mit unendlich vielen Stellen.

$\sqrt{2} = 1{,}4142...$

$\pi = 3{,}1415...$

Reelle Zahlen umfassen die rationalen und die irrationalen Zahlen.

4; -7; $\frac{3}{4}$; $\sqrt{2}$; π; lg 4

Variable (allgemeine Zahlen) schreibt man mit Kleinbuchstaben. Mit ihnen werden mathematische Gesetze und Regeln in Formeln kurz und leicht verständlich dargestellt. Man nennt sie Variable (Veränderliche), weil an ihre Stelle beliebige Zahlen treten können.

l; b; d; α; β; γ...

$a + b = c$, wobei: $a = 7$, $b = 9$, $c = ?$
mit bestimmten Zahlen: $7 + 9 = 16$

Algebraische Zahlen entstehen durch Multiplikation (oder Division) einer relativen Zahl, auch **Vorzahl** oder **Koeffizient** genannt, mit einer allgemeinen Zahl (bzw. durch eine allgemeine Zahl). Der Wert der allgemeinen Zahl kann geändert werden, jedoch nicht innerhalb einer Aufgabe. Das Malzeichen zwischen Vorzahl und Variable kann weggelassen werden.

$-(7 \cdot a) = (-7a)$

$\frac{12}{a} = \frac{1}{2}$

Die Variable a ist 24.

$\frac{12}{24} = \frac{1}{2}$

Größen sind reelle Zahlen mit einer Benennung.

8,00 €; 2 kg; 45 mm; 26 min

Unbenannte Zahlen sind reelle Zahlen ohne Benennung.

8,00; 2; 45; 26

Aufgaben

1. Um welche Zahlbegriffe handelt es sich jeweils?

a) +37	b) (−684)	c) $-\frac{11}{3}$
d) $13\frac{8}{7}$	e) π	f) 8
g) 19 mm	h) 0,473	i) $\frac{1}{100}$
j) $-6\frac{2}{5}$	k) d	l) 12 €

1.3 Rechenarten

Bei den verschiedenen **Rechenarten** wird nach bestimmten Regeln und Gesetzen aus zwei oder mehreren Zahlen eine neue Zahl bestimmt.

$35 + 42 + 17 = 95$
$21 \cdot 3 = 63$

Rechenzeichen geben an, welche Rechenart durchzuführen ist.

+; −; · × *; : / —

Rechenarten

Rechenart	Beispiele und Benennungen	Rechenzeichen nach DIN 1302	Sprechweise	Ergebnis	Zusammenfassung
Addieren	$6 + 3 = 9$ 6 und 3 sind die Summanden oder Glieder.	+	plus	Summe	Rechnen mit + und − bezeichnet man als „Strichrechnen“.
Subtrahieren	$6 - 3 = 3$ 6 ist der Minuend, 3 ist der Subtrahend.	−	minus	Differenz	
Multiplizieren	$6 \cdot 3 = 18$ 6 und 3 sind Faktoren, 6 ist der Multiplikand, 3 ist der Multiplikator.	· × *	mal	Produkt	Rechnen mit · und : (auch mit dem Bruchstrich) bezeichnet man als „Punktrechnen“.
Dividieren	$6 : 3 = 2$ 6 ist der Dividend, 3 ist der Divisor.	: — /	geteilt durch	Quotient	
Potenzieren	$3^4 = 81$ 3 ist die Basis, 4 ist der Exponent.	a^n	*a* hoch *n*	Potenzwert	
Radizieren	$\sqrt[3]{81}$ 81 ist der Radikand, 3 ist der Wurzelexponent.	$\sqrt{\ }$	3. Wurzel aus 81	Wurzelwert	

Addieren von unbenannten Zahlen

Summand + Summand = Summe

Auf der Zahlengeraden wird der Fußpunkt der zweiten Zahl an die Pfeilspitze der ersten Zahl gesetzt.

$(+5) + (+2) = \underline{\underline{(+7)}}$
$5 + 2 = \underline{\underline{7}}$

Bei **positiven Zahlen** kann das Vorzeichen (+) weggelassen werden. Das Rechenzeichen + bleibt bestehen. Auf der Zahlengeraden werden die Zahlen als Pfeile im gleichen Maßstab rechts vom Nullpunkt aus angetragen.

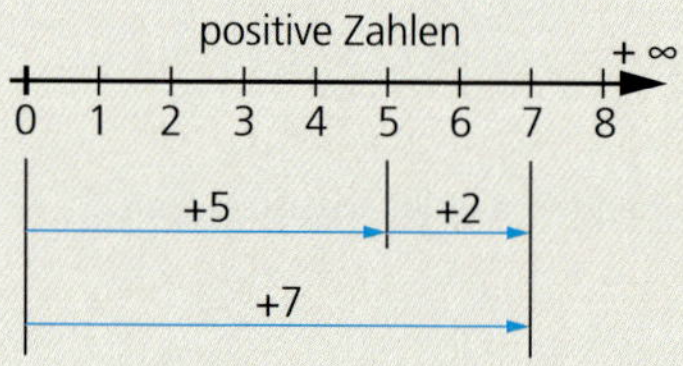

Bei **negativen Zahlen** wird das Vorzeichen (–) beibehalten. Auf der Zahlengeraden werden die Zahlen als Pfeile im gleichen Maßstab links vom Nullpunkt aus angetragen.

(–5) + (–2) = (–7)

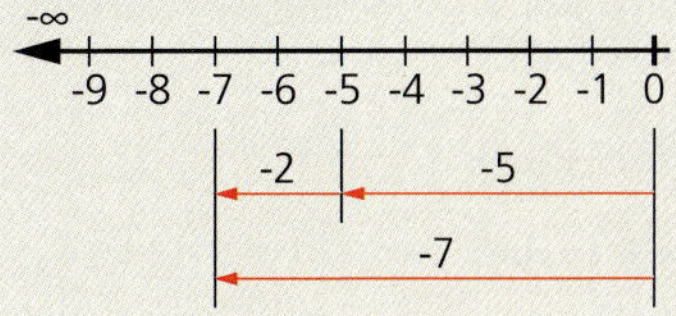

Bei **positiven und negativen Zahlen** werden auf der Zahlengeraden die Summanden in entgegengesetzten Richtungen angetragen.

(+5) + (–2) = (+3)
5 – 2 = 3

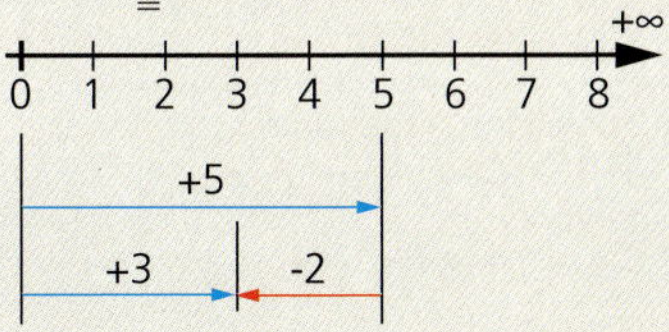

Subtrahieren von unbenannten Zahlen

Minuend – Subtrahend = Differenz

Minuend und Subtrahend dürfen nicht vertauscht werden. Auf der Zahlengeraden wird der zweite Pfeil umgekehrt und der Fußpunkt wird an die Pfeilspitze der ersten Zahl gesetzt.

Bei **positiven Zahlen** kann das Vorzeichen (+) weggelassen werden.
Ist der Subtrahend größer als der Minuend, wird die Differenz negativ.

(+5) – (+2) = (+3)
5 – 2 = 3
5 – 7 = (–2)

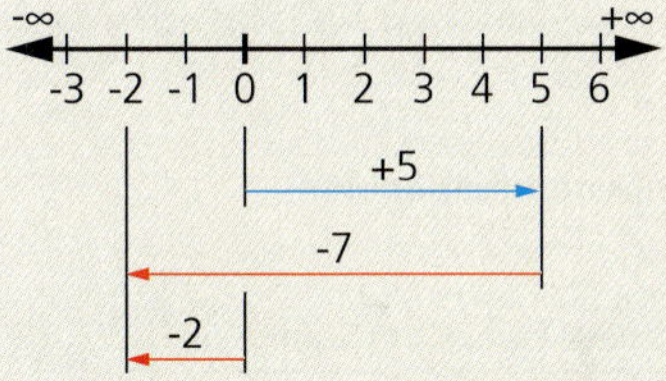

Bei **negativen Zahlen** muss das Vorzeichen (–) beibehalten werden. Wird von einer größeren negativen Zahl (–5) eine kleinere negative Zahl (–2) subtrahiert, ist das Ergebnis negativ (–3).

(–5) – (–2) = (–3)

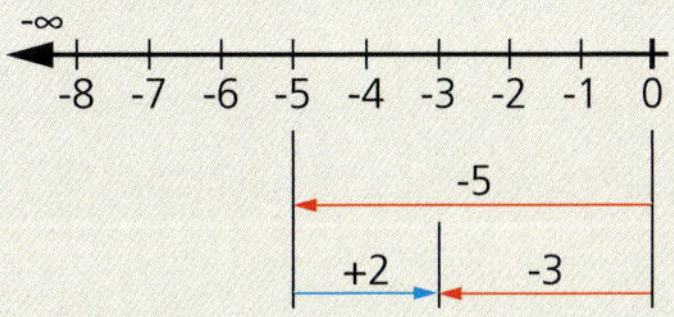

Wird von einer kleineren negativen Zahl (–5) eine größere negative Zahl (–8) subtrahiert, ist das Ergebnis positiv (+3).

(–5) – (–8) = (+3)

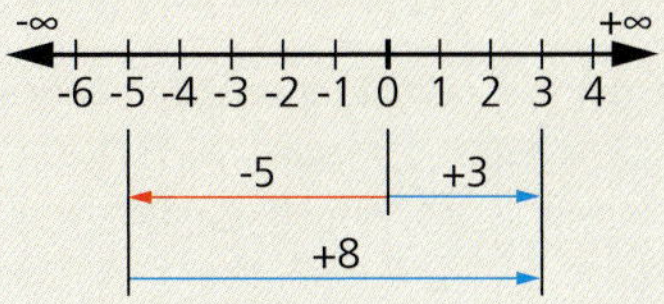

Addieren und Subtrahieren von benannten und algebraischen Zahlen

Benannte und algebraische Zahlen können nur dann addiert oder subtrahiert werden, wenn die Einheiten bzw. Variablen gleich sind. Verschiedene Einheiten müssen in gleiche überführt werden.

$5a + 2a = 7a$
4 kg + 13 kg = 17 kg
4 kg + 13000 g = so nicht lösbar
$(-5b) + (-2b) = (-7b)$
$(-12z) - (-8z) = (-4z)$

Multiplizieren von unbenannten Zahlen

Die Multiplikation ist eine verkürzte Addition. Die Faktoren können vertauscht werden.

> Multiplikand · Multiplikator = Produkt
> oder:
> Faktor · Faktor = Produkt

$5 + 5 + 5 + 5 + 5 + 5 = 6 \cdot 5 = \underline{\underline{30}}$

$4{,}0 \cdot 2{,}0 = \underline{\underline{8{,}00}}$

$2{,}0 \cdot 4{,}0 = \underline{\underline{8{,}00}}$

Alle Zahlen mit positiven oder negativen Vorzeichen können multipliziert werden. Für die Vorzeichen gilt bei der Multiplikation:

- Gleichnamige Vorzeichen ergeben ein positives Produkt: (+) · (+) = (+) und (–) · (–) = (+).
- Ungleichnamige Vorzeichen ergeben ein negatives Produkt: (+) · (–) = (–) und (–) · (+) = (–).

$(+9) \cdot (+5) = \underline{\underline{45}}$

$(-9) \cdot (-5) = \underline{\underline{45}}$

$(+0{,}42) \cdot (+13{,}1) = \underline{\underline{5{,}502}}$

$(-0{,}42) \cdot (-13{,}1) = \underline{\underline{5{,}502}}$

$(-9) \cdot (+5) = \underline{\underline{(-45)}}$

$(+9) \cdot (-5) = \underline{\underline{(-45)}}$

$(-14{,}2) \cdot (+0{,}6) = \underline{\underline{(-8{,}52)}}$

$(+14{,}2) \cdot (-0{,}6) = \underline{\underline{(-8{,}52)}}$

Multiplizieren von benannten und allgemeinen Zahlen

Miteinander multipliziert werden können:
- unbenannte Zahlen mit physikalischen Einheiten (Meter, Kilogramm, Geschwindigkeit, Kraft, Stunde usw.),
- unbenannte Zahlen mit algebraischen Zahlen,
- algebraische Zahlen untereinander,
- physikalische Einheiten untereinander,
- Variablen untereinander.

Im Produkt werden die Variablen alphabetisch angeordnet.

18 mal 1 Newton = $\underline{\underline{18\ \text{N}}}$

3,7 mal Breite = $\underline{\underline{3{,}7b}}$

$0{,}6e \cdot 0{,}9c \cdot 0{,}4f =$

$0{,}6 \cdot 0{,}9 \cdot 0{,}4 \cdot e \cdot c \cdot f = \underline{\underline{0{,}754cef}}$

W (Watt) · h (Stunden) = $\underline{\underline{\text{Wh}}}$

$d \cdot a \cdot k = \underline{\underline{adk}}$

$a \cdot a = aa = \underline{\underline{a^2}}$

$a(-b) = \underline{\underline{(-ab)}}$

Dividieren von unbenannten Zahlen

> $\underbrace{\text{Dividend (Zähler) durch Divisor (Nenner)}}_{\text{Quotient}} =$ Wert des Quotienten

$5 \cdot 6 = \underline{\underline{30}}$

$5 = \frac{30}{6}$ oder $6 = \frac{30}{\underline{\underline{5}}}$

$(+9) : (+5) = \frac{9}{5} = \underline{\underline{1{,}8}}$

$(-9) : (-5) = \frac{-9}{-5} = \underline{\underline{1{,}8}}$

Die Division ist eine Umkehrung der Multiplikation. Dividend und Divisor dürfen nicht vertauscht werden. Für die Vorzeichen gilt:

- Bei gleichnamigen Vorzeichen wird der Quotient positiv: (+) : (+) = (+) und (–) : (–) = (+).
- Bei ungleichnamigen Vorzeichen wird der Quotient negativ: (+) : (–) = (–) und (–) : (+) = (–).

$(+0{,}12) : (+2) = \frac{0{,}12}{2} = \underline{\underline{0{,}06}}$

$(-0{,}12) : (-2) = \frac{-0{,}12}{-2} = \underline{\underline{0{,}06}}$

$(+9) : (-5) = \frac{9}{(-5)} = \underline{\underline{(-1{,}8)}}$

$(-9) : (+5) = \frac{(-9)}{5} = \underline{\underline{(-1{,}8)}}$

Dividieren von benannten und algebraischen Zahlen

Die Vorzeichenregeln der Division gelten auch für benannte und allgemeine Zahlen. Gleich benannte und allgemeine Zahlen werden gekürzt.

$7a : 2b = \frac{7a}{2b} = 3{,}5\,\frac{a}{b}$; $\quad 3\ \text{m}^3 : 6\ \text{m} = \frac{3\ \text{m}^{\cancel{3}\,2}}{6\ \cancel{\text{m}}} = \underline{\underline{0{,}5\ \text{m}^2}}$

$(-15a) : (+5a) = \frac{(-15a)}{5a} = \underline{\underline{(-3)}}$

Punkt- und Strichrechnung

Enthalten Rechnungen sowohl Punkt- als auch Strichrechnungen, gilt für die Lösung der Aufgaben:

> Punktrechnen geht vor Strichrechnen.

$25 + 3 - 2 \cdot 7 =$

$-2 \cdot 7 + 3 + 25 =$

$-14 + 28 = \underline{\underline{14}}$

Aufgaben

Lösung mit dem Taschenrechner. Auf höchstens 3 Stellen nach dem Komma runden.

Addieren

30,75 + 48 + 0,26 = 79,01

1. 3023 + 87 + 210 + 0,66 + 28,75 =
2. 45,706 + 502,8 + 288 + 0,72 + 1,88 =
3. 0,03 + 73,8 + 17,922 + 6824 + 2,39 =
4. (−39) + (−0,82) + (−217,17) + (−6,02) + (−88,88) =
5. (−1,9*p*) + (−33,4*p*) + (−15,1*p*) + (−1,15*p*) + (−192,00*p*) =
6. 16 cm + 0,95 m + 26 mm + 3,7 m + 0,6 m = ? m
7. 22 kg + 151 g + 681 kg + 28 g + 13,6 kg = ? kg
8. (−1,42*r*) + (−0,02*r*) + (−4,7*r*) + (−20,2*r*) + (−0,78*r*) =
9. 50,09 + 9,22 + 82,01 + 1600,29 + 31,00 =
10. 732*a* + 267*a* + 35*a* + 66*a* + 11*a* =

Subtrahieren

102,3 − 16,7 − 22,92 = 62,68

11. 78,4 − 18,2 − 33,7 − 0,23 − 2,7 =
12. 613 − 51,3 − 12,32 − 6,02 − 0,04 =
13. (+11,7) − (+0,39) − (+1,11) − (+7,22) − (2,15) =
14. (−92*a*) − (−56*a*) − (−20*a*) − (−4*a*) − (−7*a*) =
15. 4291 − 2117 − 583 − 237 − 101 =
16. 72,81 − 4,37 − 53,44 − 8,55 − 0,48 =
17. (−12,2*t*) − (−5,5*t*) − (−6,3*t*) − (−0,36*t*) − (−4,3*t*) =
18. 96,3 mm − 26,1 mm − 3,5 cm − 1,6 cm − 8,2 mm = ? cm
19. 1,21 m − 760 mm − 6 cm − 0,13 m − 90 mm = ? m
20. (−17) − (−8) − (−6) − (−4) =

Addieren und Subtrahieren

(+77,61) − (+12,25) + (+0,85) − (+29,28) + (+50,92) =
Vorzeichen (+) weglassen:
77,61 − 12,25 + 0,85 − 29,28 + 50,92 = 87,85

21. 63,9 − 12,58 + 0,86 − 0,003 + 0,53 =
22. (+63,9) + (−12,58) + (+0,86) + (−0,003) + (+0,53) =
23. 823,246 + 0,773 − 831,668 + 71,002 − 759,893 =
24. (−7,4*z*) − (+2,5*z*) + (−1,7*z*) − (+3,1*z*) + (+0,6) =
25. 218 kg − 3214 g − 0,62 kg + 2,83 kg − 932 g =
26. 34,70 m^2 − 6,200 m^3 + 13,80 m^2 − 0,500 m^3 + 8,300 m^3 =
27. (+1,818*c*) + (+2,423*c*) − (+6,321*c*) + (+5,239) − (+0,031*c*) =
28. 46*p* + 23 − 0,02*p* + 1,60 + 1,8*p* − 33 =
29. (−50042*f*) + (−214*f*) + (+3177) − (+4282) + (−692*f*) =
30. (−13,07*xy*) − (−5,97*x*) + (−10,22*xy*) + (−43,27*x*) − (−5,26*xy*) =

Multiplizieren

$(+6{,}45a) \cdot (+2{,}82a) = 6{,}45a \cdot 2{,}82a = 18{,}189a^2$

31. (+2,41 cm) · (+3,59 cm) =
32. (−92,08*b*) · (−0,042*b*) =
33. (−0,66*k*) · (−0,52*n*) =
34. (+365*z*) · (−12,20*z*) =
35. (−0,738*p*) · (+0,321*q*) =
36. 2,802 · (−6,821*x*) =
37. 17,11 N · 6,28 m =
38. 4,82*f* · 2,21*z* · 0,04*a* =
39. (−1,81*n*) · (+6,52*l*) · (−0) =
40. (−55,66*b*) · (0,021*a*) · (−80,57*l*) =

Dividieren

$$(-16{,}9n) : (0{,}32a) = \frac{(-16{,}9n)}{(+0{,}32a)} = -52{,}8125\,\frac{n}{a}$$

41. (+78,8*d*) : (+0,22*d*) =
42. (−1,05*x*) : (−5,72*z*) =
43. (+37,201*a*) : (−612,3*a*) =
44. (−8,72*i*) : (+32,3*m*) =
45. (−1231) : (−2042*b*) =
46. (+2,17*am*) : (+43,2*m*) =
47. (−5,25*b*) : (−12,18) =
48. (+0,072*y*) : (+3,5*y*) =
49. (−382,17) : (−0,52*x*) =
50. (+22,801 m^3) : (+6,62 m^2) =

Multiplizieren und Dividieren

- Zuerst die Zahlenwerte auf dem Bruchstrich (Zähler) multiplizieren, dann das Ergebnis durch die Zahlenwerte unter dem Bruchstrich (Nenner) dividieren.
- Mit benannten oder allgemeinen Zahlen ebenso verfahren. Wenn möglich: kürzen.
- Sind die Vorzeichen im Zähler und Nenner gleich, wird das Ergebnis positiv. Bei ungleichen Vorzeichen wird das Ergebnis negativ.

$$\frac{(+33s)\cdot(-5{,}4t)\cdot(-8{,}8a)}{(+9{,}4s)\cdot(-6{,}3t)\cdot(-d)} =$$

$$\frac{(\not{+}33s)\cdot(\not{-}5{,}4)\cdot(\not{-}8{,}8)\cdot a\cdot \not{s}\cdot \not{t}}{(\not{+}9{,}4)\cdot(\not{-}6{,}3)\cdot(\not{-}d)\cdot \not{s}\cdot \not{t}} =$$

$$\frac{1568{,}16a}{9{,}4\cdot 6{,}3d} = \underline{\underline{26{,}480\,\frac{a}{d}}}$$

51. $\frac{0{,}73m\cdot 2{,}91b\cdot 1{,}35g}{5{,}6m} =$

52. $\frac{66{,}06u\cdot 93{,}6u\cdot 1{,}77p}{1\,423{,}3u} =$

53. $\frac{523a\cdot 2{,}31z\cdot 62{,}77a}{16{,}11z\cdot 0{,}017a} =$

54. $\frac{19{,}2c\cdot 48{,}7f\cdot 76{,}7e}{32{,}6e\cdot 1{,}4c} =$

55. $\frac{(-8{,}41k)\cdot(-2{,}07m)}{(+9{,}55m)\cdot(+12{,}32)} =$

56. $\frac{(-773{,}22r)\cdot(-0{,}75m)}{(+0{,}068m)\cdot(+523r)} =$

57. $\frac{(+8{,}7u)\cdot(-31{,}34s)}{(-27{,}12s)\cdot(+2{,}83u)} =$

58. $\frac{(-0{,}05x)\cdot(-2{,}91y)\cdot(+8{,}25x)}{(-41{,}73y)\cdot(+7{,}01x)} =$

59. $\frac{(+5{,}58f)\cdot(-39{,}11g)\cdot(-0{,}82c)}{(+9{,}09g)\cdot(-17{,}81c)} =$

60. $\frac{13{,}44\cdot 4{,}62a\cdot 0{,}68z\cdot 671d}{521a\cdot 7{,}11\cdot 312{,}0} =$

Punkt- und Strichrechnen

$4301 - 16{,}7\cdot 0{,}05 - 2{,}82 : 18{,}13 + 27{,}9 =$
$4301 - 0{,}835 - 0{,}1555433 + 27{,}9 = \underline{\underline{4\,327{,}9}}$

61. $319 + 17{,}27 + 36 - 1{,}7 : 0{,}7 =$

62. $2{,}02\cdot 6{,}88 + 0{,}94 - 29{,}4 : 31{,}6 - 15{,}3 =$

63. $12{,}61\cdot 7{,}9 - 511{,}02 + 341{,}2 - 6{,}18\cdot 18{,}2 =$

64. $27{,}17 - 88{,}32 : 180{,}92 + 68{,}89\cdot 0{,}071 - 5{,}83 =$

65. $0{,}91 + 4{,}81\cdot 1{,}02 - 8\,267{,}05 + 33{,}89 : 6{,}15 =$

66. $14{,}72b + 237{,}82z\cdot 0{,}07 - 140{,}2b : 53{,}2 - 8{,}6z =$

67. $0{,}271\cdot 11{,}3a - 0{,}94x - 6{,}1\cdot 4{,}18a + 2{,}8a : 1{,}72 =$

68. $(-57{,}2)\cdot(-31{,}2) - (+4710) : (68{,}35) + (+97{,}68) =$

69. $(+6273{,}3) : (-3136) + (+8{,}2) + (-0{,}32)\cdot(-0{,}485)$
$- (-0{,}64) =$

70. $(-0{,}015a)\cdot(-8\,843) - (+0{,}36)\cdot(47{,}73b)$
$+ (-24{,}82a) : (+13{,}32a) =$

Potenzieren

Das Potenzieren ist eine verkürzte Schreibweise der Multiplikation. Eine Potenz ist das Produkt gleicher Faktoren. Die Basis (Grundzahl) wird mit sich selbst multipliziert. Der Exponent (Hochzahl) gibt an, wievielmal die Basis mit sich selbst multipliziert wird. Exponenten schreibt man kleiner als die Basis und setzt sie rechts oben neben die Basis.

$2 \cdot 2 \cdot 2 = 2^3 = 8$

Basis, Exponent

$2^3 = 8$

Potenz, Potenzwert

Sprich: zwei hoch drei.

Ein **Produkt** muss beim Potenzieren eingeklammert werden.

$3z \cdot 3z \cdot 3z = \underline{\underline{(3z)^3}}$

$ab \cdot ab \cdot ab \cdot ab = \underline{\underline{(ab)^4}}$

Positive Potenzwerte erhält man aus Potenzen mit
- positiver Basis und geradem oder ungeradem Exponenten oder
- negativer Basis und geradem Exponenten.

$(+4)^2 = (+4) \cdot (+4) = \underline{\underline{+16}}$

$(+5)^3 = (+5) \cdot (+5) \cdot (+5) = \underline{\underline{+125}}$

$(-3)^4 = (-3) \cdot (-3) \cdot (-3) \cdot (-3) = \underline{\underline{+81}}$

Negative Potenzwerte erhält man aus Potenzen mit negativer Basis und ungeradem Exponenten.

$(-5)^3 = (-5) \cdot (-5) \cdot (-5) = \underline{\underline{-125}}$

Negative Exponenten sind eine andere Schreibweise für Potenzen mit positivem Exponenten im Nenner eines Bruches.

$\frac{1}{n^3} = n^{-3}$

$\frac{1}{3^2} = 3^{-2}$

Zehnerpotenzen haben als Basis die Zahl 10. Sehr große Zahlen schreibt man mithilfe von Zehnerpotenzen wie folgt:

10	=	10^1
100	=	10^2
1 000	=	10^3
10 000	=	10^4
100 000	=	10^5 usw. (s. Tabelle S. 12)

Der Faktor vor der Zehnerpotenz liegt im Allgemeinen im Bereich zwischen 1 und 10. Bei sehr kleinen Zahlen verwendet man Zehnerpotenzen mit negativen Exponenten.

$25\,000\,000 = 2{,}5 \cdot 10^7$

$\frac{1}{10} = 0{,}1 = 10^{-1}$

$\frac{1}{100} = 0{,}01 = 10^{-2}$

$\frac{1}{1\,000} = 0{,}001 = 10^{-3}$

Die **Addition** oder **Subtraktion** ist nur bei Potenzen mit gleichen Basen und Exponenten möglich. Man addiert oder subtrahiert die Koeffizienten, ohne die Exponenten zu verändern.

$5^3 + 5^3 + 5^3 = 3 \cdot 5^3 = 3 \cdot 125 = \underline{\underline{375}}$

$a^3 + 3a^3 + 5a^3 = (1 + 3 + 5)a^3 = \underline{\underline{9a^3}}$

Bei der **Multiplikation** von Potenzen mit
- **gleicher Basis** wird die Basis beibehalten und die Exponenten werden addiert;
- **gleichen Exponenten** und **verschiedenen Basen** werden die Basen multipliziert und die Exponenten beibehalten.

$2^4 \cdot 2^2 = 2^{4+2} = \underline{\underline{2^6}}$

$2^2 \cdot 5^2 = (2 \cdot 5)^2 = \underline{\underline{10^2}}$

Bei der **Division** von Potenzen mit
- **gleichen Basen** und **verschiedenen Exponenten** werden die Basen beibehalten und die Exponenten subtrahiert;
- **gleichen Exponenten** werden die Exponenten beibehalten und die Basen dividiert.

$\frac{a^5}{a^3} = a^{(5-3)} = \underline{\underline{a^2}}$

$\frac{2^4}{2^3} = 2^{(4-3)} = 2^1 = \underline{\underline{2}}$

$\frac{a^3}{b^3} = \left(\frac{a}{b}\right)^3$

$\frac{15^3}{5^3} = \left(\frac{15}{5}\right)^3 = 3^3 = \underline{\underline{9}}$

Wurzelziehen (Radizieren)

Das Wurzelziehen wird auch als Radizieren bezeichnet. Der **Radikand** ist die Zahl, aus der die Wurzel gezogen werden soll. Der **Wurzelexponent** (Wurzelgrad) gibt an, in wie viele gleiche Faktoren der Radikand zerlegt werden soll. Der **Wurzelwert** ist das Ergebnis des Wurzelziehens. Das Wurzelzeichen $\sqrt{}$ ist ein stilisiertes „r" und weist auf den Anfangsbuchstaben des lateinischen Wortes *radix* (= Wurzel) hin.
Wurzeln können auch als **Potenzen mit gebrochenen Hochzahlen** dargestellt werden.

Wurzelexponent

$\sqrt[3]{27} = 3$

Radikand Wurzelwert

Sprich: dritte Wurzel aus 27.

$a^{\frac{1}{2}} = \sqrt{a}$

Das Wurzelziehen ist die **Umkehrung des Potenzierens**. Beim Potenzieren wird eine Zahl mehrmals mit sich selbst multipliziert. Beim Wurzelziehen wird der Radikand in eine bestimmte Anzahl gleicher Faktoren zerlegt.

Potenzieren
Gegeben: Quadratseite = 7 cm
Gesucht: Quadratfläche A = ? cm²

Lösung:
$A = l \cdot l = l^2$
$A = 7\ \text{cm} \cdot 7\ \text{cm} = \underline{\underline{49\ \text{cm}^2}}$

Quadratwurzeln werden bei Quadrat-, Kreis- oder Pythagorasberechnungen eingesetzt. Der Wurzelexponent 2 wird meist nicht geschrieben.

Radizieren
Gegeben: Quadratfläche A = 49 cm²
Gesucht: Quadratseite = ? cm

Lösung:
$l = \sqrt[2]{A}$
$l = \sqrt{49\ \text{cm}^2}$
$l = \sqrt{7\ \text{cm} \cdot 7\ \text{cm}} = \underline{\underline{7\ \text{cm}}}$

Probe: 7 cm · 7 cm = 49 cm²

Kubikwurzeln, auch dritte Wurzeln genannt, werden bei Würfelberechnungen (alle Seiten gleich lang) eingesetzt.

$a = \sqrt[3]{125\ \text{cm}^3}$
$a = \sqrt[3]{5\ \text{cm} \cdot 5\ \text{cm} \cdot 5\ \text{cm}}$
$a = \sqrt[3]{5^3} \cdot \sqrt[3]{\text{cm}^3}$
$a = \underline{\underline{5\ \text{cm}}}$

Probe: 5 cm · 5 cm · 5 cm = 125 cm³

Bei **Wurzeln aus Summen und Differenzen** wird wie beim Klammerrechnen zuerst addiert und subtrahiert. Aus dem Ergebnis wird die Wurzel gezogen.

$\sqrt{25 + 16 + 8} = \sqrt{49} = \underline{\underline{7}}$

Die **Addition oder Subtraktion von Wurzeln** ist nur bei gleichen Wurzelexponenten und gleichen Radikanden möglich. Die verschiedenen Koeffizienten (Beizahlen) werden addiert oder subtrahiert. Die Wurzelexponenten und die Radikanden werden beibehalten.

$3\sqrt{4} + 6\sqrt{4} - 2\sqrt{4} = \underline{\underline{7\sqrt{4}}}$

Bei **Wurzeln aus Produkten** kann zuerst aus jedem Faktor die Wurzel gezogen werden. Dann werden die Wurzelwerte multipliziert.

$\sqrt{25 \cdot 16} = \sqrt{25} \cdot \sqrt{16}$
$5 \cdot 4 = \underline{\underline{20}}$

Bei **Wurzeln aus Brüchen** können zuerst aus Zähler und Nenner die Wurzeln gezogen werden. Dann werden die Wurzelwerte dividiert.

$\sqrt{\frac{64}{25}} = \frac{\sqrt{64}}{\sqrt{25}} = \frac{8}{5} = \underline{\underline{1{,}6}}$

Berufspraxis. Das Wurzelziehen wird im Berufsfeld Holztechnik selten angewendet. Deshalb kann auf das umständliche schriftliche Verfahren verzichtet werden. Mit dem Taschenrechner (s. S. 57 ff.) lässt sich das Wurzelziehen schnell und sicher durchführen

Quadrat s. S. 98
Würfel s. S. 124

Aufgaben

Lösungen bei einfachen Aufgaben im Kopf, sonst mit dem Taschenrechner. Auf höchstens 4 Stellen nach dem Komma runden.

Potenzen berechnen

$7 \cdot 7 \cdot 7 = 7^3 = \underline{\underline{343}}$

71. $b \cdot b \cdot b \cdot b =$

72. $\mathrm{m} \cdot \mathrm{m} \cdot \mathrm{m} =$

73. $\mathrm{cm} \cdot \mathrm{cm} =$

74. $a \cdot b \cdot a \cdot b \cdot a =$

75. $9{,}3 \cdot 9{,}3 \cdot 9{,}3 =$

76. $1\,000 =$

77. $6\,250 =$

78. $31\,000\,000 =$

79. $0{,}0001 =$

80. $0{,}0042 =$

Potenzwerte berechnen

$5^4 = 5 \cdot 5 \cdot 5 \cdot 5 = \underline{\underline{625}}$

81. $2^1 =$

82. $4^3 =$

83. $(-5)^4 =$

84. $(-b)^3 =$

85. $10^5 =$

86. $2{,}3^2 =$

87. $6{,}32^3 =$

88. $0{,}4^2 =$

89. $0{,}027^2 =$

90. $25{,}60^3 =$

Addieren und Subtrahieren von Potenzen

$12a^2 + 4a^2 = (12 + 4)a^2 = \underline{\underline{16a^2}}$

91. $ab^2 + ab^2 + ab^2 =$

92. $c^4 + c^4 + c^4 =$

93. $3d^3 + 4d^3 + 2b^4 + 6b^4 =$

94. $9y^6 + 12y^6 - 14y^6 =$

95. $24y^5 - 32y^5 - 3y^5 + 12y^5 =$

Multiplizieren von Potenzen

$4^3 \cdot 4^4 = 4^{(3+4)} = 4^7$

$2c^3 \cdot 5c^2 \cdot 3c = (2 \cdot 5 \cdot 3)c^{(3+2+1)} = \underline{\underline{30c^6}}$

96. $3^3 \cdot 3^2 =$

97. $5^4 \cdot 5^3 =$

98. $(ax)^2 \cdot (ax)^6 =$

99. $3^9 \cdot a^9 =$

100. $3a^3 \cdot 4a^4 \cdot 5a =$

101. $6x^2 \cdot 3x^3 \cdot 2x =$

102. $4{,}7x^4 \cdot 1{,}3x^2 \cdot 0{,}7x^3 =$

103. $c^{2x} \cdot c^{3x} =$

104. $3^{5x} \cdot 3^{2x} \cdot 3^{6x} =$

105. $13{,}7x^3 \cdot 0{,}3x^5 \cdot 2{,}2x^4 =$

Dividieren von Potenzen

$\frac{3^4}{3^2} = 3^{(4-2)} = 3^2 = \underline{\underline{9}}$

$\frac{9^3}{6^3} = \left(\frac{9}{6}\right)^3 = (1{,}5)^3 = 1{,}5 \cdot 1{,}5 \cdot 1{,}5 = \underline{\underline{3{,}375}}$

106. $c^7 : c^5 =$

107. $a^6 : a^2 =$

108. $z^a : z^b =$

109. $ab^9 : a^4b =$

110. $(ax)^4 : a^2 =$

111. $7a^4b^2c : 2a^2x^4c^3 =$

Quadratwurzelziehen (mit Probe)

112. $\sqrt{2} =$

113. $\sqrt{4} =$

114. $\sqrt{6} =$

115. $\sqrt{9} =$

116. $\sqrt{36} =$

117. $\sqrt{55} =$

118. $\sqrt{118} =$

119. $\sqrt{0{,}5} =$

120. $\sqrt{64} =$

121. $\sqrt{0{,}027} =$

122. $\sqrt{328} =$

123. $\sqrt{10\,781} =$

124. $\sqrt{683{,}3} =$

125. $\sqrt{0{,}009} =$

126. $\sqrt{31\,892} =$

Wurzeln addieren und subtrahieren

$4\sqrt{3} + 2{,}4\sqrt{3} - 3{,}7\sqrt{3} = (4 + 2{,}4 - 3{,}7)\sqrt{3} = \underline{\underline{2{,}7\sqrt{3}}}$

127. $5\sqrt{9} + 3{,}5\sqrt{9} - 4{,}6\sqrt{9} + 13\sqrt{9} =$

128. $17\sqrt{a} + 21\sqrt{a} - 7{,}7\sqrt{a} - 0{,}5\sqrt{a} =$

129. $0{,}2\sqrt{xy} + 0{,}06\sqrt{xy} - 1{,}7\sqrt{x} + 0{,}04\sqrt{xy} =$

130. $-281\sqrt{z} + 92\sqrt{az} - 32{,}7\sqrt{az} - 0{,}92\sqrt{z} =$

131. $64{,}7\sqrt{3b} + 9{,}4\sqrt{2a} + 0{,}3\sqrt{3b} + 21{,}3\sqrt{2a} =$

Wurzeln aus Produkten

$\sqrt{49 \cdot 4} = \sqrt{49} \cdot \sqrt{4} = 7 \cdot 2 = \underline{\underline{14}}$

132. $\sqrt{16 \cdot 9} =$

133. $\sqrt{21 \cdot 3} =$

134. $\sqrt{5 \cdot 4} =$

135. $3\sqrt{64 \cdot 49} =$

136. $0{,}6\sqrt{35 \cdot 12} =$

Wurzeln aus Brüchen

$\sqrt{\frac{81}{64}} = \frac{\sqrt{81}}{\sqrt{64}} = \frac{9}{8} = \underline{\underline{1{,}25}}$

137. $\sqrt{\frac{26}{17}} =$

138. $\sqrt{\frac{320}{88}} =$

139. $\sqrt{\frac{169a^2}{121a^2}} =$

140. $\sqrt{\frac{23{,}4z^2}{5{,}7z^2}} =$

141. $\sqrt{\frac{0{,}39}{2{,}54}} =$

1.4 Brüche

Begriffe

Brüche sind Teile eines Ganzen. Der Zähler zählt die Teilstücke. Der Nenner gibt die Aufteilung und den Namen des Bruches an.

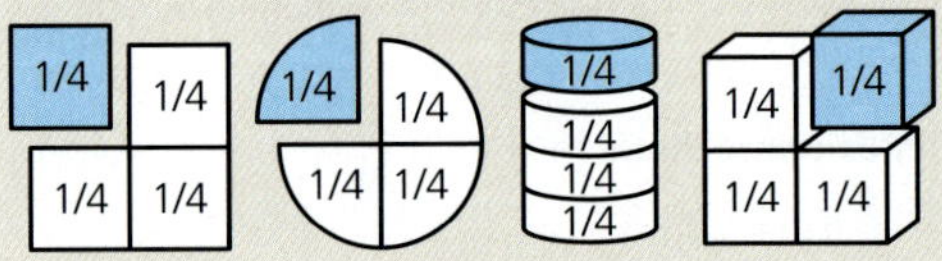

$$\frac{\text{Dividend}}{\text{Divisor}} = \frac{\text{Zähler}}{\text{Nenner}} \quad \begin{matrix} \longrightarrow & \text{Teilstücke} \\ \longrightarrow & \text{Aufteilung, Name} \end{matrix}$$

Brüche sind **Divisionsrechnungen**. Zähler und Nenner werden durch Bruchstrich (– oder /) oder Doppelpunkt (:) getrennt.

$$\frac{6}{7} = 6/7 = 6:7$$

Man unterscheidet verschiedene **Arten:**

- **Echte Brüche** sind kleiner als ein Ganzes und haben einen Zähler, der kleiner als der Nenner ist.

  $\frac{1}{3}$; $\frac{3}{5}$; $\frac{7}{8}$; $\frac{13}{16}$; $\frac{321}{350}$

- **Unechte Brüche** sind gleich oder größer als ein Ganzes. Ihr Zähler ist gleich oder größer als der Nenner.

  $\frac{5}{5}$; $\frac{5}{3}$; $\frac{8}{7}$; $\frac{19}{16}$; $\frac{34}{29}$

- **Gleichnamige Brüche** bestehen aus Teilen desselben Ganzen und haben alle den gleichen Nenner.

  $\frac{1}{9}$; $\frac{2}{9}$; $\frac{3}{9}$; $\frac{4}{9}$; $\frac{7}{9}$

- **Ungleichnamige Brüche** haben untereinander verschiedene Nenner.

  $\frac{1}{5}$; $\frac{2}{7}$; $\frac{8}{9}$; $\frac{7}{8}$; $\frac{9}{11}$

- **Uneigentliche Brüche** sind ganze Zahlen. Der Zähler ist ein ganzzahliges Vielfaches des Nenners.

  $\frac{6}{3}$; $\frac{15}{5}$; $\frac{21}{7}$; $\frac{24}{8}$; $\frac{44}{22}$

- **Gemischte Zahlen** sind Summen aus einer ganzen Zahl und einem echten Bruch.

  $1\frac{1}{3} = 1 + \frac{1}{3}$; $2\frac{5}{7} = 2 + \frac{5}{7}$; $6\frac{1}{5} = 6 + \frac{1}{5}$

- **Scheinbrüche** sind ganze Zahlen. Der Nenner ist 1.

  $\frac{5}{1}$; $\frac{2}{1}$; $\frac{14}{1}$; $\frac{18}{1}$; $\frac{24}{1}$

Umrechnen von Brüchen und Dezimalzahlen

Beim **Erweitern** von Brüchen werden Zähler und Nenner mit derselben Zahl multipliziert.

$\frac{4}{9}$ erweitert mit 2 $\quad \frac{4 \cdot 2}{9 \cdot 2} = \underline{\underline{\frac{8}{18}}}$

Beim **Kürzen** von Brüchen werden Zähler und Nenner durch dieselbe Zahl dividiert.

$\frac{9}{27}$ gekürzt durch 9 $\quad \frac{9:9}{27:9} = \underline{\underline{\frac{1}{3}}}$

Gemischte Zahlen werden als **unechte Brüche** dargestellt, indem man den ganzzahligen Teil in einen uneigentlichen Bruch umwandelt und den Rest addiert.

$$2\frac{1}{4} = \frac{8}{4} + \frac{1}{4} = \underline{\underline{\frac{9}{4}}}$$

Brüche werden **in Dezimalzahlen** umgerechnet, indem man den Zähler durch den Nenner dividiert.

$$\frac{12}{48} = 12:48 = \underline{\underline{0{,}25}}$$

Dezimalzahlen werden **in Brüche** umgerechnet, indem man sie so oft mit 10 erweitert, bis das Komma im Zähler entfällt.

$$0{,}25 = \frac{0{,}25 \cdot 10 \cdot 10}{1 \cdot 10 \cdot 10} = \frac{25}{100} = \underline{\underline{\frac{1}{4}}}$$

Addieren und Subtrahieren von Brüchen

Gleichnamige Brüche werden addiert (subtrahiert), indem man die Zähler addiert (subtrahiert) und den gemeinsamen Nenner beibehält.

$$\frac{a}{b}+\frac{c}{b}=\frac{a+c}{b}$$

$$\frac{4}{9}+\frac{5}{9}-\frac{2}{9}=\frac{4+5-2}{9}=\frac{7}{9}$$

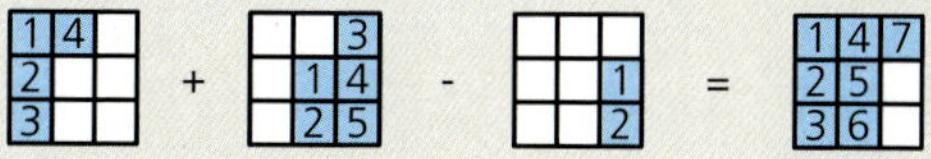

Ungleichnamige Brüche werden addiert (subtrahiert), nachdem man sie erweitert und auf einen gemeinsamen Nenner (Hauptnenner) gebracht hat.

$$\frac{a}{b}+\frac{c}{d}=\frac{ad}{bd}+\frac{cb}{bd}=\frac{ad+cb}{bd}$$

$$\frac{1}{3}+\frac{1}{2}+\frac{1}{6}= \text{so nicht lösbar}$$

Der Hauptnenner ist das kleinste gemeinsame Vielfache (k. g. V.) aller auftretenden Nenner.

Der Hauptnenner ist 6.

$$\frac{2}{6}+\frac{3}{6}+\frac{1}{6}=\frac{6}{6}=1$$

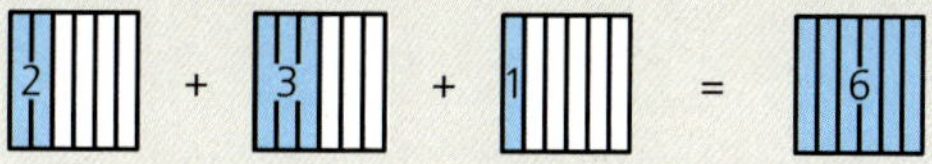

Durch **Primfaktorenzerlegung** kann der Hauptnenner schriftlich ermittelt werden. Dazu werden die Nenner in Primzahlen zerlegt. Primzahlen sind ganze Zahlen, die nur durch 1 und sich selbst teilbar sind.

$$\frac{5}{24}+\frac{7}{12}+\frac{8}{15}+\frac{3}{5}=$$

Die in jedem Nenner enthaltenen Primfaktoren werden in der Gesamtzahl miteinander multipliziert und ergeben den kleinsten gemeinsamen Nenner (Hauptnenner; HN). Die verbleibenden Primfaktoren ergeben miteinander multipliziert für jeden Nenner den Erweiterungsfaktor.

$$\frac{5\cdot 5}{24\cdot 5}+\frac{7\cdot 10}{12\cdot 10}+\frac{8\cdot 8}{15\cdot 8}+\frac{3\cdot 24}{5\cdot 24}=$$

$$\frac{25+70+64+72}{120}=\frac{231}{120}=1\frac{111}{120}=1\frac{37}{40}=\underline{\underline{1,925}}$$

Teilbarkeit der Zahlen

Teiler	Bedingung
2	letzte Ziffer eine gerade Zahl
3	Quersumme durch 3 teilbar
4	Zahl aus letzten beiden Ziffern durch 4 teilbar
5	letzte Ziffer 0 oder 5
6	Zahl durch 2 und 3 teilbar
9	Quersumme durch 9 teilbar

Primfaktoren und Erweiterungsfaktoren

Nenner	Primfaktoren	Erweiterungsfaktoren		
24	2 2 2 3 5	→ 1 · 5	=	5
12	2 2 2 3 5	→ 2 · 5	=	10
15	2 2 2 3 5	→ 2 · 2 · 2	=	8
5	2 2 2 3 5	→ 2 · 2 · 2 · 3	=	24
HN	2 · 2 · 2 · 3 · 5		=	120
	Anzahl der Primfaktoren			

Multiplizieren von Brüchen

Brüche werden miteinander multipliziert, indem man auf einem gemeinsamen Bruchstrich Zähler mit Zähler und Nenner mit Nenner multipliziert.

$$\frac{a}{b} \cdot \frac{c}{d} = \frac{ac}{bd}$$

$$\frac{3}{4} \cdot \frac{7}{9} = \frac{3 \cdot 7}{4 \cdot 9} = \frac{7}{4 \cdot 3} = \frac{7}{12}$$

Wird ein **Bruch** mit einer **ganzen Zahl** multipliziert, wird der Zähler mit der ganzen Zahl multipliziert und der Nenner bleibt unverändert.

$$\frac{4}{5} \cdot 7 = \frac{4 \cdot 7}{5} = \frac{28}{5}$$

Wird ein **Bruch** mit einer **gemischten Zahl** multipliziert, wird die gemischte Zahl zuvor in einen unechten Bruch umgewandelt.

$$\frac{3}{7} \cdot 5\frac{4}{9} = \frac{3 \cdot 49}{7 \cdot 9} = \frac{7}{3} = 2\frac{1}{3}$$

Wird eine **ganze Zahl** mit einer **gemischten Zahl** multipliziert, werden zuerst die ganzen Zahlen multipliziert, danach die ganze Zahl mit dem Bruch. Anschließend werden die beiden Teile addiert.

$$5 \cdot 3\frac{4}{5} = 5 \cdot 3 + 5 \cdot \frac{4}{5} = 15 + \frac{20}{5} = 15 + 4 = 19$$

Werden **zwei gemischte Zahlen** multipliziert, werden diese zuerst in unechte Brüche umgewandelt und diese dann multipliziert.

$$10\frac{2}{7} \cdot 4\frac{3}{8} = \frac{72 \cdot 35}{7 \cdot 8} = \frac{2520}{56} = 45$$

Werden **Brüche mit Dezimalzahlen** multipliziert, müssen diese vor der Multiplikation in Brüche umgewandelt werden.

$$\frac{2}{5} \cdot 4{,}25 = ? \qquad \frac{4{,}25 \cdot 100}{100} = \frac{425}{100}$$

$$\frac{2 \cdot 425}{5 \cdot 100} = \frac{850}{500} = \frac{17}{10} = 1\frac{7}{10}$$

Dividieren von Brüchen

Brüche werden dividiert, indem man den ersten Bruch mit dem Kehrwert des zweiten Bruches multipliziert.

$$\frac{a}{b}:\frac{c}{d}=\frac{a\cdot d}{b\cdot c}=\frac{ad}{bc}$$

$$\frac{6}{7}:\frac{1}{2}=\frac{6\cdot 2}{7\cdot 1}=\frac{12}{7}=1\frac{5}{7}$$

Beim **Kehrwert** wird der Nenner zum Zähler und der Zähler zum Nenner.

$$\frac{1}{2}\rightarrow \text{Kehrwert: }\frac{2}{1}$$

Wird ein **Bruch** durch eine **ganze Zahl** dividiert, wird der Kehrwert der ganzen Zahl mit dem Bruch multipliziert.

$$\frac{4}{5}:6=\frac{4\cdot 1}{5\cdot 6}=\frac{4}{30}=\frac{2}{15}$$

Wird ein **Bruch** durch eine **gemischte Zahl** dividiert, muss die gemischte Zahl in einen unechten Bruch umgewandelt und dessen Kehrwert mit dem Bruch multipliziert werden.

$$\frac{2}{3}:2\frac{2}{5}=\frac{2}{3}:\frac{12}{5}=\frac{2\cdot 5}{3\cdot 12}=\frac{10}{36}=\frac{5}{18}$$

Wird eine **ganze Zahl** durch eine **gemischte Zahl** dividiert, wird zuerst die ganze Zahl, dann die gemischte Zahl in einen unechten Bruch verwandelt. Der Dividend wird mit dem Kehrwert des Divisors multipliziert.

$$9:4\frac{5}{3}=\frac{9}{1}:\frac{17}{3}=\frac{9\cdot 3}{1\cdot 17}=\frac{27}{17}=1\frac{10}{17}$$

Wird eine **gemischte Zahl** durch eine gemischte Zahl dividiert, werden beide Zahlen in unechte Brüche umgewandelt. Der Dividend wird mit dem Kehrwert des Divisors multipliziert.

$$7\frac{6}{5}:3\frac{4}{3}=\frac{41}{5}:\frac{13}{3}=\frac{41\cdot 3}{5\cdot 13}=\frac{123}{65}=1\frac{58}{65}$$

Doppelbrüche bestehen aus jeweils einem Bruch im Zähler und im Nenner. Werden diese dividiert, wird der Bruchstrich durch das Divisionszeichen (:) ersetzt. Dann wird der erste Bruch mit dem Kehrwert des zweiten Bruches multipliziert.

$$\frac{\frac{7}{8}}{\frac{3}{5}}=\frac{7}{8}:\frac{3}{5}=\frac{7\cdot 5}{8\cdot 3}=\frac{25}{24}=1\frac{11}{24}$$

Aufgaben

Umrechnen von Brüchen

1. $\frac{8}{5} = 1\underline{\underline{\frac{3}{5}}}$ $\frac{25}{3};\ \frac{17}{2};\ \frac{74}{16}$

2. $3\frac{1}{4} = \underline{\underline{\frac{13}{4}}}$ $4\frac{1}{5};\ 6\frac{2}{7};\ 17\frac{3}{8}$

3. $\frac{6}{8} = \frac{3}{4}$ $\frac{18}{36};\ \frac{5}{25};\ \frac{16}{52}$

4. $\frac{7 \cdot 3}{8 \cdot 3} = \underline{\underline{\frac{21}{24}}}$ $\frac{2}{5}$ mit 7; $\frac{5}{9}$ mit 4; $\frac{3}{4}$ mit 9

5 $0{,}5 = \frac{0{,}5 \cdot 10}{10} = \frac{5}{10}$ 0,75; 0,04; 1,05

6. $\frac{7}{5} = 1{,}4$ $\frac{3}{5};\ \frac{11}{4};\ \frac{2}{7};\ \frac{4}{13}$

7. $\frac{5}{8} = \underline{\underline{\frac{20}{32}}}$ $\frac{5}{7} = \frac{}{35};\quad \frac{2}{9} = \frac{}{81}$

Addieren und Subtrahieren

8. $\frac{1}{8} + \frac{5}{8} = \frac{1+5}{8} = \frac{6}{8} = \underline{\underline{\frac{3}{4}}}$ $\frac{3}{4} + \frac{7}{4};\ \frac{5}{3} - \frac{1}{3}$

9. $\frac{4}{5} - \frac{3}{4} + \frac{1}{3} = \frac{48 - 45 + 20}{60} = \underline{\underline{\frac{23}{60}}}$

$\frac{9}{7} - \frac{3}{4} + \frac{1}{14};\ \frac{3}{5} - \frac{1}{4} + \frac{1}{7};\ \frac{7}{9} + \frac{3}{12} - \frac{21}{15}$

10. $2\frac{1}{2} + 1\frac{3}{4} = \frac{5}{2} + \frac{7}{4} = \frac{10+7}{4} = \frac{17}{4} = \underline{\underline{4\frac{1}{4}}}$

$4\frac{5}{6} - 3\frac{1}{4};\ 6\frac{4}{12} + 7\frac{1}{6};\ 5\frac{1}{7} + 4\frac{2}{3}$

11. $7{,}5 + \frac{1}{5} = \frac{75}{10} + \frac{2}{10} = \frac{77}{10} = \underline{\underline{7\frac{7}{10}}}$

$\frac{1}{2} + 0{,}6;\ 1\frac{5}{6} - 1{,}2;\ 3\frac{1}{2} + 0{,}6 - 2\frac{1}{4}$

Multiplizieren von Brüchen

12. $\frac{3}{4} \cdot \frac{1}{2} = \frac{3 \cdot 1}{4 \cdot 2} = \underline{\underline{\frac{3}{8}}}$ $\frac{7}{17} \cdot \frac{3}{5};\ \frac{1}{7} \cdot \frac{1}{9};\ \frac{15}{3} \cdot \frac{12}{15}$

13. $2\frac{1}{2} \cdot 4 = \frac{5 \cdot 4}{2 \cdot 1} = \frac{20}{2} = \underline{\underline{10}}$

$2\frac{6}{7} \cdot 5;\ \frac{1}{7} \cdot 3\frac{6}{9}$

14. $0{,}75 \cdot \frac{5}{6} = \frac{75 \cdot 5}{100 \cdot 6} = \frac{375}{600} = \frac{75}{120} = \underline{\underline{\frac{15}{24}}}$

$0{,}5 \cdot \frac{4}{3};\ 1{,}25 \cdot \frac{3}{7}$

15. $1{,}4 \cdot 3\frac{1}{2} = \frac{14 \cdot 7}{10 \cdot 2} = \frac{98}{20} = \frac{49}{10} = 4\frac{9}{10} = \underline{\underline{4{,}9}}$

$1{,}25 \cdot \frac{1}{4};\ 3{,}5 \cdot 1\frac{3}{5};\ 0{,}7 \cdot 1\frac{1}{3};\ 1{,}65 \cdot 2\frac{1}{6}$

Dividieren von Brüchen

16. $\frac{3}{4} : \frac{1}{2} = \frac{3 \cdot 2}{4 \cdot 1} = \frac{6}{4} = \underline{\underline{1\frac{1}{2}}}$

$3 : \frac{1}{4};\ \frac{7}{3} : \frac{1}{2};\ \frac{7}{9} : \frac{14}{3};\ \frac{12}{13} : \frac{7}{39}$

17. $10\frac{3}{15} : \frac{51}{3} = \frac{153 \cdot 3}{15 \cdot 51} = \frac{3}{5} = \underline{\underline{0{,}6}}$

$1\frac{5}{9} : 1\frac{2}{3};\ 12\frac{1}{4} : 1\frac{1}{2};\ 8\frac{3}{7} : 2\frac{1}{2}$

18. $24{,}6 : \frac{1}{2} = \frac{246 \cdot 2}{10 \cdot 1} = \frac{492}{10} = \underline{\underline{49{,}2}}$

$15{,}3 : \frac{1}{3};\ 0{,}75 : 1\frac{1}{3};\ 1{,}45 : 1\frac{1}{8}$

Doppelbrüche

19. $$\frac{\frac{1}{2}}{\frac{3}{5}} = \frac{1}{2} : \frac{3}{5} = \frac{1 \cdot 5}{2 \cdot 3} = \underline{\underline{\frac{5}{6}}}$$

$$\frac{\frac{4}{5}}{\frac{7}{8}};\ \frac{\frac{6}{2}}{\frac{5}{10}};\ \frac{\frac{7}{11}}{\frac{2}{3}};\ \frac{\frac{5}{12}}{\frac{2}{7}}$$

20. $$\frac{3\frac{1}{2}}{5\frac{1}{4}} = \frac{\frac{7}{2}}{\frac{21}{4}} = \frac{7}{2} : \frac{21}{4} = \frac{7 \cdot 4}{2 \cdot 21} = \frac{28}{42} = \underline{\underline{\frac{2}{3}}}$$

$$\frac{1\frac{1}{5}}{4\frac{3}{5}};\ \frac{7\frac{2}{3}}{12\frac{1}{2}};\ \frac{15\frac{1}{5}}{20\frac{1}{10}};\ \frac{3\frac{1}{2}}{2\frac{1}{4}}$$

21. $$\frac{3{,}5}{\frac{1}{4}} = \frac{\frac{35}{10}}{\frac{1}{4}} = \frac{35}{10} : \frac{1}{4} = \frac{35 \cdot 4}{10 \cdot 1} = \frac{70}{5} = \underline{\underline{14}}$$

$$\frac{1{,}2}{\frac{1}{3}};\ \frac{0{,}8}{\frac{1}{5}};\ \frac{\frac{1}{3}}{0{,}5};\ \frac{7}{1{,}5}$$

Textaufgaben

22. 100 l Holzschutzmittel sollen in Kanister gefüllt werden. Zuerst werden 15 (20) Kanister mit 0,7 l Inhalt gefüllt. Für den Rest stehen 3/4-l-Kanister zur Verfügung.
a) Wie viele 3/4-l-Kanister werden gebraucht?
b) Wie viel Liter bleiben für den letzten Kanister?

23. Der Anschaffungspreis einer Fräsmaschine beträgt 15 000 (18 000) €. 1/4 des Kaufpreises wird bar bezahlt, 3/5 werden überwiesen. Den Restbetrag zahlt der Käufer 3 Monate später.
Zu berechnen sind:
a) die Höhe des Bargeldbetrages,
b) der überwiesene Betrag,
c) der Restbetrag.

24. Der gemeinsame Lohn eines angestellten Meisters, eines älteren Gesellen und einer jüngeren Gesellin beträgt für eine Montagearbeit 1 123 (1 190) €. Der Meister erhält 3/7, der ältere Geselle 2/5, die jüngere Gesellin den Rest. Zu berechnen sind:
a) der Anteil der jüngeren Gesellin in €,
b) die Einzelbeträge in €.

25. Für die Herstellung und Montage eines Holzfensters entstand ein Nettoverkaufspreis von 850 €. Die Gesamtkosten verteilen sich auf den Rahmen mit 3/8, die Beschläge mit 2/15, die Verglasung mit 1/4, die Montage mit 1/5 sowie die noch unbekannten Kosten für Gewinn und Verlust.
a) Wie hoch ist der Betrag für Gewinn und Verlust in €?
b) Wie hoch wäre der Betrag für Gewinn und Verlust, wenn für die Montage nur 1/6 des Nettoverkaufspreises zu berechnen wäre?

26. Für eine Innenausbauarbeit zum Nettoverkaufspreis von 3 700 € entstanden folgende kalkulatorische Kostenanteile: Material = 1/15, Fertigungslohn = 2/9, Gemeinkosten = 6/11 sowie Verlust und Gewinn = 1/8.
a) Wie hoch sind die einzelnen Teilkosten in €?
b) Wie viel Euro vom Nettoverkaufspreis bleiben für die Sonderkosten des Transports übrig?

1.5 Klammern

Klammern sind mathematische Symbole. Sie fassen Zahlen und Rechenzeichen zu Gruppen zusammen und geben die Anweisung, dass in der Klammer stehende Rechnungen vor anderen Rechenvorgängen auszuführen sind.

$5(3{,}5\text{ m} + 9{,}3\text{ m}) =$
$5 \cdot 12{,}8\text{ m} = \underline{\underline{64{,}0}}$

$0{,}7(34{,}62a - 18{,}4a) =$
$0{,}7 \cdot 16{,}22a = \underline{\underline{11{,}354a}}$

Plus-Klammern haben ein Plus (+) vor der Klammer. Diese kann weggelassen werden, ohne dass sich der Wert in der Klammer ändert.

$6 + (18 - 5) =$
$6 + 18 - 5 = \underline{\underline{19}}$

Minus-Klammern haben ein Minus (–) vor der Klammer. Wird die Klammer weggelassen, müssen alle Vorzeichen und Rechenzeichen in der Klammer umgekehrt werden.

$6 - (18 - 5) =$
$6 - 18 + 5 = \underline{\underline{-7}}$

Klammern werden **mit Faktoren multipliziert**, indem jedes Glied in der Klammer mit jedem Faktor außerhalb der Klammer multipliziert wird.

$6(18a - 5b) =$
$6 \cdot 18a - 6 \cdot 5b = \underline{\underline{108a - 30b}}$

Klammern werden **dividiert**, indem jedes Glied in der Klammer durch den Divisor geteilt wird.

$(18a - 5b) : 6 =$
$\frac{18a}{6} - \frac{5b}{6} = \underline{\underline{3a - \frac{5}{6}b}}$

Klammern werden **mit Klammern multipliziert**, indem jedes Glied der ersten Klammer mit jedem Glied in der zweiten Klammer multipliziert wird. Dann wird gegebenenfalls vereinfacht.

$(a + b) \cdot (a + b) =$
$a \cdot a + a \cdot b + b \cdot a + b \cdot b =$
$a^2 + ab + ab + b^2 = \underline{\underline{a^2 + 2ab + b^2}}$

Beim **Ausklammern** werden aus Produkten gleiche Faktoren herausgezogen und vor die Klammer gesetzt.

$3 \cdot 5 - 3 \cdot 7 + 3 \cdot 12 =$
$3(5 - 7 + 12) = \underline{\underline{30}}$

$U = (2l_1 + 2b_2) = \underline{\underline{2(l_1 + b_2)}}$

Sollen mehrgliedrige Ausdrücke mit **Klammern in Klammern** vereinfacht werden, so werden zuerst die runden ( ), dann die [ ] eckigen und zuletzt die geschweiften { } Klammern aufgelöst.

$3\{17 + [5 - (4 - 2) + 7]\} =$
$3\{17 + [5 - 2 + 7]\} =$
$3\{17 + 10\} = \underline{\underline{81}}$

Aufgaben

Lösungen mit dem Taschenrechner.

Plus-Klammer

$6x + (3x + 2y) = 6x + 3x + 2y = \underline{\underline{9x + 2y}}$

1. $7a + (0{,}5a - 3) =$
2. $c + (12{,}4 + 4{,}3c) =$
3. $24c + (8b - 6{,}7c + 19b) =$
4. $3h + (7h - 3h) =$
5. $(9n + n) + (2n - 4) =$
6. $(-12s - 8{,}4a) + (-3{,}7s - 10{,}2a) =$
7. $(7m + 7a + 0{,}8) + (-6m - 8a + 6{,}2) =$
8. $(57{,}1x - 2{,}3y - 35{,}2x) + (13{,}4x - 14{,}2y) =$

Minus-Klammer

$6x - (3x + 2y) = 6x - 3x - 2y = \underline{\underline{3x - 2y}}$

9. $13 - (4 + 3a) =$
10. $3a - (9 - 2a) =$
11. $7{,}3n - (18{,}4z + 3{,}9n) =$
12. $y + z - (z - y) =$
13. $5p - (19 + 2{,}5p) =$
14. $34{,}25a - (65{,}33b + 30{,}71a) =$
15. $-(2{,}6h + 5{,}1m) - (4{,}9m + 12{,}3h) =$
16. $-(0{,}88i - 1{,}43q) - (2{,}67i + 0{,}06q - 0{,}72q) =$

Klammer mal Klammer

$(4x + 1) \cdot (4x + 2) =$
$16x^2 + 8x + 4x + 2 = \underline{\underline{16x^2 + 12x + 2}}$

17. $(x + y) \cdot (a + b) =$
18. $(4a - 3b) \cdot (2x - 3y) =$
19. $(m + 1) \cdot (m + 1) =$
20. $(b - 1) \cdot (b + 1) =$
21. $(z - 3) \cdot (3z + 5) =$
22. $(2a + 3) \cdot (3a + 2a) =$
23. $(6m + 4n) \cdot (3m - 2n + 7p) =$
24. $(11{,}2x + 21{,}3z) \cdot (0{,}75x - 5{,}44z + 14{,}29y) =$

Ausklammern eines Faktors

$3a + 3b - 3c = \underline{\underline{3\,(a + b - c)}}$

25. $6d + 6f - 6a =$
26. $5a + 7a - 3a =$
27. $23xy + 2{,}3xz - 0{,}7x =$
28. $6{,}73abm - 37{,}38ad - 21{,}8al =$
29. $7 \cdot 4 + 9 \cdot 4 + 2 \cdot 4 =$
30. $4 \cdot 11 - 7 \cdot 11 + 8 \cdot 11 =$
31. $2{,}6 \cdot 1{,}7 - 8{,}3 \cdot 1{,}7 + 12{,}3 \cdot 1{,}7 =$
32. $0{,}70f + 0{,}03af - 1{,}08f + 0{,}53f =$
33. $2 \cdot 14ab + 2 \cdot 0{,}6ab + 2 \cdot 5{,}2az + 2 \cdot 3{,}4az =$
34. $7 \cdot 1{,}3mn - 7 \cdot 0{,}8mn + 7 \cdot 8{,}3mn - 7 \cdot 4{,}4a + 7 \cdot 2{,}3az =$

Klammer mit Faktor

$8\,(3 - x) = 8 \cdot 3 - 8 \cdot x = \underline{\underline{24 - 8x}}$

35. $6(7x - 3) =$
36. $9(3 - b) =$
37. $-2(a - m) =$
38. $-7(-4 - z) =$
39. $4(12a - 3b) =$
40. $3{,}04z(8{,}73z - 2{,}12a) =$
41. $-1{,}6(-4{,}4x + 3{,}8y - 0{,}7z) =$
42. $25z^2(-3{,}2z + 5{,}79az - 4{,}03z) =$
43. $-2x(-9{,}4y + 617{,}2z + 56{,}3y) =$
44. $-a(-a + b - 3b + 2c - 6) =$

Klammer mit Divisor

$(4b - 4c) : 4 = \frac{4b}{4} - \frac{4c}{4} = \underline{\underline{b - c}}$

45. $(6x + 6y) : 6 =$
46. $(25a + 30a) : 5 =$
47. $(18p - 3q) : 3 =$
48. $(az + bz) : z =$
49. $(9amh + 6ah) : 3amh =$
50. $(12ad + 4ad) : 4d =$
51. $(-35gf - 60g + 10gf) : -5g =$
52. $(2 \cdot 72a + 2 \cdot 5{,}4b) : 2 =$
53. $(36bc - 28b) : 2b =$
54. $(-21mn + 77mn + 14a) : 7mn =$

Mehrere Klammern

$ab - a - b - [-(-ab) - a] + ab - [-ab - (-a)] + a =$
$-ab - a - b - [+ab - a] + ab - [-ab + a] + a =$
$-ab - a - b - ab + a + ab + ab - a + a = \underline{\underline{-b}}$

55. $-2 \cdot 4 - [-4 + 3 - (-2 + 1) - 3] + 5 - (-6 + 4 - 2) =$
56. $z - 5 - [-5 + z - (-5 + z) - z] - (-2 - 5) =$
57. $-\{-3y - [-5y - (-2y) - 6y] - 4y\} - y =$
58. $ax + bx - (-abx - 4abx) - ax - [-(-bx + ax)] =$
59. $-2xy + xz - [-xz + xy - (-x \cdot y) - (-xy + 2xz - 4xy)] =$

1.6 Gleichungen

Begriffe

Sinnbild der **Gleichung** ist die Balkenwaage im Gleichgewichtszustand. Eine Gleichung besteht aus einzelnen Gliedern, die man Terme (Einzahl: Term) nennt.
Zwei Aussagen (Terme) werden einander gleichgesetzt und durch ein Gleichheitszeichen getrennt. Linker Term (linke Seite) und rechter Term (rechte Seite) einer Gleichung müssen immer im Gleichgewicht sein.

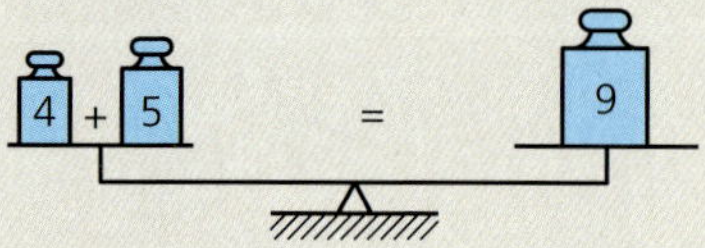

4 kg + 5 kg	=	9 kg
linker Term	=	rechter Term
linke Seite	=	rechte Seite

Beim **Seitentausch** können linke und rechte Seite der Gleichung ohne Änderung von Rechen- und Vorzeichen getauscht werden.

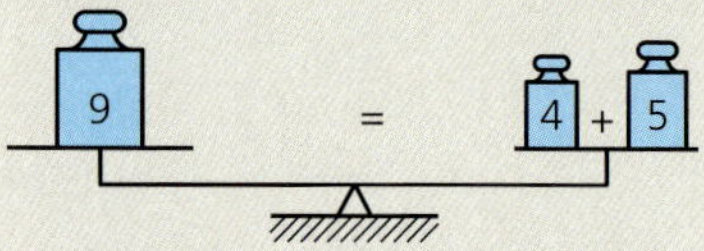

9 kg	=	4 kg + 5 kg
$a + b - c$	=	d
d	=	$a + b - c$
$l_1 + l_2 + l_3$	=	U
U	=	$l_1 + l_2 + l_3$

Bestimmungsgleichungen sind algebraische Gleichungen. Sie bestehen aus bekannten und unbekannten Gliedern. Die Unbekannten (Variablen) werden mit x, y oder z bezeichnet. Durch Addition, Subtraktion, Multiplikation oder Division werden Gleichungen so verändert, dass die Unbekannte auf der einen Seite allein (isoliert) steht.
Bei der Probe wird der für die Unbekannte errechnete Wert in die Ausgangsgleichung eingesetzt.

$$x + 7 = 21$$
$$x = 21 - 7$$
$$x = \underline{\underline{14}}$$

Probe:

$$14 + 7 = 21$$
$$21 = 21$$

Größengleichungen bestehen aus Formeln mit Formelzeichen. Eines der Formelzeichen ist oft unbekannt und muss errechnet werden. Dieses steht nach Beendigung des Rechengangs auf der einen Seite der Gleichung, die bekannten Größen stehen auf der anderen Seite.

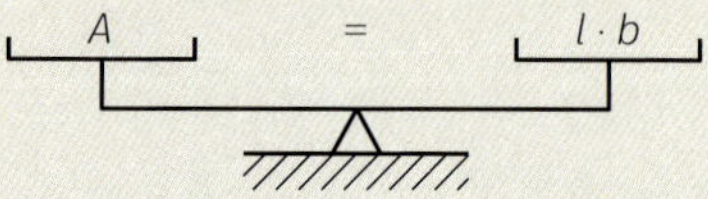

Fläche	=	Länge · Breite
A	=	$l \cdot b$

Lösen von Gleichungen mit einer Unbekannten

Beim Lösen von Gleichungen mit einer Unbekannten gibt es mehrere Möglichkeiten, die gesuchte Größe allein auf die eine Seite der Gleichung zu bringen.

Addiert oder **subtrahiert** man links und rechts ein bestimmtes Glied mit gleichem Vor- und Rechenzeichen, kann die Unbekannte isoliert werden.

$$x - 13 = 60$$
$$x - 13 + 13 = 60 + 13 \quad | +13 \text{ (addiert)}$$
$$x = \underline{\underline{73}}$$

Probe:

$$73 - 13 = 60$$
$$60 = 60$$

$$x + 8 = 20$$
$$x + 8 - 8 = 20 - 8 \quad | -8 \text{ (subtrahiert)}$$
$$x = \underline{\underline{12}}$$

Probe:

$$12 + 8 = 20$$
$$20 = 20$$

Multipliziert oder **dividiert** man links und rechts die Gleichung mit einer Größe, wird jedes Glied mit dieser Größe multipliziert oder durch sie dividiert. Danach wird gekürzt und die Unbekannte errechnet.

$$\frac{x}{12} = 3$$
$$\frac{x \cdot 12}{12} = 3 \cdot 12 \quad | \cdot 12 \text{ (multipliziert)}$$
$$x = \underline{\underline{36}}$$

Probe:

$$\frac{36}{12} = 3$$
$$3 = 3$$

$$4x = 20$$
$$\frac{4x}{4} = \frac{20}{4} \quad | :4 \text{ (dividiert)}$$
$$x = \underline{\underline{5}}$$

Probe:

$$4 \cdot 5 = 20$$
$$20 = 20$$

Beim **Seitenwechsel** ändern die Glieder einer Gleichung ihre Stellung von einer Seite der Gleichung auf die andere Seite. Dabei müssen die Rechenzeichen geändert werden.

Die **Seitenwechselregel** lautet:

aus	+	wird	–
aus	–	wird	+
aus	·	wird	:
aus	:	wird	·

Beim **Umstellen** von Formeln wird der Seitenwechsel angewendet. Häufig ist es zweckmäßig, zuvor den Seitentausch zu machen, damit die Unbekannte (Variable) auf der linken Seite der Gleichung steht. Der Seitenwechsel wird dann einfacher.

Die Formel für das Volumen ist: $V = l \cdot b \cdot h$. Wie lautet die Formel nach b umgestellt?

Lösung:
1. Seitentausch: $l \cdot b \cdot h = V$
2. Seitenwechsel: $b = \underline{\underline{\frac{V}{l \cdot h}}}$

Vom Umfang eines Dreiecks ist die Länge l_1 zu berechnen. Wie lautet die umgestellte Formel?

Lösung:
1. Seitentausch: $l_1 + l_2 + l_3 = U$
2. Seitenwechsel: $l_1 = \underline{\underline{U - l_2 - l_3}}$

Aufgaben

Die Unbekannte x ist zu berechnen. Lösungen mit dem Taschenrechner. Auf höchstens 3 Stellen nach dem Komma runden.

Seitenwechsel

> $x + 9 = 14$
>
> Seitenwechsel: Aus plus wird minus.
> $x = 14 - 9$
> $x = \underline{\underline{5}}$
>
> Probe:
> $5 + 9 = 14$
> $14 = 14$

1. $x + 18 = 24$
2. $x - 18 = 24$
3. $x - 6 - 3 = 17$
4. $x - 6 + 3 = 12$
5. $x + 2{,}7 - 0{,}2 + 3{,}9 = 14$
6. $26{,}3 - 12{,}7 + x - 2{,}7 = 17{,}5$
7. $0{,}03 + 0{,}95 + x - 1{,}3 = 0{,}5$
8. $-52 + x + 29{,}4 - 0{,}51 = 10{,}09$
9. $321 + x - 583 + 26 - 97 = 289$
10. $x + 128{,}76 - 92{,}39 + 688{,}72 - 813{,}99 = -58{,}14$
11. $x - c = a$
12. $x + z = y$
13. $x - z - y = z$
14. $a + b + x - m = b$
15. $x + p - q = s$

Unbekannte mit Minuszeichen

> $12 - x = 5$
>
> Alle Glieder mit (–1) multiplizieren.
> $12 - x = 5 \quad | \cdot (-1)$
> $-12 + x = \underline{\underline{-5}}$
>
> Seitenwechsel:
> $+x = -5 + 12$
> $x = \underline{\underline{7}}$
>
> Probe:
> $12 - 7 = 5$
> $5 = 5$

16. $36 - x = 6$
17. $67{,}3 - x = 5{,}7$
18. $84{,}3 - 3x = 78{,}3$
19. $5 = 16 - 2x$
20. $3 - 3x = -27$
21. $12 - 0{,}5x = -10$
22. $-11{,}8 = 6{,}7 - 3{,}7x$
23. $-x - b = a$
24. $d - x = f$
25. $-12{,}3 = 3{,}7 - 3{,}2x$

Produktgleichungen

> $17x = 51$
>
> Seitenwechsel: Aus mal wird geteilt.
> $x = \frac{51}{17}$
> $x = \underline{\underline{3}}$
>
> Probe:
> $17 \cdot 3 = 51$
> $51 = 51$

26. $5x = 27{,}5$
27. $3x = 0{,}3$
28. $37x = 22{,}2$
29. $0{,}4x = 500$
30. $11x = -121$
31. $3{,}2x = -1{,}28$
32. $5ax = 10a$
33. $2ax = 4a$
34. $3x = 12a$
35. $cbx = 5abc$
36. $5{,}6 = 7x$
37. $15a = 5x$
38. $18b = 3bx$
39. $ab = cx$
40. $8x + 12 = 20$
41. $6x - 12 = 12$
42. $3x - 3 = 12$
43. $7x + 39 = 88$
44. $27x + 17 = 125$
45. $17x - 11 = 96$
46. $7x - 6 = 43$
47. $17x - 9 = 93$
48. $13 = 100 - 29x$
49. $1{,}5x + 16{,}8 = 27{,}4$
50. $23x - 15 = 107$
51. $135 = 23 + 4x$
52. $275 = 182 + 5x$
53. $-47 = 7x - 327$
54. $128{,}8 = 2{,}7x - 527$
55. $32{,}4 - 6{,}9 = 0{,}5x - 76{,}0$

Bruchgleichungen (Bruchrechnen s. S. 26 ff.)

$\frac{x}{4} = 16$

Seitenwechsel: Aus geteilt wird mal.

$x = 16 \cdot 4$

$x = \underline{\underline{64}}$

Probe:

$\frac{64}{4} = 16$

$16 = 16$

56. $\frac{x}{3} = 9$

57. $\frac{x}{2} = 13$

58. $\frac{x}{32} = 160$

59. $\frac{x}{7{,}8} = 134{,}3$

60. $\frac{x}{a} = 1$

61. $\frac{4}{x} = 12$

62. $\frac{4x}{5} = 8$

63. $\frac{dfx}{x} = df$

64. $\frac{x}{7} - 54 = 16$

65. $\frac{3x}{5} + \frac{64}{8} = 23$

Unbekannte in Klammern (Klammern s. S. 32 f.)

$2 \cdot 21 + (3x - 23) = 37$

$42 + (3x - 23) = 37$

Plus-Klammer weglassen:

$42 + 3x - 23 = 37$

$3x = 37 - 42 + 23$

$3x = 18$

$x = \frac{18}{3}$

$x = \underline{\underline{6}}$

Probe:

$2 \cdot 21 + (3 \cdot 6 - 23) = 37$

$37 = 37$

66. $3 \cdot 6 = (3x + 7) - 2 \cdot 8{,}5$

67. $2 \cdot 36 - (8x + 3 \cdot 2) = 10$

68. $7(x - 2) = 49$

69. $3(5x - 5) = 45$

70. $c(x + d) = 2cd$

71. $7(2x + 2) = 4 \cdot 7$

72. $8(3 \cdot 3 - 6x) = -3 \cdot 8$

73. $-(9x - 50 - 3) = (2 \cdot 9 - 7x) - (2 \cdot 14 - 17x)$

Größengleichungen – Formeln umstellen

74. $g = \frac{w \cdot 100}{p}$
$p = ?$
$w = ?$

75. $z = \frac{k \cdot p \cdot t}{100 \cdot 360}$
$t = ?$
$p = ?$
$k = ?$

76. $U = (l + b) \cdot 2$
$l = ?$
$b = ?$

77. $A = \frac{(l_1 + l_2)}{2} \cdot h$
$h = ?$
$l_1 = ?$
$l_2 = ?$

78. $U = \frac{d \cdot \pi \cdot \alpha}{360} + s$
$s = ?$
$d = ?$
$\alpha = ?$

79. $A = \frac{2}{3} s \cdot h$
$s = ?$
$h = ?$

80. $A = \frac{b \cdot d}{4}$
$b = ?$
$d = ?$

81. $A = d_1 \cdot d_2 \cdot 0{,}785$
$d_1 = ?$
$d_2 = ?$

82. $A = \frac{d_1 + d_2}{2} \pi \cdot h$
$h = ?$
$d_1 = ?$
$d_2 = ?$

83. $A = \frac{d \cdot \pi \cdot h}{2}$
$h = ?$
$d = ?$

84. $V = l \cdot b \cdot h$
$l = ?$
$b = ?$
$h = ?$

85. $P = \frac{F}{A}$
$F = ?$
$A = ?$

86. $d_1 \cdot n_1 = d_2 \cdot n_2$
$n_2 = ?$
$n_1 = ?$
$d_2 = ?$

87. $\frac{F_1}{F_2} = \frac{A_1}{A_2}$
$A_1 = ?$
$F_2 = ?$
$A_2 = ?$

Verhältnisgleichungen, Proportionen

Beim **Verhältnis** werden zwei Größen dividiert und als Quotient geschrieben.

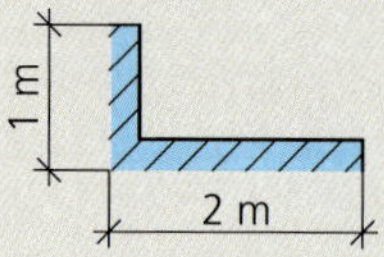

1 m : 2 m

$$\frac{1\text{ m}}{2\text{ m}} = 0{,}5$$

Bei **Verhältnisgleichungen** (Proportionen) werden zwei Quotienten einander gleichgesetzt. Die Einheiten beider Quotienten müssen gleich sein.

$$\frac{25\text{ cm}}{1{,}5\text{ m}} = \frac{25\text{ cm}}{150\text{ cm}}$$

$$\frac{a}{b} = \frac{c}{d} \quad \text{oder} \quad a : b = c : d$$

Bei dieser Gleichung unterscheidet man:

Außenglieder

$a \quad : \quad b \quad = \quad c \quad : \quad d$

Innenglieder

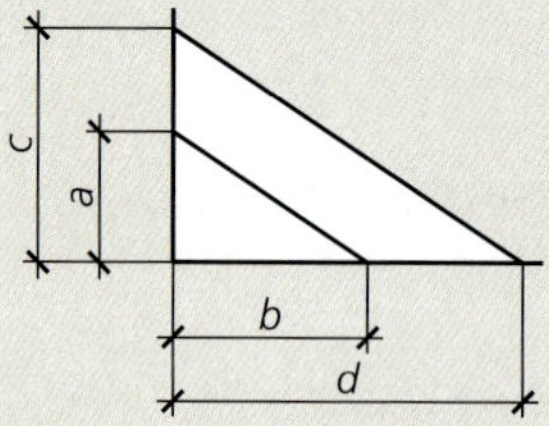

Wird bei einer Proportion eine Größe gesucht, stellt man sie zur **Produktgleichung** um, indem jeweils Außenglieder und Innenglieder über Kreuz multipliziert werden.

$$\frac{a}{b} = \frac{c}{d}$$

$$a \cdot d = b \cdot c$$

Produkt der Außenglieder = Produkt der Innenglieder

Direkt proportional sind Größen, die im geraden Verhältnis zueinander stehen:
je größer (kleiner), desto größer (kleiner).

Von den beiden Dreiecken der Figur sind jeweils Höhe und Breite gegeben. Zu berechnen sind:

a) Verhältnisse Höhe zu Breite,
b) Verhältnisgleichung.

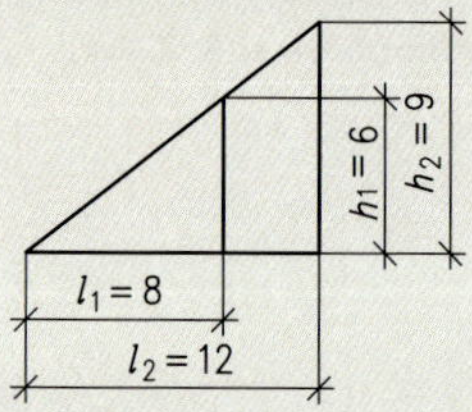

Produktgleichung:
$h_1 \cdot l_2 = l_1 \cdot h_2$

Lösung:

a) $\frac{h_1}{l_1} = \frac{6}{8} = 0{,}75$

$\frac{h_2}{l_2} = \frac{9}{12} = 0{,}75$

b) $h_1 : l_1 = h_2 : l_2$

Umgekehrt proportional sind Größen, die im umgekehrten Verhältnis zueinander stehen:
je größer (kleiner), desto kleiner (größer).

$a_1 : a_2 = b_2 : b_1$
$a_1 \cdot b_1 = a_2 \cdot b_2$

Größe *a* ist umgekehrt proportional zu Größe *b*. Das Produkt ist immer gleich.

Von einem Riementrieb sind gegeben: $n_1 = 1\,500 \frac{1}{\text{min}}$; $d_1 = 180$ mm; $d_2 = 270$ mm. Gesucht ist n_2.

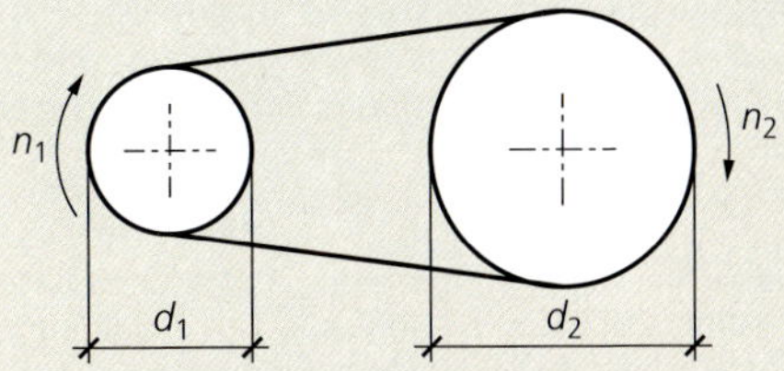

Lösung:
$n_1 : n_2 = d_2 : d_1$
$n_1 \cdot d_1 = n_2 \cdot d_2$

$$n_2 = \frac{n_1 \cdot d_1}{d_2} = \frac{1\,500 \frac{1}{\text{min}} \cdot 180 \text{ mm}}{270 \text{ mm}} = \underline{\underline{1\,000 \frac{1}{\text{min}}}}$$

Fortlaufend proportional sind Größen, wenn mehrere Verhältnisse gleichgesetzt werden können. So werden z. B. Möbelfronten, Innen- und Außentüren, Innenraumgestaltung und Fenster in fortlaufenden Proportionen gegliedert.

$$\frac{a_1}{b_1} = \frac{a_2}{b_2} = \frac{a_3}{b_3}$$

$a_1 : a_2 : a_3 \ldots = b_1 : b_2 : b_3 \ldots$

Zu berechnen ist die fortlaufende Proportion für drei Flächen einer Innenraumgestaltung.

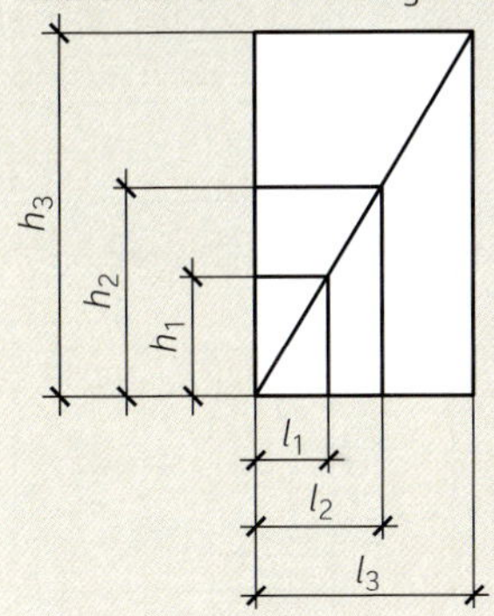

Lösung:
$l_1 : h_1 = l_2 : h_2 = l_3 : h_3$

$$\frac{l_1}{h_1} = \frac{l_2}{h_2} = \frac{l_3}{h_3}$$

Die fortlaufende Proportion lautet:
$l_1 : l_2 : l_3 = h_1 : h_2 : h_3$

Bei der **stetigen Teilung** (Goldener Schnitt) verhält sich die kleinere Strecke $\overline{CB}$ (Minor) zur größeren Strecke $\overline{AC}$ (Major) wie die größere Strecke $\overline{AC}$ zur ganzen Strecke $\overline{AB}$.

$$\frac{\overline{CB}}{\overline{AC}} = \frac{\overline{AC}}{\overline{AB}}$$

$\overline{CB} : \overline{AC} = \overline{AC} : \overline{ACB}$

Aus den Teilungsverhältnissen der stetigen Teilung ist der Näherungswert des Goldenen Schnittes (und sein Kehrwert) zu bestimmen.

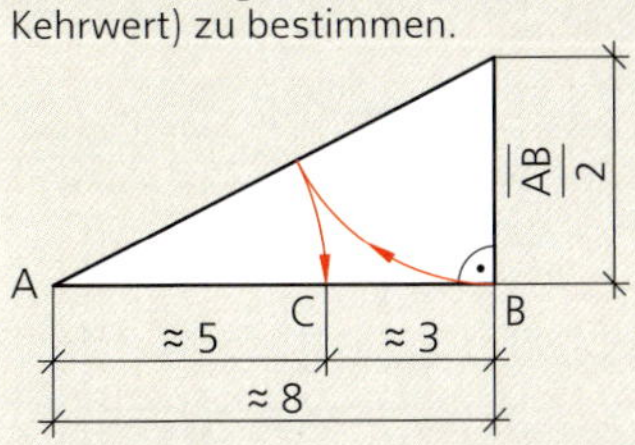

$\underbrace{3 : 5}_{0{,}6} \approx \underbrace{5 : 8}_{0{,}625}$

$\underbrace{5 : 8}_{0{,}625} \approx \underbrace{8 : 13}_{0{,}615}$

$\underbrace{8 : 13}_{0{,}615} \approx \underbrace{13 : 21}_{0{,}615} \ldots$

Lösung:
Näherungswert $\approx \underline{\underline{0{,}62}}$; Kehrwert von $\frac{1}{0{,}62} \approx \underline{\underline{1{,}62}}$

Für Rechtecke nach dem Goldenen Schnitt gilt näherungsweise:

Länge	=	Breite	·	1,62
l	=	*b*	·	1,62
Breite	=	Länge	·	0,62
b	=	*l*	·	0,62

Aufgaben

88. Die Verhältnisgleichung $a : b = c : d$ ist umzustellen: a) nach a, b) nach b, c) nach c, d) nach d.

89. Die Produktgleichungen sind in Proportionen umzuformen:
a) $5 \cdot a = 8 \cdot b$, b) $P \cdot a = Q \cdot b$.

90. Eine rechteckige, 750 mm hohe Möbeltür weist ein Verhältnis von Breite zu Höhe wie 1 : 1,7 auf. Zu berechnen ist die Breite der Möbeltür in mm.

91. Ein 235 cm breites Fenster erhält eine Pfosteneinteilung im Verhältnis von 4 : 11.
Zu berechnen ist das Maß in cm für den Sitz des Pfostens.

92. Die Hauptansicht eines Kleinmöbels ist nach dem Goldenen Schnitt gestaltet, sodass gilt: $b : h_1 = h_1 : h_2$. Die Korpushöhe h_1 beträgt 655 mm.

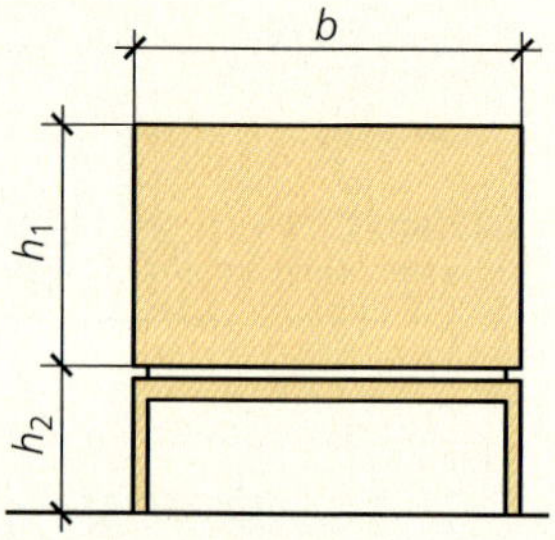

Zu berechnen sind:
a) Höhe h_2 des Untergestells und b) Breite b.

93. Bei einem Schrank ist die Breite zur Höhe im Verhältnis 5 : 8 gestaltet. Dies entspricht dem Goldenen Schnitt.

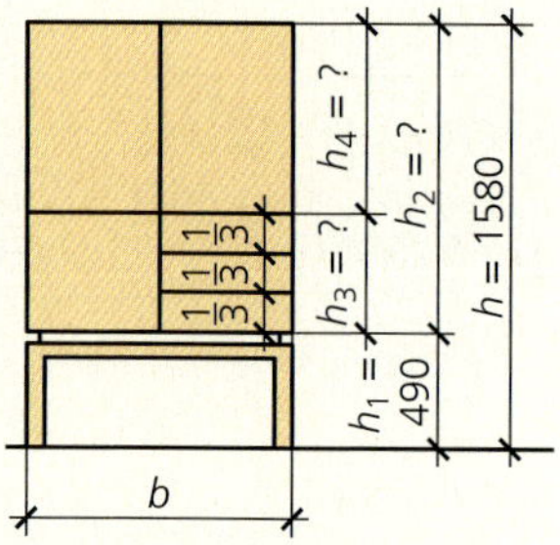

Zu berechnen sind:
a) Maß b in mm,
b) Maße h_2, h_3 und h_4, wenn $h_2 : h_4 = 1{,}62 : 1$ gilt,
c) Höhe der Schubkastenvorderstücke in mm.

94. Die Rechtecke in der Profilgestaltung einer Außentür sollen das gleiche Seitenverhältnis wie die Tür haben. Wie groß ist die Höhe h_2 der Rechtecke zu wählen, wenn ihre Breite b_2 310 mm beträgt?

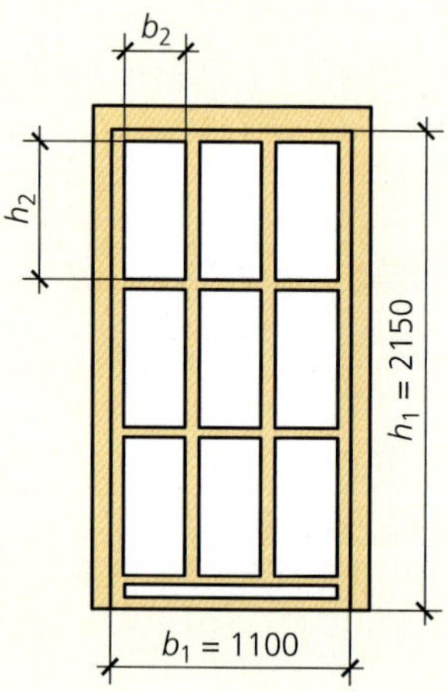

95. Deckenbalken erhalten eine Ummantelung aus Fichtenbrettern, die verleimt und gesandstrahlt sind. Der rechteckige Querschnitt der Ummantelung hat ein Seitenverhältnis von Breite : Höhe = 4,5 : 7,2.

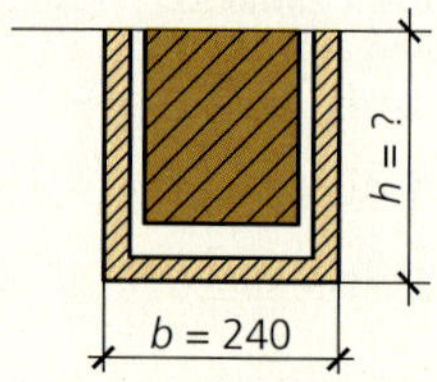

Zu berechnen ist die Höhe des Querschnitts in mm.

96. Die fünf Felder einer 4,18 m breiten Wandbekleidung sind im Verhältnis 3 : 7 einzuteilen. Zu berechnen sind b_1 und b_2 in m.

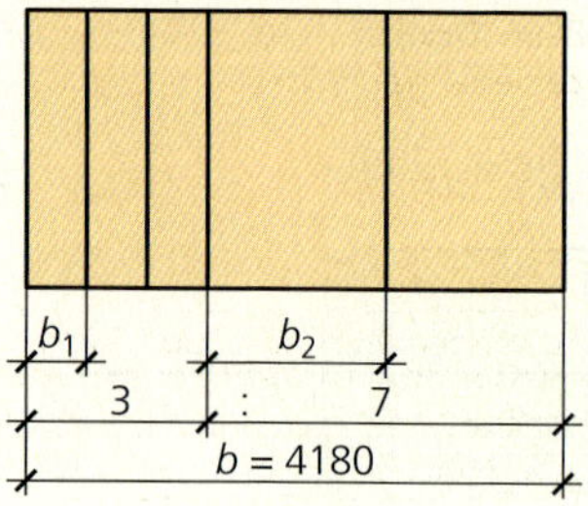

97. Bei der Flächengliederung einer Wandbekleidung verhalten sich die Breiten b_1 und b_2 = 2 : 3, die Höhen $h_1 : h_2 : h_3 = 2 : 5 : 3$.

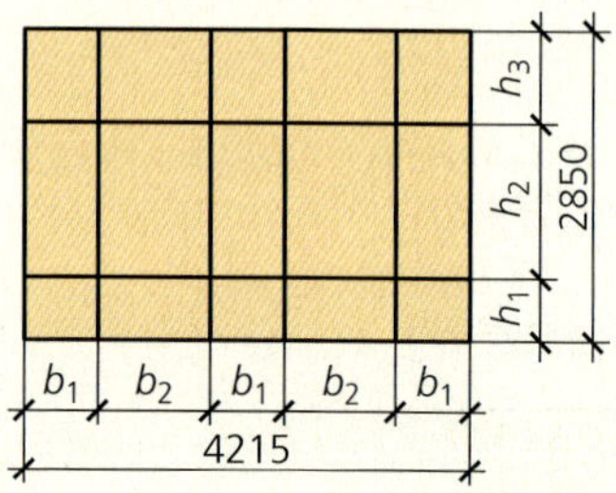

Zu berechnen sind:
a) Breitenmaße b_1 und b_2 in mm,
b) Höhenmaße h_1, h_2 und h_3 in mm.

98. Die Blendrahmenaußenmaße eines Fensters betragen in der Breite 1 855 mm und in der Höhe 1 420 mm. Zu berechnen sind, jeweils von Blendrahmenaußenkante bis Riegel- bzw. Pfostenmitte, der Abstand in mm für a) b_1 und b) h_1.

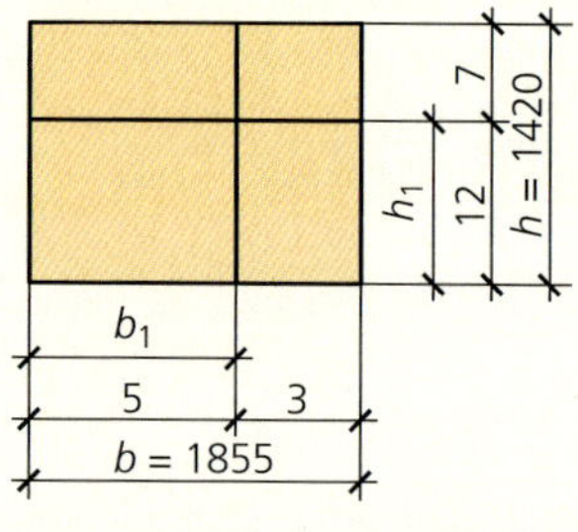

99. Ein Riementrieb hat motorseitig eine Riemenscheibe mit dem Durchmesser d = 120 mm.
Zu berechnen ist das Übersetzungsverhältnis der treibenden zur getriebenen Scheibe, wenn der Durchmesser der getriebenen Scheibe 50 mm beträgt.

1.7 Dreisatz

Beim **einfachen Dreisatz** wird von zwei bekannten Größen auf eine dritte, unbekannte Größe in drei Sätzen (Regel der 3) geschlossen:

① Aussagesatz: Mehrheit mit bekannter Größe

② Mittelsatz: von der Mehrheit auf die Einheit

③ Schlusssatz: von der Einheit auf die neue Mehrheit

Die Fläche von 5 gleich großen STAE-Platten beträgt 14,88 m². Wie viel m² haben 7 Platten?

Lösung:
① 5 Platten $\mathrel{\hat{=}} 14{,}88\ \text{m}^2$
② 1 Platte $\mathrel{\hat{=}} \dfrac{14{,}88\ \text{m}^2}{5} = 2{,}98\ \text{m}^2$
③ 7 Platten $\mathrel{\hat{=}} 2{,}98\ \text{m}^2 \cdot 7 = \underline{\underline{20{,}83\ \text{m}^2}}$

Beim **Dreisatz mit geradem Verhältnis** nehmen beide Zahlenangaben des 1. Satzes gleichzeitig zu oder ab.

Je mehr, desto mehr; je weniger, desto weniger.

Zunahme					
Leimmenge in kg	100	200	300	400	500
Leimpreis in €	323	645	968	1 290	1 612
Zunahme					

Beim 2. Satz wird dividiert, beim 3. Satz multipliziert.

Wie viel € kosten 40 kg Leim, wenn 100 kg 322,50 € kosten?

Lösung:
① 100 kg kosten 322,50 €.
② 1 kg kostet $\dfrac{322{,}50\ €}{100}$.
③ 40 kg kosten $\dfrac{322{,}50\ € \cdot 40}{100} = \underline{\underline{129{,}00\ €}}$.

Beim **Dreisatz mit umgekehrtem Verhältnis** nimmt eine Zahlenangabe des 1. Satzes zu, während die andere abnimmt.

Je mehr, desto weniger; je weniger, desto mehr.

Zunahme					
Arbeitnehmeranzahl	1	2	3	4	5
notwendige Stunden	120	60	40	30	24
Abnahme					

Beim 2. Satz wird multipliziert, beim 3. Satz dividiert.

In welcher Zeit schaffen 4 Arbeitnehmer eine Arbeit, wenn 10 Arbeitnehmer 12 h brauchen?

Lösung:
① 10 Arbeitnehmer brauchen 12 h.
② 1 Arbeitnehmer braucht 12 h · 10.
③ 4 Arbeitnehmer brauchen $\dfrac{12\ \text{h} \cdot 10}{4} = \underline{\underline{30\ \text{h}}}$.

Beim **zusammengesetzten Dreisatz** sind mehr als drei Zahlenangaben gegeben. Zu ihrer Lösung braucht man wenigstens zwei Schlusssätze.

Wie viel € verdienen 2 Arbeitnehmer in 38,5 h, wenn 1 Arbeitnehmer in 8 h 101,60 € verdient?

Lösung:
① 1 Arbeitnehmer verdient in 8 h 101,60 €.
② 1 Arbeitnehmer verdient in 1 h $\dfrac{101{,}60\ €}{8\ \text{h}}$.
③a 1 Arbeitnehmer verdient in 38,5 h
$\dfrac{101{,}60\ € \cdot 38{,}5\ \text{h}}{8\ \text{h}}$.
③b 2 Arbeitnehmer verdienen in 38,5 h
$\dfrac{101{,}60\ € \cdot 38{,}5\ \text{h} \cdot 2}{8\ \text{h}} = \underline{\underline{977{,}90\ €}}$.

Aufgaben

Einfacher Dreisatz

1. Ein junger Facharbeiter verdient in Lohngruppe 5 in 38,5 h 924,00 €.
Wie viel Euro bekommt er für 178 h?

2. Eine Montagegruppe von 21 Arbeitnehmern benötigt für eine umfangreiche Montage 32 Arbeitstage.
Nach wie vielen Tagen ist die Arbeit fertig, wenn 7 Arbeitnehmer zusätzlich eingesetzt werden?

3. Eine Gesellin fertigt in 23 h 5 gleiche Werkstücke.
Wie viel Lohn entfällt auf 1 Stück bei einem Lohn von 23,80 € je Stunde?

4. 6 runde Tische erhalten 22,60 m Kantenfurnier.
Wie viel Meter sind für 14 Tische erforderlich?

5. Aus 54,00 m^2 Holzspanplatte können 27 Einbauteile gefertigt werden.
Wie viel Quadratmeter braucht man für 94 Teile?

6. Zur Herstellung von 3 Einbauschränken rechnet man mit einem Zeitaufwand von 72 h.
Zu berechnen ist die Arbeitszeit, die für die Herstellung von 8 Schränken benötigt wird.

7. Ein Fußboden mit 30 Stück 18 cm breiten Dielen soll mit 12 cm breiten Dielen neu belegt werden.
Wie viele neue Dielen sind nötig?

8. Eine 8-stufige Treppe hat eine Stufenhöhe von 16 cm.
a) Zu berechnen ist die Gesamthöhe der Treppe in cm.
b) Die 8-stufige Treppe soll durch eine Treppe mit 7 Stufen ersetzt werden. Wie viel Zentimeter beträgt die neue Stufenhöhe?

9. Für 18,00 m^2 Leimfläche sind 3,24 kg Leim erforderlich.
Wie viel Kilogramm werden für 27,00 m^2 Leimfläche benötigt?

10. An einer Tischfräsmaschine werden 56 m in 9,3 min gefälzt.
Wie viel Stunden werden für das Fälzen von 314 m benötigt?

11. Ein Auftrag wurde auf 48 h geschätzt und mit 2 350,00 € berechnet.
a) Die Arbeit dauert 16 h länger. Zu berechnen sind die Mehrkosten in €.
b) Die Arbeit wurde in 45 h erledigt. Zu berechnen ist der Gewinn in €.

12. In 175 h verdient ein Geselle 3 815,00 €.
Wie viel Euro erhält er für 38,5 h?

13. Für einen Auftrag betragen die Lohnkosten in 8 h 867,00 €.
Wie hoch sind die Lohnkosten für 6,5 h?

14. Für 4,300 m^3 Holz werden 2 850,00 € bezahlt.
Wie teuer sind 5,750 m^3 bei gleicher Preislage?

15. Drei Holzspanplatten haben 13,20 m^2 Fläche.
Wie viel Quadratmeter weisen 7 Platten gleicher Größe auf?

16. Ein Gebinde SH-Lack reicht bei einer Auftragsmenge von 170 g/m^2 für die Beschichtung von 29,40 m^2. Bei der Verwendung von PUR-Lack benötigt man 125 g/m^2.
Wie viel Quadratmeter können mit derselben Menge im Gebinde beschichtet werden?

17. Mit einer Leimauftragsmaschine werden für Auftrag A 937,00 m^2 Trägermaterial mit KUF-Leim angegeben. Der Leimverbrauch dafür beträgt 752 kg.
Wie viel Kilogramm KUF-Leim müssen für Auftrag B eingesetzt werden, wenn bei gleicher Auftragsmenge je Quadratmeter 2 180,00 m^2 beleimt werden?

Zusammengesetzter Dreisatz

18. 13 Gesellinnen und Gesellen verdienen in 5 Tagen bei 8-stündiger Arbeitszeit 12 740,00 €.
Wie viel Euro verdienen 9 von ihnen in 26 Tagen bei täglich 7,5-stündiger Arbeitszeit?

19. 4 Gesellinnen und Gesellen benötigen für eine Montage bei täglich 8-stündiger Arbeitszeit 20,25 Tage. Wegen Terminschwierigkeiten werden 6 Gesellinnen und Gesellen mit täglich 1 Überstunde eingesetzt.
Wie viel Tage dauert nun die Montagearbeit?

20. 3 Facharbeiter stellen in 12 Tagen 21 gleiche Werkstücke her.
Wie viele Werkstücke werden von 4 Facharbeitern in 6 Tagen angefertigt?

21. Mit einer Dickenhobelmaschine werden in 5,9 min 36 Bretter mit je 2,80 m Länge auf 18 mm Dicke ausgehobelt.
Wie lange dauert der Hobelvorgang bei 53 Brettern mit einer Länge von je 4,30 m?

22. An einer Tischkreissägemaschine werden in 112 min aus 27 Brettern jeweils 7 Leisten mit je 50 mm Breite zugeschnitten. Jedes Brett ist 3,85 m lang.
Wie viel Minuten werden benötigt, wenn 40 Bretter mit einer Länge von jeweils 4,50 m zur Verfügung stehen und aus jedem Brett 5 Leisten mit 50 mm Breite zugeschnitten werden?

1.8 Prozent

Beim **Prozentrechnen** werden zwei oder mehr Größen als Teile eines Ganzen miteinander verglichen. Vergleichszahl ist die Zahl 100, auf die die zu vergleichenden Werte bezogen werden (vom Hundert = lat. *pro centum* = Prozent).

Der **Grundwert *g*** entspricht dem Ganzen, also 100 %. Er ist eine benannte Zahl (€, kg, cm, m usw.).
Grundwert = Prozentwert · 100/Prozentsatz

$$\text{Grundwert} = \frac{\text{Prozentwert} \cdot 100\ \%}{\text{Prozentsatz}}$$

$$g = \frac{w \cdot 100\ \%}{p}$$

Der **Prozentsatz *p*** gibt den Anteil am Ganzen in Hundertsteln an. Er bestimmt, welcher Teil des Grundwertes berechnet wird. 1 Hundertstel des Grundwertes = 1 Prozent = 1 %.

$$\text{Prozentsatz} = \frac{\text{Prozentwert} \cdot 100\ \%}{\text{Grundwert}}$$

$$p = \frac{w \cdot 100\ \%}{g}$$

Der **Prozentwert *w*** ist ein Teil des Grundwertes und entspricht dem Prozentsatz. Er ist eine benannte Zahl (€, kg, cm, m usw.).

$$\text{Prozentwert} = \frac{\text{Grundwert} \cdot \text{Prozentsatz}}{100\ \%}$$

$$w = \frac{g \cdot p}{100\ \%}$$

Verminderter Grundwert bedeutet, dass vom Grundwert 100 % ein bestimmter Prozentsatz *p* % abgezogen wird.

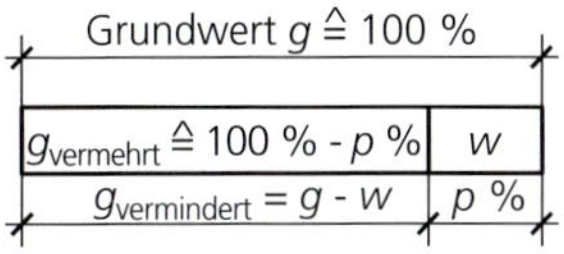

$$\text{Grundwert}\ g = \frac{g_{\text{vermindert}} \cdot 100\ \%}{(100\ \% - p)}$$

Vermehrter Grundwert bedeutet, dass der Grundwert 100 % um einen bestimmten Prozentsatz *p* % vermehrt wird.

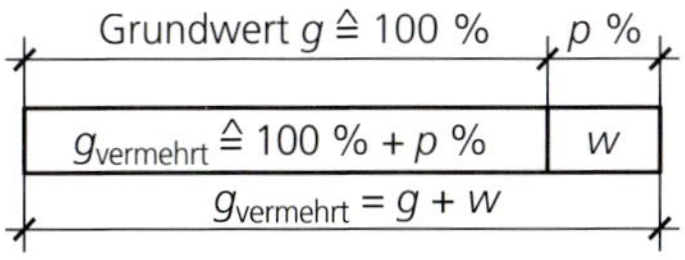

$$\text{Grundwert}\ g = \frac{g_{\text{vermehrt}} \cdot 100\ \%}{(100\ \% + p)}$$

Wie viel Kilogramm sind 100 %, wenn 42 kg 7 % entsprechen?

Lösung:

$$g = \frac{w \cdot 100\ \%}{p}$$

$$g = \frac{42\ \text{kg} \cdot 100\ \%}{7\ \%} = \underline{\underline{600\ \text{kg}}}$$

Wie viel Prozent sind 42 kg von 600 kg?

Lösung:

$$p = \frac{w \cdot 100\ \%}{g}$$

$$p = \frac{42\ \text{kg} \cdot 100\ \%}{600\ \text{kg}} = \underline{\underline{7\ \%}}$$

Wie viel Kilogramm sind 7 % von 600 kg?

Lösung:

$$w = \frac{g \cdot p}{100\ \%}$$

$$w = \frac{600\ \text{kg} \cdot 7\ \%}{100\ \%} = \underline{\underline{42\ \text{kg}}}$$

Nach Abzug von 15 % wurden 204,00 € ausbezahlt. Wie viel Euro betrug der Bruttoverdienst?

Lösung:
100 % – 15 % = 85 % ≙ 204,00 €

$$g = \frac{g_{\text{vermindert}} \cdot 100\ \%}{(100\ \% - p)}$$

$$w = \frac{204{,}00\ € \cdot 100\ \%}{85\ \%} = \underline{\underline{240{,}00\ €}}$$

Der Stundenlohn wurde um 4,6 % auf 23,50 € erhöht. Wie viel Euro betrug er vorher?

Lösung:
100 % + 4,6 % = 104,6 % ≙ 23,50 €

$$g = \frac{g_{\text{vermehrt}} \cdot 100\ \%}{(100\ \% + p)}$$

$$g = \frac{23{,}50\ € \cdot 100\ \%}{104{,}6\ \%}$$

$$g = \underline{\underline{22{,}47\ €}}$$

Aufgaben

Prozent mit reinem Grundwert

Zu berechnen ist der Prozentwert.

Aufgabe	Prozentsatz	Grundwert
1.	3 %	1 150,00 €
2.	3 %	675 km
3.	3½ %	435 min
4.	3½ %	1 240,00 €

Zu berechnen ist der Prozentsatz.

Aufgabe	Grundwert	Prozentwert
5.	750,00 €	30,00 €
6.	750 kg	37,5 kg
7.	75,00 €	3,15 €
8.	75 kg	3,45 kg

Zu berechnen ist der Grundwert.

Aufgabe	Prozentsatz	Prozentwert
9.	4 %	14,00 €
10.	4 %	18,00 €
11.	15 %	60 cm
12.	15 %	75 cm

13. Auf eine Rechnung über 1 280,00 € wurden 3 % Skonto gewährt.
Wie viel Euro darf man vom Rechnungsbetrag abziehen (Skonto = Preisnachlass bei Barzahlung)?

14. Zu berechnen ist der Bruttolohn, wenn die Abzüge 136,00 € ≙ 14 % betragen.

15. Ein Arbeitsvorgang, der bisher 72 min dauerte, wird durch den Einsatz neuer Maschinen um 26 min verkürzt.
Zu berechnen ist die Zeitersparnis in %.

16. Wie viel % beträgt die Gehaltszunahme, wenn ein Monatsgehalt von 2 217,00 € auf 2 361,10 € erhöht wird?

17. Für einen gebrauchten Pkw, Neuwert 29 890,00 €, bietet man 13 622,00 €.
Zu berechnen ist der Wertverlust in %.

Prozent mit vermindertem und vermehrtem Grundwert

18. Nach einer Preissenkung von 6 % kostet ein Pkw 20 385,00 €.
Wie teuer war er vorher?

19. Eine Sparerin hebt 35 % ihres Guthabens ab. Es verbleiben noch 2 500,00 €.
Wie viel Euro hat sie entnommen?

20. In seiner neuen Stelle verdient ein Arbeitnehmer wöchentlich 703,40 €, das sind 6,7 % mehr als bisher.
Wie groß ist der Mehrverdienst in €?

21. Eine Rente wurde zu 66 % des Arbeitseinkommens bemessen und auf 758,25 € festgesetzt.
Wie viel Euro verdiente der Rentner vorher?

22. Nachdem für Miete 16 % des Monatseinkommens entnommen waren, verblieben noch 2 470,00 €.
Zu berechnen ist die Miete in €.

23. Ein fertiges Werkstück wiegt 32 kg.
Wie viel Kilogramm Rohmaterial wurden benötigt, wenn vom Rohgewicht 68 % verschnitten wurden?

1.9 Zinsen*

Zinsen sind die Vergütung für ein leihweise überlassenes Kapital *k*. Die Höhe der Zinsen *z* berechnet sich aus dem Kapital *k*, dem Zinssatz *p* und der Laufzeit *t*.
Einheiten für die Laufzeit können sein:

1 Zinsjahr (p. a. = per anno) → $\frac{\text{Jahre}}{\text{1 Jahr}}$

1 Zinsmonat (= 30 Zinstage) → $\frac{\text{Monate}}{\text{12 Monate}}$

1 Zinstag → $\frac{\text{Tage}}{\text{360 Tage}}$

Zinsen *z*

$$\text{Zinsen} = \frac{\text{Kapital} \cdot \text{Zinssatz} \cdot \text{Laufzeit}}{100\,\%}$$

$$z = \frac{k \cdot p \cdot t}{100\,\%}$$

Ein Kapital von 12750,00 € wird zu 3,5 % verzinst. Wie viel Euro betragen die Zinsen nach einer Laufzeit von 4 Jahren?

Lösung:

$$z = \frac{k \cdot p \cdot t}{100\,\%}$$

$$z = \frac{12\,750{,}00\,€ \cdot 3{,}5\,\% \cdot 4\text{ Jahre}}{100\,\% \cdot 1\text{ Jahr}}$$

$$z = \underline{\underline{1\,785{,}00\,€}}$$

Kapital *k*

$$\text{Kapital} = \frac{\text{Zinsen} \cdot 100\,\%}{\text{Zinssatz} \cdot \text{Laufzeit}}$$

$$k = \frac{z \cdot 100\,\%}{p \cdot t}$$

Bei einer Laufzeit von 4,5 Jahren und einem Zinssatz von 3,8 % errechnen sich 837,00 € Zinsen. Wie viel Euro beträgt das Kapital?

Lösung:

$$k = \frac{z \cdot 100\,\%}{p \cdot t}$$

$$k = \frac{837{,}00\,€ \cdot 100\,\% \cdot 1\text{ Jahr}}{3{,}8\,\% \cdot 4{,}5\text{ Jahre}}$$

$$k = \underline{\underline{4\,894{,}74\,€}}$$

Zinssatz *p*

$$\text{Zinssatz} = \frac{\text{Zinsen} \cdot 100\,\%}{\text{Kapital} \cdot \text{Laufzeit}}$$

$$p = \frac{z \cdot 100\,\%}{k \cdot t}$$

Ein Kapital von 36400,00 € ergibt in 3 Jahren Laufzeit 4914,00 € Zinsen. Wie viel Prozent beträgt der Zinssatz?

Lösung:

$$p = \frac{z \cdot 100\,\%}{k \cdot t}$$

$$p = \frac{4\,914{,}00\,€ \cdot 100\,\% \cdot 1\text{ Jahr}}{36\,400{,}00\,€ \cdot 3\text{ Jahre}}$$

$$p = \underline{\underline{4{,}5\,\%}}$$

Laufzeit *t*

$$\text{Laufzeit} = \frac{\text{Zinsen} \cdot 100\,\%}{\text{Kapital} \cdot \text{Zinssatz}}$$

$$t = \frac{z \cdot 100\,\%}{k \cdot p}$$

Ein Kapital von 8580,00 € ergibt bei einem Zinssatz von 4,35 % Zinsen in Höhe von 2005,58 €. Wie viele Jahre betrug die Laufzeit?

Lösung:

$$t = \frac{z \cdot 100\,\%}{k \cdot p}$$

$$t = \frac{2\,005{,}58\,€ \cdot 100\,\%}{8\,580{,}00\,€ \cdot 4{,}25\,\%}$$

$$t = \underline{\underline{5{,}5\text{ Jahre}}}$$

* Zinsberechnungen sind exemplarische Beispiele und entsprechen nicht den tatsächlichen Werten.

Aufgaben

Zu berechnen sind die Zinsen in €.*

Aufgabe	Kapital in €	Zinssatz in %	Laufzeit
1.	4800,00	3,5	2 Jahre
2.	6325,00	4,25	180 Tage
3.	15300,00	5,56	14 Monate
4.	80800,00	6,8	3,5 Jahre
5.	155000,00	7,2	22 Monate

Zu berechnen ist das Kapital in €.

Aufgabe	Zinsen in €	Zinssatz in %	Laufzeit
6.	75,50	3,0	1,5 Jahre
7.	221,80	2,7	18 Monate
8.	510,00	4,25	9 Monate
9.	1213,75	3,8	2,5 Jahre
10.	2592,39	5,3	360 Tage

Zu berechnen ist der Zinssatz in Prozent.

Aufgabe	Zinsen in €	Kapital in €	Laufzeit
11.	170,03	4858,00	1 Jahr
12.	916,08	18321,50	2 Jahre
13.	111,20	2780,00	15 Monate
14.	24300,00	300000,00	27 Monate
15.	526,75	10500,00	420 Tage

Zu berechnen ist die Laufzeit (wahlweise Jahre, Monate, Tage).

Aufgabe	Zinsen in €	Kapital in €	Zinssatz in %
16.	2748,16	45200,00	3,8
17.	96,56	917,00	2,7
18.	511,67	12280,00	5,0
19.	30125,20	162400,00	5,3
20.	14810,65	88290,00	6,1

* Zinsberechnungen sind exemplarische Beispiele und entsprechen nicht den tatsächlichen Werten.

21. Ein Sparer legt bei einer Bank ein Guthaben in Höhe von 25000,00 € zu 4,8 % mit einer Laufzeit von 1 Jahr an. Wie viel Euro beträgt die Summe aus Kapital und Zinsen?

22. Eine Sparerin nimmt als Bundesobligation eine 5,5%ige Anleihe auf. Sie erhält jährlich 825,00 € Zinsen. Auf wie viel Euro ist ihre Anleihe ausgestellt?

23. Ein Darlehen in Höhe von 80000,00 € wird bei einer Laufzeit von 3,5 Jahren mit 7,3 % verzinst. Wie viel Euro betragen die Zinsen?

24. Wie viel Euro beträgt ein Kapital, das mit 5,2 % verzinst wird und monatlich 281,67 € Zinsen bringt?

25. Ein Kapital in Höhe von 11500,00 € wird am 1. Januar zu 6,7 % angelegt. Mit Zinszuschlag erhöht es sich auf 12776,98 €. Wie viele Tage betrug die Laufzeit?

26. Ein Unternehmer nimmt 42700,00 € Darlehen zu 8,2 % für 6 Monate auf. Wie viel Euro Zinsen muss er nach dieser Zeit bezahlen?

27. Eine Unternehmerin verlangt von einem Kunden 12 % Verzugszinsen für einen Zeitraum von 8 Monaten. Der Rechnungsbetrag belief sich auf 8785,00 €.
a) Wie viel Euro muss der Kunde für Verzugszinsen bezahlen?
b) Welchen Betrag in € hätte der Kunde bei sofortiger Bezahlung unter Abzug von 2 % Skonto an die Unternehmerin überweisen müssen?

28. Für die Anschaffung eines Lkws nimmt ein Unternehmer am 1. April 2020 ein Darlehen von 27000,00 € bei seiner Bank auf. Am 31. August 2022 wird der Betrag in Höhe von 27000,00 € inklusive der Zinsen von 7,5 % zurückbezahlt.
Zu berechnen ist der Betrag in €, der am 31. August 2022 an die Bank zu zahlen ist.

29. Eine Unternehmerin benötigt zum Kauf einer Holzbearbeitungsmaschine einen Kredit von 18000,00 €, Laufzeit 3 Jahre.
Bank A bietet an: 11,5 % Zins und eine einmalige Kreditgebühr von 2 % bei Darlehensaufnahme.
Bank B bietet an: monatliche Zinsbelastung von 1 % und eine einmalige Kreditgebühr von 1,5 % bei Aufnahme des Darlehens.
Zu berechnen ist der Unterschiedsbetrag der Angebote in €.

1.10 Mischungen

Mischungen bestehen aus verschiedenen Stoffen. Die Summe ihrer Anteile ergibt die Gesamtanteile der Mischung.

Summe der Stoffanteile = Gesamtanteile

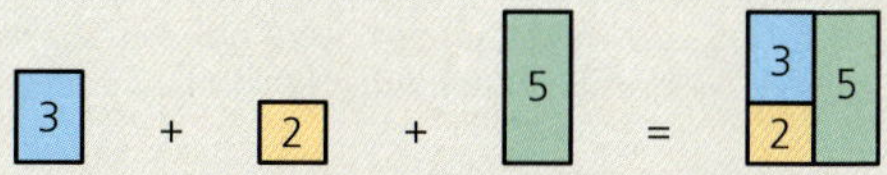

Anteile A + Anteile B + Anteile C = Gesamtanteile
3 + 2 + 5 = 10

Beim **Mischungsverhältnis** sind die Anteile der verschiedenen Stoffe in ein bestimmtes Verhältnis zueinander gesetzt. Die Mischungsanteile können angegeben werden als:

- Massenanteile (MT) in mg, g, kg, t,
- Volumenanteile (VT) in ml, l, hl.

1 MT (VT) ergibt sich aus dem Quotienten von Masse (Volumen) der Mischung durch die Gesamtanteile.

$$1\text{ MT (VT)} = \frac{\text{Masse (Volumen) der Mischung}}{\text{Gesamtanteile}}$$

Mischungsverhältnis:
3 : 2 : 5

In 5,5 kg Härterlösung sind Härterpulver und Wasser im Verhältnis 3 : 8 gemischt.
Zu berechnen sind:
a) Masse von 1 MT in kg,
b) Masse von Härterpulver und Wasser in kg.

Lösung:
a)
$$1\text{ MT} = \frac{\text{Masse der Mischung}}{\text{Gesamtanteile}}$$
$$1\text{ MT} = \frac{5{,}5\text{ kg}}{3+8} = \frac{5{,}5\text{ kg}}{11} = \underline{\underline{0{,}5\text{ kg}}}$$

b)
$$3\text{ MT Härterpulver} \mathrel{\hat{=}} 3 \cdot 0{,}5\text{ kg} = 1{,}5\text{ kg}$$
$$8\text{ MT Wasser} \mathrel{\hat{=}} 8 \cdot 0{,}5\text{ kg} = 4{,}0\text{ kg}$$
$$= \underline{\underline{5{,}5\text{ kg}}}$$

Bei **Preisberechnungen** von Mischungen müssen bekannt sein:

- Einzelpreise der jeweiligen Stoffe in €/Einheit,
- einzelne Stoffanteile in Massen- oder Volumeneinheiten.

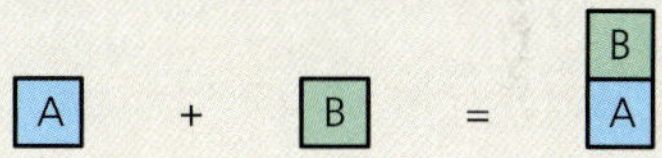

Stoffanteil A (Einzelpreis A) — Stoffanteil B (Einzelpreis B) — Gesamtanteil (Preis der Mischung)

Preisberechnung bei Massenanteilen:

$$\text{Preis von 1 kg} = \frac{m_A \cdot \text{Preis A} + m_B \cdot \text{Preis B}}{m_M}$$

m_A, m_B Masse von Stoff A bzw. B in kg
$m_M = m_A + m_B$ Masse der Mischung in kg

Preisberechnung bei Volumenanteilen:

$$\text{Preis von 1 l} = \frac{V_A \cdot \text{Preis A} + V_B \cdot \text{Preis B}}{V_M}$$

V_A, V_B Volumen von Stoff A bzw. B in l
$V_M = V_A + V_B$ Volumen der Mischung in l

Eine Mischung besteht aus den Stoffen A und B. Stoff A kostet 11,50 €/l (= Preis A), Stoff B 6,15 €/l (= Preis B). Die Mischung enthält 2,3 l von Stoff A und 4,7 l von Stoff B.
Zu ermitteln ist der Preis der Mischung in €/l.

Lösung:
$$V_M = V_A + V_B$$
$$V_M = 2{,}3\text{ l} + 4{,}7\text{ l} = 7{,}0\text{ l}$$
$$\text{Preis von 1 l} = \frac{V_A \cdot \text{Preis A} + V_B \cdot \text{Preis B}}{V_M}$$
$$= \frac{2{,}3\text{ l} \cdot 11{,}50\text{ €/l} + 4{,}7\text{ l} \cdot 6{,}15\text{ €/l}}{7\text{ l}}$$
$$= \underline{\underline{7{,}91\text{ €/l}}}$$

Aufgaben

1. Für eine Verleimung mit KUF-Leim werden 1,85 kg Leimflotte benötigt. Entsprechend der Gebrauchsanweisung zum Ansetzen der Leimflotte wird Leimpulver zu Wasser im Mischungsverhältnis 2,5 : 1,5 verwendet.
   Zu berechnen sind in kg:
   a) Masse des Leimpulvers,
   b) Bedarf an Wasser.

2. Um die Leimkosten zu senken, werden einer Leimflotte von 32 kg noch 7 kg Streckmittel beigegeben. Wie viel Kilogramm Leimpulver sind in der Leimflotte enthalten, wenn das Mischungsverhältnis von Leimpulver zu Wasser 2 : 1 ist?

3. Für das Vorstreichverfahren werden 12 kg Härterlösung gebraucht. Härter und Wasser werden im Verhältnis 1,0 : 5,3 angesetzt.
   Zu berechnen sind in kg:
   a) Härterpulver,
   b) Wasser.

4. Eine Leimflotte wird aus 3,25 kg KUF-Leimpulver, Wasser, Streckmittel und Härter hergestellt. Die Bestandteile der Leimflotte werden im Verhältnis 8,3 : 6,4 : 3 : 1 gemischt.
   Zu berechnen sind in kg:
   a) Massen von Wasser, Streckmittel und Härter,
   b) Masse der Leimflotte.

5. Für eine Furnierarbeit wird eine Leimflotte angesetzt. Das Mischungsverhältnis von Leimpulver : Wasser : Streckmittel : Härter beträgt 8,5 : 6,8 : 3,7 : 1,3. Es stehen 1,65 kg Leimpulver zur Verfügung. Zu berechnen sind:
   a) Massenanteile von Wasser, Streckmittel und Härter,
   b) Masse der Leimflotte in kg.

6. Es werden 23 kg Harnstoffharzleim angesetzt. Das Mischungsverhältnis von Leim zu Wasser beträgt entsprechend der Gebrauchsanweisung 2,5 Massenanteile : 1,0 Massenanteil. Für 1 m^2 Leimfläche benötigt man 90 g Kunstharzpulver.
   Wie viel Quadratmeter Leimfläche können mit dem hier verwendeten Leimpulver angegeben werden?

7. Ein Innenausbaubetrieb stellt für die Verleimung verschiedener Bauteile 2,6 l Mischleim aus KPVAC-Leim und KUF-Leim her. Das Mischungsverhältnis von KPVAC-Leim zu KUF-Leim beträgt 10 : 1.
   Zu berechnen sind der Bedarf in l an:
   a) KPVAC-Leim,
   b) KUF-Leim.

8. Für Grundierungsarbeiten werden einer Menge von 8,5 l PUR-Lack noch 40 % Verdünnung zugegeben. Der Preis für PUR-Lack beträgt 13,25 €/l, für Verdünnung 4,20 €/l.
   Zu berechnen ist der Preis in € für 1 l Grundierlack.

9. Für eine Furnierarbeit stehen 18 l KMF-Leimflotte bereit, der 10 % Härterlösung zugegeben werden. Für die Härterlösung muss ein Mischungsverhältnis von 1,5 : 8,5 eingehalten werden.
   Zu berechnen sind der Bedarf in l an:
   a) Härterpulver,
   b) Wasser.

10. Damit eine Innenausbauarbeit preisgünstiger angeboten werden kann, werden dem Leim 22 % Streckmittel beigegeben. Verbraucht werden 12,3 kg Leim zum Preis von 7,45 €/kg. Das Streckmittel kostet 1,88 €/kg.
    Zu berechnen sind die Kosten der Leimflotte je kg.

1.11 Lösungsschema bei Textaufgaben

Textaufgaben beschreiben meist physikalisch-technische Zusammenhänge. Aus bekannten Größen wird eine unbekannte (gesuchte) Größe ermittelt.

Folgendes **Lösungsschema** empfiehlt sich bei der Lösung der Aufgaben:

1. Schritt: Skizze anfertigen (wenn notwendig)
Die Skizze soll enthalten:
- für die Berechnung wichtige Teile und Angaben,
- Größen mit Bemaßung,
- Formelzeichen und Zahlenwerte mit den angegebenen Einheiten.

Für den Transport von 25 Spanplatten, Länge 2 500 mm, Breite 1 850 mm und Dicke 19 mm, ist zu kontrollieren, ob die Tragfähigkeit des eigenen Kleinlasters (2,1 t) ausreicht.

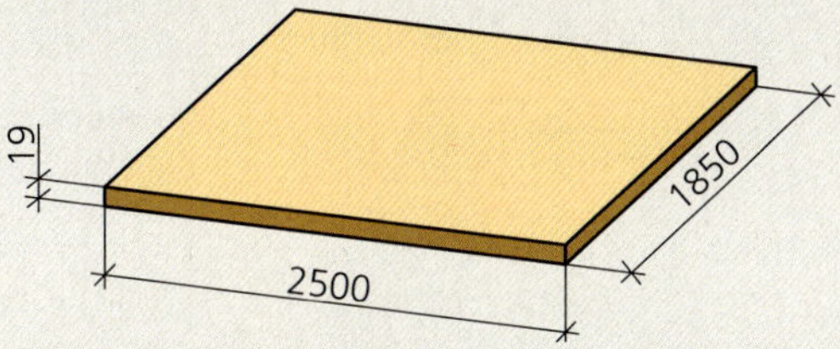

2. Schritt: Aufgabe nach „gegeben" und „gesucht" gliedern
- Gegebene und gesuchte Größen der Aufgabe entnehmen.
- Fehlende Größen, z. B. Dichte, aus Fachbüchern ermitteln.
- Gegebene Einheiten an die Einheit der gesuchten Größe anpassen.

Gegeben:

Anzahl Platten	= 25 Stück	
Dicke d	= 19 mm	= 0,019 m
Länge l	= 2 500 mm	= 2,50 m
Breite b	= 1 850 mm	= 1,85 m
Dichte ρ	= 750 kg/m³	

Gesucht:
$m = ?$ kg

3. Schritt: Formelgleichung (Größengleichung) aufstellen
- Einfache Formeln aus dem Gedächtnis niederschreiben (Kontrolle: Tabellen- oder Fachbücher).
- Komplizierte Formeln den Fachbüchern entnehmen.
- Grundformel (wenn notwendig) nach der gesuchten Größe umstellen.

Lösung mit Formeln:

$\rho = \frac{m}{V}$ $[\rho] = \frac{\text{kg}}{\text{m}^3}$ $V = l \cdot b \cdot h \cdot \text{Anzahl}$

$m = \rho \cdot V$ $[m] = \frac{\text{kg} \cdot \text{m}^3}{\text{m}^3}$

4. Schritt: Berechnung und Lösung
- Einsetzen der Zahlenwerte und Einheiten in die Formeln.
- Einheitenprobe, wenn möglich kürzen.
- **Überschlagsrechnung** (im Kopf) mit auf- und abgerundeten Zahlenwerten, um Kommastellen festzulegen oder zu überprüfen.
- Mit Taschenrechner Zahlenwert ausrechnen.
- Zahlenwert und Einheit doppelt unterstreichen.

Lösung mit Zahlen:

$V = 2{,}50\ \text{m} \cdot 1{,}85\ \text{m} \cdot 0{,}019\ \text{m} \cdot 25$

$V = \underline{\underline{2{,}20\ \text{m}^3}}$

$\boldsymbol{V \approx 2 \cdot 2 \cdot 0{,}02 \cdot 25 \approx 2}$

$\boldsymbol{m \approx 2 \cdot 750 \approx 1\,500}$

$m = \frac{750\ \text{kg} \cdot 2{,}20\ \text{m}^3}{\text{m}^3}$

$m = \underline{\underline{1\,650\ \text{kg}}}$

5. Schritt: Kontrolle
- Stimmt die berechnete Einheit mit der Aufgabenstellung überein?
- Stimmt der Zahlenwert nach einer Überschlagsrechnung?
- Ist die Rechengenauigkeit (Rundung) ausreichend?
- Ist das Ergebnis mit Werten aus der Praxis vergleichbar?

$1\,500 \approx 1\,650$

1.12 Lösungsschema einer Körperberechnung

Berechnung eines Pyramidenstumpfes
Ermittlung der Strecke und der Fläche des Pyramidenstumpfes anhand der Höhe, der Längen und Breiten mithilfe des Computers und einer Tabellenkalkulation (z. B. Excel).

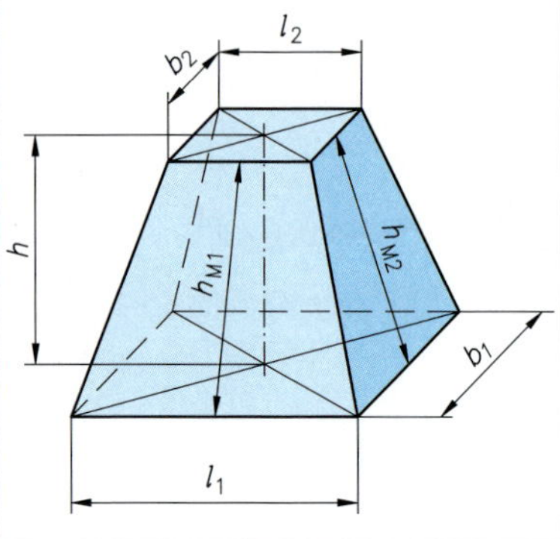

$$h_{M2} = \sqrt{h^2 + \frac{(l_1 - l_2)^2}{4}} \qquad h_{M1} = \sqrt{h^2 + \frac{(b_1 - b_2)^2}{4}} \qquad A_o = A_G + A_D + A_M$$

$$A_o = l_1 \cdot b_1 + l_2 \cdot b_2 + (l_1 + l_2) \cdot h_{M1} + (b_1 + b_2) \cdot h_{M2}$$

$$V = \frac{h}{3} \cdot (l_1 \cdot b_1 + l_2 \cdot b_2) + \sqrt{l_1 \cdot b_1 \cdot l_2 \cdot b_2}$$

l_1, l_2	Längen	b_1, b_2	Breiten
h	Höhe	h_{M1}, h_{M2}	Mantelhöhen
A_G	Grundfläche	A_D	Deckfläche
A_M	Mantelfläche	A_O	Oberfläche
V	Volumen		

	Eingabefelder		Spalte D	
Zeile 33	Höhe	h	20,00	
Zeile 34	Länge (Grundfläche)	l_1	20,00	
Zeile 35	Breite (Grundfläche)	b_1	20,00	
Zeile 36	Länge (Deckfläche)	l_2	5,00	
Zeile 37	Breite (Deckfläche)	b_2	5,00	
	Berechnungsfelder		Spalte D	
Zeile 39	Volumen	V	3 500,00	1)
Zeile 40	Grundfläche	A_G	400,00	2)
Zeile 41	Deckfläche	A_D	25,00	3)
Zeile 42	Oberfläche	A_O	1 493,00	4)
Zeile 43	Mantelhöhe 1	h_{M1}	21,36	5)
Zeile 44	Mantelhöhe 2	h_{M2}	21,36	6)

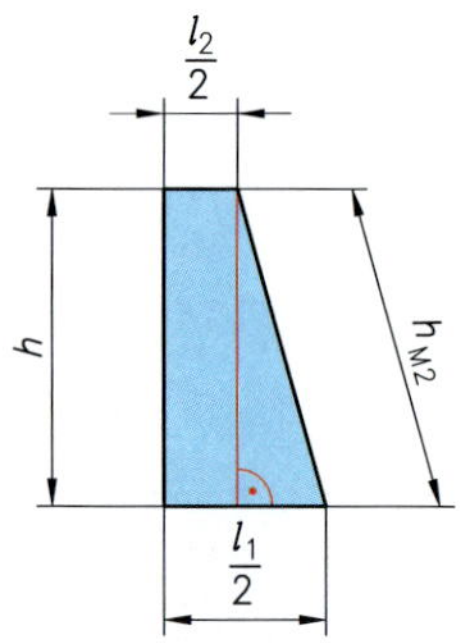

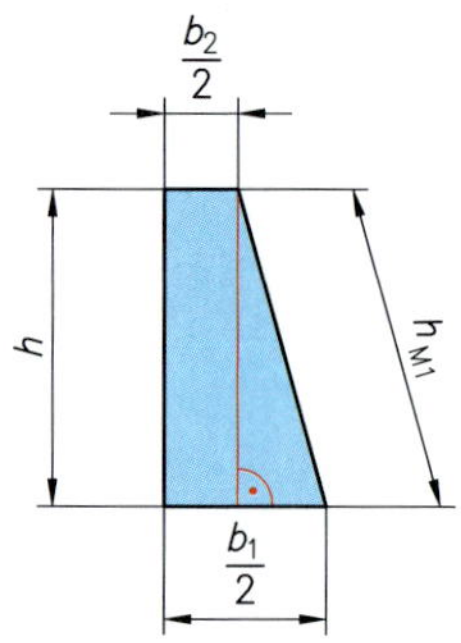

Eingabe in Excel
1) =Runden((D33/3)*((D34*D35)+(D36*D37)+(Wurzel(D34*D35*D36*D37)));2)
2) =Runden((D34*D35);2)
3) =Runden((D36*D37);2)
4) =Runden(D34*D35+D36*D37+(D34+D36)*D43+(D35+D37)*D44;2)
5) =Runden(WURZEL(QUADRATSUMME(D33)+QUADRATSUMME((D34–D36))/4):2)
6) =Runden(WURZEL(QUADRATSUMME(D33)+QUADRATSUMME((D35–D37))/4):2)

2 Mathematische Hilfsmittel

2.1 Schaubilder und Diagramme

Schaubilder und Diagramme veranschaulichen in grafischer Darstellung Zahlenangaben technischer, physikalischer, wirtschaftlicher oder politischer Zusammenhänge.

Schaubilder

Schaubilder sind maßstäbliche Darstellungen von Zahlenwerten. Ein genaues Ablesen der Werte ist jedoch nicht möglich.

In **Säulenschaubildern** werden Zahlenwerte in einem bestimmten Maßstab dargestellt als
- Säulen (räumlich),
- Streifen (flächig).

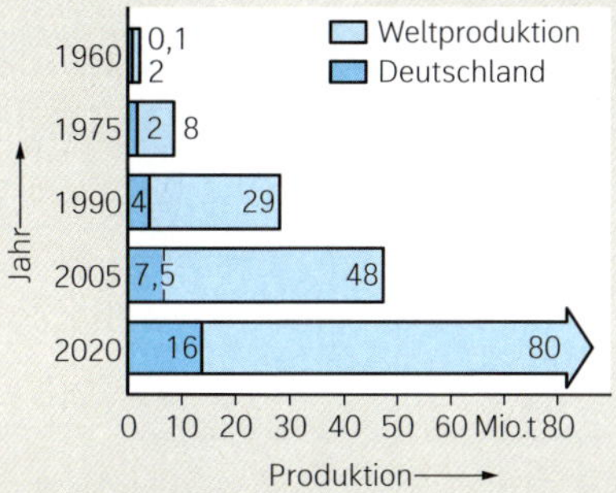

Kunststoffproduktion in Mio. t

Bei **Kreisschaubildern** stellt der Vollkreis (360°) die Gesamtmenge, das Ganze, also 100 % dar. Die Sektoren veranschaulichen die Teilmengen. Für die zeichnerische Darstellung werden die Prozentzahlen in Sektorwinkel umgerechnet.

$$\text{Sektorwinkel} = \frac{360° \cdot \text{Prozentzahl}}{100}$$

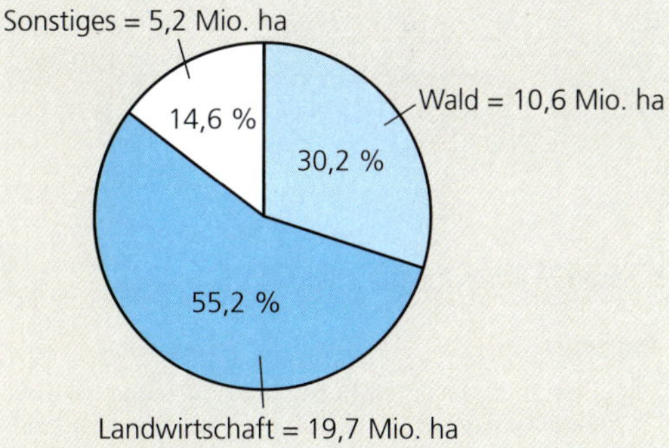

Wirtschaftsfläche der Bundesrepublik Deutschland 2020

Wie viel Grad beträgt der Sektorwinkel beim Sektor Wald?

Lösung:

$$\text{Sektorwinkel} = \frac{360° \cdot 30{,}2\ \%}{100\ \%} = \underline{\underline{108{,}72°}}$$

Bei **Kurvenschaubildern** werden vergleichbare Größenwerte in ein Raster aus waagerechten und senkrechten Linien punktweise eingetragen. Die Verbindungslinien zwischen den Größenwerten können Zickzack- oder Kurvenlinien sein.

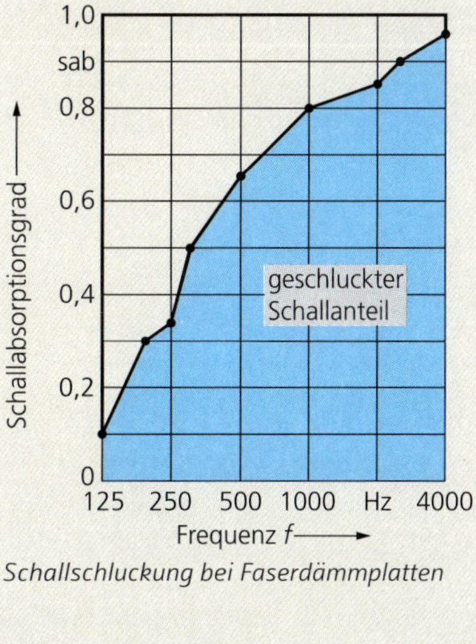

Schallschluckung bei Faserdämmplatten

Diagramme

Diagramme machen funktionelle Zusammenhänge im technisch-physikalischen Bereich anschaulich. Sie stellen Werte so genau dar, dass Zahlen abgelesen werden können. Die Größenwerte sind voneinander abhängig und können in der Fläche als Punkte auf den waagerechten und senkrechten Achsen abgetragen werden. Die Verbindungslinien zwischen den Punkten sind entweder gekrümmte oder gerade Linien.

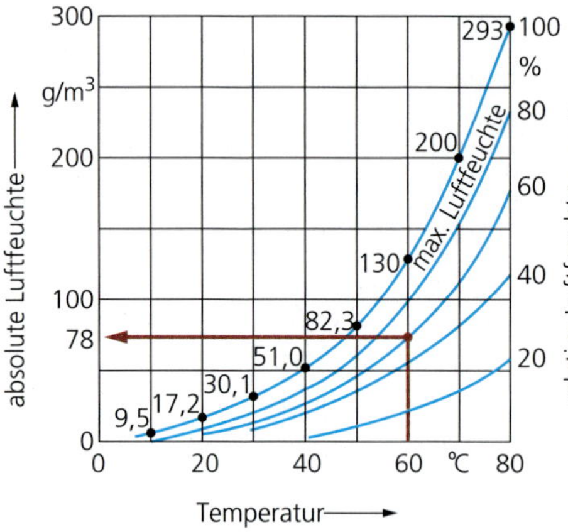

Wasseraufnahmefähigkeit der Luft

Bei einer technischen Holztrocknung wird bei einer Lufttemperatur von 60 °C eine relative Luftfeuchte von 60 % festgestellt. Wie viel Gramm pro Kubikmeter beträgt dabei die absolute Luftfeuchte?

Gegeben: Lufttemperatur = 60 °C
rel. Luftfeuchte = 60 %
Gesucht: abs. Luftfeuchte = ? g/m³

Hinweis für die Lösung:
Von waagerechter Achse „Temperatur" beim Wert 60 °C senkrecht bis zur Linie „max. Luftfeuchte". Am Schnittpunkt bis zur senkrechten Achse „abs. Luftfeuchte". Zahlenwert abschätzen und ablesen.

Aufgaben

1. Das monatliche Nettoeinkommen einer 5-köpfigen Familie beträgt 2600 €. Davon werden ausgegeben für: Wohnungsmiete 480 €, Strom, Wasser etc. 90 €, Heizung 80 €, Pkws 250 €, Nahrung 650 €, Kleidung 355 €, Genussmittel 175 €, Sonstiges 220 €; monatlich werden 300 € gespart.
Zu zeichnen ist das senkrechte, stehende Streifenschaubild. Maßstab: 50 € ≙ 20 mm.

2. Der Waldbestand der Erde ist mithilfe eines Kreisschaubildes (Ø 80 mm) grafisch darzustellen:
Afrika ≙ 18,5 %,
Asien ≙ 12,6 %,
Europa ≙ 4,0 %,
Russland ≙ 21,6 %,
Amerika ≙ 38,2 %,
Ozeanien ≙ 5,1 %.

3. Kunststoffe werden in folgenden Wirtschaftsbereichen eingesetzt:
Bau ≙ 25 %,
Elektroindustrie ≙ 15 %,
Haushaltswaren ≙ 2,5 %,
Fahrzeugindustrie ≙ 7 %,
Klebstoffe, Lacke, Farben ≙ 10 %
Landwirtschaft ≙ 4 %,
Möbel ≙ 5 %,
Verpackung ≙ 21 %,
Übriges ≙ 10,5 %.
Diese Werte sind in einem Kreisschaubild (Ø 80 mm) zeichnerisch darzustellen.

4. Die Luftschalldämmung bei Fenstern ist abhängig von Glasdicke und Scheibenabstand. In der Tabelle ist das Schalldämmmaß R_w in dB zu ergänzen.

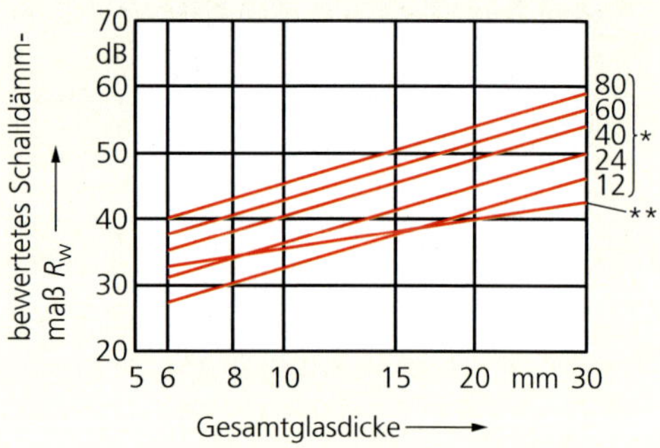

* Doppelscheibenabstand in mm
** Einfachscheibenabstand in mm

Doppelscheiben-abstand in mm	Glasdicke in mm	R_w in dB
12	6	?
40	6	?
24	10	?
40	10	?
80	10	?

5. Das Diagramm stellt die Abhängigkeit von Holzfeuchte und Quellvermögen bei Rotbuchenholz dar. In die Tabelle soll das Quellvermögen beider Schwindrichtungen eingetragen werden.

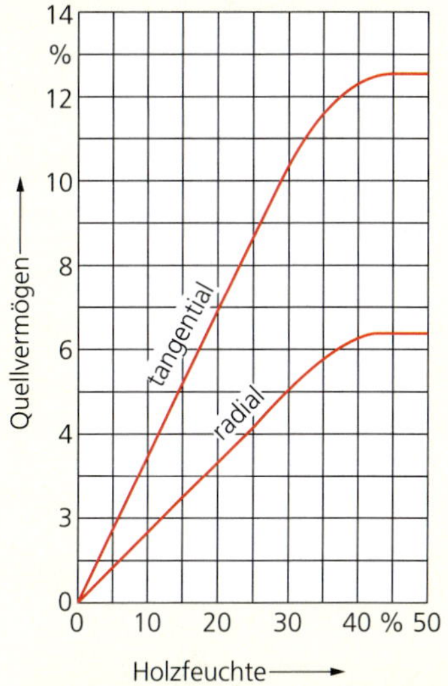

Holzfeuchte in %	Quellung in %	
	radial	tangential
10	?	?
20	?	?
30	?	?
40	?	?

6. Mithilfe des Holzfeuchtediagramms ist die tabellarische Aufstellung zu vervollständigen.

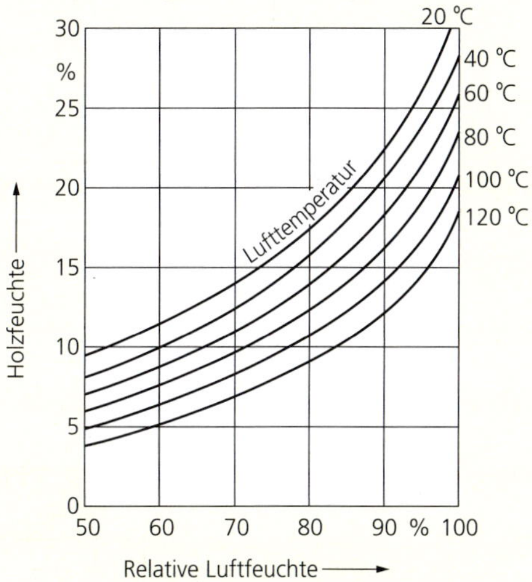

Aufgabe	a)	b)	c)	d)	e)	f)
Holzfeuchte in %	25	20	?	?	12	10
rel. Luftfeuchte in %	?	88	80	65	?	83
Lufttemperatur in °C	20	?	40	80	100	?

7. Die Biomasse eines Baums setzt sich aus folgenden Bestandteilen zusammen:
Stammholz ≙ 60 %, Laub oder Nadeln ≙ 9 %, Äste und Zweige ≙ 16 %, Rinde und Borke ≙ 6 % sowie Wurzelstock ≙ 9 %.
Zu zeichnen ist ein Kreisschaubild (Ø 70 mm) mit den Prozentzahlen in den Sektoren und den dazugehörigen Bezeichnungen außerhalb des Kreises. Die Sektoren können verschiedenartig schraffiert werden.

8. Aus dem Rohdichtediagramm können der prozentuale Anteil von Zellwand und Zellhohlraum und die Härte des Holzes entnommen werden.

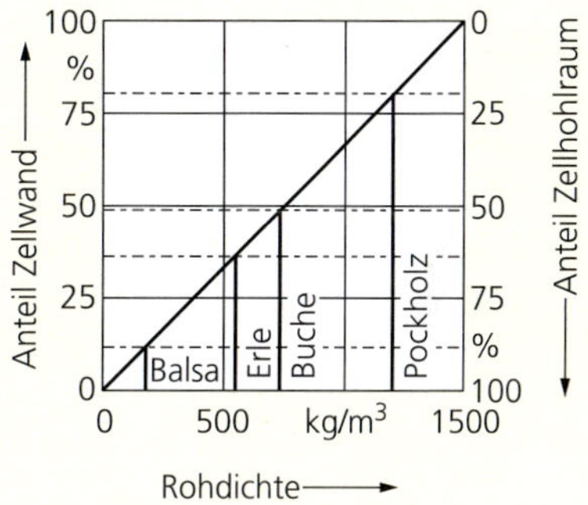

Maßstab: 25 % ≙ 4 cm
500 kg/m³ ≙ 5 cm

Es ist ein Rohdichtediagramm auf Millimeterpapier entsprechend der Vorlage zu zeichnen. Die abgelesenen Werte sind in die Tabelle einzutragen.

Holzart	Rohdichte in kg/m³	Anteil in %	
		Zellwand	Zellhohlraum
Ahorn	630	?	?
Eiche	690	?	?
Fichte	470	?	?
Kiefer	520	?	?
Rotbuche	720	?	?

2.2 Tabellen

Tabellen veranschaulichen ebenso wie Diagramme die zahlenmäßige Abhängigkeit (Funktion) einer oder mehrerer veränderlicher Größen von einer anderen Größe. Aus Tabellen lassen sich im Gegensatz zu Diagrammen (s. S. 52) die Funktionswerte genau ablesen.

Der **linearen Tabelle** liegt eine mathematische Funktion zugrunde, bei der das Diagramm eine Gerade darstellt. Werte, die in der Tabelle nicht angegeben sind, lassen sich durch Interpolieren rechnerisch ermitteln.

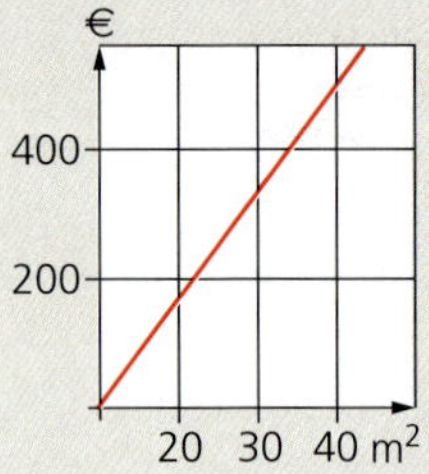

Platten in m^2	Preis in €
5	45,65
10	91,30
15	136,95
20	182,60
25	228,25
30	273,90

Durch **Interpolieren** werden Zwischenwerte wie folgt berechnet:

1. In der Tabelle die Tafelwerte suchen, zwischen denen der zu ermittelnde Wert liegt.
2. Die Tafeldifferenzen bestimmen.
3. Die Differenz zwischen einem Tafelwert und dem gesuchten Wert mit dem Dreisatz berechnen.
4. Die Differenz dem Tafelwert zuschlagen bzw. vom Tafelwert abziehen.

Zu ermitteln sind die Kosten für 17,50 m^2 Plattenmaterial.

Lösung:

5 m^2 ┌ 15 $m^2 \triangleq$ 273,90 € ┐ 91,30 €
└ 20 $m^2 \triangleq$ 365,20 € ┘

5 $m^2 \triangleq$ 91,30 €
1 $m^2 \triangleq$ 91,30 €/5 = 18,26 €
17,5 m^2 – 15 m^2 = 2,5 m^2
2,5 $m^2 \triangleq$ 18,26 € · 2,5 = 45,65 €
273,90 € + 45,65 € = <u>319,55 €</u>

Nichtlineare Tabellen, z. B. von Kreis- oder Winkelfunktionen, beruhen auf mathematischen Funktionen, bei denen das Diagramm eine gekrümmte Linie ergibt.

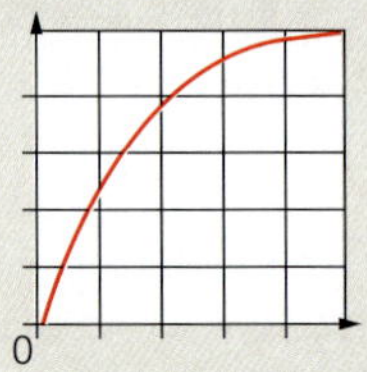

Sinustabelle – Auszug

	20′	30′	40′
47°	0,7353	0,7373	0,7392
48°	0,7470	0,7490	0,7509
49°	0,7585	0,7604	0,7623

Zwischenwerte werden wie bei linearen Tabellen ermittelt. Da die Interpolation jedoch geradlinig erfolgt, treten geringfügige Abweichungen (Δf) auf. Bei vierstelligen Dezimalangaben reichen die ermittelten Werte jedoch für die praktische Anwendung aus.

Bestimmung des Sinuswertes von 48° 36′.

Lösung:

10′ ┌ 48° 30′ $\triangleq$ 0,7490 ┐ 0,0019
└ 48° 40′ $\triangleq$ 0,7509 ┘

10′ $\triangleq$ 0,0019

6′ $\triangleq 0{,}0019 \cdot \frac{6}{10} = 0{,}00114$

0,7490 + 0,00114 = <u>0,7501</u>

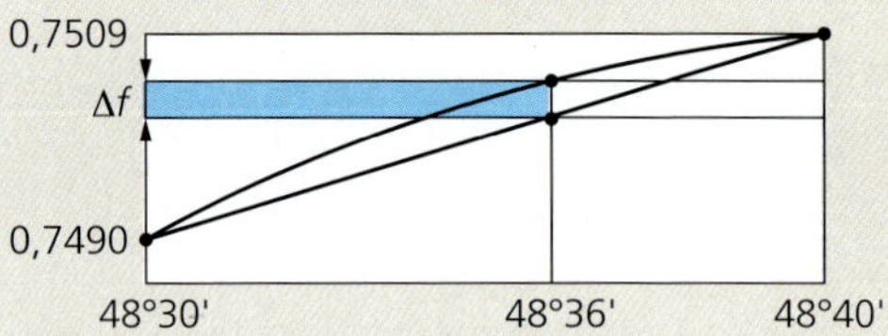

Auch bei **empirischen Tabellen**, die wie die Holzfeuchtetabelle keiner Funktion entsprechen, können Zwischenwerte durch Interpolieren bestimmt werden.

Holzfeuchtegleichgewicht – Auszug

Holzfeuchtegleichgewicht u_{gl} in %					
rel. Luftfeuchte in %	Lufttemperatur in °C				
	10	20	30	40	50
100	33,0	31,0	30,0	29,0	28,0
90	21,0	21,0	20,0	19,0	18,0
80	16,3	16,0	15,7	15,0	14,2
70	13,4	13,0	12,7	12,1	11,5
60	11,2	10,8	10,5	10,0	9,5
50	9,4	9,0	8,8	8,4	7,9
40	7,8	7,5	7,3	7,0	6,5

Die **Berechnung geometrischer Größen** kann durch Tabellen (s. Tabelle S. 56) vereinfacht werden. Für eine Größe wird der Tabellenwert 1 gesetzt, z. B. für den Radius $r_o = 1$. Hat bei einer geometrischen Figur der Radius den Zahlenwert 1,5, so sind die davon abhängigen linearen Funktionswerte 1,5-mal so groß wie in der Tabelle. Flächen werden jedoch $1{,}5^2$-mal (= 2,25-mal) so groß. Die Längen sind auf zwei und die Flächen auf drei Stellen nach dem Komma zu runden.

Wird vom Bogen mit dem Wert $b_o = 1$ ausgegangen, ist bei einem Zahlenwert von 1,45 der Radius 1,45-mal so groß wie der Tabellenwert.

Aufgaben

1. Von einem Kreisabschnitt sind bekannt: $r = 0{,}85$ m, $\alpha = 65°$. Zu berechnen sind die Sehne s und die Fläche A.

2. Der Mittelpunktswinkel eines Kreisabschnitts beträgt 78°, der Radius misst 0,57 m. Zu berechnen sind die Höhe h und der Segmentbogen b.

3. Von einem Kreisabschnitt sind die Sehne $s = 1{,}49$ m und die Stichhöhe $h = 0{,}42$ m gegeben. Zu ermitteln sind der Winkel α und die Fläche A.

4. Die Sehne eines Kreisabschnittes misst 1,21 m, die Stichhöhe beträgt 0,32 m. Zu ermitteln sind der Winkel α und die Fläche A.

Bestimmung des Holzfeuchtegleichgewichts bei 64 % reiner Luftfeuchte und 20 °C Lufttemperatur.

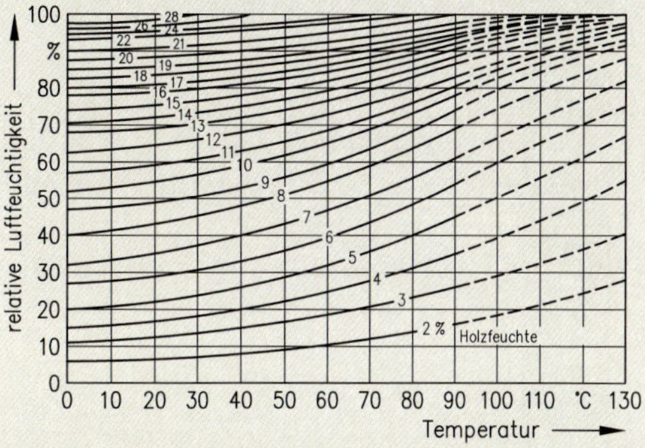

Lösung:

60 % ≙ 10,8 %
10 % — 2,2 %
70 % ≙ 13,0 %

10 % ≙ 2,2 %
4 % ≙ 2,2 %/10 · 4 = 0,88 %
10,8 % + 0,88 % = 11,68 %

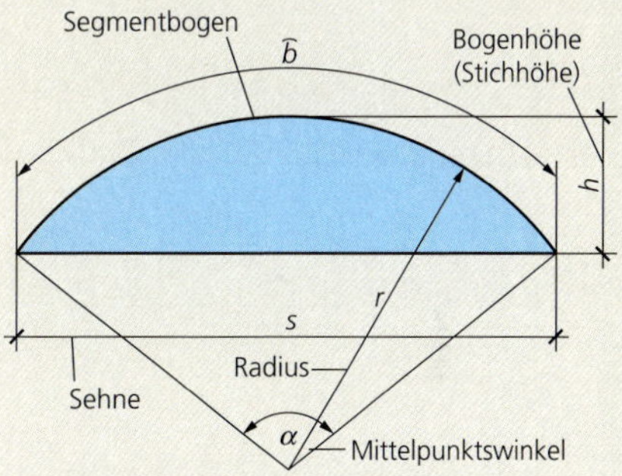

Von einem **Kreisabschnitt** sind gegeben: $r = 0{,}65$ m, $\alpha = 70°$. Zu berechnen sind: s und A.

Lösung:
$s = 0{,}65 \text{ m} \cdot s_o$
$s = 0{,}65 \text{ m} \cdot 1{,}1472 = 0{,}74568 \text{ m} \rightarrow \underline{\underline{0{,}75 \text{ m}}}$
$A = 0{,}65^2 \text{ m}^2 \cdot A_o$
$A = 0{,}65^2 \text{ m}^2 \cdot 0{,}1410 = 0{,}05957 \text{ m}^2 \rightarrow \underline{\underline{0{,}060 \text{ m}^2}}$

Von einem Kreisabschnitt sind bekannt: $s = 1{,}33$ m, $h = 0{,}35$ m. Zu berechnen sind ∢ α und b.

Lösung (siehe Tabelle S. 56):
$s/h \rightarrow \sphericalangle \alpha$
$s/h = 1{,}33 \text{ m}/0{,}35 \text{ m} = 3{,}8 \quad \rightarrow \sphericalangle \alpha = \underline{\underline{111°}}$
$b = 0{,}80 \text{ m} \cdot b_o$
$b = 0{,}80 \text{ m} \cdot 1{,}9373 = 1{,}5498 \text{ m} \rightarrow \underline{\underline{1{,}55 \text{ m}}}$

Kreisabschnitt – Berechnung fehlender Größen (Auszug)

∢ in °	$s = r \cdot s_o$ s_o	$h = r \cdot h_o$ h_o	s/h	$b = r \cdot b_o$ b_o	$A = r^2 \cdot A_o$ A_o	$r = s \cdot r_o$ r_o	∢ in °	$s = r \cdot s_o$ s_o	$h = r \cdot h_o$ h_o	s/h	$b = r \cdot b_o$ b_o	$A = r^2 \cdot A_o$ A_o	$r = s \cdot r_o$ r_o
50	0,8452	0,0937	9,02	0,8727	0,0533	1,1831	86	1,3640	0,2686	5,08	1,5010	0,2517	0,7331
51	0,8610	0,0974	8,84	0,8901	0,0565	1,1614	87	1,3767	0,2746	5,01	1,5184	0,2599	0,7264
52	0,8767	0,1012	8,66	0,9076	0,0598	1,1406	88	1,3893	0,2807	4,95	1,5359	0,2682	0,7198
53	0,8924	0,1051	8,49	0,9250	0,0632	1,1206	89	1,4018	0,2867	4,89	1,5533	0,2767	0,7134
54	0,9080	0,1090	8,33	0,9425	0,0667	1,1013	90	1,4142	0,2929	4,83	1,5708	0,2854	0,7071
55	0,9235	0,1130	8,17	0,9599	0,0704	1,0828	91	1,4265	0,2991	4,77	1,5882	0,2942	0,7010
56	0,9389	0,1171	8,02	0,9774	0,0742	1,0650	92	1,4387	0,3053	4,71	1,6057	0,3032	0,6951
57	0,9543	0,1212	7,88	0,9948	0,0781	1,0479	93	1,4507	0,3116	4,66	1,6232	0,3123	0,6893
58	0,9696	0,1254	7,73	1,0123	0,0821	1,0313	94	1,4627	0,3180	4,60	1,6406	0,3215	0,6837
59	0,9848	0,1296	7,60	1,0297	0,0863	1,0154	95	1,4746	0,3244	4,55	1,6581	0,3309	0,6782
60	1,0000	0,1340	7,46	1,0472	0,0906	1,0000	96	1,4863	0,3309	4,49	1,6755	0,3405	0,6728
61	1,0151	0,1384	7,34	1,0647	0,0950	0,9851	97	1,4979	0,3374	4,44	1,6930	0,3502	0,6676
62	1,0301	0,1428	7,21	1,0821	0,0996	0,9708	98	1,5094	0,3439	4,39	1,7104	0,3601	0,6625
63	1,0450	0,1474	7,09	1,0996	0,1043	0,9569	99	1,5208	0,3506	4,34	1,7279	0,3701	0,6575
64	1,0598	0,1520	6,97	1,1170	0,1091	0,9435	100	1,5321	0,3572	4,29	1,7453	0,3803	0,6527
65	1,0746	0,1566	6,86	1,1345	0,1141	0,9306	101	1,5432	0,3639	4,24	1,7628	0,3906	0,6480
66	1,0893	0,1613	6,75	1,1519	0,1192	0,9180	102	1,5543	0,3707	4,19	1,7802	0,4010	0,6434
67	1,1039	0,1661	6,65	1,1694	0,1244	0,9059	103	1,5652	0,3775	4,15	1,7977	0,4117	0,6389
68	1,1184	0,1710	6,54	1,1868	0,1298	0,8941	104	1,5760	0,3843	4,10	1,8151	0,4224	0,6345
69	1,1328	0,1759	6,44	1,2043	0,1353	0,8828	105	1,5867	0,3912	4,06	1,8326	0,4333	0,6302
70	1,1472	0,1808	6,34	1,2217	0,1410	0,8717	106	1,5973	0,3982	4,01	1,8500	0,4444	0,6261
71	1,1614	0,1859	6,25	1,2392	0,1468	0,8610	107	1,6077	0,4052	3,97	1,8675	0,4556	0,6220
72	1,1756	0,1910	6,16	1,2566	0,1528	0,8507	108	1,6180	0,4122	3,93	1,8850	0,4669	0,6180
73	1,1896	0,1961	6,07	1,2741	0,1589	0,8406	109	1,6282	0,4193	3,88	1,9024	0,4784	0,6142
74	1,2036	0,2014	5,98	1,2915	0,1651	0,8308	110	1,6383	0,4264	3,84	1,9199	0,4901	0,6104
75	1,2175	0,2066	5,89	1,3090	0,1715	0,8213	111	1,6483	0,4336	3,80	1,9373	0,5019	0,6067
76	1,2313	0,2120	5,81	1,3265	0,1781	0,8121	112	1,6581	0,4408	3,76	1,9548	0,5138	0,6031
77	1,2450	0,2174	5,73	1,3439	0,1848	0,8032	113	1,6678	0,4481	3,72	1,9722	0,5259	0,5996
78	1,2586	0,2229	5,65	1,3614	0,1916	0,7945	114	1,6773	0,4554	3,68	1,9897	0,5381	0,5962
79	1,2722	0,2284	5,57	1,3788	0,1986	0,7861	115	1,6868	0,4627	3,65	2,0071	0,5504	0,5928
80	1,2856	0,2340	5,49	1,3963	0,2057	0,7779	116	1,6961	0,4701	3,61	2,0246	0,5629	0,5896
81	1,2989	0,2396	5,42	1,4137	0,2130	0,7699	117	1,7053	0,4775	3,57	2,0420	0,5755	0,5864
82	1,3121	0,2453	5,35	1,4312	0,2205	0,7621	118	1,7143	0,4850	3,53	2,0595	0,5883	0,5833
83	1,3252	0,2510	5,28	1,4486	0,2280	0,7546	119	1,7233	0,4925	3,50	2,0769	0,6012	0,5803
84	1,3383	0,2569	5,21	1,4661	0,2358	0,7472	120	1,7321	0,5000	3,46	2,0944	0,6142	0,5774
85	1,3512	0,2627	5,14	1,4835	0,2437	0,7401							

2.3 Taschenrechner

Der Taschenrechner hilft, Berechnungen schnell und sicher auszuführen. Er ersetzt Tabellen für Quadratzahlen, Wurzeln, trigonometrische Funktionen usw. Es gibt ihn in verschiedenen Ausführungen. Hier sollen nur die technisch-wissenschaftlichen Berechnungen und Funktionen vorgestellt werden.

Aufbau des Taschenrechners

Im **Anzeigenfeld (1)** erscheinen die eingegebenen bzw. vom Taschenrechner berechneten Zahlen. Es ist in der Regel ein LCD (*liquid crystal display*).

Mit den Tasten werden Zahlen eingegeben und Rechenoperationen ausgeführt.

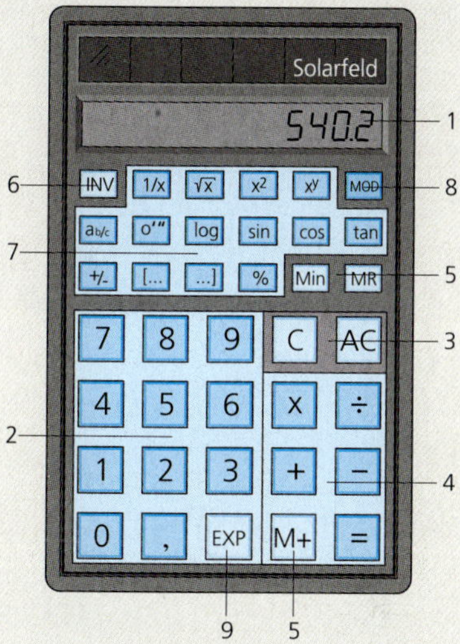

Tasten des Taschenrechners

Taste	Funktion
Zifferntasten (2)	
1 ... 9, 0	Ziffern
4,5 → 4.5	Komma (als Punkt)
Löschtasten (3)	
C (clear)	letzte Eingabe löschen
AC (all clear)	alle Eingaben löschen (außer Speicherbelegung)
Operationstasten (4)	
+	plus
–	minus
×	mal
:	geteilt
=	gleich
Speicherfunktionen (5)	
Min (memory in)	Speicherbelegung
MR (memory recall)	Speicheraufruf
M+	zum Speicherinhalt addieren
Umschalttaste (6)	
INV (invers)	Zweitfunktion aufrufen
Funktionstasten (7)	
x^2	Quadratzahl
$\sqrt{x}$	Quadratwurzel
[(...)]	Klammern
sin, cos, tan	Winkelfunktionen
1/x	Kehrwert
%	Prozent
a b/c	Bruch: Zähler/Nenner
x^y	Potenz
° ′ ″	Grad, Minuten, Sekunden
+/–	Vorzeichenwechsel
Modetaste (8)	
MODE	Umschalten für Berechnungen in:
DEG (degree)	Normalanzeige
RAD (radiant)	Altgrad
GRAD	Neugrad
Exponenttaste (9)	
EXP	in Exponentenschreibweise darstellen

Rechnen mit dem Taschenrechner

Die Taste AC (alle Eingaben löschen) muss vor jeder neuen Aufgabe gedrückt werden. Bei den folgenden Aufgaben wird sie nicht mehr mit angegeben. Die Aufgaben und Lösungen sind gegliedert in:

- Eingaben 4 und
- Anzeigen 4

Beispiel:

$3{,}25 \cdot \pi =$?

AC	3	.	2	5	x	π	=
0.	3.	3.	3.2	3.25	3.25	3.14..	10.21..

Auf die Einzeleingabe der Ziffern sowie des Kommas wird in den folgenden Aufgaben verzichtet.

Rechenarten

Addition und Subtraktion

$27{,}34 + 350 - 42{,}7 =$?

27.34	+	350	–	42.7	=
27.34	27.34	350	377.34	42.7	335.27

$\frac{1}{4} + 1\frac{1}{2} =$?

1	ab/c	4	+	1	ab/c	1	ab/c	2	=
1	1⌟	1⌟4	1⌟4	1	1⌟	1⌟1	1⌟1⌟	1⌟1⌟2⌟	1⌟3⌟4⌟

Multiplikation und Division

$23{,}7 \cdot 4{,}5 =$?

23.7	×	4.5	=
23.7	23.7	4.5	106.65

$125 : 5 \cdot 4{,}5 =$?

125	÷	5	×	4.5	=
125	125	5	25	4.5	112.5

$1\frac{3}{4} : \frac{1}{2} =$?

1	ab/c	3	ab/c	4	÷	1	ab/c	2	=
1	1⌟	1⌟3	1⌟3⌟	1⌟3⌟4⌟	1⌟3⌟4	1	1⌟	1⌟2	3⌟1⌟2⌟ → 3.5

Das Ergebnis 3 ⌟ 1 ⌟ 2 kann durch wiederholtes Drücken der a b/c-Taste als Dezimalzahl abgerufen werden.

Quadratzahlen und Quadratwurzeln

$7{,}5^2 =$?

$\sqrt{40{,}96} =$?

7.5	x^2	40.96	√
7.5	56.25	40.96	6.4

Potenzen und Wurzeln

$3{,}5^3 =$?

3.5	x^y	3	=
3.5	3.5	3	42.875

$\sqrt[3]{64} =$?

64	INV	$\sqrt[3]{\ }$
64	64	4

$\sqrt[3]{64}$ kann auch als Bruchpotenz geschrieben werden: $64^{1/3}$.

64	x^y	1	ab/c	3	=
64	64	1	1⌟	1⌟3	4

Zusammengesetzte Aufgaben

Der Rechner berücksichtigt die Reihenfolge Potenz-, Punkt- und Strichrechnung.

$\frac{12 + 9}{3} = ?$

$\sqrt{9 + \frac{12^2}{3}} = ?$

$\frac{24{,}5 \cdot (3{,}4 + 1{,}1)}{35 - 9{,}5} = ?$

Eingabe mit Klammern:

[(	12	+	9	)]	÷	3	=
	12	12	9	21	21	3	7

Eingabe ohne Klammern mit Zwischenergebnis:

12	+	9	=	÷	3	=
12	12	9	21	21	3	7

9	+	[(	12	÷	3	)]	x^2	=	√
9	9	9	12	12	3	4	16	25	5

25.4	x	[(	3.4	+	1.1	)]	÷	[(	35	−	9.5	)]	=
25.4	25.4	25.4	3.4	3.4	1.1	1.1	1.1	1.1	35	35	9.5	9.5	4.48..

Nach dem **pythagoreischen Lehrsatz** ist die rechtwinklige Aussteifung für einen Schrank zu berechnen.

Gegeben: $c = 10$ cm; $b = 6$ cm
Gesucht: $a = ?$

Lösung:
$c^2 = a^2 + b^2$
$a = \sqrt{c^2 - b^2}$
$a = \sqrt{10^2\ \text{cm}^2 - 6^2\ \text{cm}^2} = ?$

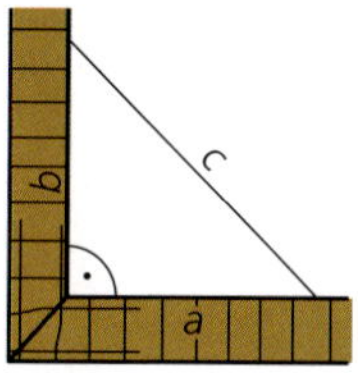

10	x^2	−	6	x^2	=	√
10	100	100	6	36	64	8

Der Radius des **Segmentbogens** ist zu berechnen.

Gegeben: $l = 1{,}20$ m; $b = 0{,}40$ m
Gesucht: $r = ?$

Lösung nach der Formel:

$$r = \frac{\frac{l^2}{2} + b^2}{2 \cdot b} \qquad r = \frac{\frac{1{,}2^2\ \text{m}^2}{2} + 0{,}4^2\ \text{m}^2}{2 \cdot 0{,}4\ \text{m}} = ?$$

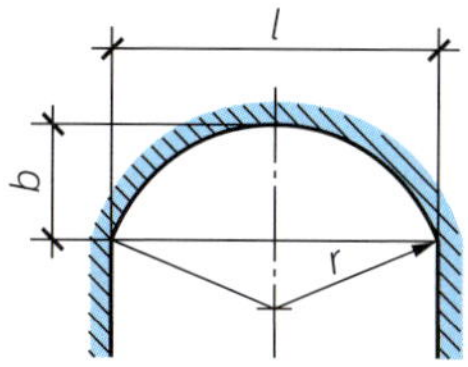

1.2	÷	2	=	x^2	+	0.4	x^2	=	÷	2	÷	0.4	=
1.2	1.2	2	0.6	0.36	0.36	0.4	0.16	0.52	0.52	2	0.26	0.26	0.65

Winkelfunktionen

Mithilfe der sin-, cos- und tan-Tasten lassen sich zu einem Winkel in Grad die entsprechenden Funktionswerte abrufen. Umgekehrt erhält man mit der INV-Taste aus einem Funktionswert den dazugehörigen Winkel in Grad.

sin 30° = ?

30	sin
30	0.5

tan 2,5215 = ?

2.5215	INV	tan
2.5215	2.5215	68.37

Die Länge b der **rechtwinkligen Schablone** ist zu berechnen.

Gegeben: $\alpha = 35°$
$c = 18{,}5$ cm
$r = 5$ cm

Gesucht: $b = ?$

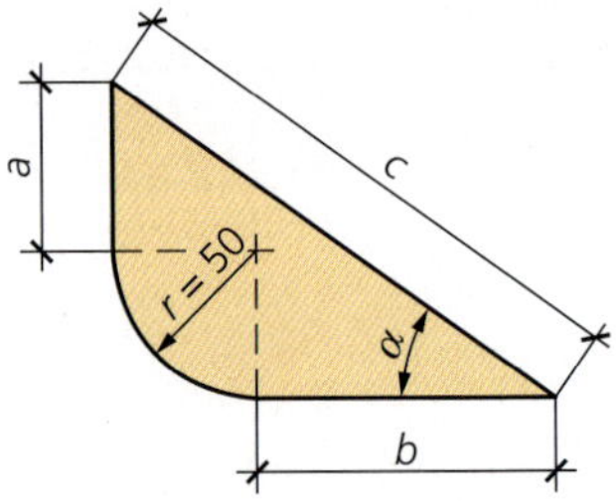

Lösung:

$$\cos \alpha = \frac{\text{Ankathete}}{\text{Hypothenuse}} \rightarrow \cos 35° = \frac{b + 5\text{ cm}}{18{,}5\text{ cm}}$$

$$b = (\cos 35° \cdot 18{,}5\text{ cm}) — 5\text{ cm} = ?$$

[(	35	cos	×	18.5	)]	−	5	=
	35	0.8192	0.8192	18.5	15.15	15.15	5	10.15

Winkel- und Zeitangaben

Mit der Umrechnungstaste (° ′ ″) kann man Winkel in Grad (°), Minuten (′) und Sekunden (″) sowie in Dezimalangaben umrechnen und umgekehrt. Ebenso kann bei Zeitangaben in Stunden (h), Minuten (min) und Sekunden (s) verfahren werden

15°34′48″ = ?

15	° ′ ″	34	° ′ ″	48
15	15	15.566	15.566	15.58

35,65° = ?

35.65	INV	° ′ ″
35.65	35.65	35°39′0

12 h 24 min = ?

12	° ′ ″	24
12	12	12.4

5,6 h = ?

5.6	INV	° ′ ″
5.6	5.6	5°36′

Rechnen mit dem Speicher

Es spart Zeit, den Speicher zu belegen, wenn eine Zahl mehrmals in einer Rechnung verwendet wird. Zusätzlich wird vor allem bei trigonometrischen Funktionen eine höhere Genauigkeit erzielt. Auch wenn meist nur etwa acht Stellen nach dem Komma angezeigt sind, werden die nachfolgenden Berechnungen mit den vollen Speicherinhalten von mehr als zwölf Stellen durchgeführt.

$$\frac{17{,}36}{\sin 50°} + \frac{15{,}4}{\sin 50°} + \frac{12{,}04}{\sin 50°} = ?$$

50	sin	Min	÷	17.36	MR	+	15.4	÷	MR	−	12.04	÷	MR	=
50	0.766	0	17.36	17.36	22.66	22.66	15.4	15.4	0.766	42.765	12.04	12.04	0.766	27.048

Aufgaben

1. $56{,}3 - 14{,}45 - 21{,}74$
2. $34{,}12 + 7{,}2 - 11{,}83 - 19{,}2$
3. $0{,}6342 + 2{,}074 - 0{,}2364$
4. $344{,}021 - 404{,}21 + 106{,}073$
5. $519{,}4001 + 1{,}94001 - 0{,}194001$
6. $\frac{1}{2} + \frac{1}{3}$
7. $1\frac{2}{3} - 2\frac{1}{2} + \frac{4}{3}$
8. $\frac{7}{2} + 0{,}6 - 1\frac{2}{5} + \frac{3}{7}$
9. $16{,}4 \cdot 4{,}073 \cdot 13{,}09$
10. $0{,}35 \cdot 0{,}305 \cdot 0{,}132$
11. $4{,}14 \cdot 17{,}003 \cdot 3{,}24$
12. $98{,}7 \cdot 65{,}4 \cdot 6{,}253$
13. $111{,}76 \cdot 0{,}2549249 \cdot 0{,}5$
14. $\frac{2}{3} \cdot \frac{1}{4}$
15. $\frac{1}{6} : \frac{1}{2}$
16. $\left(1\frac{5}{4} \cdot 2\right) : \frac{1}{2}$
17. $\frac{23{,}075}{5{,}639}$
18. $\frac{123{,}65 \cdot 29{,}4}{1\,267{,}45}$
19. $\frac{0{,}25 + 17{,}54}{6}$
20. $\frac{375 \cdot 12{,}54 + 10{,}72}{24{,}59}$
21. $\frac{29{,}45}{10{,}5 + 3{,}7}$
22. $\frac{840{,}5 + 70{,}5 \cdot 23{,}74}{14{,}56 \cdot 13{,}51 - 20{,}6}$
23. $\frac{327{,}5\,(10{,}5 + 22{,}73)}{52{,}17 - 145{,}7 \cdot 3{,}14}$
24. $\frac{[31{,}5\,(70{,}34 - 83{,}14)] : 17{,}2}{24{,}62\,(34{,}71 - 23{,}9)}$
25. $[(70{,}5 + 12{,}34 - 10{,}52) : (9{,}54 + 16{,}34)] : 3{,}14$
26. $[14{,}75 - (47{,}3 + 136{,}5 \cdot 2{,}6) \cdot 12] : 175{,}92$
27. $19{,}4^2$
28. $0{,}65^2$
29. $3{,}14^2 \cdot 17{,}5^2$
30. $6{,}4^3$
31. $12{,}25^3$
32. $10{,}5^2 \cdot 7{,}5^3 \cdot 2{,}14^2$
33. $12{,}54^2 + 10^3 - 14{,}5^2$
34. $(3{,}05 + 2{,}45)^2 - 27{,}345 + 2{,}3^3$
35. $18 : 3^3 \cdot 16{,}5 - 2{,}5^3$
36. $\sqrt{\frac{625}{4}}$
37. $\sqrt{6 + \frac{12{,}5}{3}}$
38. $\frac{\sqrt{0{,}5625^3}}{\sqrt{0{,}64}}$
39. $\sqrt{17{,}5 \cdot 12}$
40. $\sqrt{13{,}75^2 - 4{,}25}$
41. $4 \cdot \sqrt[3]{64} + 2 \cdot \sqrt[3]{343}$
42. $\sqrt{6{,}5} \cdot 4{,}2 + \sqrt{\frac{121}{4}}$
43. $0{,}9\sqrt[3]{342} + 12\sqrt[3]{64} \cdot 0{,}5\sqrt[3]{8}$
44. Berechnung der Diagonalen e eines Quadrates aus der Seitenlänge:
    $e = l \cdot \sqrt{2}$
    a) $l_1 = 4$ m, b) $l_2 = 2$ m, c) $l_3 = 1$ m.
45. Berechnung der Seitenlänge l eines Quadrates aus der Fläche:
    $l = \sqrt{A}$
    a) $A_1 = 56{,}25\ \text{m}^2$, b) $A_2 = 153{,}76\ \text{m}^2$
    c) $A_3 = 9{,}8596\ \text{m}^2$
46. Berechnung der Fläche A eines Kreises aus dem Durchmesser:
    $A = d^2 \cdot \frac{\pi}{4}$
    a) $d_1 = 3{,}40$ m, b) $d_2 = 1{,}75$ m, c) $d_3 = 0{,}85$ m
47. Berechnung des Durchmessers d eines Kreises aus der Fläche:
    $d = \sqrt{4 \cdot \frac{A}{\pi}}$
    a) $A_1 = 21{,}54\ \text{m}^2$, b) $A_2 = 740{,}85\ \text{m}^2$
    c) $A_3 = 0{,}785\ \text{m}^2$

48. Berechnung des Volumens V eines Würfels aus der Kantenlänge:
$V = l^3$
a) $l_1 = 7{,}5$ m, b) $l_2 = 1{,}54$ m, c) $l_3 = 0{,}52$ m

49. Berechnung der Diagonalen e eines Würfels aus der Kantenlänge:
$e = l \cdot \sqrt{3}$
a) $l_1 = 1$ m, b) $l_2 = 3{,}5$ m, c) $l_3 = 0{,}52$ m

50. Berechnung des Volumens V eines Kegels aus dem Grundkreisradius r und der Höhe h:
$V = r^2 \cdot \pi \cdot \frac{h}{3}$
a) $r_1 = 3{,}2$ m, $h_1 = 2{,}5$ m
b) $r_2 = 1{,}0$ m, $h_2 = 1{,}0$ m
c) $r_3 = 17{,}5$ m, $h_3 = 12{,}5$ m

51. Berechnung des Volumens V einer quadratischen Pyramide aus der Länge l und der Höhe h:
$V = l^2 \cdot \pi \cdot \frac{h}{3}$
a) $l_1 = 4{,}5$ m, $h_1 = 2{,}5$ m
b) $l_2 = 1{,}0$ m, $h_2 = 1{,}0$ m
c) $l_3 = 17{,}4$ m, $h_3 = 9{,}53$ m

52. Berechnung des Volumens V und der Oberfläche O einer Kugel aus dem Durchmesser d:
$V = d^3 \cdot \frac{\pi}{6}$; $O = d^2 \cdot \pi$
a) $d_1 = 1{,}5$ m, b) $d_2 = 2{,}0$ m, c) $d_3 = 0{,}15$ m

53. Berechnung des Volumens V eines Kegelstumpfes aus den Durchmessern d_1 und d_2 und der Höhe h:
$V = h \cdot \frac{\pi}{12} (d_1^2 + d_2^2 + d_1 \cdot d_2)$
a) $d_1 = 3{,}50$ m, $d_2 = 1{,}50$ m, $h = 0{,}85$ m
b) $d_1 = 0{,}52$ m, $d_2 = 0{,}36$ m, $h = 0{,}65$ m
c) $d_1 = 4{,}50$ m, $d_2 = 2{,}40$ m, $h = 6{,}45$ m

54. Umrechnung von Stunden, Minuten und Sekunden in Dezimalangaben:
a) 7 h 20 min 5 s, b) 30 min 48 s
c) 28 h 17 min 54 s

55. Umrechnung von Dezimalangaben in Stunden, Minuten und Sekunden:
a) 7,3 h, b) 30,5 h, c) 2,06 h

56. Umrechnung von Grad, Minuten und Sekunden in Dezimalangaben:
a) 17°15′06″, b) 94°0′24″, c) 120°30′36″

57. Umrechnung von Dezimalangaben in Grad, Minuten und Sekunden:
a) 23,7°, b) 24,10°, c) 123,06°

58. Für folgende Winkelangaben sind die Funktionswerte zu berechnen:

a) sin 17°	b) cos 63°	c) tan 19°
d) sin 23,4°	e) cos 51,7°	f) tan 43,7°
g) sin 33,56°	h) cos 73,05°	i) tan 65,75°

59. Für folgende Funktionswerte sind die Winkelangaben zu berechnen:

a) $\sin \alpha = 0{,}3$	b) $\cos \alpha = 0{,}7$
c) $\tan \alpha = 2{,}4$	d) $\sin \beta = 0{,}701$
e) $\cos \beta = 0{,}866$	f) $\tan \beta = 0{,}753$
g) $\sin \gamma = 0{,}0572$	h) $\cos \gamma = 0{,}9999$
i) $\tan \gamma = 6{,}5032$	j) $\sin \alpha = 0{,}8992$

60. Umrechnung von Grad Celsius in Kelvin und umgekehrt:
0 °C = 273,15 K

a) 20 °C	b) 100 °C	c) 30,5 °C
d) 100 K	e) 350 K	f) 295 K

61. Umrechnung von Zoll (″) in mm und umgekehrt:
1″ = 25,4 mm

a) 1,5″	b) 3/4″	c) 12″
d) 30,8 mm	e) 0,254 mm	f) 345,6 mm

62. Umrechnung von PS in kW und umgekehrt:
1 PS = 0,736 kW, 1 kW = 1,36 PS

a) 130 PS	b) 5 PS	c) 0,75 PS
d) 100 kW	e) 27 kW	f) 0,55 kW

63. Umrechnung von km/h in m/s und umgekehrt:

a) 50 km/h	b) 30 km/h	c) 125,75 km/h
d) 1 m/s	e) 12 m/s	f) 30,5 m/s

3 Mathematische Funktionen und Maße

3.1 Pythagoreischer Lehrsatz

Begriffe

Im **rechtwinkligen Dreieck** unterscheidet man:

- Katheten → Die beiden Seiten (Schenkel), die den rechten Winkel bilden.
- Hypotenuse → Die längste Seite, die dem rechten Winkel gegenüberliegt.

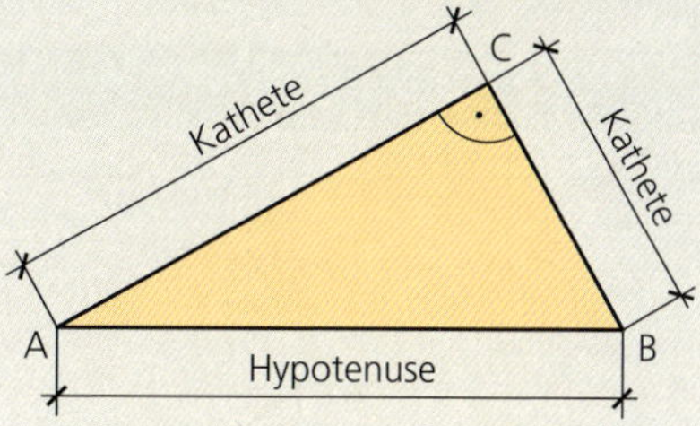

Einheitsdreieck: Am Eckpunkt C befindet sich der rechte Winkel.

Der **pythagoreische Lehrsatz** sagt aus:

> Im rechtwinkligen Dreieck ist der Flächeninhalt des Quadrates über der Hypotenuse gleich dem Flächeninhalt der Summe der Quadrate über den beiden Katheten.
>
> $c^2 = a^2 + b^2$

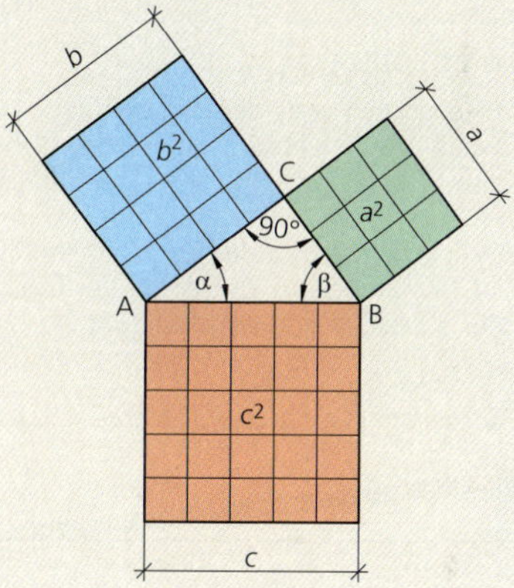

Fehlende Seitenlängen lassen sich am rechtwinkligen Dreieck wie folgt berechnen:

$c^2 = a^2 + b^2 \quad | \sqrt{\ } \quad \rightarrow \sqrt{c^2} = \sqrt{a^2 + b^2} \quad \rightarrow c = \sqrt{a^2 + b^2}$

$a^2 = c^2 - b^2 \quad | \sqrt{\ } \quad \rightarrow \sqrt{a^2} = \sqrt{c^2 - b^2} \quad \rightarrow a = \sqrt{c^2 - b^2}$

$b^2 = c^2 - a^2 \quad | \sqrt{\ } \quad \rightarrow \sqrt{b^2} = \sqrt{c^2 - a^2} \quad \rightarrow b = \sqrt{c^2 - a^2}$

Ein Dreieck mit dem Seitenverhältnis 3 : 4 : 5 ist rechtwinklig.

$$
\begin{array}{rl}
 & a^2 = (3\ \text{cm})^2 = 9\ \text{cm}^2 \\
+ & b^2 = (4\ \text{cm})^2 = 16\ \text{cm}^2 \\
\hline
 & c^2 = (5\ \text{cm})^2 = 25\ \text{cm}^2
\end{array}
$$

In einem rechtwinkligen Dreieck ist die Hypotenuse $c = 26$ cm und die Kathete $b = 15$ cm.
Wie lang ist die Kathete a?

Gegeben: $b = 15$ cm
$c = 26$ cm
Gesucht: $a = \ ?$ cm

Lösung:

$c^2 = a^2 + b^2$

$a = \sqrt{(26\ \text{cm})^2 - (15\ \text{cm})^2}$

$a = \sqrt{676\ \text{cm}^2 - 225\ \text{cm}^2}$

$a = \sqrt{451\text{cm}^2} = \underline{\underline{21{,}24\ \text{cm}}}$

Aufgaben

1. Berechnung der fehlenden Angaben für ein rechtwinkliges Dreieck.

Hypotenuse	Kathete *a*	Kathete *b*
13,40 m	7,30 m	?
?	2,14 cm	3,05 cm
15,0 dm	?	2,8 dm

2. Bei der Festlegung der Bestellmaße für eine rechtwinklig-dreieckige Isolierglasscheibe wurde vergessen, das Maß der größeren Kathete anzugeben. Wie viel mm beträgt die Länge dieser Kante?

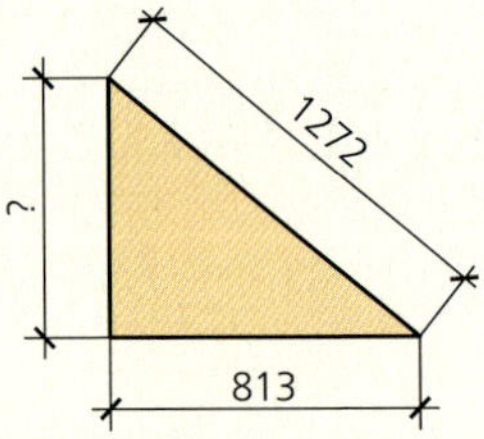

3. Ein Quadrat hat eine Seitenlänge von 1,50 m.
   a) Zu berechnen ist die Länge der Diagonalen.
   b) Welche allgemeine Beziehung besteht zwischen der Seite eines Quadrates und seiner Diagonalen?

4. Für die Überbrückung einer Höhe von 0,40 m steht eine Diele mit einer Länge von 2,45 m zur Verfügung. Wie lang ist die Strecke *x* für die Befestigung?

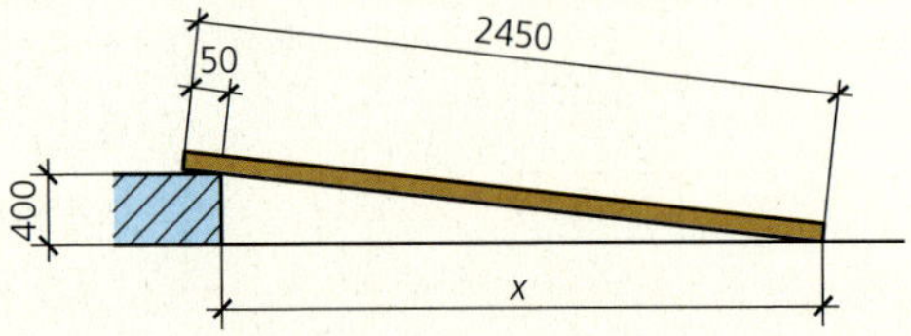

5. Zur Kontrolle der Rechtwinkligkeit eines Raumes mit einer Länge von 6,25 m und einer Breite von 5,50 m wird die Diagonale mit 8,40 m gemessen. Ist der Raum rechtwinklig?

6. In einem Hausflur wird der Eingang zum Keller mit Holzspanplatten bekleidet. Der senkrechte und der schräge Anschluss sowie die beiden waagerechten Anschlüsse werden mit Deckleisten versehen. Zu berechnen ist die Gesamtlänge der benötigten Deckleisten in m bei einem Verschnittzuschlag von 8 %.

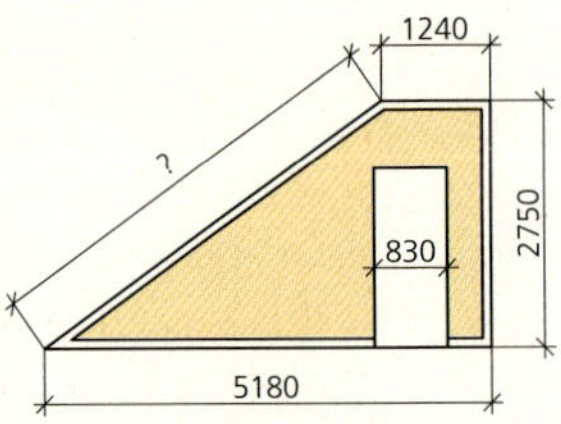

7. In ein leer stehendes Dachgeschoss wird eine Wohnung eingebaut. Für die Flächenberechnung der Dämmkonstruktion ist die Breite der zu bekleidenden Dachschräge zu ermitteln.

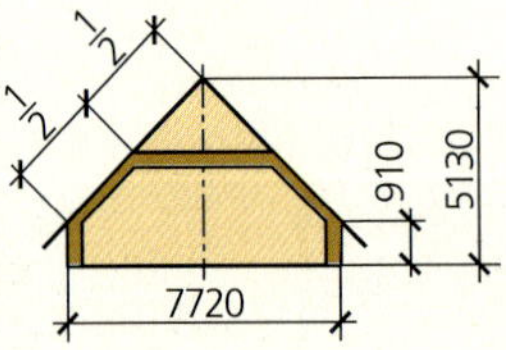

8. Aus einer kreisrunden Tischplatte mit einem Durchmesser von 1,35 m soll eine rechteckige Tischplatte gefertigt werden. Die Seitenlänge des neuen Tisches soll 1,20 m sein. Wie groß wird die größtmögliche Breite?

9. In einem Wohnraum werden Fußsockelleisten montiert. Wie viel m dieser Leisten werden in der Kalkuation verrechnet, wenn die beiden Türen ausgespart werden und ein Verschnittzuschlag von 15 % einbezogen wird?

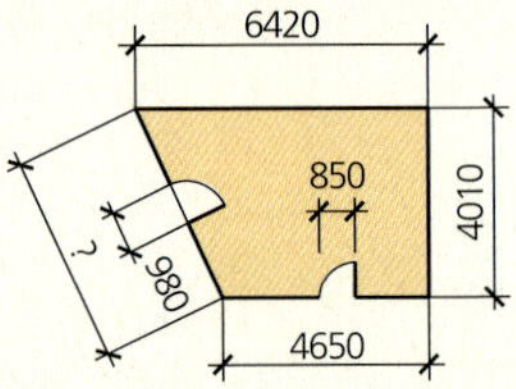

10. Ein regelmäßiges Fünfeck hat eine Kantenlänge von 51,4 cm. Der Umkreisdurchmesser beträgt 87,5 cm. Wie viel Quadratzentimeter beträgt der Flächeninhalt?

11. Eine quadratische Platte soll 4 Bohrungen erhalten. Zu bestimmen ist das Prüfmaß *x*.

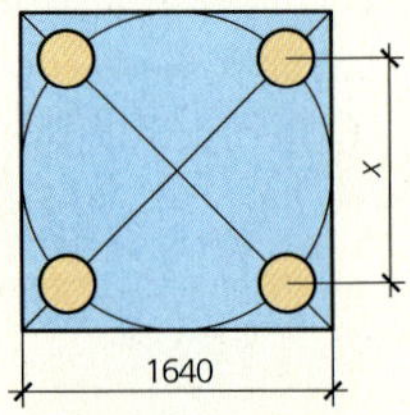

12. Welcher rechnerische Beweis ist für die zeichnerische Darstellung des pythagoreischen Lehrsatzes möglich?

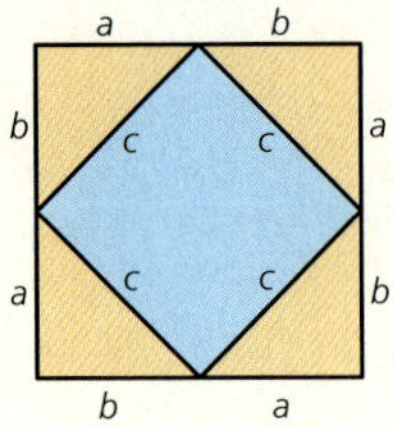

13. Ein regelmäßiges Achteck hat folgende Maße: Kantenlänge 28,7 cm, Umkreisdurchmesser 75,0 cm. Wie groß ist der Flächeninhalt in cm^2?

14. Für ein Kaufhaus werden 232 achteckige Dekorationsflächen gefertigt. Die 13 mm dicken P2-Platten werden an einer elektronisch gesteuerten Plattenaufteilsäge im ersten Durchgang quadratisch zugeschnitten. Zu berechnen ist das Seitenmaß der quadratischen Platte in mm.

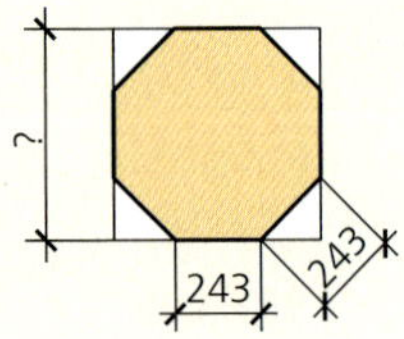

15. Eine kreisrunde Tischplatte soll an eine quadratische Säule angepasst werden. Welche Länge hat das Maß *x*?

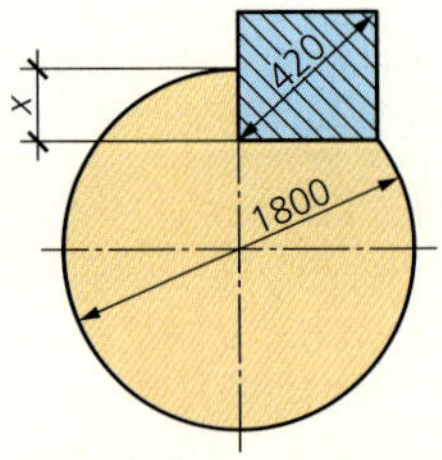

3.2 Winkel

Begriffe

Winkel entstehen durch zwei Strahlen, die in einer Ebene von einem Punkt (Scheitel) aus in verschiedene Richtungen verlaufen. Diese Strahlen heißen beim Winkel Schenkel. Winkel werden mit kleinen griechischen Buchstaben (α, β, γ, ..., s. S. 12) bezeichnet.

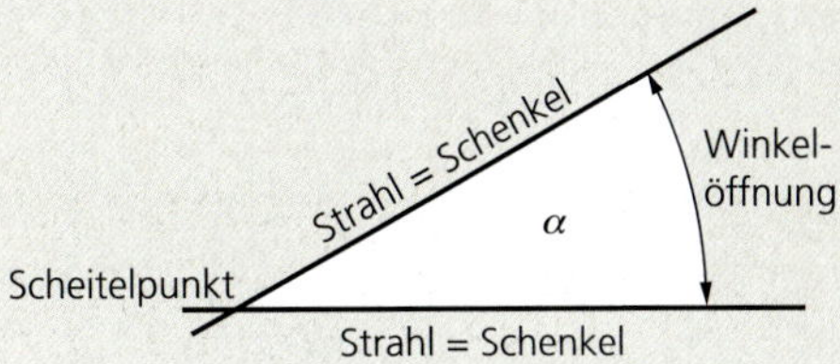

Winkelarten unterscheidet man nach der Größe (α) der Winkelöffnung:

- spitzer Winkel: $\alpha < 90°$,
- rechter Winkel: $\alpha = 90°$,
- stumpfer Winkel: $90° < \alpha < 180°$,
- gestreckter Winkel: $\alpha = 180°$ (zwei rechte Winkel),
- überstumpfer Winkel: $180° < \alpha < 360°$,
- Vollwinkel: $\alpha = 360°$.

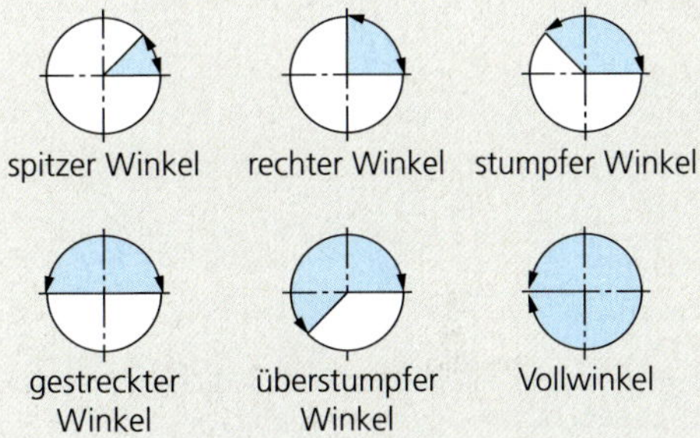

Am **Schnittpunkt zweier Geraden** unterscheidet man:

- Scheitelwinkel liegen sich gegenüber und sind gleich groß: $\alpha = \gamma$ und $\beta = \delta$.
- Nebenwinkel liegen nebeneinander und ergänzen sich zu 180°: $\alpha + \beta = 180°$ und $\gamma + \delta = 180°$.

An den **Schnittpunkten einer Geraden** mit zwei Parallelen entstehen folgende Winkel:

- Stufenwinkel sind gleich groß (→ Scheitelwinkel).
- Wechselwinkel sind gleich groß (→ Scheitelwinkel).
- Gegenwinkel betragen zusammen 180° (→ Nebenwinkel).

Komplementwinkel sind Winkel, deren Summe 90° beträgt: $\alpha + \beta = 90°$.

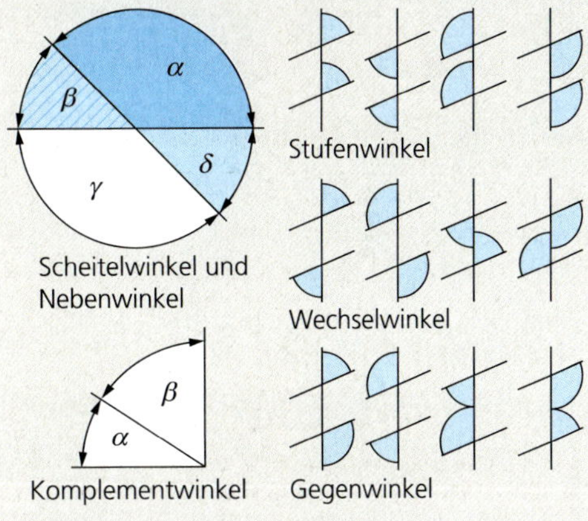

Winkelmaße

Der **Grad** (Altgrad) ist der 360. Teil des Vollwinkels: $1° = 360°/360$.

Der Grad (°) ist die Einheit des Winkels.

1 Grad = 1° = 60′ = 3 600″
1 Minute = 1′ = 60″ = 1/60°
1 Sekunde = 1″ = 1/60′ = 1/3 600°

Für Berechnungen mit dem Taschenrechner (s. S. 57) wird die Grundeinstellung DEG (engl. *degree* = Grad) benötigt.

Wie viele Minuten sind 0,4 Grad?

Lösung:
$1° = 60'$
$0{,}4° = 0{,}4 \cdot 60' = \underline{\underline{24'}}$

Wie viel Grad sind 35 Minuten?

Lösung:
$1' = \frac{1°}{60'}$
$35' = 35' \cdot \frac{1°}{60'} = \underline{\underline{0{,}5833°}}$

Der **Radiant** (rad) ergibt sich im Einheitskreis (Radius = 1) aus dem Verhältnis der Bogenlänge zum Radius. Die Winkeleinheit Radiant ist ein Bogenmaß mit dem Zahlenwert 1.

$$1\ \text{rad} = \frac{\text{Bogenlänge}}{\text{Radius}} = \frac{b}{r} = \frac{1\ \text{m}}{1\ \text{m}} = 1$$

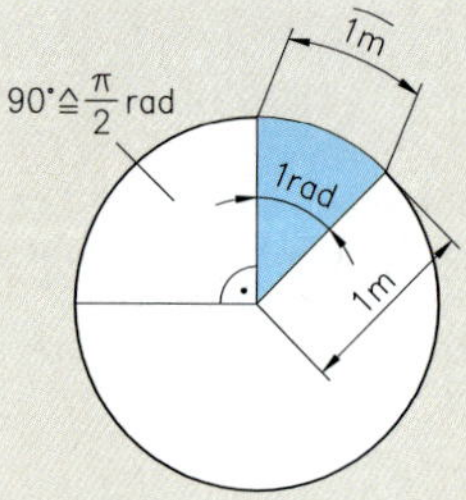

Der Radiant (rad) ist die SI-Einheit des Winkels.

$$\text{Vollwinkel } 360° = \frac{U}{r} = \frac{2r\,\pi}{r} = 2\pi\ \text{rad}$$

$$\text{Rechter Winkel } 90° = \frac{2\pi\ \text{rad}}{4} = \frac{\pi}{2}\ \text{rad}$$

$$1° = \frac{1°}{360} \cdot 2\pi\ \text{rad} = \frac{\pi}{180}\ \text{rad}$$

$$1\ \text{rad} = 90° \cdot \frac{2}{\pi} = \underline{\underline{57{,}3°}}$$

Für Berechnungen mit dem Taschenrechner (s. S. 57) wird die Einstellung RAD (= Radiant) benötigt.

Wie viel rad sind 60°?

Lösung:

$$60° = \frac{2 \cdot \pi \cdot 60°}{360°} = \underline{\underline{1{,}047\ \text{rad}}}$$

Wie viel Grad sind 2,5 rad?

Lösung:

$$2{,}5\ \text{rad} = \frac{360° \cdot 2{,}5}{2 \cdot \pi} = 143{,}24°$$

Das **Gon** (Neugrad) ist der 400. Teil eines Vollwinkels:
1 gon = 400 gon/400.

Das Gon (gon) ist die Einheit des Winkels.

1 Gon = 1 gon = 100 cgon
1 Zentigon = 1 cgon = 100 mgon
1 Milligon = 1 mgon

Für Berechnungen mit dem Taschenrechner wird die Einstellung GRAD (s. S. 57) benötigt.

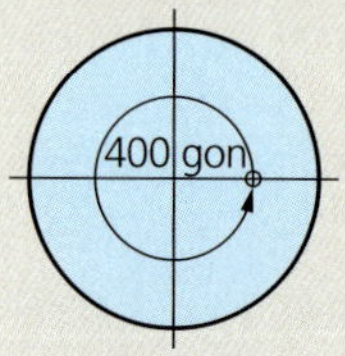

Wie viel gon sind 103,5°?

Lösung:
90° = 100 gon
9° = 10 gon
4,5° = 5 gon
103,5° = $\underline{\underline{115\ \text{gon}}}$

Beziehungen zwischen Grad, Radiant und Gon

Grad	1° = 400 gon/360° 1° = 1 rad/57,3°	= 1,11 gon = 0,017452 rad
Radiant	1 rad = 90° · 2/π 1 rad = 57,3° · 1,11 gon	= 57,3° = 63,66 gon
Gon	1 gon = 360°/400 gon 1 gon = 0,9° · 0,017452 rad	= 0,9° = 0,0157068 rad

Wie viel Grad sind 125 gon ?

Lösung:
100 gon = 90°
20 gon = 18°
5 gon = 4° 30′
125 gon = $\underline{\underline{112°\ 30'}}$

Aufgaben

1. Umrechnung von Grad, Minuten und Sekunden in Dezimalgrad (3-stellig).
a) 17°30′30″ = 17,605°
b) 34°15′24″
c) 48°30′18″
d) 114°0′30″

2. Umrechnung von Dezimalgrad in Grad, Minuten und Sekunden.
a) 13,425° = 13°25′30″
b) 72,064°
c) 199,245°
d) 63,33°

3. Berechnung der fehlenden Angaben.

	Bogenlänge b	Radius r	Radiant
a)	2,40 m	1,80 m	1,33 rad
b)	?	3,40 m	0,59 rad
c)	1,32 cm	0,66 cm	?
d)	24,30 m	?	1,7 rad

4. Umrechnung von Grad, Dezimalgrad, Gon und Radiant.

	Grad	Dezimalgrad	Gon	Radiant
a)	15°24′18″	15,41°	50,45 gon	0,2688 rad
b)	?	24,36°	?	?
c)	?	?	312 gon	?
d)	?	?	?	2,4 rad

5. Berechnung der Gegenwinkel.
a) 43,73° → 180° — 43,73° = 136,27°
b) 112,54°
c) 98,53°
d) 17°24′
e) 148°12′

6. Welche Winkel sind Stufenwinkel, Wechselwinkel und Gegenwinkel?
Wie groß sind die Winkel, wenn α_1 = 118° ist?

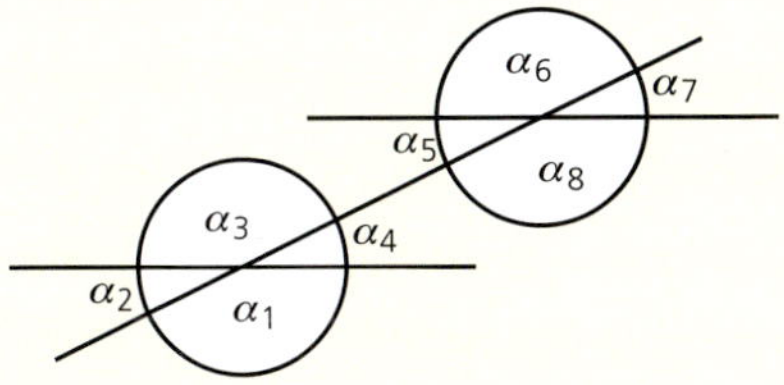

7. Wie groß ist der Winkel α eines Keils, wenn β = 63,5° ist?

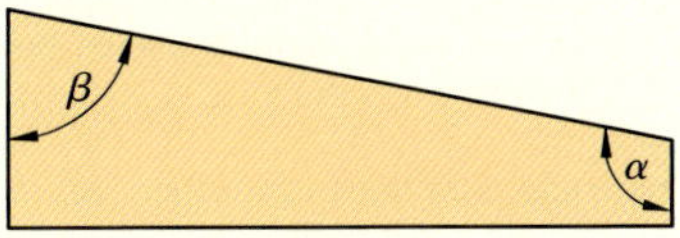

8. Eine Zinkung verläuft unter 75°.
Wie groß ist der Winkel α der Schmiege?

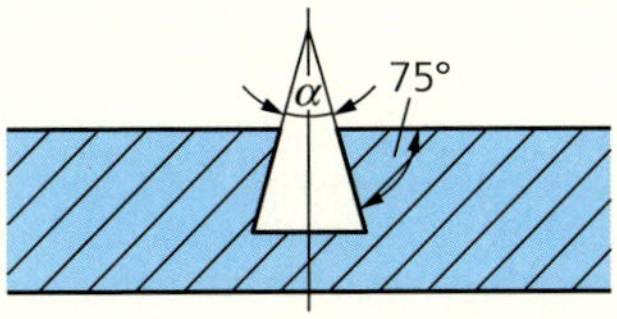

9. Für einen Metallbohrer beträgt der Winkel β = 116°.
Wie groß ist der Winkel α für eine Anschliffschablone?

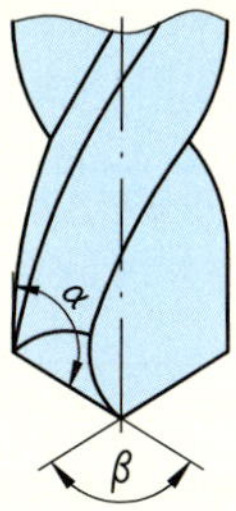

10. Für eine Halle wird die abgebildete Dachkonstruktion benötigt.
Wie groß sind die Winkel 1 bis 7, wenn Winkel 8 30° beträgt und alle Streben (x) gleich lang sind?

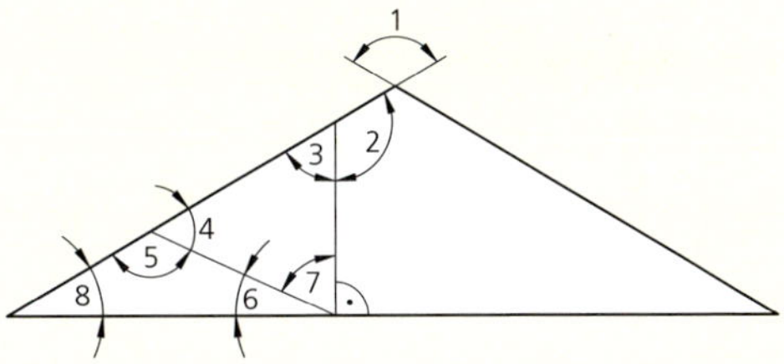

3.3 Winkelfunktionen

Grundlagen

Im **rechtwinkligen Dreieck** entstehen Winkelfunktionen aus dem Verhältnis zweier Dreieckseiten. Dieses Verhältnis nennt man die Funktion eines Winkels.

Grundlage ist folgender Strahlensatz: Gehen von einem Punkt A zwei Strahlen aus, die von parallelen Geraden geschnitten werden, ergeben die Seiten ein gleichbleibendes Verhältnis.

$$\frac{a_1}{c_1} = \frac{a_2}{c_2} = \frac{a_3}{c_3}$$

Mit Winkelfunktionen können die Seiten und Winkel im rechtwinkligen Dreieck berechnet werden. Die Verhältniszahlen sind in Tabellen (s. S. 243 f.) aufgeführt oder können mit dem Taschenrechner abgerufen werden.

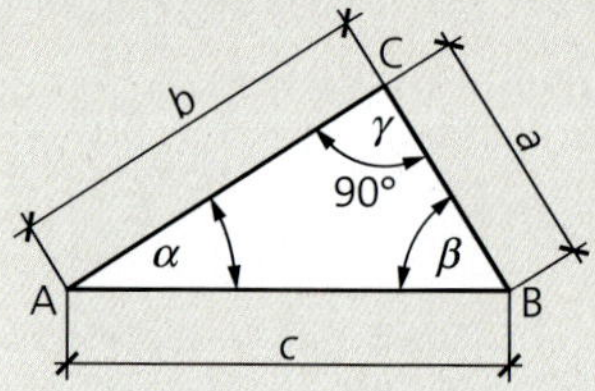

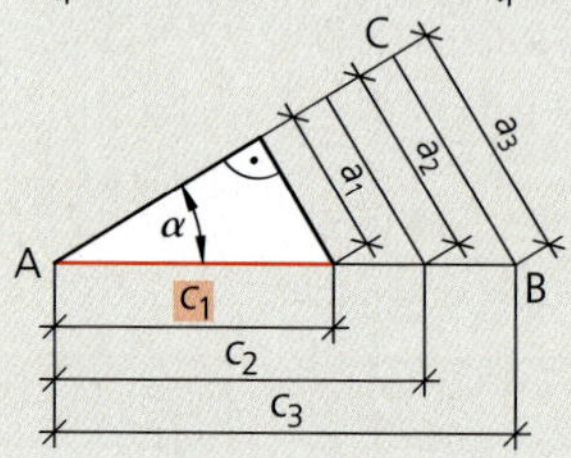

Benennungen im rechtwinkligen Dreieck

Dreieckseite	Lage	Benennung von α aus	Benennung von β aus
Hypotenuse (längste Seite)	dem rechten ∢ gegenüber	Seite *c*	Seite *c*
Ankathete	am gesuchten oder gegebenen ∢ anliegend	Seite *b*	Seite *a*
Gegenkathete	dem gesuchten oder gegebenen ∢ gegenüber	Seite *a*	Seite *b*

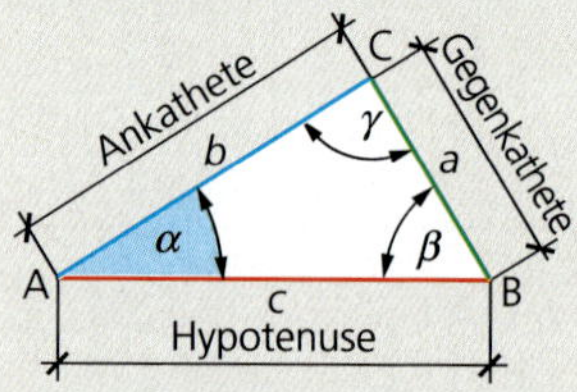

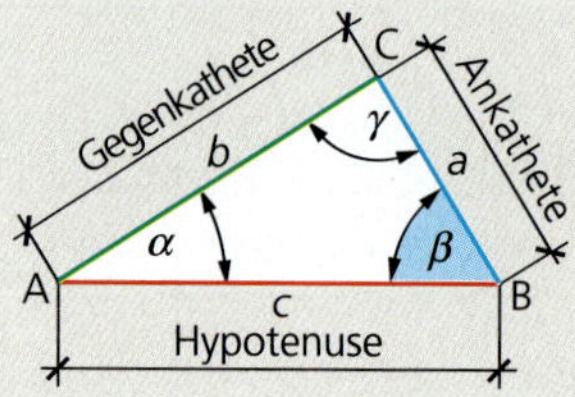

Sinusfunktion

Die Sinusfunktion ist das Verhältnis von Gegenkathete (*a*) zu Hypothenuse (*c*).

$\sin\alpha = \frac{a}{c}$ (sprich: sinus alpha)

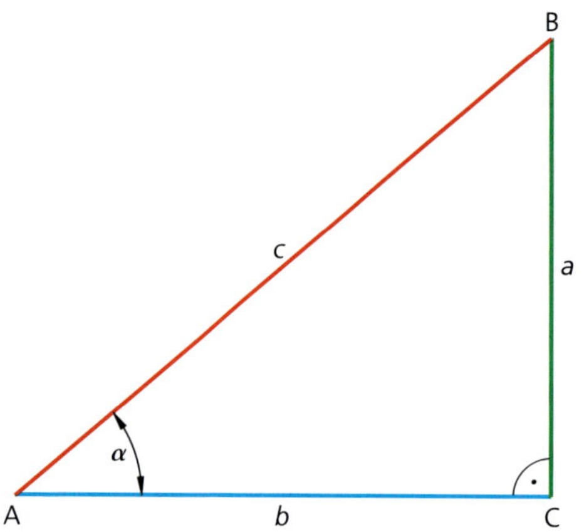

In einem rechtwinkligen Dreieck sind die Gegenkathete $a = 7$ cm und der Winkel $\alpha = 40°$.
Gegeben:
Gegenkathete $a = 7$ cm; Winkel $\alpha = 40°$
Gesucht:
a) Hypotenuse *c* in cm
b) Winkel β in Grad

Lösung:

a) $\sin\alpha = \frac{a}{c}$ $\quad c = \frac{a}{\sin\alpha}$

$$c = \frac{7\text{ cm}}{\sin 40°} = \frac{7\text{ cm}}{0{,}6428} = \underline{\underline{10{,}89\text{ cm}}}$$

b) $180° = 90° + 40° + b$

$b \;= 180° - 90° - 40° = 50°$

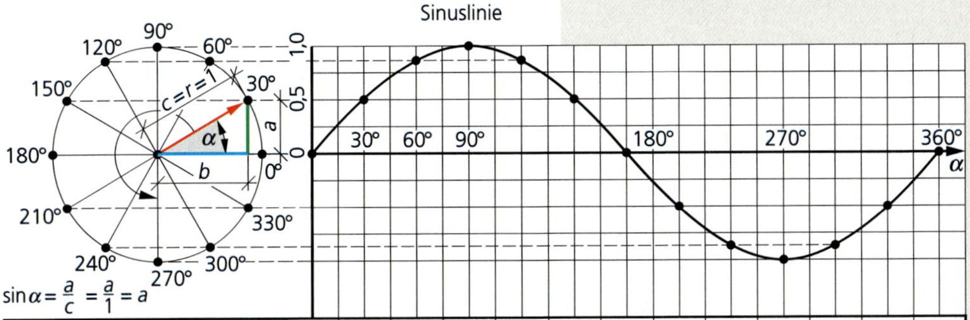

Winkel	0°	30°	60°	90°	120°	150°	180°	210°	240°	270°	300°	330°	360°
Sinus α nach Tabelle	0	$\frac{1}{2}$	$\approx\frac{7}{8}$	1	$\approx\frac{7}{8}$	$\frac{1}{2}$	0	$-\frac{1}{2}$	$\approx -\frac{7}{8}$	-1	$\approx -\frac{7}{8}$	$-\frac{1}{2}$	0

Mithilfe der **Sinuslinie** können Sinuswerte auch grafisch ermittelt werden. Dabei ist der Radius im Einheitskreis $r = 1$.

Cosinusfunktion

Die Cosinusfunktion ist das Verhältnis von Ankathete (b) zu Hypotenuse (c).

$$\cos\alpha = \frac{b}{c}$$

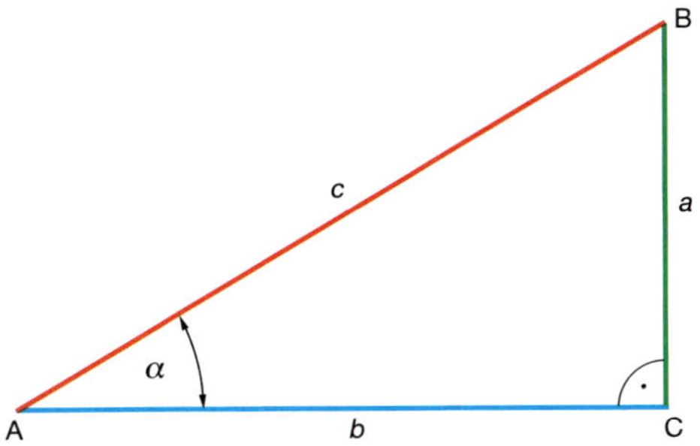

Cosinusfunktionen ausgewählter Winkel

∢ α	0°	30°	45°	60°	90°
$\cos\alpha$	1,0	0,8660	0,7071	0,5	0

Vor allem **wahre Längen und Flächen** werden mit der Cosinusfunktion aus dem Grundriss berechnet.

$$\text{wahre Fläche} = \frac{\text{Grundfläche}}{\text{cos der Neigung}} = \frac{A_{\text{Dreieck}}}{\cos\alpha}$$

Welchen Winkel ergeben am Einheitskreis die Katheten $a = 0{,}5$ und $c = 1$?

Lösung:

$$\sin\alpha = \frac{a}{c} = \frac{0{,}5}{1} = 0{,}5 \; \underline{\underline{\sin 30°}}$$

Zu berechnen ist die Formel für die wahre Größe der Dreiecksfläche eines Walmdaches.

Lösung:

$$\cos\alpha = \frac{x}{y} \qquad y = \frac{x}{\cos\alpha}$$

$$A_{\text{Dreieck}} = \frac{b \cdot y}{2} = \underline{\underline{\frac{b \cdot x}{2 \cdot \cos\alpha}}}$$

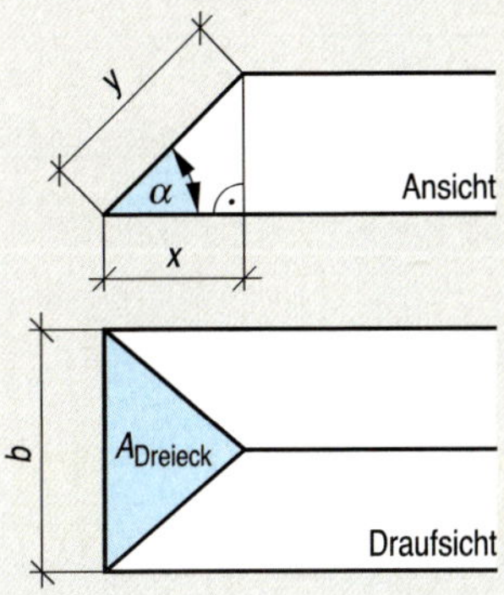

Tangensfunktion

Die Tangensfunktion ist das Verhältnis von Gegenkathete (a) zu Ankathete (b).

$$\tan\alpha = \frac{a}{b}$$

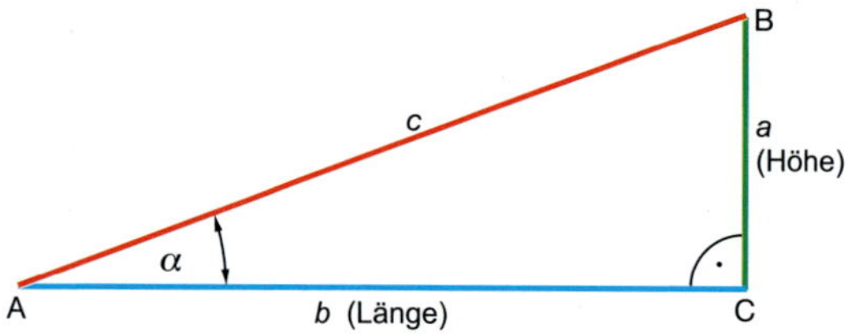

Steigungen können mithilfe der Tangensfunktion berechnet werden.

$$\text{Steigung in \%} = \frac{\text{Höhe}}{\text{Länge}} \cdot 100\ \%$$

Zu berechnen sind:
a) Winkel α des Steigungsdreicks
b) Steigung in %

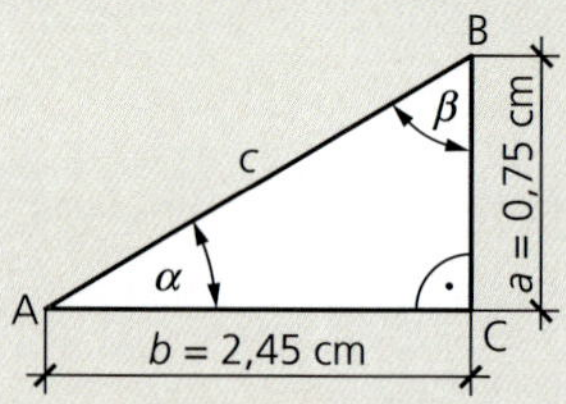

Tangensfunktionen ausgewählter Winkel

$\sphericalangle\alpha$	0°	15°	30°	45°	60°	90°
$\tan\alpha$	0	0,268	0,7774	1	17,32	∞

Die wichtigsten Winkelfunktionen

Winkelfunktion	Seitenverhältnisse	
Sinus $= \frac{\text{Gegenkathete}}{\text{Hypotenuse}}$	$\cos\alpha = \frac{b}{c}$	$\cos\beta = \frac{a}{c}$
Cosinus $= \frac{\text{Ankathete}}{\text{Hypotenuse}}$	$\tan\alpha = \frac{a}{b}$	$\tan\beta = \frac{b}{a}$
Tangens $= \frac{\text{Gegenkathete}}{\text{Ankathete}}$		

Die **Sinusfunktion** eines Winkels ist gleich der Cosinusfunktion des Ergänzungswinkels:
$\sin\alpha = \cos\beta$, da

$\sin\alpha = \frac{a}{c}$ und $\cos\beta = \frac{a}{c}$

Die **Cotangensfunktion** entfällt hier, da sie lediglich die Umkehrung der Tangensfunktion ist.

$$\text{Cotangens} = \frac{1}{\text{Tangens}} = \frac{1}{\frac{\text{Gegenkathete}}{\text{Ankathete}}} = \frac{\text{Ankathete}}{\text{Gegenkathete}}$$

Gegeben: $a = 0{,}75$ cm; $b = 2{,}45$ cm
Gesucht: a) $\sphericalangle\alpha$
b) Steigung in %

Lösung:

a) $\tan\alpha = \frac{a}{b} = \frac{0{,}75\ \text{cm}}{2{,}45\ \text{cm}} = 0{,}3061$

$\tan\alpha = 0{,}3061 \rightarrow \alpha = \underline{\underline{17{,}02°}}$

b) Steigung in % $= \tan\alpha \cdot 100\ \% = \underline{\underline{30{,}61\ \%}}$

Aufgaben

1. Für eine Bohrschablone sind die Abstände *x* und *y* zu bestimmen.

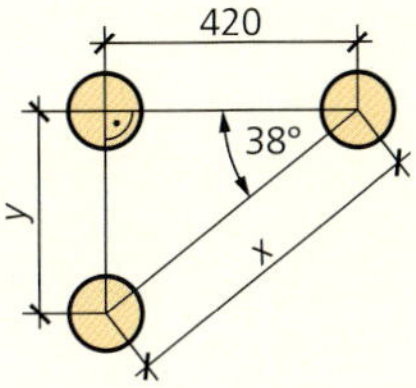

2. Um die Höhe eines Baums zu bestimmen, wurde eine Standlinie von 12,00 m gemessen. Die Spitze des Baums erblickt man unter einem Höhenwinkel von 36°. Die Augenhöhe beträgt 1,60 m. Wie hoch ist der Baum?

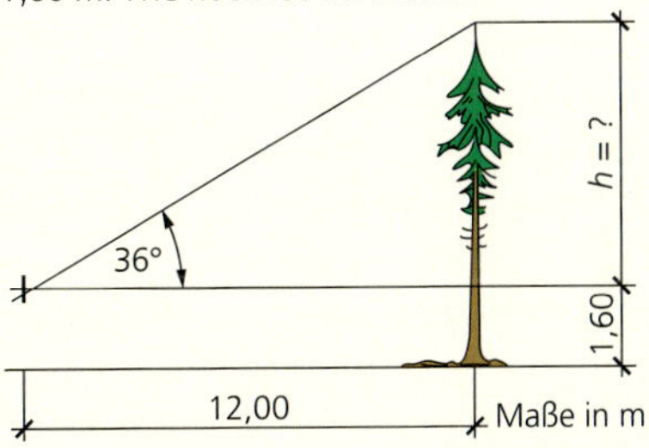

3. Eine 3,80 m lange Leiter soll zur Wand einen Winkel von 75° haben. Wie weit ist die Leiter von der Wand entfernt?

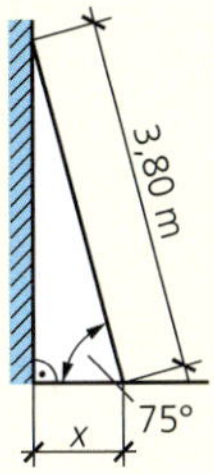

4. Wie groß ist die Fläche des Rechtecks? Durchmesser 6,74 m, Winkel der Diagonalen 23,5°.

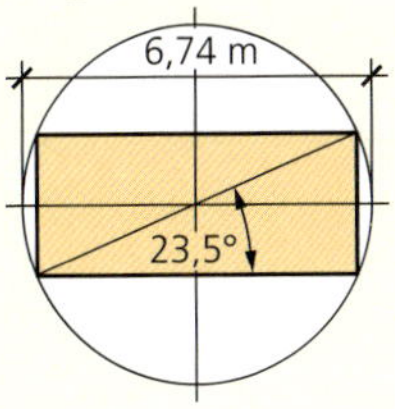

5. Bei einem Keil sind zu berechnen:
a) Winkel α
b) Winkel β

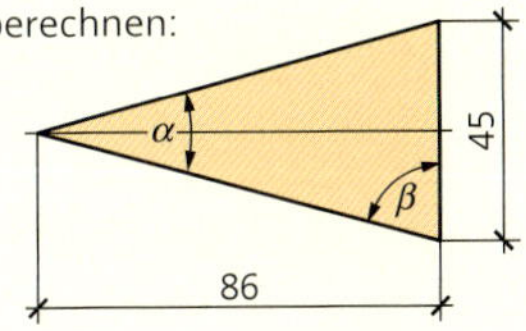

6. Ein Keil soll einen Winkel von 12° haben. Die Gesamtlänge soll 15 cm betragen. Welche Gesamthöhe hat der Keil?

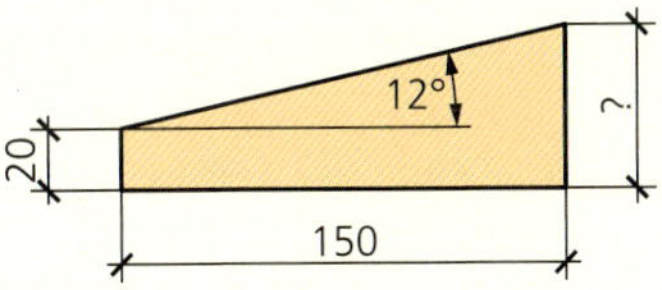

7. Welche Neigung hat das Satteldach, wenn die Sparren an der Dachtraufe 40 cm überstehen (Sparrendicke bleibt unberücksichtigt)?

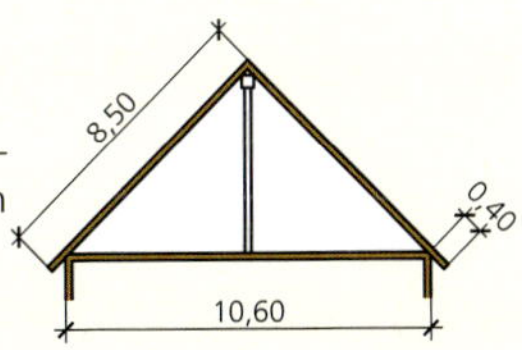

8. Eine Fabrikeinfahrt überbrückt einen Höhenunterschied von 0,80 m. Dabei wird eine Steigung von 7,5 % erreicht. Wie groß ist die Steigung in Grad und wie lang ist die Einfahrt?

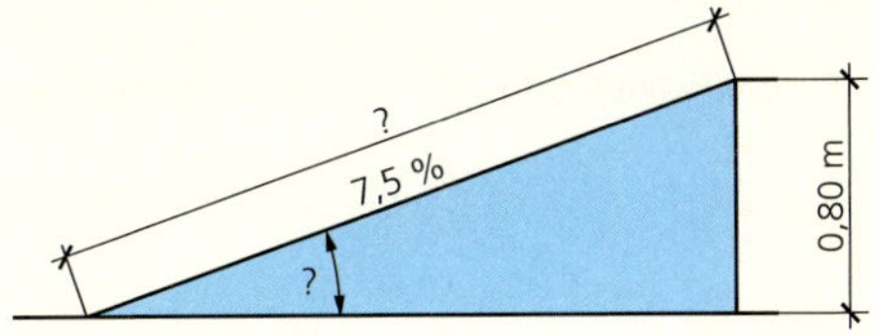

9. Eine Tischplatte (regelmäßiges Achteck) soll eine Kantenlänge von 80 cm haben. Wie groß ist der Umkreisdurchmesser?

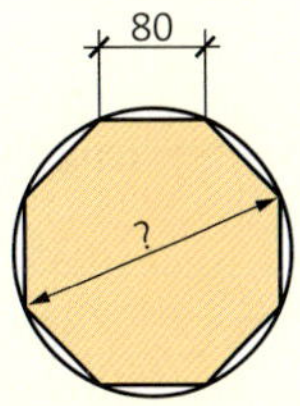

10. Eine Treppe hat eine Steigungshöhe von 17,5 cm und eine Auftrittsbreite von 26 cm. Wie groß ist der Winkel für die Treppenwange?

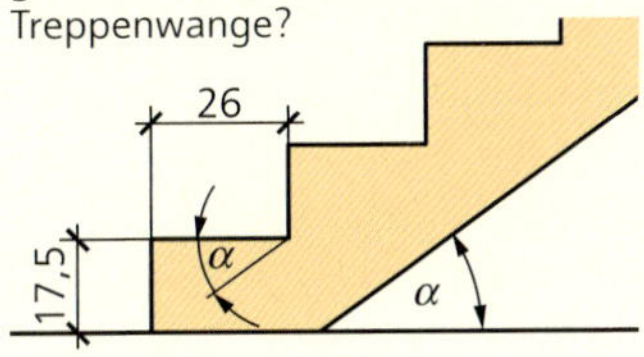

11. Aus dem Grundriss eines Winkelhauses soll die wahre Fläche zur Bestellung von Dachziegeln berechnet werden. Die Dachneigung beträgt überall 38°.

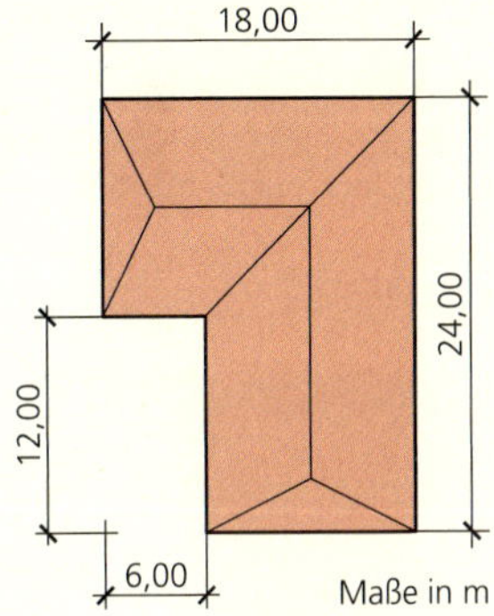

12. Für eine Eingangshalle sind Nut- und Federbretter zu bestellen. Die Maße sind der Skizze (nicht maßstäblich) zu entnehmen. Wie groß ist das fehlende Maß *x* und wie groß sind die beiden Winkel α und β? Wie viel Quadratmeter Nut- und Federbretter sind zu bestellen?

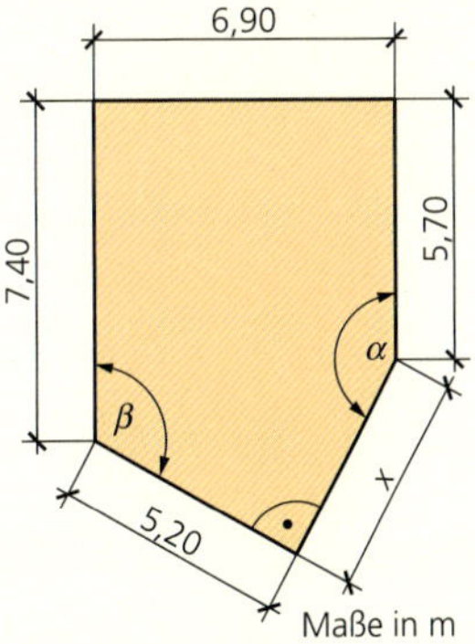

3.4 Steigung und Neigung

Eine **Steigung** (**Neigung**, **Gefälle**) entsteht, wenn eine Strecke in der Höhe von der Waagerechten (Länge) abweicht. Das Verhältnis von Höhe *h* und Länge *l* wird in Zahlen ausgedrückt.

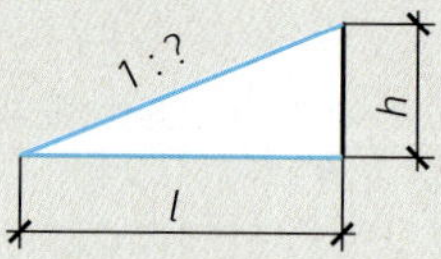

Das **Steigungsverhältnis *SV*** ist der Quotient aus Höhe und Länge.

$$\text{Steigungsverhältnis} = \frac{\text{Höhe}}{\text{Länge}}$$

$$SV = \frac{h}{l}$$

Die **Steigung *S*** kann auch in Prozent angegeben werden.

$$\text{Steigung in \%} = \frac{\text{Höhe} \cdot 100\,\%}{\text{Länge}}$$

$$S = \frac{h \cdot 100\,\%}{l}$$

Zu berechnen sind das Steigungsverhältnis und die Steigung in %.

Gegeben: $l = 9{,}10$ m
$h = 0{,}70$ m
Gesucht: a) $SV = ?$
b) $S = ?\,\%$

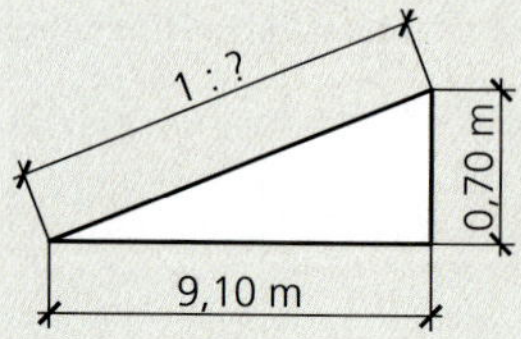

Lösung:

a) $SV = \frac{h}{l} = \frac{0{,}70\text{ m}}{9{,}10\text{ m}} = \underline{\underline{1{:}13}}$

b) $S = \frac{h \cdot 100\,\%}{9{,}10\text{ m}} = 7{,}7\,\%$

Die **Länge *l*** ist der Quotient aus Höhe und Steigungsverhältnis.

$$\text{Länge} = \frac{\text{Höhe}}{\text{Steigungsverhältnis}}$$

$$l = \frac{h}{SV}$$

Länge aus Steigung *S* in %:

$$\text{Länge} = \frac{\text{Höhe} \cdot 100\,\%}{\text{Steigung in \%}}$$

$$l = \frac{h \cdot 100\%}{S}$$

Zu berechnen ist die Länge in m.

Gegeben: $SV = 1{:}14$
$h = 0{,}40$ m
Gesucht: $l = ?$ m

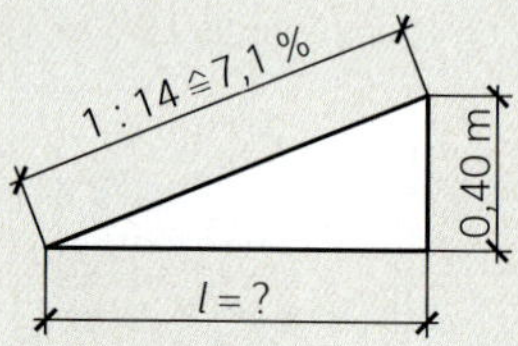

Lösung:

$l = \frac{h}{SV} = \frac{0{,}40\text{ m}}{1{:}14} = 5{,}63\text{ m}$

$l = \frac{h \cdot 100\%}{S} = \frac{0{,}40\text{ m} \cdot 100\,\%}{7{,}1\,\%}$

$l = \underline{\underline{5{,}63\text{ m}}}$

Die **Höhe *h*** ist das Produkt aus Steigungsverhältnis und Länge.

$$\text{Höhe} = \text{Steigungsverhältnis} \cdot \text{Länge}$$

$$h = SV \cdot l$$

Höhe aus Steigung *S* in %:

$$\text{Höhe} = \frac{\text{Steigung in \%} \cdot \text{Länge}}{100\,\%}$$

$$h = \frac{S \cdot l}{100\,\%}$$

Zu berechnen ist die Höhe in m.

Gegeben: $l = 7{,}90$ m
$SV = 1 : 9$
$S = 11{,}1\,\%$
Gesucht: $h = ?$ m

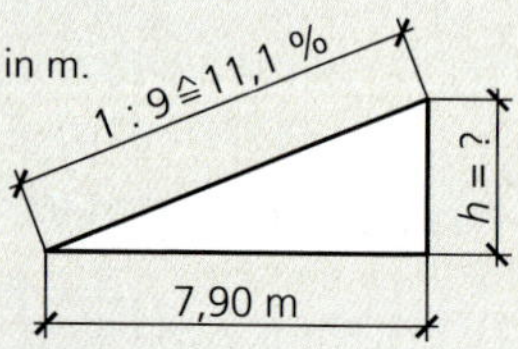

Lösung:

$h = l \cdot SV$

$h = 7{,}90\text{ m} \cdot \frac{1}{9} = 0{,}88\text{ m}$

$h = \frac{S \cdot l}{100\,\%}$

$h = \frac{11{,}1\,\% \cdot 7{,}90\text{ m}}{100\,\%} = \underline{\underline{0{,}88\text{ m}}}$

Aufgaben

1. Als Aufgang zu einer Tribüne soll eine Rampe angelegt werden.
   Wie groß ist die Länge, wenn die Höhendifferenz 1,45 m beträgt und das Steigungsverhältnis
   a) 1 : 5, b) 1 : 6, c) 1 : 7,5 sein soll?

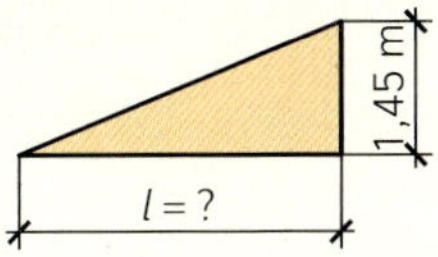

2. Wie groß ist die Höhe *h* des Dachprofils?

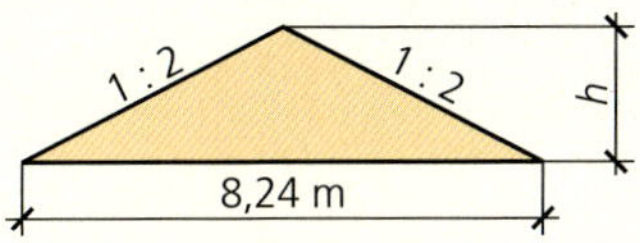

3. Wie groß ist das Maß *l* des Dachprofils?

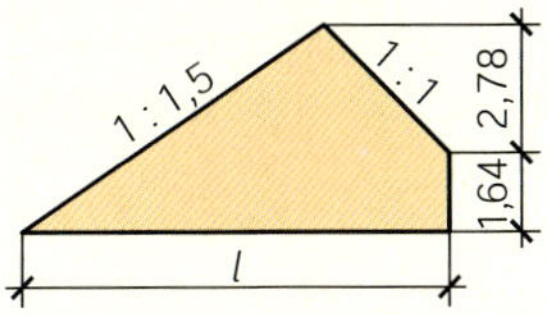

Maße in m

4. Eine Treppe hat bei 17 cm Steigungshöhe eine Auftrittsbreite von 29 cm.
   Zu berechnen ist das Steigungsverhältnis.

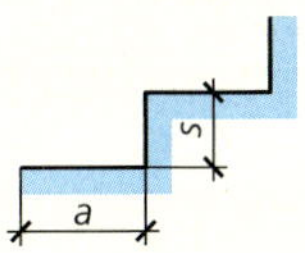

5. Das Dach eines Wintergartens wird verglast.
   Zu berechnen sind:
   a) Neigungsverhältnis des Dachs
   b) Gefälle in Prozent

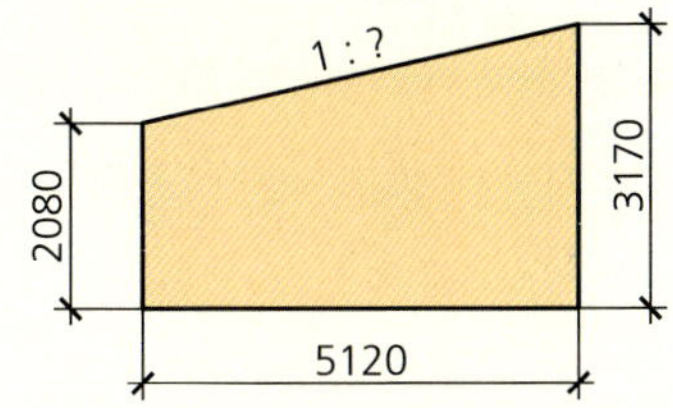

6. Zur Ermitttlung der Anschlusswinkel bei den Knotenpunkten einer Glasdachkonstruktion sind die Neigungsverhältnisse zu berechnen.

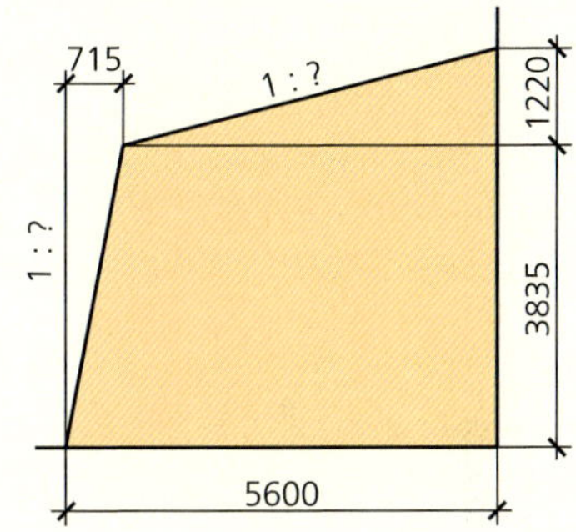

3.5 Maßstäbe

Der **Maßstab** ist das Verhältnis des in einer Zeichnung dargestellten Gegenstandes zu seiner wirklichen Größe. Große Gegenstände werden verkleinert, kleine vergrößert abgebildet. Damit die Zeichnung als naturgetreues Bild entsteht, müssen alle Zeichnungsmaße innerhalb einer Zeichnung im gleichen Verhältnis zu den natürlichen Maßen stehen.

Nach DIN ISO 5455 werden im Bereich Holztechnik unterschieden:

- natürlicher Maßstab → 1 : 1;
- Verkleinerungsmaßstäbe → 1 : 5; 1 : 10; 1 : 20; 1 : 50; 1 : 100;
- Vergrößerungsmaßstäbe → 2 : 1; 5 : 1; 10 : 1.

Beim Maßstab 1 : 10 ist 1 die natürliche Größe und 10 die Verhältniszahl.

Die **Zeichnungsgröße** berechnet sich aus dem Produkt von wirklicher Größe und Maßstab.

Zeichnungsgröße = wirkliche Größe · Maßstab

Von der wirklichen Größe eines Möbelteils sind die Zeichnungsgrößen im Maßstab 1 : 5 zu berechnen.

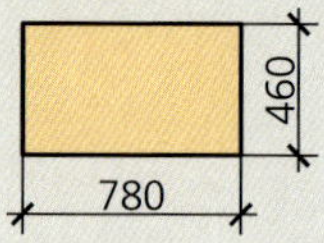

Lösung:

$$l = 780\ \text{mm} \cdot \frac{1}{5} = \underline{\underline{156\ \text{mm}}}$$

$$b = 460\ \text{mm} \cdot \frac{1}{5} = \underline{\underline{92\ \text{mm}}}$$

Die **wirkliche Größe** berechnet sich aus dem Quotienten von Zeichnungsgröße und Maßstab.

$$\text{wirkliche Größe} = \frac{\text{Zeichnungsgröße}}{\text{Maßstab}}$$

Von der Zeichnungsgröße im Maßstab 1 : 10 ist die wirkliche Größe zu berechnen.

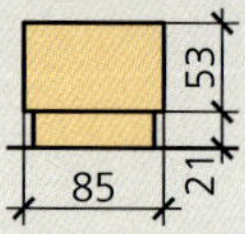

Lösung:

$$l = \frac{85\ \text{mm}}{\frac{1}{10}} = \underline{\underline{850\ \text{mm}}}$$

$$b = \frac{53\ \text{mm}}{\frac{1}{10}} = \underline{\underline{530\ \text{mm}}}$$

Der **Maßstab** berechnet sich aus dem Quotienten von Zeichnungsgröße und wirklicher Größe.

$$\text{Maßstab} = \frac{\text{Zeichnungsgröße}}{\text{wirkliche Größe}}$$

Zu berechnen ist der Maßstab der Zeichnung.

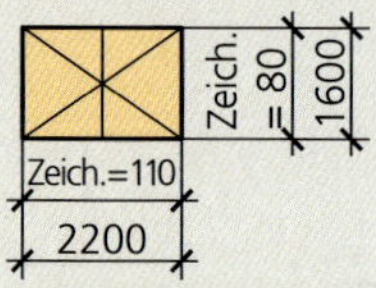

Lösung:

$$\text{Maßstab } l = \frac{110\ \text{mm}}{2\,200\ \text{mm}} = \underline{\underline{\frac{1}{20}}}$$

$$\text{Maßstab } b = \frac{80\ \text{mm}}{1\,600\ \text{mm}} = \underline{\underline{\frac{1}{20}}}$$

Aufgaben

1. Wie lang ist das wirkliche Maß von 1 m in der Zeichnung?

Maßstab	1 : 5	1 : 10	1 : 20	1 : 50	1 : 100	1 : 200	1 : 500	1 : 1 000
Zeichnungsgröße	? m	? cm	? m	? mm	? cm	? mm	? cm	? mm

2. Wie lang sind die Möbelmaße in der maßstäblichen Verkleinerung zu zeichnen?

Maße in mm / Maßstab	1 250	340	700	2 060	860	120	2 420	70	1 550	650
1 : 5	?	?	?	?	?	?	?	?	?	?
1 : 10	?	?	?	?	?	?	?	?	?	?
1 : 20	?	?	?	?	?	?	?	?	?	?

3. Bei einer Maßaufnahme am Bau wurden folgende wirkliche Maße für Fenster (Rahmenaußenmaß) und Türen (lichtes Leibungsmaß) ins Skizzenbuch eingetragen.
In welchen Breiten- und Höhenmaßen werden die Teile gezeichnet?

	Fenster, Maße in mm						Türen, Maße in mm			
	Breite	Höhe	Breite	Höhe	Breite	Höhe	Breite	Höhe	Breite	Höhe
Maßstab	628	1 105	825	1 370	1 615	1 440	890	2 040	955	2 115
1 : 5	?	?	?	?	?	?	?	?	?	?
1 : 10	?	?	?	?	?	?	?	?	?	?
1 : 20	?	?	?	?	?	?	?	?	?	?
1 : 50	?	?	?	?	?	?	?	?	?	?

4. Wie viel mm müssen als wirkliche Größe in einer Zeichnung eingetragen werden, wenn Zeichnungsgröße und Maßstab bekannt sind?

Zeichnungsgröße	27 mm	1,7 mm	3,6 cm	8,5 mm	12,3 cm	0,7 cm	0,02 m	6,5 cm	2,5 mm	0,55 cm
Maßstab	1 : 5	1 : 10	1 : 20	1 : 50	1 : 5	1 : 10	1 : 50	1 : 5	1 : 100	1 : 10
wirkliche Größe	?	?	?	?	?	?	?	?	?	?

5. Zu bestimmen ist der Maßstab.

	wirkliche Größe	Zeichnungsgröße	Maßstab
a)	1 720 mm	344 mm	?
b)	417,5 mm	83,5 mm	?
c)	2,63 m	26,3 mm	?
d)	9,20 m	184 mm	?
e)	0,86 m	43 mm	?
f)	850 mm/2 100 mm	19 mm/42 mm	?
g)	0,70 m/0,55 m	14 mm/11 mm	?
h)	38 cm/57 cm	7,6 mm/11,4 mm	?
i)	4,30 mm/3,82 mm	21,5 cm/19,1 cm	?
j)	158 cm/192 cm	15,8 mm/19,2 mm	?

3.6 Maßordnung im Hochbau

Grundlagen

Beim Rohbau werden Mauerziegel, Kalk- und Betonsteine verschiedenen Formats verwendet, die planmäßig zusammenpassen müssen.

Die **Maßordnung im Hochbau** bestimmt Längen-, Breiten- und Höhenmaße bei Wänden, Tür- und Fensteröffnungen.

Das **Grundmaß der Maßordnung** ist vorzugsweise das **Achtelmeter am**, der 8. Teil eines Meters.

$$1 \text{ am} = \frac{1{,}00 \text{ m}}{8} = 0{,}125 \text{ m} = \underline{\underline{12{,}5 \text{ cm}}}$$

$$\frac{1}{2} \text{ am} = \frac{1}{2} \cdot 12{,}5 \text{ cm} = \underline{\underline{6{,}25 \text{ cm}}}$$

$$6 \text{ am} = 6 \cdot 12{,}5 \text{ cm} = \underline{\underline{75{,}0 \text{ cm}}}$$

$$7 \text{ am} = 7 \cdot 12{,}5 \text{ cm} = \underline{\underline{87{,}5 \text{ cm}}}$$

Rohbaurichtmaße *RR* (Baurichtmaße) können Teile oder Vielfache des **am** sein.

Kennnummern geben vereinfacht Breite und Höhe von Türen und Fenstern in am an.

Rohbaurichtmaße von Fenstern und Türen – Auswahl

Kennnummer in am	Breite in mm	Höhe in mm
Fenster		
4 × 6	500	750
5 × 8	625	1000
Türen		
7 × 15	875	1875
8 × 16	1000	2000

Die Rohbaurichtmaße für eine Türöffnung sind mit der Kennnummer 6 × 16 angegeben.
Zu berechnen sind Breite und Höhe in mm.

Gegeben: Breite = 6 am
Höhe = 16 am
Gesucht: Breite = ? mm
Höhe = ? mm

Lösung:
Breite = $6 \cdot 125 \text{ mm} = \underline{\underline{750 \text{ mm}}}$
Höhe = $16 \cdot 125 \text{ mm} = \underline{\underline{2000 \text{ mm}}}$

Die **Steinmaße** ergeben sich aus den Rohbaurichtmaßen abzüglich der Stoß- und Lagerfugen, die jeweils 10 mm dick sind, z. B.:
Steinbreite = 125 mm – 10 mm = 115 mm

Steinmaße

Steinmaße	Rohbaurichtmaß	Fuge	Nennmaß
Steinlänge	25 cm	1 cm	24 cm
Steinbreite	25/2 cm	1 cm	11,5 cm
Steinhöhe NF	25/3 cm	1,2 cm	7,1 cm
Steinhöhe DF	25/4 cm	1 cm	5,2 cm

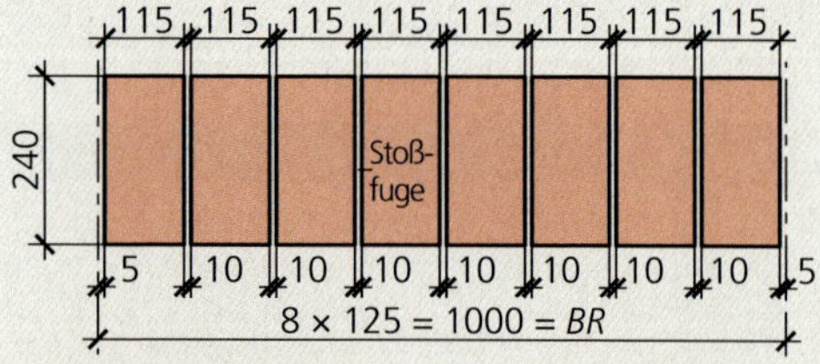

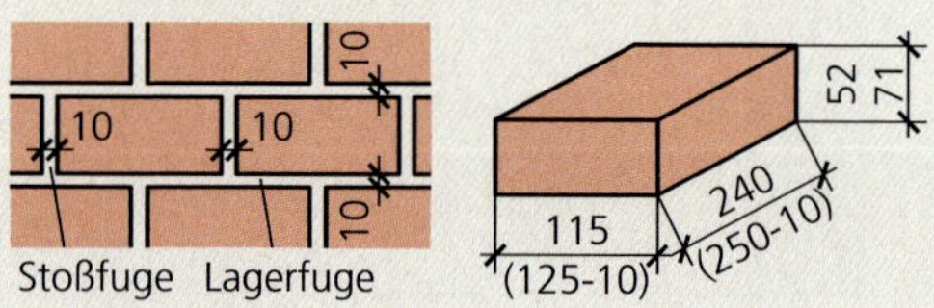

Nennmaße *N* (Rohbaumaße) sind entsprechend der Bauzeichnung auszuführen und tatsächlich vorhandene Abmessungen ohne Putzschicht.

Außenmaße kommen bei Wandlängen, Wand- und Pfeilerdicken vor.

N = Anzahl der Steinbreiten · am – 1 Stoßfuge
$N = n \cdot 12{,}5\ \text{cm} - 1{,}0\ \text{cm}$
N = Rohbaurichtmaß – 1,0 cm
$N = RR - 1{,}0\ \text{cm}$

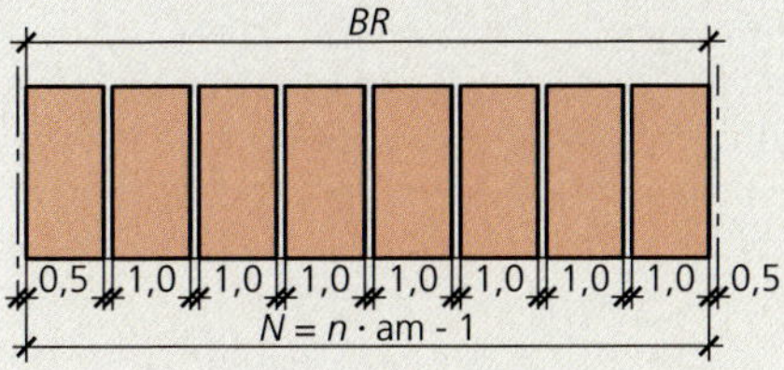

Wie viel Zentimeter beträgt das Außenmaß eines Wandpfeilers bei 5 am?

Lösung:
$N = n \cdot \text{am} - 1{,}0\ \text{cm}$
$N = 5 \cdot 12{,}5\ \text{cm} - 1{,}0\ \text{cm} = \underline{\underline{61{,}5\ \text{cm}}}$

Öffnungsmaße entstehen bei Fenster- und Türöffnungen sowie Durchgängen.

N = Anzahl der Steinbreiten · am + 1 Stoßfuge
$N = n \cdot 12{,}5\ \text{cm} + 1{,}0\ \text{cm}$
N = Rohbaurichtmaß + 1,0 cm
$N = RR + 1{,}0\ \text{cm}$

Wie lang ist das Öffnungsmaß bei einem Fenster von 8 am?

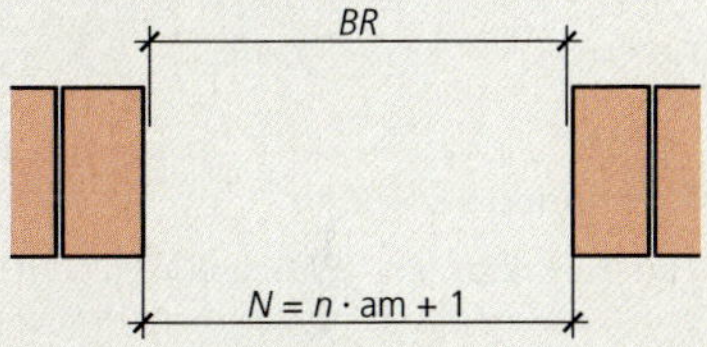

Lösung:
$N = n \cdot \text{am} + 1{,}0\ \text{cm}$
$N = 8 \cdot 12{,}5\ \text{cm} + 1{,}0\ \text{cm} = \underline{\underline{101\ \text{cm}}}$

Anbaumaße gelten bei angesetzten Mauern, z. B. von einer Raumecke zur Fenster- oder Türöffnung.

N = Anzahl der Steinbreiten · am
$N = n \cdot 12{,}5\ \text{cm}$
N = Rohbaurichtmaß
$N = RR$

Ein Anbau besteht aus 5 Steinbreiten. Wie lang ist das Anbaumaß in cm?

Lösung:
$N = n \cdot \text{am}$
$N = 5 \cdot 12{,}5\ \text{cm}$
$N = \underline{\underline{62{,}5\ \text{cm}}}$

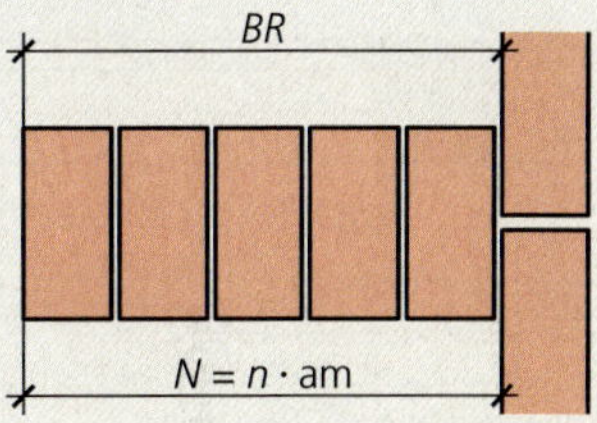

Rohbaurichtmaße *RR* und Nennmaße *N* an Fenstern und Türen

Nennmaße werden beim Maßnehmen in folgender Reihenfolge ermittelt:
1. Breite,
2. Höhe.

Bei **Fensteröffnungen** mit oder ohne Anschlag wird das Nennmaß *N* auch als lichtes Maß bezeichnet.

Für ein innen angeschlagenes Kellerfenster ist das Rohbaurichtmaß für die Höhe zu berechnen, wenn 5 am zugrunde liegen.

Lösung:
$RR = n \cdot \text{am}$
$RR = 5 \cdot 2{,}5\ \text{cm} = \underline{\underline{62{,}5\ \text{cm}}}$

Maße in mm

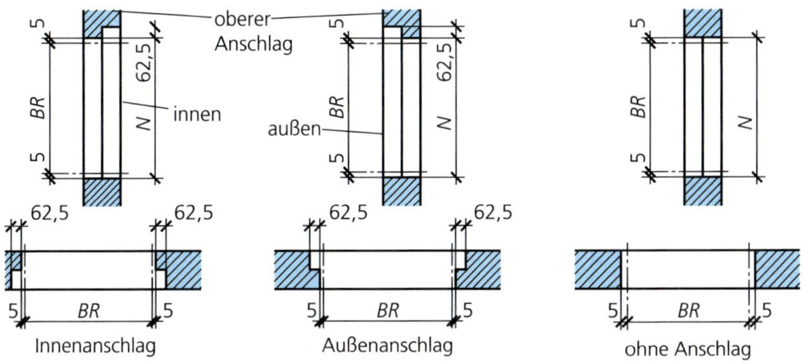

An **Türöffnungen** ist das Nenn- bzw. Höhenmaß der Abstand von der Oberfläche des Fertig-Fußbodens OFF bis zur Unterkante Sturz.

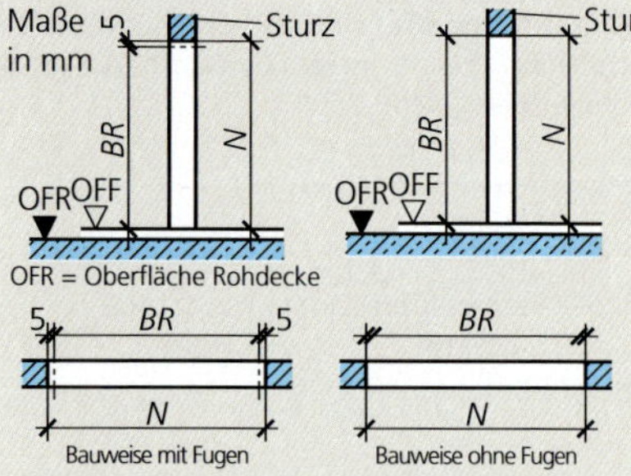

Eine Wand aus Mauerziegeln hat eine Türöffnung von 9 am. Wie breit ist das Nennmaß in cm?

Lösung:
$N = n \cdot \text{am} + 1$ Stoßfuge
$N = 9 \cdot 12{,}5 \text{ cm} + 1{,}0 \text{ cm} = \underline{\underline{113{,}5 \text{ cm}}}$

Rechnerisches Reißen

Fenstermaße an Blendrahmen und Flügeln können durch rechnerisches Reißen ermittelt werden.

Für eine Fensteröffnung mit den Nennmaßen 920 mm/1 225 mm wird ein Fenster mit den Rahmenaußenmaßen *RAM* 900 mm/1 200 mm gefertigt.
Zu berechnen sind Breite und Höhe in mm von
- Flügelaußenmaß *FAM* und
- Glasmaß *GM*.

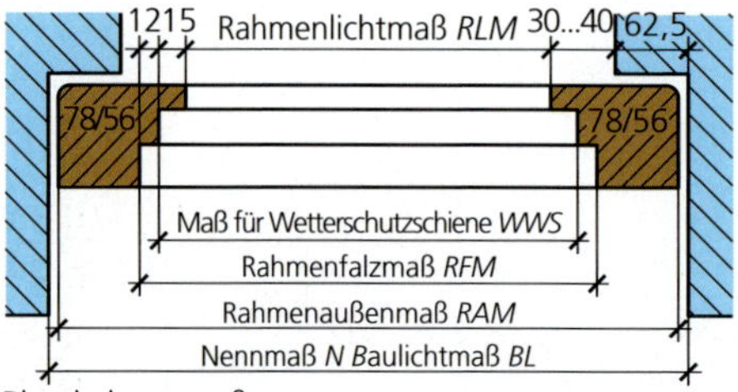

Blendrahmenmaße

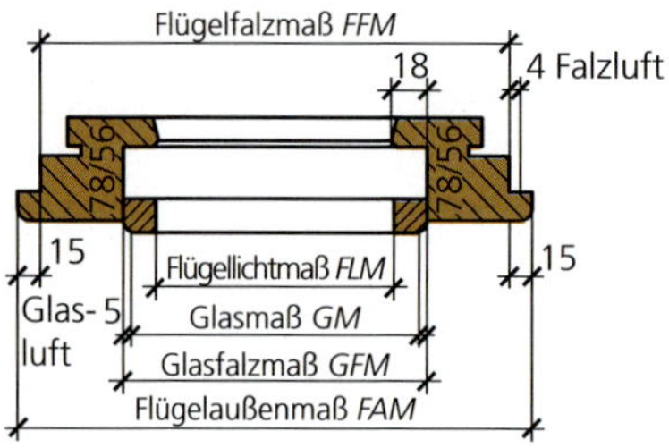

Flügelmaße

Blendrahmenmaße

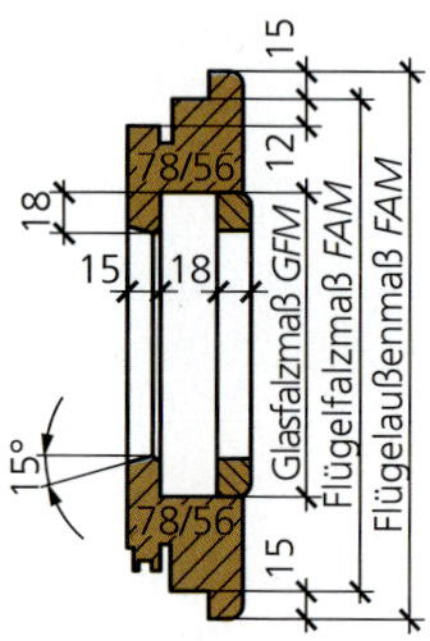

Flügelmaße

Lösung:

Breite

RAM		=	900 mm
−2 · Rahmenbreite	= −2 · 78 mm	=	−156 mm
RLM		=	744 mm
+2 · Falzbreite außen	= +2 · 15 mm	=	+30 mm
+2 · Falzbreite innen	= +2 · 12 mm	=	+24 mm
+2 · Flügelaufschlag	= +2 · (15 mm − 4 mm)	=	+22 mm
FAM		=	<u>820 mm</u>
−2 · Flügelbreite	= −2 · 78 mm	=	−156 mm
FLM		=	664 mm
+2 · Glasfalzbreite	= +2 · 18 mm	=	+36 mm
GFM		=	700 mm
−2 · Luft	= −2 · 5 mm	=	−10 mm
GM		=	<u>690 mm</u>

Höhe

RAM		=	1 200 mm
−2 · Rahmenbreite	= −2 · 78 mm	=	−156 mm
RLM		=	1 044 mm
+1 · Falzbreite oben außen	= +1 · 15 mm	=	+15 mm
+1 · Falzbreite oben innen	= +1 · 12 mm	=	+12 mm
+2 · Flügelaufschlag	= +2 · (15 mm − 4 mm)	=	+22 mm
FAM		=	<u>1 093 mm</u>
−2 · Flügelbreite	= −2 · 78 mm	=	−156 mm
FLM		=	937 mm
+2 · Glasfalzbreite	= +2 · 18 mm	=	+36 mm
GFM		=	973 mm
−2 · Luft	= 2 · 5 mm	=	−10 mm
GM		=	<u>963 mm</u>

Türmaße werden nach DIN 18101 berechnet. Je nach Türkonstruktion sind Außenmaße für Verkleidung, Zargen und Türblatt sowie lichtes Durchgangsmaß, lichtes Zargenmaß, Zargenfalzmaß und Türblattfalzmaß zu berücksichtigen.

Für eine Türöffnung mit der Kennnummer 7 · 16 wird eine Futtertür mit gefälztem Türblatt gefertigt. Zu berechnen sind in Breite und Höhe die Außenmaße für Zarge und Türblatt.

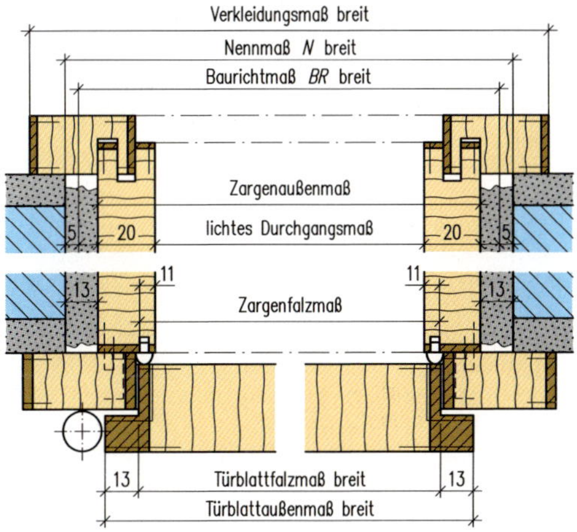

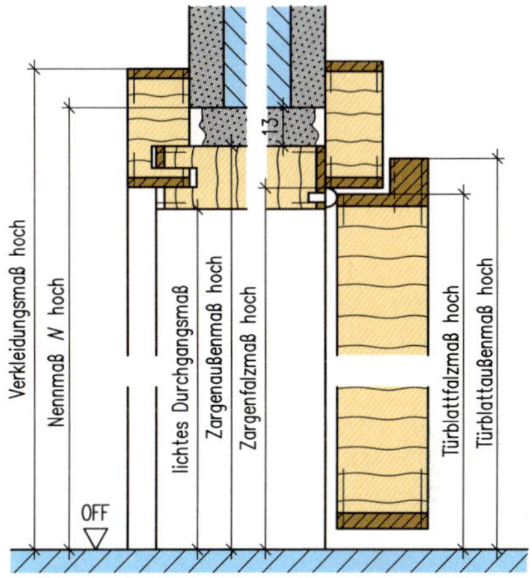

Lösung:

Breite

RR	= 7 · 125 mm	=	875 mm
Nennmaß	= 875 mm + 10 mm	=	885 mm
− 2 · Abstand			
Mauerleibung − Zarge	= − 2 · 13 mm	=	− 26 mm
Zargenaußenmaß		=	859 mm
− 2 · Zargendicke	= − 2 · 20 mm	=	− 40 mm
lichtes Durchgangsmaß		=	819 mm
+ 2 · Zargenfalz	= + 2 · 11 mm	=	+ 22 mm
Zargenfalzmaß		=	841 mm
− 2 · Falzluft	= − 2 · 3,5 mm	=	− 7 mm
Türblattfalzmaß		=	834 m
+ 2 · Türfalzbreite	= + 2 · 13 mm	=	+ 26 mm
Türblattaußenmaß		=	860 mm

Höhe

RR	= 16 · 125 mm	=	2000 mm
Nennmaß	= 2000 mm + 5 mm	=	2005 mm
− 1 · Abstand			
Mauerleibung − Zarge	= − 1 · 13 mm	=	− 13 mm
Zargenaußenmaß		=	1992 mm
− 1 · Zargendicke	= − 1 · 20 mm	=	− 20 mm
lichtes Durchgangsmaß		=	1972 mm
+ 1 · Zargenfalz	= + 1 · 11 mm	=	+ 11 mm
Zargenfalzmaß		=	1983 mm
− 1 · Falzluft	= − 1 · 3 mm	=	− 3 mm
Türblattfalzmaß		=	1980 mm
+ 1 · Türfalzbreite	= + 1 · 13 mm	=	+ 13 mm
− Abstand			
Türblattunterkante − OFF	= − 1 · 7 mm	=	− 7 mm
Türblattaußenmaß		=	1986 mm

Rohbaurichtmaße für einflügelige Holztüren mit Futter und Verkleidung nach DIN 18100 und DIN 18101 – Auswahl

Kennnummer	Rohbaurichtmaße		Türblattaußenmaße	
in am	Breite in mm	Höhe in mm	Breite in mm	Höhe in mm
7 × 15	875	1875	860	1860
5 × 16	625	2000	610	1985
6 × 16	750	2000	735	1985
7 × 16	875	2000	860	1985
8 × 16	1000	2000	985	1985

Aufgaben

1. Welches Nennmaß in cm hat eine unverputzte Mauerziegelwand bei 3 am?

2. Welches Nennmaß in m hat eine unverputzte Kalksandsteinwand bei 23 am?

3. Eine Zimmertür hat in einer Mauerziegelwand einen Durchgang von 7 am. Wie viel Zentimeter beträgt das Nennmaß?

4. In eine unverputzte Mauernische aus Kalksandstein mit 19 am soll ein Schrank eingebaut werden. Wie groß ist das Nennmaß in cm?

5. Wie viel Zentimeter betragen die Öffnungsmaße eines Fensters, wenn a) die Breite 7 am, b) die Höhe 9 am misst?

6. Ein Fenster hat die Öffnungsmaße 8 am/12 am. Wie viel Zentimeter beträgt das Nennmaß in Breite und Höhe?

7. Eine Betonsteinwand ist rechtwinklig zu einer tragenden Betonwand angebaut worden. Wie viel am hat die Wand, wenn das Nennmaß 2,125 m beträgt?

8. Das Mauerwerk soll aus Mauerziegeln NF (Länge = 240 mm, Breite = 115 mm) ausgeführt werden. Zu berechnen ist das Nennmaß in cm für die jeweilige Öffnung.

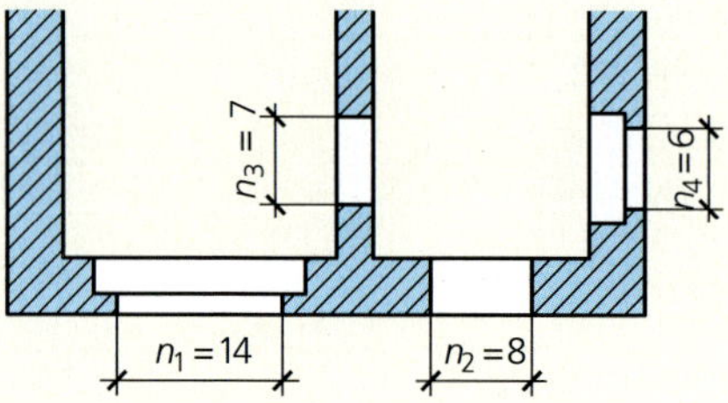

9. Ein einflügeliges Drehfenster wird hergestellt. Nach dem Aushobeln der Fensterprofile wird rechnerisch gerissen. Das Querschnittsmaß der Profile für die Blendrahmen und Flügelrahmen beträgt 78 mm/56 mm, wobei 56 mm das Dickenmaß ist.
Zu berechnen sind Breite und Höhe in mm für:
a) lichte Maße des Rahmens
b) Außenmaße des Fensterflügels
c) Glasscheibe

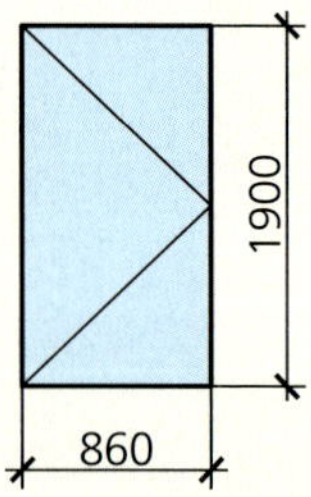

10. Für ein isolierverglastes, einflügeliges Einfachfenster IV 68 wird das Isolierglas bestellt. Das Querschnittsmaß für Blendrahmen und Flügelrahmen ist 78 mm/68 mm. Blendrahmen und Flügel sind also 68 mm dick.
Zu berechnen sind das Breitenmaß und das Höhenmaß der zu bestellenden Scheibe.

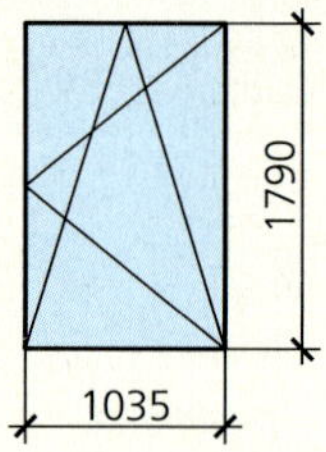

11. Ein einflügeliges Drehkippfenster mit dem Profilquerschnitt von 92 mm/92 mm für Blendrahmen und Flügelrahmen erhält als schalldämmendes Fenster ein schweres Spezialisolierglas.
Zu berechnen sind Breite und Höhe in mm von:
a) Außenmaßen des Fensterflügels
b) lichten Maßen des Fensterflügels
c) Glasfalz und Glasscheibe
d) Welche Länge in mm hat die Wetterschutzschiene?

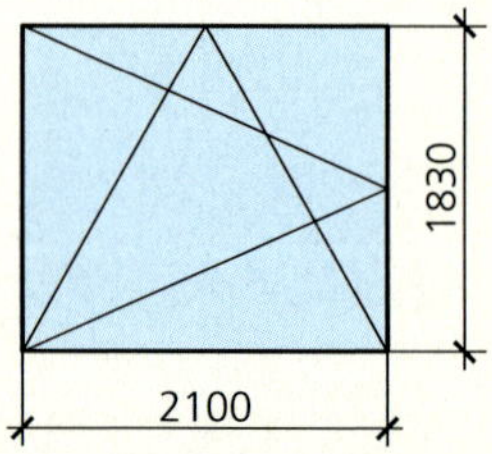

12. Ein einflügeliges, isolierverglastes Drehfenster hat die Profilquerschnitte:
Blendrahmen 92 mm/68 mm,
Flügelrahmen 78 mm/68 mm.
Zu berechnen sind Breite und Höhe in mm von:
a) Außenmaßen des Fensterflügels
b) lichten Maßen des Fensterflügels
c) Glasfalzmaß für den Zuschnitt der Glasleisten
d) Isolierscheibe für die Bestellung
e) Länge der Wetterschutzschiene in mm

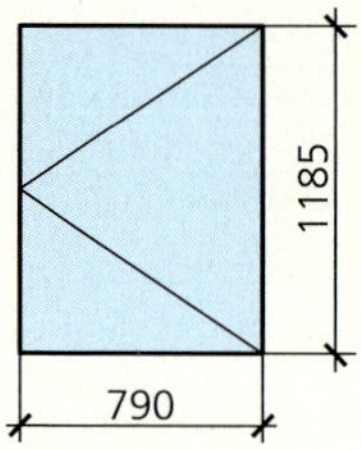

13. Die Wandöffnung für die Aufnahme einer nicht genormten Zargentür mit gefalztem Türblatt ist mit 6 am × 16 am angegeben.
Zu berechnen sind für Türbreite und -höhe die Außenmaße für Zarge und Türblatt.
Maße für die Berechnung:
- Abstand Mauerleibung – Zarge 15 mm
- Zargendicke 22 mm
- Zargenfalz 12 mm
- Falzluft 3 mm
- Türfalzbreite 13 mm
- Abstand Türblattunterkante – OFF 6 mm

3.7 Toleranzen

Toleranzen werden für die maschinelle Fertigung von Werkstücken aus Metall, Kunststoff und Holz benötigt. Die im Rahmen der Qualitätstechnik zulässigen Maßabweichungen bezeichnet man als Toleranzen (Maßtoleranzen). In DIN EN ISO 286 und DIN ISO 2768 sind Toleranzen und Abmaße genormt (ISO = *International Organization for Standardization*).

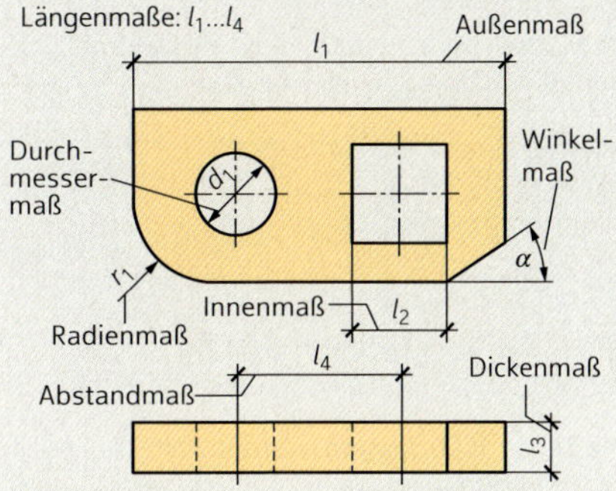

Messzeuge zum Prüfen der Maßabweichungen bei Längen sind:

- Rachenlehre → Höchst- und Mindestmaß,
- Längenlehre → Außen- und Innenmessungen,
- Grenzlehrdorn → Bohrungen (Durchmesser),
- Grenzrachenlehre → Wellen.

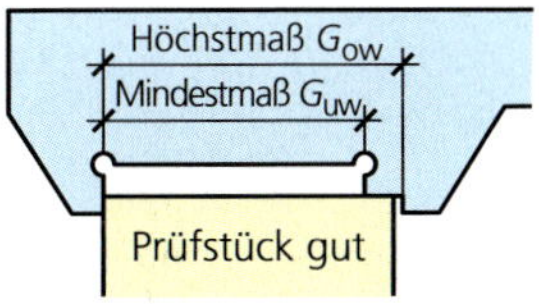

Rachenlehre

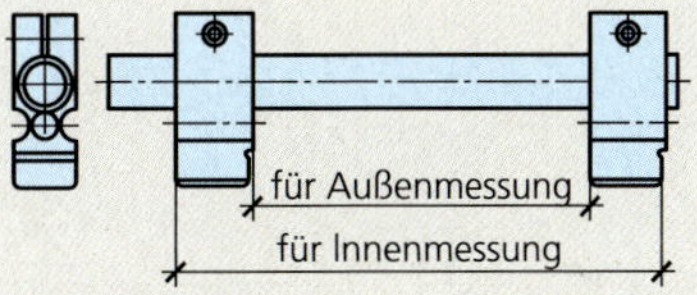

Längenlehre

Grenzlehrdorn

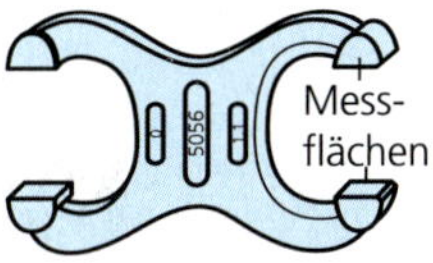

Grenzrachenlehre

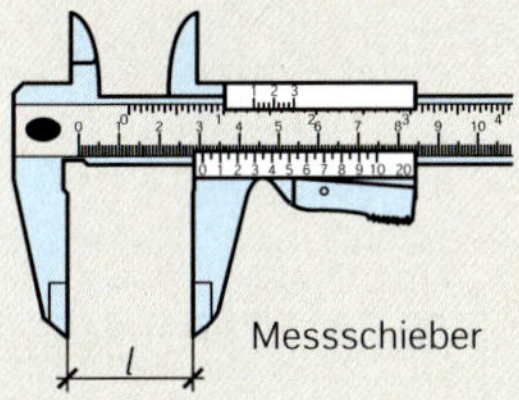

Messschieber

Das **Istmaß *I*** ist das am Werkstück festgestellte Maß.

Das **Nennmaß *N*** gibt die Größe in der Zeichnung oder im CNC-Programm an. Es ist das Bezugsmaß für die zulässige Maßabweichung. In zeichnerischen Darstellungen wird das Nennmaß von einer Nulllinie ausgehend angegeben.

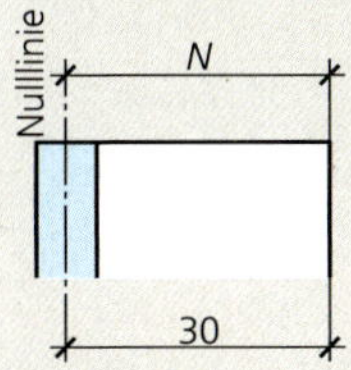

Die **Grenzabmaße** sind zulässige Maßabweichungen vom Nennmaß. Man unterscheidet:

- **oberes Abmaß** ***es*** → Wellen W (Außenmaße),
  ES → Bohrungen B (Innenmaße),
- **unteres Abmaß** ***ei*** → Außenmaße,
  EI → Innenmaße.

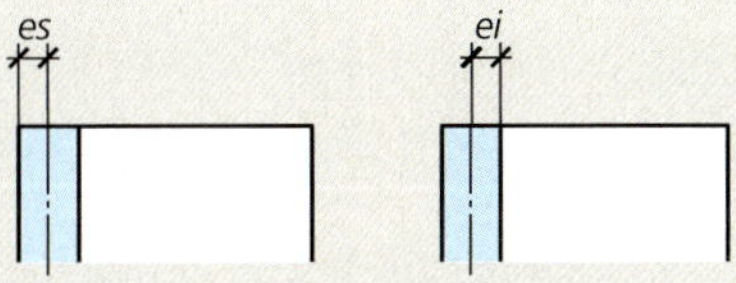

Das **tolerierte Maß** ist das Nennmaß mit den Abmaßen. Diese können einzeln am Nennmaß eingetragen sein. Die Anordnung ist über- oder hintereinander möglich.

$30^{+0,2}_{-0,1}$; 30+0,2/-0,1

Für die **Grenzmaße** wird das obere bzw. untere Abmaß zum Nennmaß addiert. Man unterscheidet:

- **Höchstmaß** G_{oW} bzw. G_{oB},
- **Mindestmaß** G_{uW} bzw. G_{uB}.

$G_{oW} = N + es$ $\quad$ $G_{oB} = N + ES$

$G_{uW} = N + ei$ $\quad$ $G_{uB} = N + EI$

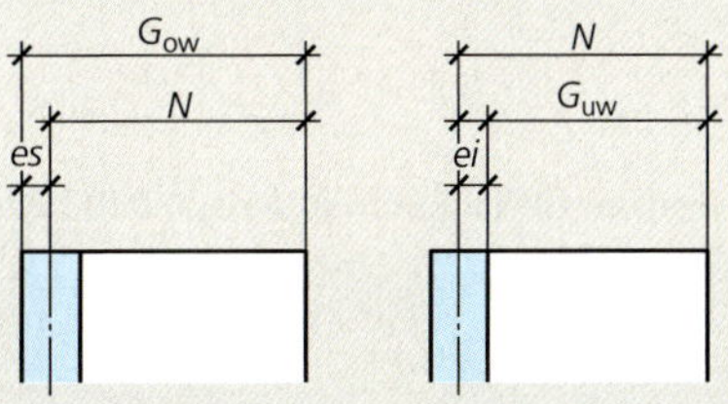

$G_{oW} = N + es$
G_{oW} = 30 mm + 0,2 mm
G_{oW} = <u>30,2 mm</u>

$G_{uW} = N + ei$
G_{uW} = 30 mm + (-0,1 mm)
G_{uW} = <u>29,9 mm</u>

Die **Toleranz *T*** (auch: ***IT*** = **I**nternationale **T**oleranz) ist die Differenz zwischen Höchstmaß und Mindestmaß bzw. oberem Abmaß und unterem Abmaß.

Toleranz = Höchstmaß – Mindestmaß
für Wellen: $T_W = G_{oW} - G_{uW}$
für Bohrungen: $T_B = G_{oB} - G_{uB}$

Toleranz = oberes Abmaß – unteres Abmaß
für Wellen: $T_W = es - ei$
für Bohrungen: $T_B = ES - EI$

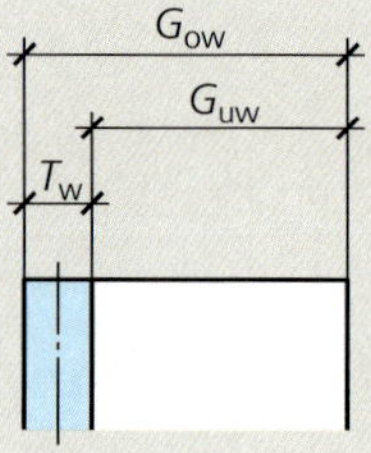

$T_W = G_{oW} - G_{uW}$
$T_W = 30{,}2\text{ mm} - 29{,}9\text{ mm} = \underline{\underline{0{,}3\text{ mm}}}$
oder:
$T_W = es - ei$
$T_W = 0{,}2\text{ mm} - (-0{,}1\text{ mm}) = \underline{\underline{0{,}3\text{ mm}}}$

Grenzabmaße im ISO-System werden mit Kurzzeichen aus Buchstaben und Zahlen bezeichnet.

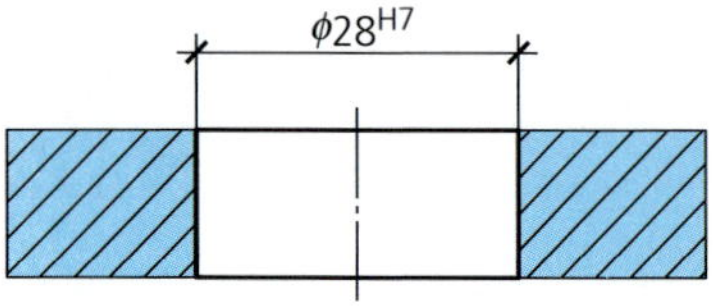

Zu ermitteln ist das tolerierte Maß der Bohrung 28 H7.
$ES = 0{,}021$ mm; $EI = 0{,}000$ mm
$G_{oB} = 28\text{ mm} + 0{,}021\text{ mm} = 28{,}021\text{ mm}$
$G_{uB} = 28\text{ mm} + 0{,}000\text{ mm} = 28{,}000\text{ mm}$
$T = 28{,}021\text{ mm} - 28{,}000\text{ mm} = \underline{\underline{0{,}021\text{ mm}}}$

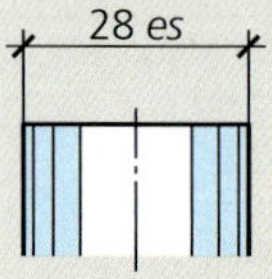

Zu ermitteln ist das tolerierte Maß der Welle 28 e8.
$es = -0{,}040$ mm; $ei = -0{,}073$ mm
$G_{oW} = 28\text{ mm} + (-0{,}040\text{ mm}) = 27{,}060\text{ mm}$
$G_{uW} = 28\text{ mm} - 0{,}073\text{ mm} = 27{,}027\text{ mm}$
$T = 27{,}060\text{ mm} - 27{,}027\text{ mm} = \underline{\underline{0{,}033\text{ mm}}}$

Grenzabmaße

Nennmaßbereich in mm	Grenzabmaße in µm = 1/1 000 mm											
	für Bohrungen (Innenmaße)				für Wellen (Außenmaße)							
	H7	H8	H11	G7	F8	E9	n6	h6	d9	e8	h9	h11
> 18 ... 30	+21 0	+33 0	+130 0	+28 +7	+53 +20	+92 +40	+28 +15	0 –13	–65 –117	– 40 – 73	0 –52	0 –130
> 30 ... 50	+25 0	+39 0	+160 0	+34 +9	+64 +25	+112 +50	+33 +17	0 –16	–80 –142	–50 –89	0 –62	0 –160
> 50 ... 80	+30 0	+46 0	+190 0	+40 +10	+76 +30	+134 +60	+39 +20	0 –19	–100 –174	–60 –106	0 –74	0 –190
> 80 ... 120	+35 0	+54 0	+220 0	+47 +12	+90 +36	+159 +72	+45 +23	0 –22	–120 –207	–72 –126	0 –87	0 –220
> 120 ... 180	+40 0	+63 0	+250 0	+54 +14	+106 +43	+158 +85	+52 +27	0 –25	–145 –245	–85 –148	0 –100	0 –250

Grenzabmaße als Allgemeintoleranzen werden nach DIN ISO 2768 T1 als Toleranzklassen mit dem Genauigkeitsgrad angegeben. Dazu wird im Schriftfeld oder daneben die Bezeichnung der Norm durch einen Kleinbuchstaben ergänzt, z. B.: ISO 2768 – g.

Angabe im/am Schriftfeld: ISO 2768 – g

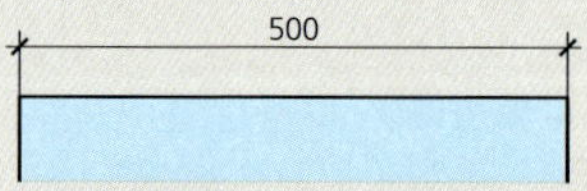

Nennmaß: 500 mm, Toleranzklasse: g (grob)
$es = +2$ mm; $ei = -2$ mm
$G_{oW} = 500\text{ mm} + 2\text{ mm} = \underline{\underline{502\text{ mm}}}$
$G_{uW} = 500\text{ mm} - 2\text{ mm} = \underline{\underline{498\text{ mm}}}$
$T = 502\text{ mm} - 498\text{ mm} = \underline{\underline{4\text{ mm}}}$

Allgemeintoleranzen für Längenmaße nach DIN ISO 2768 T1

Nennmaßbereich in mm / Toleranzklasse	Grenzabmaße in mm 0,5 ... 3	> 3 ... 6	> 6 ... 30	> 30 ... 120	> 120 ... 400	> 400 ... 1 000	> 1 000 ... 2 000	> 2 000 ... 42 000
f (fein)	±0,05	±0,05	±0,1	±0,15	±0,2	±0,3	±0,5	–
m (mittel)	±0,1	±0,1	±0,2	±0,3	±0,5	±0,8	±1,2	±2
g (grob)	±0,15	±0,2	±0,5	±0,8	±1,2	±2	±3	±4
v (sehr grob)	–	±0,5	±1	±1,5	±2	±3	±4	±8

Aufgaben

1. Für die tolerierten Maße ist das Höchstmaß G_{oB}, das Mindestmaß G_{uB} sowie die Maßtoleranz T zu berechnen.

$35^{+0,025}_{-0,025}$

G_{oB} = 35 mm + 0,025 mm = 35,025 mm

G_{uB} = 35 mm + (–0,015 mm) = 34,985 mm

T = 35,025 mm – 34,985 mm = 0,040 mm

$22^{+0,3}_{-0,2}$; $38^{+1,0}_{-0,5}$; $14^{+0,5}$; $58^{+0,5}_{-0,5}$; $14,5^{-0,1}_{-0,2}$; $18,2^{+0,25}_{-0,50}$

2. Berechnung der fehlenden Maße in mm für Bohrungen.

T in mm	0,2	?	0,075	?	?
G_{uB} in mm	14,95	?	?	56,542	?
G_{oB} in mm	15,15	30,02	?	56,800	94,000
EI in µm	–0,05	–0,04	?	?	–0,5
ES in µm	+0,15	?	–0,050	?	?
N in mm	15	30	120	56,5	94

3. Kontrolle des angebenen Istmaßes innerhalb der Maßtoleranzen anhand der Tabelle.

M in mm	30±0,2	$120^{+1,5}_{-2,5}$	15,7±1,5	$5^{+0,010}_{-0,025}$	12,3±1
G_{oW} in mm	30,2	?	?	?	?
I in mm	29,98	119,98	15,8	4,070	12,4
G_{uW} in mm	29,8	?	?	?	?

4. Berechnung der Maßtoleranzen für die folgenden Längenmaße nach den Allgemeintoleranzen DIN 2768 – m (s. Tabelle S. 82).

15 mm – m → Abmaße: ±0,2mm; 15±0,2

33; 54; 250; 1250; 150,5; 234; 12,50

5. Für folgende Bohrungen sind die Grenzabmaße G_{oB} und G_{uB} sowie die Maßtoleranz zu berechnen (s. Tabelle S. 82).

ø 18 H7 → ES = +0,021 mm; EI = 0,000 mm

G_{oB} = 18 mm + 0,021 mm = 18,021 mm

G_{uB} = 18 mm + 0,000 mm = 18,000 mm

T = 18,021 mm – 18,000 mm = 0,021 mm

ø 35 H11; ø 85 F8; ø 97 E9; ø 150 G7; ø 165 H7

6. Für folgende Wellen sind die Grenzabmaße G_{oW} und G_{uW} sowie die Maßtoleranzen zu berechnen (s. Tabelle S. 82).

ø 25 n6 → es = +0,028 mm; ei = +0,015 mm

G_{oW} = 25 mm + 0,028 mm = 25,028 mm

G_{uW} = 25 mm + 0,015 mm = 25,015 mm

T = 25,028 mm – 25,015 mm = 0,013 mm

ø 35 h6; ø 85 d9; ø 100 e8; ø 125 h9; ø 150 h11

7. Berechnung der fehlenden Maße in mm für Bohrungen (s. Tabelle S. 82).

	70 G7	?	?
T in mm	0,030	?	?
G_{uB} in mm	70,010	90,036	?
G_{oB} in mm	70,040	90,090	?
EI in µm	+10	?	+43
ES in µm	+40	?	?
N in mm	70	?	140

8. Berechnung der fehlenden Maße in mm für Wellen (s. Tabelle S. 82).

	35 n6		
T in mm	0,018		
G_{uW} in mm	35,017		25
G_{oW} in mm	35,035		24,087
ei in µm	+17	–126	
es in µm	+35	–72	
N in mm	35	85	

9. Berechnung der fehlenden ei und es nach den Allgemeintoleranzen DIN ISO 2768 – m.

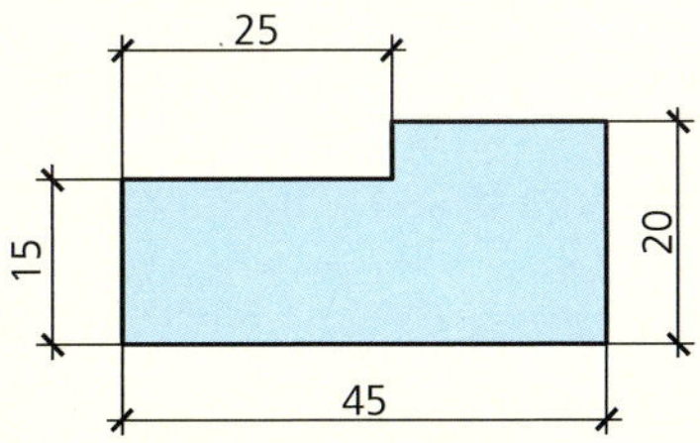

3.8 Einheiten – Umrechnung (deutsch – englisch) außerhalb der SI-Einheiten für die Länge und Fläche

Die Einheit der Länge ist das Meter. Im 19. Jahrhundert wurde das Meter als der zehnmillionste Teil eines Quadranten des Erdmeridians definiert. Ausgehend von dieser Definition wurde ein Urmeter aus Platin-Iridium angefertigt. Dieses in Frankreich aufbewahrte Urmeter galt als internationaler Standard. 1983 wurde es neu festgelegt. Das Meter ist die Strecke, die Licht im Vakuum im 299 792 245sten Teil einer Sekunde zurücklegt.

In **Großbritannien (UK)** und in den **Vereinigten Staaten von Amerika (US)** sind inch, feet, yard und miles gebräuchlich.

1 inch	=	1/12 Fuß	=	1/36 yard
1 inch	=	25,4 mm	=	1 Zoll
1 feet	=	304,8 mm		
1 yard	=	914,4 mm		
1 mile	=	1,609 km	=	1 760 yard

Umrechnung von metrischen Einheiten in UK- und US-Einheiten

Metrische Einheiten	Faktor	UK- und US-Einheiten
2 Millimeter	0,03937	0,07874 inch (in.)
2 Zentimeter	0,3937	0,7874 inch
2 Dezimeter	3,937	7,874 inch
2 Meter	39,37	78,74 inch
2 Meter	3,28083	6,56166 feet (ft.)
2 Meter	1,0936	2,1872 yard
2 Kilometer	3 280,83	656 166 feet
2 Kilometer	1 093,61	2 187,22 yard
2 Kilometer	0,62137	1,24274 miles (Landmeilen)
2 Kilometer	0,539956	1,079912 miles (Seemeilen)

Umrechnung von UK- und US-Einheiten in metrische Einheiten

UK- und US-Einheiten	Faktor	Metrische Einheiten
2 inch	25,4	50,800 Millimeter (mm)
2 feet	304,8	609,600 Millimeter (mm)
2 yard	0,9144	1,829 Meter (m)
2 miles (Landmeilen)	1,60934	3,219 Meter (m)
2 miles (Seemeilen)	1,852	3,704 Meter (m)

Umrechnung von Flächeneinheiten in UK- und US-Einheiten

Flächeneinheiten	Faktor	UK- und US-Einheiten
2 cm^2	0,155	0,31 $inches^2$
2 m^2	1,196	2,392 $yard^2$
2 km^2	0,3861	0,7722 $miles^2$

Umrechnung von UK- und US-Einheiten in Flächeneinheiten

UK- und US-Einheiten	Faktor	Flächeneinheiten
2 $inches^2$	6,452	12,904 cm^2
2 $feet^2$	0,09	0,18 m^2
2 $yards^2$	0,8361	1,6722 m^2
2 $miles^2$	2,59	5,18 km^2

4 Informations- und Steuerungstechnik

4.1 Zahlensysteme

Dualsystem

In der Informations- und Steuerungstechnik werden Computer eingesetzt. Diese können nur zwischen den zwei Zuständen **ein = 1** (es fließt Strom) und **aus = 0** (es fließt kein Strom) unterscheiden. Diese duale Sprache ist die Basis für Befehle und Berechnungen.

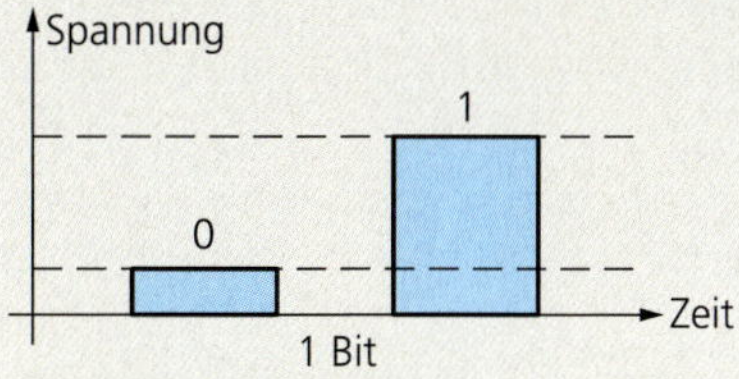

Das **duale Zahlensystem** ist wie das dekadische ein Stellenwertsystem (s. S. 16), das jedoch auf der Zahl 2 basiert. Jeder Stelle entspricht eine Potenz mit der Basis 2. Dualzahlen bestehen aus den zwei Ziffern 0 und 1, die auch Bits (*binary digit* = Dualzahl) genannt werden.

Dualzahlen und dekadische Zahlen

Dualzahl	100	11	10	1	0
dekadische Zahl	4	3	2	1	0

Stellenwerte im Dualsystem

	Stellenwert								
Potenz	2^8	2^7	2^6	2^5	2^4	2^3	2^2	2^1	2^0
Potenzwert	256	128	64	32	16	8	4	2	1

Zum **Umwandeln einer dekadischen Zahl in eine Dualzahl** zerlegt man diese schrittweise in eine Summe von Potenzen der Basis 2:

1. Von der Ausgangszahl wird der größtmögliche Potenzwert mit der Basis 2 subtrahiert.
2. Vom Rest wird wieder der größtmögliche Potenzwert subtrahiert usw.

234 ist in eine Dualzahl umzuwandeln.

1. 234
   −128 $\quad 128 = 1 \cdot 2^7$
   106
2. −64 $\quad 64 = 1 \cdot 2^6$
   42
   −32 $\quad 32 = 1 \cdot 2^5$
   10
   − 8 $\quad 8 = 1 \cdot 2^3$
   2 $\quad 2 = 1 \cdot 2^1$

Die Dualzahl ergibt sich, indem man absteigend die vorhandenen Stellen der Potenzen mit 1 und die nicht vorhandenen mit 0 bezeichnet.

$$234 = 1 \cdot 2^7 + 1 \cdot 2^6 + 1 \cdot 2^5 + 0 \cdot 2^4 + 1 \cdot 2^3 + 0 \cdot 2^2 + 1 \cdot 2^1 + 0 \cdot 2^0$$

Dualzahl → 11101010

Das **Umrechnen einer Dualzahl in eine dekadische Zahl** verläuft in umgekehrter Reihenfolge nach den belegten Stellen von links nach rechts.

1001101 ist in eine dekadische Zahl umzuwandeln.

1001101

$$1 \cdot 2^6 + 0 \cdot 2^5 + 0 \cdot 2^4 + 1 \cdot 2^3 + 1 \cdot 2^2 + 0 \cdot 2^1 + 1 \cdot 2^0 = 77$$

Die **Addition und Subtraktion** von Dualzahlen entspricht der Berechnung bei dekadischen Zahlen.

Addition	Subtraktion
0 + 0 = 0	0 − 0 = 0
0 + 1 = 1	1 − 0 = 1
1 + 0 = 1	1 − 1 = 0
1 + 1 = 0*	0 − 1 = 1**
*Übertrag 1!	**Vorhergehende Stelle berücksichtigen!

Dualzahlen:	dekadische Zahlen:
10101	21
+11000	+24
101101	45
11011	27
−10110	−22
101	5

Multiplikation und Division von Dualzahlen entsprechen dem Rechnen im dekadischen Zahlensystem.

Dualzahlen:

```
110 · 101
110
  000
   110
11110
```

dekadische Zahlen:

$6 \cdot 5 = \underline{\underline{30}}$

Dualzahlen:

```
 11110 : 101 = 110
-101
 101
 -101
   00
```

dekadische Zahlen:

$30 : 5 = \underline{\underline{6}}$

Sedezimalsystem (ältere Bezeichnung: Hexadezimalsystem)

Um Bits (8 Bit = 1 Byte) einfacher und schneller zu übertragen, wird das Sedezimalsystem (lat. *sedezi* = 16) verwendet. Anstelle der 2 wird hier die Zahl 16 als Basis verwendet. Dadurch verkürzt sich die Anzahl der Stellen erheblich. Zusätzlich zu den Ziffern 0 bis 9 werden die Buchstaben A bis F als Ziffern eingesetzt.

Sedezimalzahlen und dekadische Zahlen

Sedezimalzahl	F	E	D	C	B	A	9	8	7	6	5	4	3	2	1	0
dekadische Zahl	15	14	13	12	11	10	9	8	7	6	5	4	3	2	1	0

Stellenwerte im Sedezimalsystem

	Stellenwert											
Potenz	16^{11}	16^{10}	16^9	16^8	16^7	16^6	16^5	16^4	16^3	16^2	16^1	16^0
Potenzwert	← usw.						1048576	65535	4096	256	16	1

Beim **Umrechnen einer dekadischen Zahl** in eine Sedezimalzahl wird die Zahl durch 16 dividiert und der Rest als Sedezimalzahl notiert. Das Teilergebnis wird wieder durch 16 geteilt und der Rest notiert usw. Das Ergebnis wird in umgekehrter Reihenfolge geschrieben.

```
541 → Sedezimalzahl
541 : 16 = 33      Rest 13 → D
 33 : 16 = 2       Rest 1  → 1
           2               21D
    541 = 21D
```

Beim **Umrechnen einer Sedezimalzahl** in eine dekadische Zahl wird von links nach rechts entsprechend dem Stellenwert in dekadische Zahlen umgewandelt.

CA4 → dekadische Zahl

$CA4 = C \cdot 16^2 + A \cdot 16^1 + 4 \cdot 16^0$

$CA4 = 12 \cdot 256 + 10 \cdot 16 + 4 \cdot 1$

$CA4 = 3072 + 160 + 4$

$CA4 = \underline{\underline{3236}}$

Aufgaben

1. Umwandeln in Dualzahlen.

   7 → 1 1 1

   9; 12; 212; 473

2. Umwandeln in dekadische Zahlen.

   1 0 1 → 5

   1 1 1 1; 1 0 0 0 1; 1 1 0 0 1 1;
   1 1 1 0 0 1 0; 1 0 1 0 1 0 1 0 1 0 1

3. Addition von Dualzahlen.

1000 + 1101 = 10101	11011 + 10010	101111 + 10100
110110 + 101100	101110 + 10110	111010 + 1110101

4. Subtraktion von Dualzahlen.

   1 0 0 − 1 0 = 1 0

   1 1 1 0 1 − 1 0 0 0 1; 1 1 1 1 1 1 − 1 0 0 0 1 1;
   1 1 0 0 1 − 1 0 0 0 0; 1 1 1 1 1 0 1 − 1 1 1 1

5. Multiplikation von Dualzahlen.

   1 1 0 0 · 1 1 0 1 = 1 0 0 1 1 1 0 0

   1 0 0 0 1 · 1 0 1 1; 1 1 1 0 1 · 1 0 0 1;
   1 1 1 0 1 · 1 0 1; 1 1 1 1 · 1 0 0 1

6. Division von Dualzahlen.

   1 1 1 1 0 : 1 0 1 = 1 0

   1 1 1 0 0 1 : 1 1; 1 0 0 0 1 : 1 1 1;
   1 1 0 0 0 : 1 0 0 1; 1 0 0 0 1 : 1 1 1 1

7. Umrechnen von dekadischen Zahlen in Sedezimalzahlen.
   14; 34; 147; 222; 1000; 4678; 12367

8. Umrechnen von Sedezimalzahlen in dekadische Zahlen.
   AA; CD2; 12; FF5; 75AB; 3ABC2; 12AC

9. Berechnung der fehlenden Werte.

Dezimalzahl n_{10}	Dualzahl n_2	Sedezimalzahl n_{16}
0	?	?
3	?	?
?	1 0 0	?
?	?	C
16	?	?
?	1 0 1 1 1	?
?	?	30
113	?	?
?	1 1 1 1 1 1 0 1	?

4.2 CNC-Technik

Bei computerunterstützten, numerisch gesteuerten Holzbearbeitungsmaschinen werden die Befehle im Dual- oder häufiger im Sedezimalsystem codiert, übertragen und ausgeführt. Dabei übernehmen Übersetzungsprogramme (Compiler oder Interpreter) das Umrechnen von realen Daten in die jeweilige Maschinensprache.

Werkstattorientierte Programmierverfahren WOP (*workshop oriented programming*) ermöglichen die grafische Eingabe von Geometriedaten (Weginformationen), Technologiedaten (Schaltinformationen) und gegebenenfalls Korrekturen.

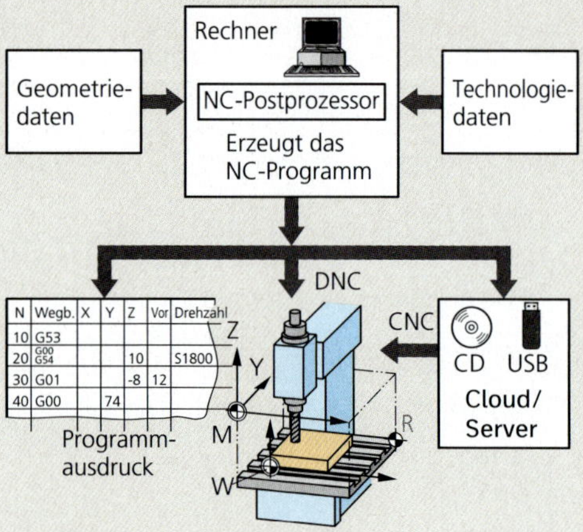

Koordinatensysteme

Um die Lage eines Punktes im Raum anfahren zu können, benötigen CNC-Maschinen genaue Maßangaben. Diese werden mittels Koordinaten angegeben. Die Anordnung der Koordinatenachsen wird meist auf das Werkstück bezogen. Dabei hilft die „Rechte-Hand-Regel".

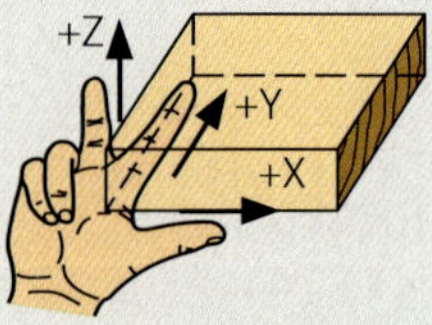

Bei **rechtwinkligen (kartesischen) Koordinaten** werden die Maße vom gewählten Nullpunkt ausgehend auf der waagerechten Achse als *x*-Werte und rechtwinklig dazu als *y*-Werte bezeichnet. Auf der senkrechten Achse werden die z-Werte angegeben, die für Höhen- und Tiefenangaben verwendet werden. Dabei wird wie bei der Zahlengeraden (s. S. 17) zwischen positiven und negativen Werten unterschieden.

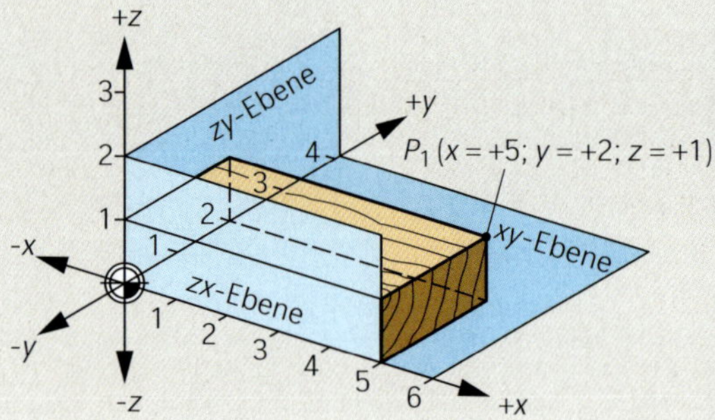

Bei **Polarkoordinaten** geht man von einem Nullpunkt aus, der meist in der Mitte (Pol) eines Werkstücks liegt. Die Maße geben den Abstand *R* (Radius) und den Winkel zur *x*-Achse an, wobei die Drehung *A* in Grad gegen den Uhrzeigersinn mit positiven Werten bezeichnet wird.

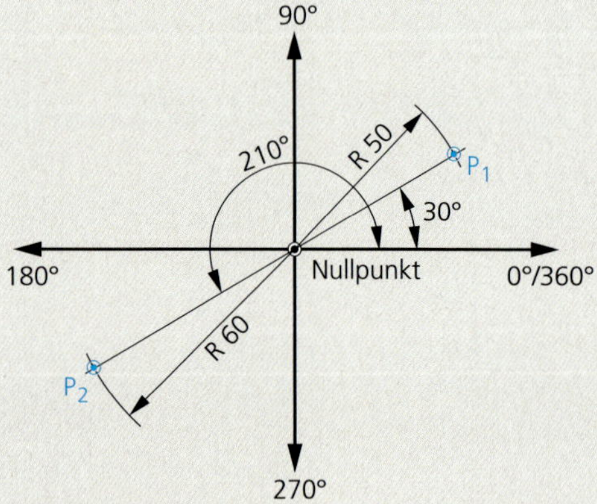

Vom gewählten **Nullpunkt** hängen die Koordinatenmaße ab. Sie dienen als Programmierungsbezugspunkte. Man unterscheidet:

Werkstücknullpunkt → entspricht nicht immer einem Eckpunkt, weshalb sich die Messbereiche nach allen Seiten hin erstrecken können.

Maschinennullpunkt → wird vom Hersteller der Maschine festgelegt und entspricht dem Nullpunkt der Maschinenkoordinaten.

Referenzpunkt → wird benutzt, wenn der Maschinennullpunkt nicht angefahren werden kann.

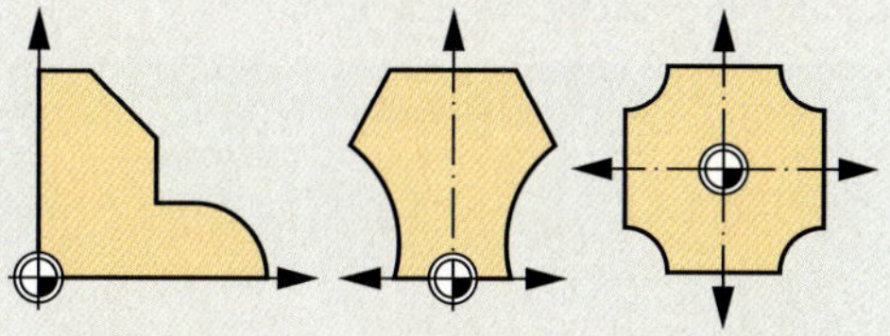

Eckpunkt Achsensymmetrie Mittensymmetrie

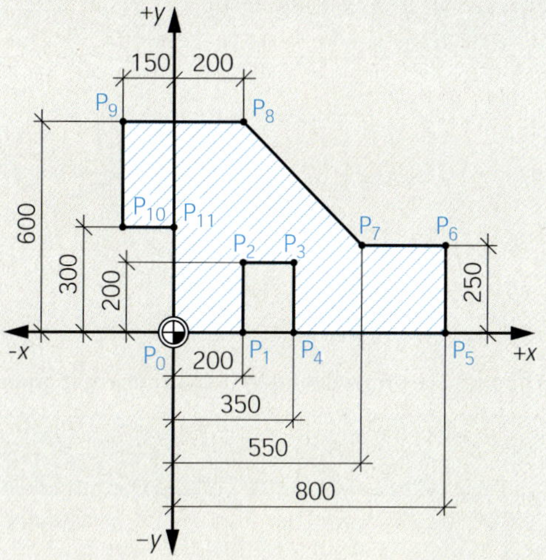

Bemaßung

Bei der **Absolutbemaßung (G90)** werden für alle Punkte die tatsächlichen Abstände zum Werkstücknullpunkt angegeben. Somit gibt jeder angefahrene Koordinatenpunkt auf der positiven oder negativen Seite die tatsächlichen Abstände zum gewählten Nullpunkt an. Bei negativen Werten muss das Minuszeichen geschrieben werden, das Pluszeichen kann entfallen.

Bei der **Kettenbemaßung (G91)** (Relativbemaßung) ist jeder angefahrene Koordinatenpunkt der Startpunkt (Nullpunkt) für die nachfolgende Bemaßung. Die Abstände von Punkt zu Punkt nennt man Wegabschnitte. Den kleinsten Wegabschnitt nennt man Inkrement. Diese Bemaßungsart wird daher auch als Inkrementalbemaßung bezeichnet.

Absolut- und Kettenbemaßung

	G90/Absolutbemaßung in mm		G91/Kettenbemaßung in mm	
Punkt	*x*-Achse	*y*-Achse	*x*-Achse	*y*-Achse
P_0	0	0	Ausgangspunkt	
P_1	200	0	200	0
P_2	200	200	0	200
P_3	350	200	150	200
P_4	350	0	0	-200
P_5	800	0	450	0
P_6	800	250	0	250
P_7	550	250	-250	0
P_8	200	600	-350	350
P_9	-150	600	-350	0
P_{10}	-150	300	0	-300
P_{11}	0	300	150	0
P_0	0	0	0	-300

Programmtechnische Anweisungen

Satznummer	Weginformationen	
	Wegbedingungen	Koordinatenangaben
number N50	go G00	X20, Y30, Z10
Satznummer 50	Weg im Eilgang	Position des Werkzeugs

Lösung:

Satznummer	Weginformationen			
Außenkontur	Fräser Nr. 1			
N010	G01	X420	Y0	Z20
N020	G01	X420	Y550	
N030	G01	X0	Y550	
N040	G01	X	Y0	
N050	G01			Z20
Innenkontur	Fräser Nr. 2			
N100	G00	X50	Y0	
N110	G01			Z20
N120	G01	X370	Y70	
N130	G01	X370	Y340	
N140	G01	X370	Y340	
N150	G03	X370	Y340	U160
N160	G01	X50	Y70	
N170	G01			Z20

Technologische Anweisungen (Schaltinformationen)

Vorschub	Drehzahl	Werkzeug	sonstige Funktion
feed F800	speed S30	tool T03	miscellaneous M03
0,8 m/min (800 mm/min)	3000 1/min	Werkzeug Nr. 3	Rechtslauf des Werkzeugs

Die **Wegbedingungen** geben die Art und Weise der Bewegung an. Sie bestehen aus dem Adressbuchstaben G und einer zweistelligen Zahl.

Wegbedingungen G nach DIN 66 025 T2 – Auswahl

G-Wort	Bedeutung
G00	Werkzeugpositionierung im Eilgang
G01	Werkzeugbewegung gerade
G02	Kreisbogen im Uhrzeigersinn
G03	Kreisbogen im Gegenuhrzeigersinn
G40 ... 44	Werkzeugkorrekturen
G54 ... 59	Nullpunktverschiebungen
G81 ... 89	Arbeitszyklen
G90	Maßangaben absolut
G91	Maßangaben inkremental
G94	Vorschubgeschwindigkeit in mm/min
G96	konstante Schnittgeschwindigkeit in m/min

Zusatzfunktionen M nach DIN 66 025 T2 – Auswahl

M-Wort	Bedeutung
M00	programmierter Halt
M01	wahlweiser Halt
M02	Einlesestopp, Programmende
M03	Rechtslauf des Werkzeugs
M04	Linkslauf des Werkzeugs
M06	Werkzeugwechsel

Die **Polarkoordinatenbemaßung** verwendet man vorteilhaft bei Werkstücken, bei denen die Punkte vom Nullpunkt ausgehend durch Abstände *R* (Radien) und Winkel *A* (Drehung in Grad, gegen den Uhrzeigersinn) bemaßt sind. Diese kann nach G90 oder G91 erfolgen.

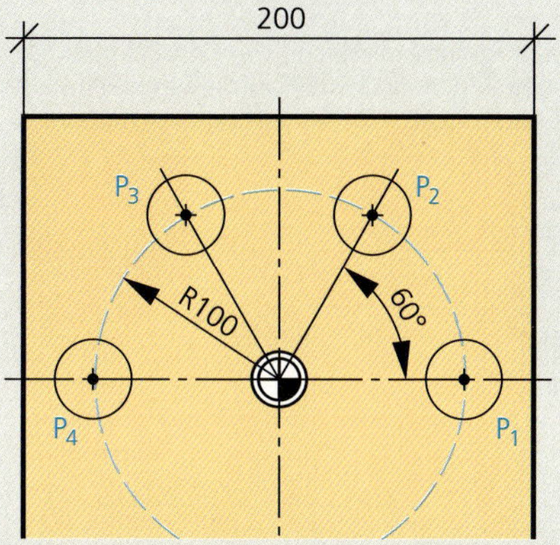

Polarkoordinaten nach Absolutbemaßung

Punkt	Abstand in mm	Winkel in °
P_1	R100	A0
P_2	R100	A60
P_3	R100	A60
P_4	R100	A60

Programmierung

Bei der Programmierung von CNC-Maschinen werden die Verfahrwege, die Bedingungen des Vorschubs, die Drehzahl und die Auswahl der Werkzeuge nach DIN 66 025 in eine für die Steuerung der Maschinen lesbare Form gebracht.

Das **Programm** besteht aus Daten, die in Form von Programmsätzen in die Steuerung eingegeben werden.

Die **Programmiersprache** für die NC-Steuerung ist aus Sätzen und Wörtern aufgebaut. Die Wörter bestehen aus einem Adressbuchstaben und einer Ziffernfolge.

Für den rundbogenförmigen Ausschnitt aus einer Möbeltür (MDF-Platte, 19 mm) soll eine CNC-Maschine programmiert werden. Dabei übernimmt Fräser Nr. 1 die Außenkontur und Fräser Nr. 2 die Innenkontur. Die Programmsätze sollen nur die Weginformationen enthalten.

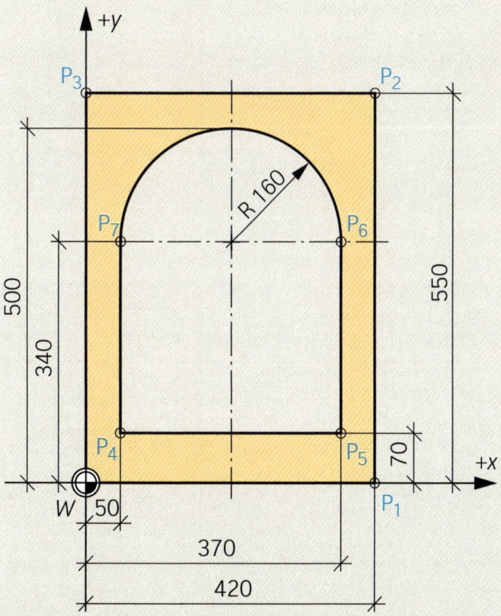

Aufgaben

1. Für die vorgegebene Fläche mit den Eckpunkten P_1 bis P_9 sind tabellarisch die Koordinaten nach Kettenbemaßung und Absolutbemaßung zu ermitteln.

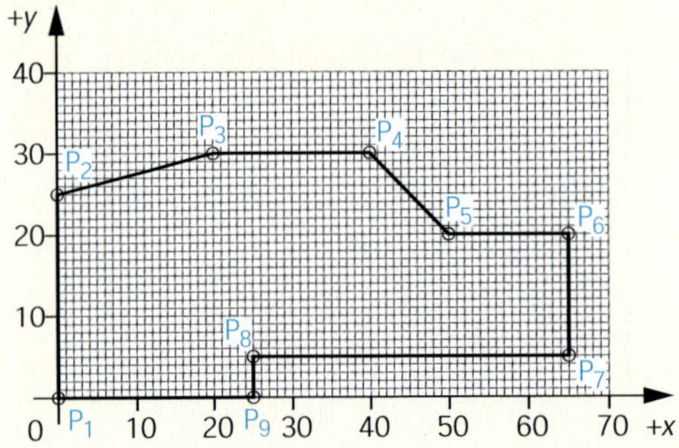

2. Aus den Absolutmaßen (G90) der Tabelle ist die Fläche im Maßstab 1 : 10 in ein Koordinatensystem zu zeichnen.

Punkt	Maße in mm		Punkt	Maße in mm	
P_1	X50	Y100	P_5	X500	Y500
P_2	X200	Y400	P_6	X500	Y400
P_3	X300	Y400	P_7	X600	Y400
P_4	X300	Y500	P_8	X750	Y100

3. Für eine Schranktür sind tabellarisch die Koordinaten für die Bemaßung zu erstellen.

a) Der Werkstücknullpunkt liegt bei Absolutbemaßung (G90) achssymmetrisch.

b) Der Werkstücknullpunkt ist nach P_1 zu verschieben und eine Kettenbemaßung (G91) ist durchzuführen.

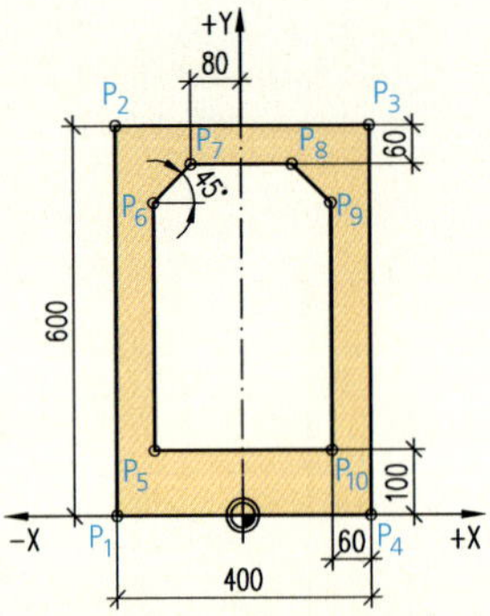

4. Für eine Kabinendusche ist eine Platte aus Corian zu fräsen. Das Programm soll nur die Weginformationen in Kettenbemaßung (G91) enthalten.

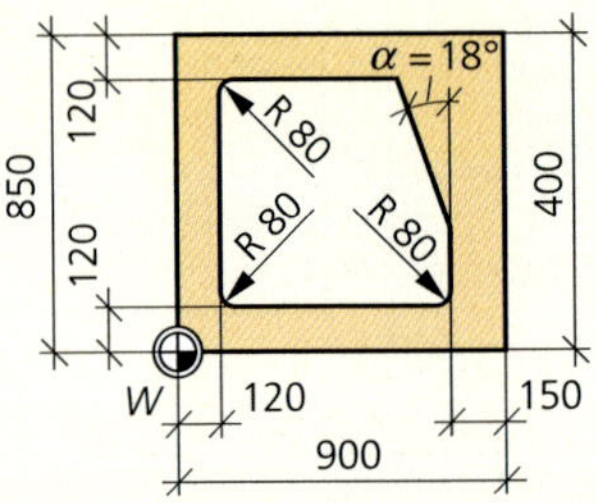

5. Für die Segmentbogentür ist ein Programm mit Weginformationen in Absolutbemaßung (G90) zu erstellen. Der Werkstücknullpunkt liegt im Eckpunkt links unten. Zuerst soll rechnerisch (pythagoreischer Lehrsatz) der Radius des Segmentbogens ermittelt werden.

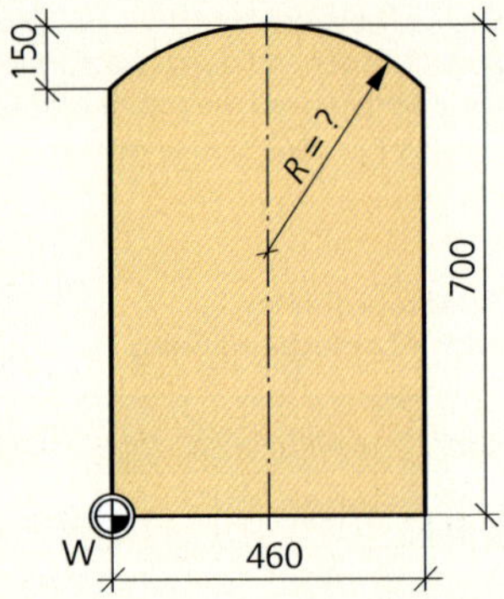

6. Ein Schrankprofil soll programmiert werden. Die Weginformationen sollen nach Absolutbemaßung erstellt werden. Dabei sind die Punkte P_1 und P_2 rechnerisch zu ermitteln.

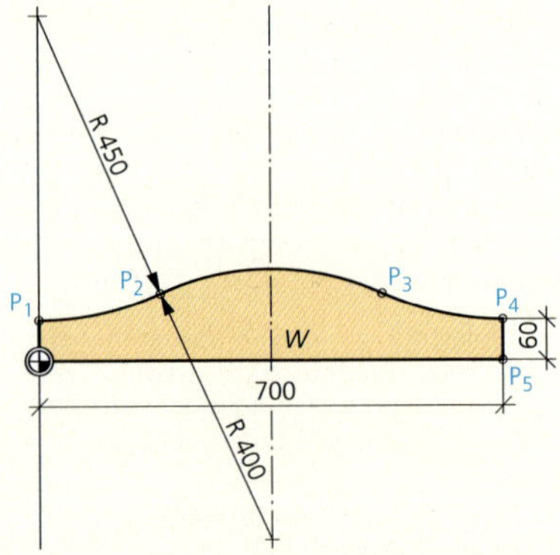

7. Für ein Geschicklichkeitsspiel sind 21 Bohrungen nach Zeichnung notwendig. Für die Mittelpunkte der Bohrungen sind die Weginformationen nach allen drei Bemaßungsarten zu bestimmen. Der Werkstücknullpunkt liegt mittensymmetrisch.

Für Kettenbemaßung und Absolutbemaßung sind zuerst die Abstände x und y zu berechnen.

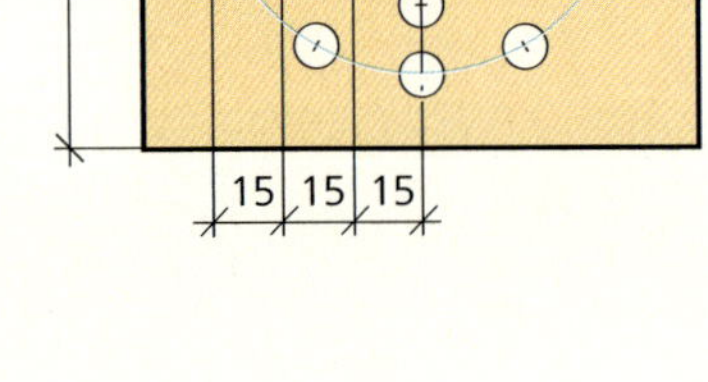

5 Geometrische Grundlagen und Anwendungen

5.1 Längen und Strecken

Längen

Eine Länge kann sein:

- die geradlinige und kürzeste Verbindungslinie zwischen zwei Punkten. Sie wird Strecke genannt.
- die gekrümmte Verbindungslinie zwischen zwei Punkten, die länger ist als die geradlinige.

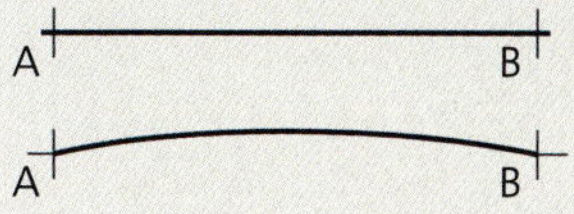

Längeneinheiten sind die Bezugsgrößen für Längen.

Die Länge ist eine Basisgröße.
Das Meter (m) ist die Einheit der Länge.

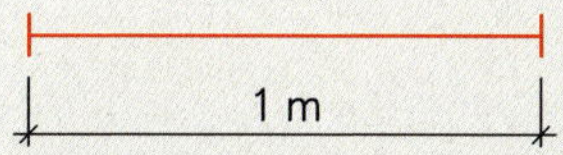

Das Meter ist die Strecke, die Licht im Vakuum in 1/299 792 488 Sekunden durchläuft (s. S. 84).

1 Kilometer	= 1 km	=	1 000 m
1 Dezimeter	= 1 dm	=	0,1 m
1 Zentimeter	= 1 cm	=	0,01 m
1 Millimeter	= 1 mm	=	0,001 m
1 Seemeile	= 1 sm	=	1 852 m

Die **Umrechnungszahl** bei den Längeneinheiten m, dm, cm und mm ist 10.
Wird in eine nächstkleinere Einheit umgerechnet, multipliziert man den Zahlenwert der Länge mit 10.
Wird in eine nächstgrößere Einheit umgerechnet, dividiert man den Zahlenwert durch 10.

Umrechnen von Längeneinheiten

1 m =	10 dm	=	100 cm	=	1 000 mm
	1 dm	=	10 cm	=	100 mm
			1 cm	=	10 mm
1 mm =	0,1 cm	=	0,01 dm	=	0,001 m
	1 cm	=	0,1 dm	=	0,01 m
			1 dm	=	0,1 m

Streckenteilungen

Bei Streckenteilungen unterscheidet man:

- Länge der Gesamtstrecke l,
- Anzahl der Teilstrecken n_1,
- Anzahl der Teilpunkte n_2,
- Länge der gleich langen Teilstrecken l_T.

Bei **Streckenteilungen ohne Randabstand** berechnet man die gleich langen Teilstrecken aus der Gesamtstrecke und der Anzahl der Teilstrecken bzw. Teilpunkte.

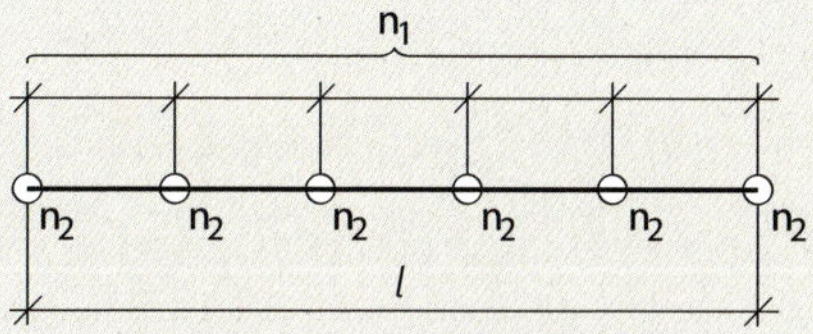

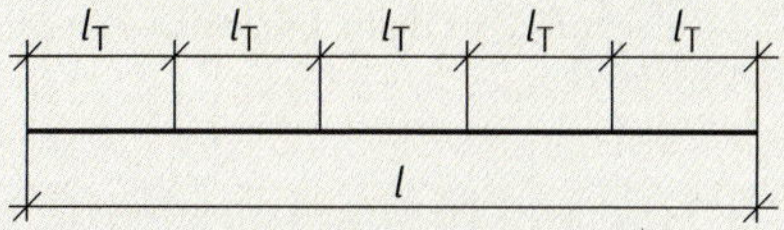

$$\text{Länge der Teilstrecken} = \frac{\text{Gesamtstrecke}}{\text{Anzahl der Teilstrecken}}$$

$$l_T = \frac{l}{n_1}$$

Bei einer Gesamtstrecke von 360 mm kommen 5 Teilstrecken vor. Wie viel Millimeter betragen die gleich langen Teilstrecken?

Lösung:

$$l_T = \frac{l}{n_1}$$

$$l_T = \frac{360\text{ mm}}{5} = \underline{\underline{72\text{ mm}}}$$

$$\text{Länge der Teilstrecken} = \frac{\text{Gesamtstrecke}}{\text{Anzahl der Teilpunkte} - 1}$$

$$l_T = \frac{l}{n_2 - 2}$$

Bei einer 205 cm langen Schrankseite werden bei einem unteren Abstand von 50 cm auf einer Länge von 142,8 cm 7 Bohrungen angebracht. Wie viel Millimeter beträgt die Teilstrecke zwischen den Bohrungen?

Lösung:

$$l_T = \frac{l}{n_2 - 1}$$

$$l_T = \frac{1\,428 \text{ mm}}{7 - 1} = 238 \text{ mm}$$

$$\text{Anzahl der Teilpunkte} = \frac{\text{Gesamtstrecke}}{\text{Länge der Teilstrecken}} + 1$$

$$n_2 = \frac{l}{n_1} + 1$$

Eine Gesamtstrecke von 352 mm erhält Bohrungen im gleich großen Abstand von 32 mm. Wie viele Bohrungen werden benötigt?

Lösung:

$$n_2 = \frac{l}{n_1} - 1$$

$$n_T = \frac{352 \text{ mm}}{32} + 1 = 11 + 1 = \underline{\underline{12}}$$

Anzahl der Teilpunkte = Anzahl der Teilstrecken + 1

$n_2 = n_1 + 1$

Bei einem Treppengeländer sind für die Geländerstäbe 11 Teilstrecken vorgesehen.
Wie viele Stäbe werden benötigt?

Lösung:

$n_2 = n_1 + 1$

$n_2 = 11 + 1 = \underline{\underline{12}}$

Anzahl der Teilstrecken = Anzahl der Teilpunkte − 1

$n_1 = n_2 - 1$

Wie viele Teilstrecken müssen bei einer Bohrung von 9 Löchern angerissen werden?

Lösung:

$n_1 = n_2 - 1$

$n_1 = 9 - 1 = \underline{\underline{8}}$

Bei **Streckenteilungen mit Randabstand** müssen bei der Berechnung der gleich langen Teilstrecken die Randabstände subtrahiert werden.

$$\text{Länge der Teilstrecken} = \frac{\text{Gesamtstrecke} - \text{Summe Randabstand}}{\text{Anzahl der Teilpunkte} - 1}$$

$$l_T = \frac{l - (l_1 + l_2)}{n_2 - 1}$$

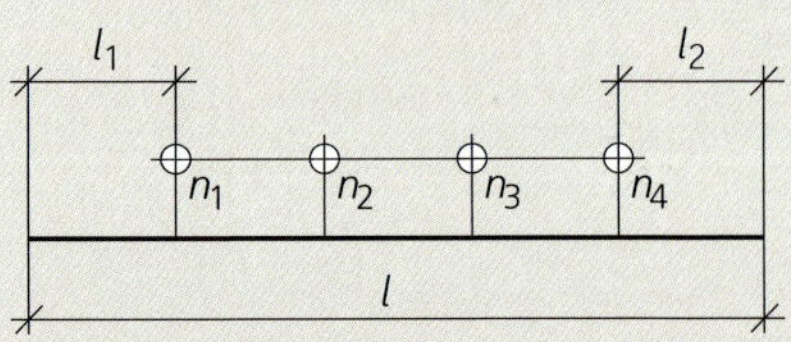

Ein 42 cm langes Schlüsselbrett erhält 12 Haken. Der beidseitige Randabstand beträgt jeweils 23 mm. Wie viel Millimeter beträgt jede Teilstrecke?

Lösung:

$$l_T = \frac{l - (l_1 + l_2)}{n_2 - 1}$$

$$l_T = \frac{420 \text{ mm} - (23 \text{ mm} + 23 \text{ mm})}{12 - 1} = \underline{\underline{34 \text{ mm}}}$$

Aufgaben

1. Umrechnung in die gesuchten Einheiten.

	m =	dm =	cm =	mm
a)	1,14	?	?	?
b)	0,79	?	?	?
c)	0,03	?	?	?
d)	6,01	?	?	?
e)	23,46	?	?	?
f)	?	3,70	?	?
g)	?	0,29	?	?
h)	?	0,01	?	?
i)	?	26,55	?	?
j)	?	1,51	?	?
k)	?	?	5,0	?
l)	?	?	290,0	?
m)	?	?	100,3	?
n)	?	?	0,7	?
o)	?	?	73,5	?
p)	?	?	?	60
q)	?	?	?	2650
r)	?	?	?	13
s)	?	?	?	535
t)	?	?	?	1004

2. Umrechnung in die gesuchten Einheiten und Addition.

a) 4 m + 2,2 dm + 67 cm + 12 mm = ? m
b) 65 m + 10,1 dm + 32 cm + 6 mm = ? m
c) 0,6 m + 17,3 dm + 210 cm + 81 mm = ? m
d) 423 mm + 62,5 cm + 1,8 dm + 0,05 m = ? mm
e) 2,03 m + 1,57 m + 26 mm + 1,8 cm = ? m
f) 19 mm + 71 cm + 0,42 m + 9,7 m = ? m
g) 43 cm + 151 cm + 6 mm + 57 mm = ? cm
h) 1,92 m + 0,8 dm + 0,4 cm + 93 mm = ? m

3. Es werden vier 2-türige Schränke mit Türen in Rahmenkonstruktion und Füllung hergestellt.
Wie viel Meter Füllungsstab werden benötigt?

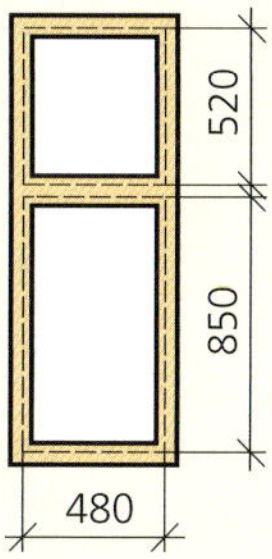

4. Vor dem Furnieren werden an 5 Tischlerplatten 8 mm dicke Rotbuchenkanten angeleimt. Eckverbindung stumpf auf Gehrung.
Wie viel Meter Kanten müssen bereitgestellt werden?

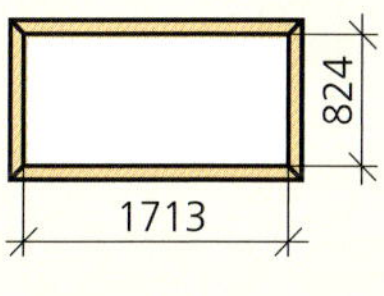

5. Bei einer Zimmertür in Rahmenkonstruktion werden 3 quadratische Füllungen (540 mm/540 mm) mit einem überfalzten, auf Gehrung angeschnittenen Füllungsstab befestigt. Maßangaben sind der Abbildung zu entnehmen.
Wie viel Meter Füllungsstab müssen mit der Tischfräse hergestellt werden, wenn eine Bearbeitungszugabe von 10 % dazugerechnet wird?

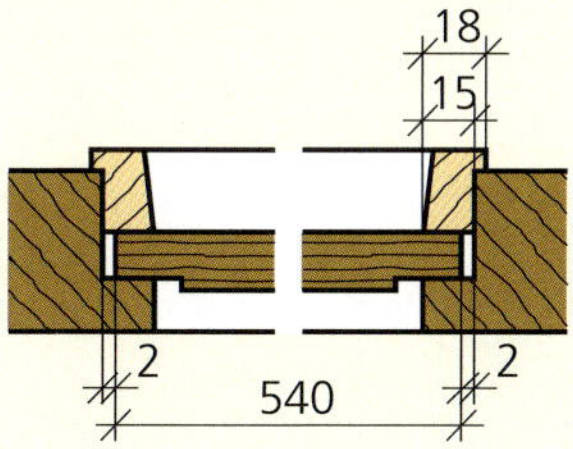

6. Ein Rahmen wird verglast. Die 3 gleich großen Scheiben liegen in einem 8 mm hohen Kittfalz und haben ringsum 1 mm Luft.
Zu berechnen sind für den Zuschnitt der Scheiben in Millimetern:

a) Scheibenbreite
b) Scheibenhöhe

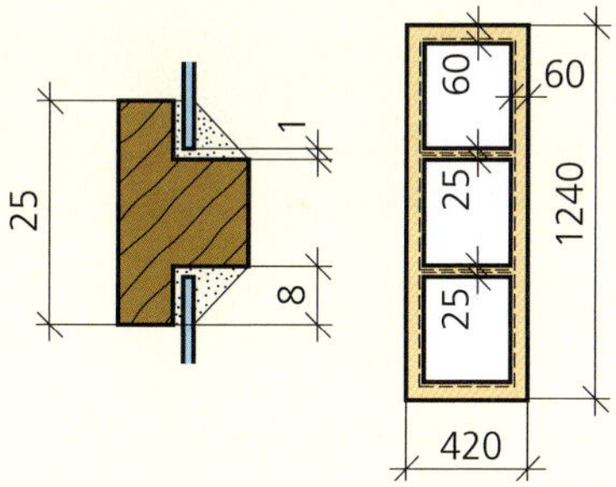

7. Eine Latte erhält Bohrungen mit 17 gleich großen Abständen.
Wie viele Bohrungen sind erforderlich?

8. Ein Bücherregal erhält außer dem oberen und dem unteren Boden noch 3 Fachböden. Die Holzdicke für die Seiten und die beiden Böden beträgt je 22 mm, die Holzdicke für die Fachböden beträgt je 15 mm.
Zu berechnen sind:

a) Länge eines Fachbodens
b) lichter (gleich großer) Abstand zwischen den beiden Böden und den Fachböden

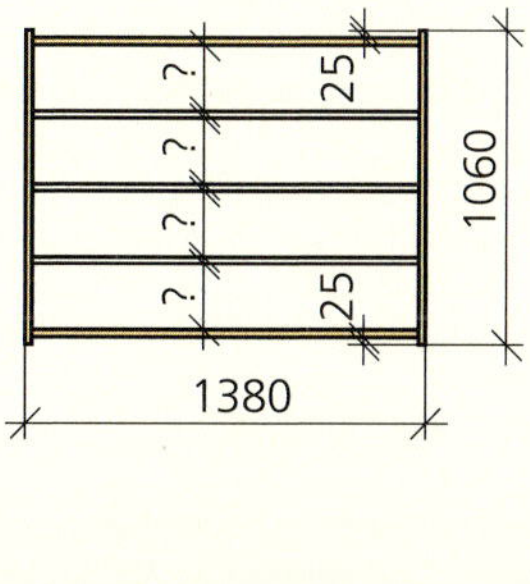

9. Ein furniertes Regal besteht aus 2 Seiten mit dazwischengedübeltem oberen und unteren Boden. Die Fertigdicke der Böden beträgt jeweils 20 mm.
Zu berechnen sind:
a) Länge der gedübelten Böden in mm
b) lichter Abstand in mm zwischen unterem und oberem Boden
c) Anzahl der 16 mm dicken, fertigbeschichteten Fachböden, wenn der lichte Abstand zwischen den Fachböden untereinander sowie zwischen den Fachböden und Böden nicht weniger als 350 mm betragen soll
d) lichter Abstand in mm zwischen den Fachböden und Böden

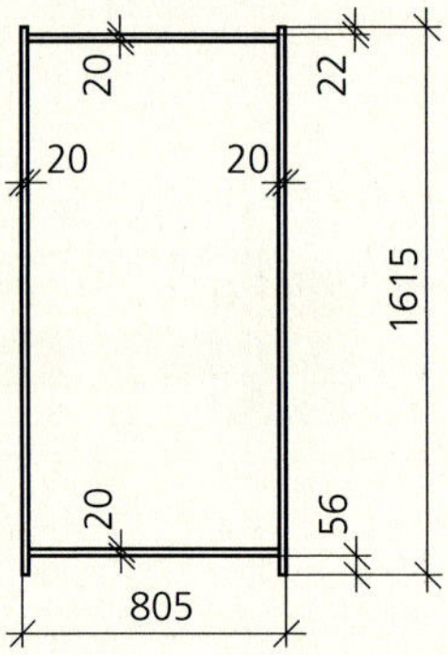

10. Eine Tischzarge erhält drei Bohrungen mit je 8 mm Durchmesser.
Wie viel Millimeter beträgt die gleich große Teilstrecke zwischen den Achsen der Bohrlöcher?

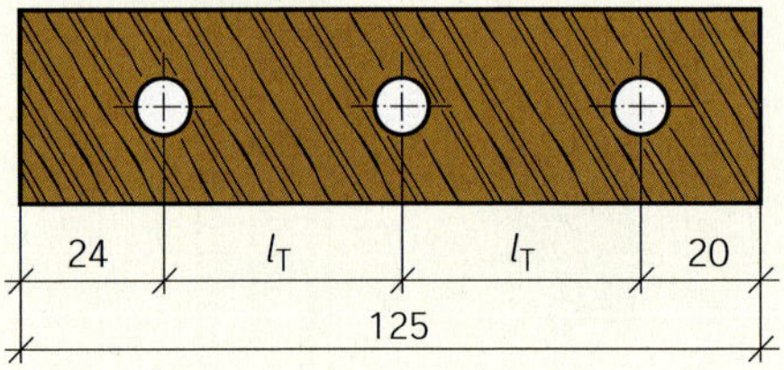

11. Eine Unterkonstruktion für eine Wandbekleidung besteht aus 2 Außenlatten und weiteren 5 dazwischenliegenden Dachlatten. Alle Latten sind 48 mm breit.
Zu berechnen ist der Achsabstand der Latten, wenn alle gleich weit voneinander entfernt sind.

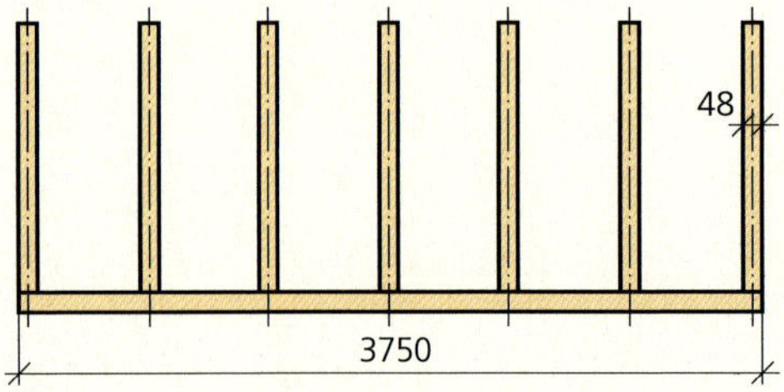

12. Für eine Dübelverbindung erhält eine Spanplatte fünf Bohrungen.
Wie viel Millimeter beträgt der gleich große Achsabstand zwischen den Bohrungen, wenn die äußeren Bohrungen 280 mm voneinander entfernt sind?

13. Korpuszwischenwände erhalten in einem Abstand von 540 mm vier Bohrungen für Fachbodenträger.
Wie viel Millimeter beträgt der Achsabstand zwischen den Bohrungen?

14. Ein Konstruktionsteil erhält auf einer Länge von 966 mm Bohrungen im Achsabstand von 42 mm. Wie viele Bohrungen sind erforderlich?

15. Eine Lattentür besteht aus 2 130 mm breiten Randbrettern und 8 Latten mit einer Breite von je 48 mm.
Wie viel Millimeter beträgt der lichte Abstand zwischen den Latten?

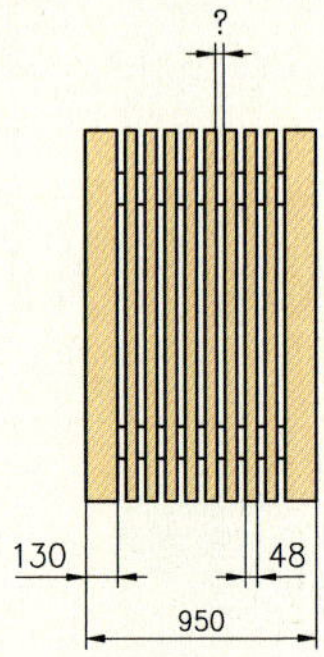

16. Für eine Fußbodenunterkonstruktion werden auf einer Betondecke 10 Rahmenschenkel mit einem Querschnittsmaß 80 mm/80 mm verlegt.
Zu berechnen ist der lichte Abstand zwischen den Rahmenschenkeln in mm.

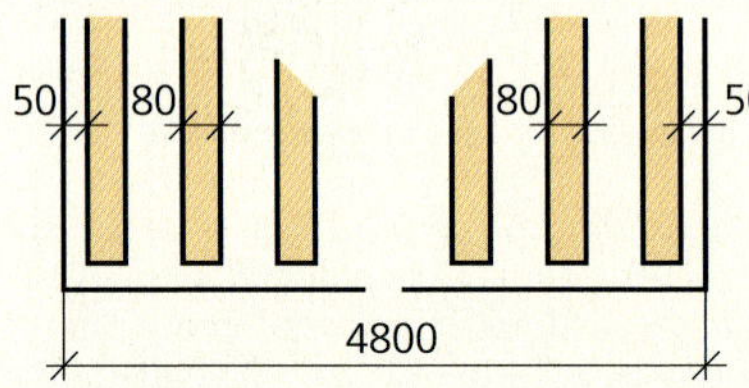

17. Die Gitterstäbe für ein Kinderbett sollen einen lichten Abstand $l_1 \approx 38$ mm haben.
Zu berechen sind:
a) Achsabstand l_3 zwischen den Stäben
b) Endabstand l_2 zwischen Stab und Eckpfosten
c) Anzahl der Stäbe
d) Gesamtlänge aller Stäbe in m, wenn diese unten und oben jeweils 14 mm tief eingesetzt werden

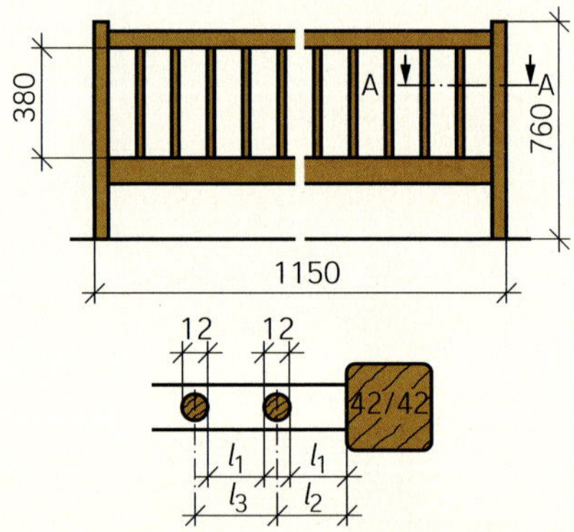

5.2 Flächeneinheiten

Geradlinige Flächen haben in der Ebene zwei Ausdehnungen:
- Länge *l*,
- Breite *b*.

Länge und Breite stehen rechtwinklig zueinander. Zur Berechnung von Flächen dient das Rechteck als Grundlage.

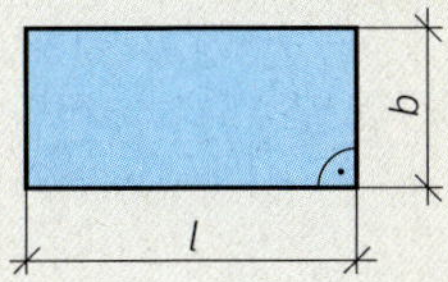

Der **Flächeninhalt *A*** ist das Produkt aus den Faktoren Länge und Breite.

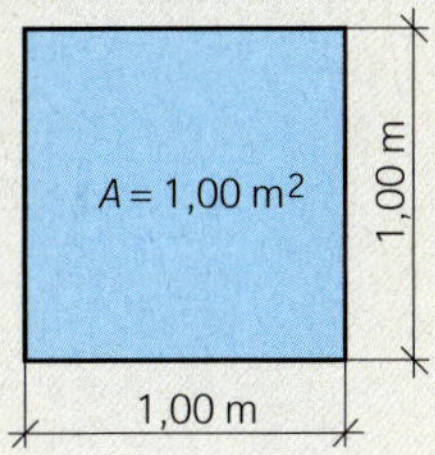

Fläche	=	Länge	·	Breite
A	=	l	·	b

Die Größe einer Fläche wird in Flächeneinheiten angegeben.

Das Quadratmeter (m^2) ist die Einheit der Fläche.

größer als				kleiner als
a, ha, km^2	>	m^2	<	dm^2, cm^2, mm^2

Die **Umrechnungszahl** von einer Flächeneinheit in die nächstgrößere oder kleinere ist 100.

Umrechnung in die nächstkleinere Einheit

$1\ m^2 = 100\ dm^2 = 10\,000\ cm^2 = 1\,000\,000\ mm^2$
$1\ dm^2 = 100\ cm^2 = 10\,000\ mm^2$
$1\ cm^2 = 100\ mm^2$

$1\ km^2 = 100\ ha = 10\,000\ a = 1\,000\,000\ m^2$
$1\ ha = 100\ a = 10\,000\ m^2$
$1\ a = 100\ m^2$

$0{,}75\ m^2 = ?\ cm^2$
2 Einheiten ≙ 100 · 100 = 10 000

Lösung:

$$0{,}75\ m^2 \cdot 10\,000\ \frac{cm^2}{m^2} = \underline{\underline{7\,500\ cm^2}}$$

Umrechnung in die nächstgrößere Einheit

$1\ mm^2 = 0{,}01\ cm^2 = 0{,}0001\ dm^2 = 0{,}000001\ m^2$
$1\ cm^2 = 0{,}01\ dm^2 = 0{,}0001\ m^2$
$1\ dm^2 = 0{,}001\ m^2$

$1\ m^2 = 0{,}01\ a = 0{,}0001\ ha = 0{,}000001\ km^2$
$1\ a = 0{,}01\ ha = 0{,}0001\ km^2$
$1\ ha = 0{,}01\ km^2$

$125\ dm^2 = ?\ m^2$
2 Einheit ≙ 100

Lösung:

$$125\ dm^2 : \frac{100\ dm^2}{m^2} = 1{,}\underline{\underline{25\ m^2}}$$

Aufgaben

Umrechnung von Flächenmaßen.

1.	m^2	= dm^2
a)	2,75	?
b)	24,80	?
c)	0,80	?
d)	0,925	?
e)	384,05	?
f)	0,0080	?

2.	m^2	= cm^2
a)	3,8435	?
b)	36,0998	?
c)	69,7850	?
d)	0,0750	?
e)	4,0360	?
f)	0,0080	?

3.	cm^2	= m^2
a)	5675	?
b)	12068	?
c)	78	?
d)	38,60	?
e)	92850	?
f)	12	?

4.	mm^2	= cm^2
a)	38403,50	?
b)	684932,50	?
c)	8964,80	?
d)	693,80	?
e)	142,58	?
f)	3,40	?

5.3 Rechteck und Quadrat

Das **Rechteck** ist ein Viereck mit 4 rechten Winkeln, bei dem die gegenüberliegenden Seiten jeweils gleich lang sind.

Der **Flächeninhalt *A*** ist das Produkt aus Länge l und Breite b.

Fläche	=	Länge	·	Breite
A	=	l	·	b

Der **Umfang *U*** ist die Summe der 4 Seiten.

$$\text{Umfang} = 2 \cdot (\text{Länge} + \text{Breite})$$
$$U = 2 \cdot (l + b)$$

Die **Diagonale *e*** berechnet sich mit dem pythagoreischen Lehrsatz (s. S. 63).

$$\text{Diagonale} = \sqrt{\text{Länge}^2 + \text{Breite}^2}$$
$$e = \sqrt{l^2 + b^2}$$

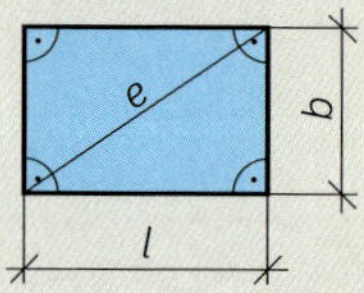

Ein Rechteck ist 4,80 m lang und 3,25 m breit.
Zu berechnen sind:
a) Flächeninhalt A
b) Umfang U
c) Diagonale e

Lösung:

a) $A = l \cdot b$

$A = 4{,}80\text{ m} \cdot 3{,}25\text{ m} = \underline{\underline{15{,}60\text{ m}^2}}$

b) $U = (l + b) \cdot 2$

$U = (4{,}80 + 3{,}25\text{ m}) \cdot 2 = \underline{\underline{16{,}10\text{ m}}}$

c) $e = \sqrt{l^2 + b^2}$

$e = \sqrt{(4{,}80\text{ m})^2 + (3{,}25\text{ m})^2}$

$e = \sqrt{23{,}04\text{ m}^2 + 10{,}56\text{ m}^2}$

$e = \sqrt{33{,}6\text{ m}^2} = \underline{\underline{5{,}80\text{ m}}}$

Das **Quadrat** ist ein Viereck mit 4 gleich langen Seiten (Länge = Breite) und 4 rechten Winkeln.

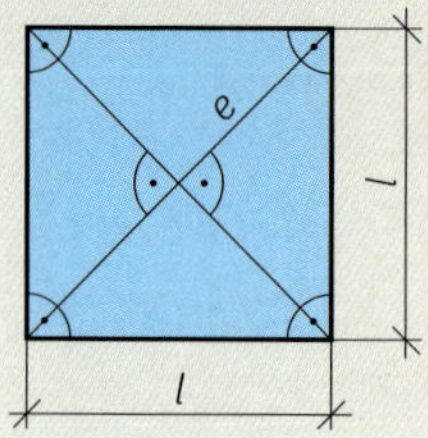

Der **Flächeninhalt *A*** ist das Produkt aus 2 gleich langen Quadratseiten l.

$$\text{Fläche} = \text{Länge} \cdot \text{Länge}$$
$$A = l \cdot l = l^2$$

Der **Umfang *U*** ist die Summe der 4 Seiten.

$$\text{Umfang} = 4 \cdot \text{Länge}$$
$$U = 4 \cdot l$$

Die **Diagonale *e*** berechnet sich mit dem pythagoreischen Lehrsatz (s. S. 63)

$$\text{Diagonale} = \sqrt{2} \cdot \text{Länge}$$
$$e = \sqrt{2} \cdot l$$

Zu berechnen sind bei einem Quadrat mit der Seitenlänge $l = 3{,}45$ m:
a) Fläche A
b) Umfang U
c) Diagonale e

Lösung:

a) $A = l \cdot l$

$A = 3{,}45\text{ m} \cdot 3{,}45\text{ m} = \underline{\underline{11{,}90\text{ m}^2}}$

b) $U = 4 \cdot l$

$U = 4 \cdot 3{,}45\text{ mm} = \underline{\underline{13{,}80\text{ m}}}$

c) $e = \sqrt{2} \cdot l$

$e = \sqrt{2} \cdot 3{,}45\text{ m} \approx \underline{\underline{4{,}88\text{ m}}}$

Aufgaben

1. Zu berechnen sind Fläche *A* und Umfang *U* der folgenden Rechtecke.

	Länge in m	Breite in m	*A* in m^2	*A* in dm^2	*A* in cm^2	*U* in m
a)	1,45	0,73	?	?	?	?
b)	5,13	2,66	?	?	?	?
c)	27,30	13,82	?	?	?	?
d)	518,15	0,22	?	?	?	?
e)	0,62	0,89	?	?	?	?
f)	0,27	0,14	?	?	?	?

2. Eine überfälzte Schranktür hat die Fertigmaße von 487 mm/715 mm. Um die Fälzung einfräsen zu können, werden die Plattenkanten mit einem 10 mm dicken Anleimer versehen, der an den Ecken auf Gehrung abgesetzt ist.
Zu berechnen sind:
a) Furnierverbrauch in m^2, wenn Türinnen- und Türaußenseite furniert werden
b) Bedarf an Anleimer in m

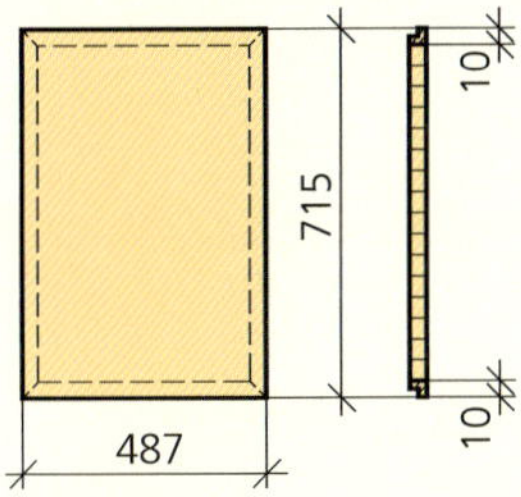

3. Wie hoch ist der Gesamtglaspreis für Isolierverglasungen bei Fenstern mit folgenden Falzmaßen: Breiten = 1,22 m, 1,08 m, 1,17 m, 1,31 m, 1,12 m, dazugehörige Höhen = 1,68 m, 1,55 m, 1,60 m, 1,57 m, 0,88 m? Der Quadratmeterpreis beträgt 85,65 €.

4. Die Platten für einen Ausziehtisch werden beidseitig in Kirschbaum furniert, auf allen Kanten wird ein Furnier aufgerieben. Beim Zusammensetzen lässt man das Furnier ringsum 50 mm über die Plattenkante vorstehen.
Zu berechnen sind:
a) Furnierverbrauch in m^2
b) Bedarf an Kantenfurnier in m

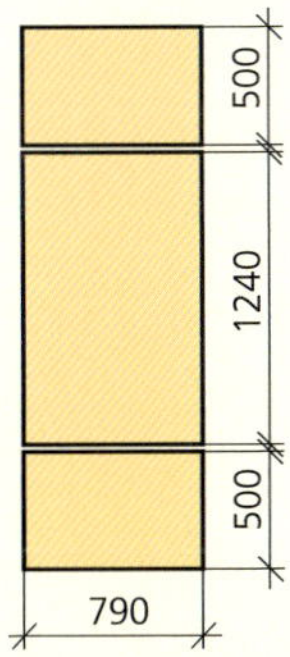

5. Ein metallverarbeitender Betrieb bestellt für die Ablage verschiedener Werkzeugteile 15 Holzkisten in Rotbuche mit 8 mm dickem Boden aus Furniersperrholz. Da die Kisten schwere Lasten aufnehmen müssen, werden die Seiten offen gezinkt.
Zu berechnen ist der Gesamtbedarf an:
a) Rotbuchenholz in m^2
b) Furniersperrholz in m^2

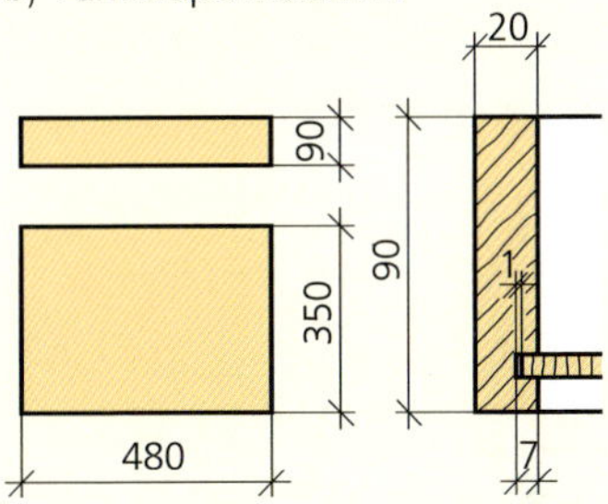

6. Ein Büroraum erhält zur Verbesserung der Raumakustik eine Deckenbekleidung aus porösen Holzfaserplatten mit je 100 cm/125 cm Plattengröße. Die Decke des Raumes ist 13,20 m lang und 8,95 m breit. Die Deckenbekleidung hat ringsum 100 mm Abstand von der Wand.
Zu berechnen sind:
a) Quadratmeterbedarf an Holzfaserplatten
b) Anzahl der Holzfaserplatten, wenn die Schmalseiten der Platten an der 13,20 m langen Deckenseite verlegt werden

7. Für eine gefälzte Zimmertür in Rahmenkonstruktion sind mithilfe der unten stehenden Holzliste Holzmenge und Holzkosten zu ermitteln.
Konstruktion: Eckverbindungen sind gedübelt, die Füllung aus Furniersperrholz liegt in einem 15 mm breiten Falz.
Materialkosten:
Kiefernholz 40 mm = 38,75 €/m^2
Furniersperrholz 8 mm = 27,85 €/m^2

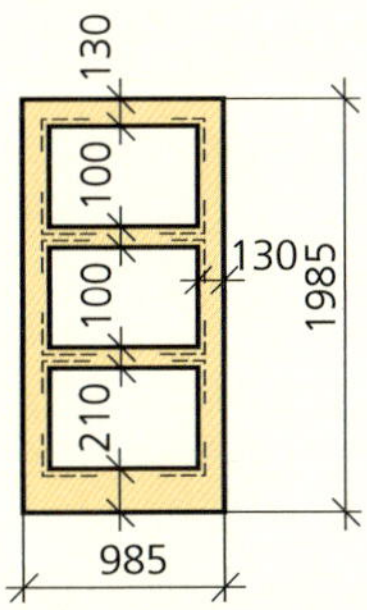

Bezeichnung	Holzart	Anzahl	Länge in cm	Breite in cm	Dicke in mm	m^2	€/m^2	Preis in €
Senkrechter Fries	Kiefer	?	?	?	?	?	?	?
Oberer Fries	Kiefer	?	?	?	?	?	?	?
Mittlerer Fries	Kiefer	?	?	?	?	?	?	?
Unterer Fries	Kiefer	?	?	?	?	?	?	?
Füllung	Furniersperrholz	?	?	?	?	?	?	?

8. Von 6 Quadraten ist jeweils die Seitenlänge l bekannt:
a) 620 mm b) 1180 mm c) 78 mm
d) 2010 mm e) 372 mm f) 895 mm
Zu berechnen sind jeweils die Fläche A in m^2, cm^2 und mm^2, der Umfang U in m und mm.

9. Von 6 Quadraten ist jeweils die Fläche A bekannt:
a) 1,00 m^2 b) 0,49 m^2 c) 2,50 m^2
d) 1,74 m^2 e) 14,00 m^2 f) 0,24 m^2
Zu berechnen sind jeweils die Seitenlänge l in m, cm und mm, die Diagonale e in m ($\sqrt{2} \approx 1{,}414$), gerundet auf 2 Stellen nach dem Komma.

10. Wie viel Quadratmeter Flachpressplatten werden für die Herstellung von 23 quadratischen Tischen mit einer Seitenlänge von je 670 mm benötigt?

11. Ein Schachbrett hat 64 Felder. Jedes der quadratischen Felder ist an den Seiten 50 mm lang.
Zu berechnen sind:
a) Fläche des Schachbretts in m^2, wenn das Spielfeld mit einem 65 mm breiten Fries versehen ist
b) Klebstoffbedarf zum beidseitigen Furnieren von 14 Schachbrettern, wenn für 1 m^2 Klebfläche 180 g Klebstoff benötigt werden

12. In einem quadratischen Zimmer mit einer Wandlänge von 4,30 m wird ein Fußboden verlegt. Die beiden Türen sind einschließlich der Türverkleidung je 1080 mm breit.
Zu berechnen sind:
a) Fußbodenfläche in m^2
b) Sockelleiste in m

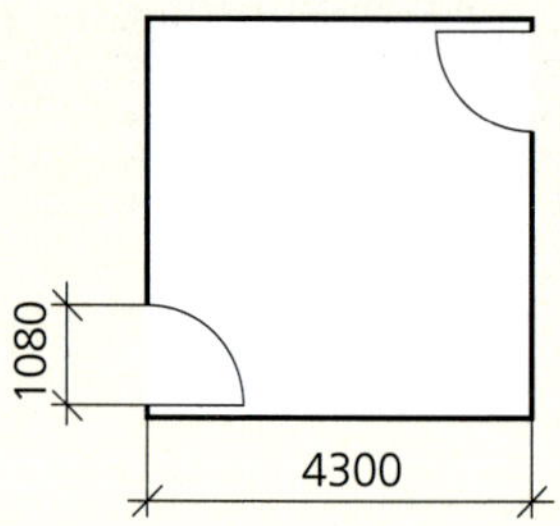

13. Ein Hauseingangselement in Rahmenkonstruktion erhält 52 quadratische Gussglasscheiben mit einer Kantenlänge von je 115 mm.
a) Wie viel Quadratmeter Glas werden eingebaut?
b) Wie viel Meter Glasleisten werden für die Befestigung der Scheiben im Falz benötigt?

14. Eine Kathedralglasscheibe besitzt eine Diagonale (Eckenlinie) von 1800 mm.
Zu berechnen sind:
a) Länge der quadratischen Scheibe in m
b) Materialkosten bei einem Preis von 50,00 € je m^2

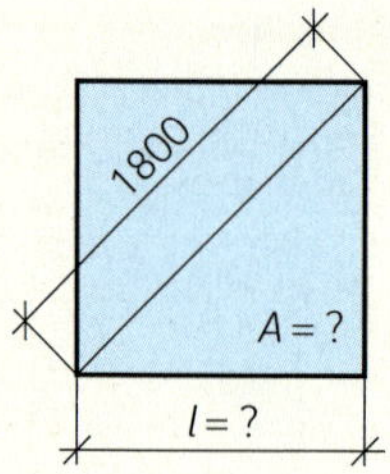

15. Ein Innenausbaubetrieb hat den Auftrag erhalten, eine Wand- und Deckenbekleidung aus geformten Kassetten in Rio-Palisander herzustellen. Nach der Maßaufnahme ergab sich eine zu bekleidende Fläche von 124,00 m^2.
a) Wie viele vorgefertigte Kassettenplatten mit den Maßen 500 mm/500 mm müssen bestellt werden?
b) Wie teuer ist das Material bei einem Qudratmeterpreis von 186,30 €?

16. In einem quadratischen Zimmer, das eine Seitenlänge von 5,27 m hat, wird ein Boden verlegt, der aus 50 cm/50 cm großen Fertigparkettplatten besteht. Damit der verlegte Boden genügend Raum zum Quellen und Schwinden hat, wird zwischen Wand und Boden ein 3,0 cm breiter Abstand gelassen.
Zu berechnen sind:
a) Fläche des verlegten Parkettbodens
b) Anzahl der verlegten Fertigplatten

17. Für einen größeren Auftrag werden 38 quadratische Möbeltüren mit dem Fertigmaß von 432 mm Seitenlänge hergestellt. Die Spanplattentüren erhalten wegen der vorgesehenen Fälzung und Profilierung einen 12 mm dicken Anleimer, der an den Ecken auf Gehrung zugeschnitten wird.
Zu berechnen sind:
a) Zuschnittmaße für die Spanplatte
b) Spanplattenverbrauch in m^2
c) Länge des Anleimers in m

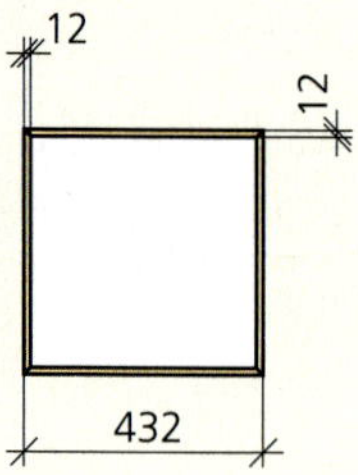

18. Eine Decke, 11,07 m lang und 8,57 m breit, wird mit Kassetten 0,50 m/0,50 m so bekleidet, dass ringsum eine Schattenfuge entsteht. Der m^2-Preis der Kassetten beträgt 243,50 €.
Zu berechnen sind:
a) Anzahl der Kassetten
b) Schattenfuge in cm
c) Preis der benötigten Kassetten in €

5.4 Verschnitt

Bei der Herstellung von Produkten werden mehr Vollholz, Plattenwerkstoffe, Furniere und Belagstoffe benötigt, als im Halb- oder Fertigprodukt enthalten sind. Man unterscheidet:

- Rohmenge R = gesamtes verbrauchtes Material,
- Fertigmenge F = Halb- und Fertigprodukte,
- Verschnittmenge V (Verschnitt) = Materialverlust.

Der Verschnitt ist abhängig von Materialart, Qualität und Form des Produkts. Er entsteht bei manueller und maschineller Bearbeitung des Materials (Materialzuschnitt).
Die Kosten des Verschnitts stellt das Unternehmen bei der Preisermittlung des Produkts den Kundinnen und Kunden in Rechnung.

Rohmenge – Fertigmenge – Verschnittmenge

Bezeichnung/Formel	Einheit	Beispiel
Rohmenge R $R = F + V$	m^3	Rundholz, Schnittholz (Bohlen, Bretter, Kanthölzer)
	m^2	Schnittholz, Holz- und Plattenwerkstoffe, Belagstoffe
Fertigmenge F $F = R - V$	m^3	Balken, Kantholz
	m^2	Schnittholz, Holz- und Plattenwerkstoffe, Belagstoffe, Furniere
	m	Leisten, Latten
Verschnittmenge V $V = R - F$	m^3	Volumenverschnitt: Balken, Kanthölzer
	m^2	Flächenverschnitt: Schnittholz, Plattenwerkstoffe, Belagstoffe, Furniere
	m	Längenverschnitt: Leisten, Latten, An- und Umleimer

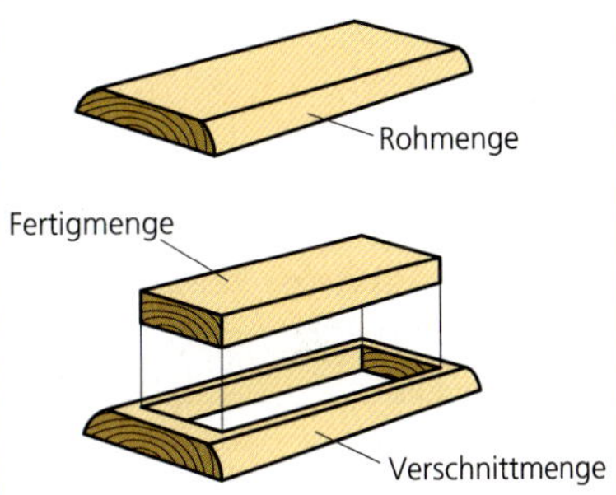

Mit dem **Verschnittzuschlag V_Z** wird bei der Herstellung von Möbeln, Fenstern und Türen sowie im Innenausbau gerechnet. Der Verschnitt V wird prozentual der Fertigmenge F zugeschlagen. Die Fertigmenge F wird mit 100 % angenommen.

$$\text{Verschnittzuschlag} = \frac{(\text{Rohmenge} - \text{Fertigmenge}) \cdot 100\,\%}{\text{Fertigmenge}}$$

$$V_Z = \frac{(R - F) \cdot 100\,\%}{F}$$

oder:

$$\text{Verschnittzuschlag} = \frac{(\text{Verschnittmenge}) \cdot 100\,\%}{\text{Fertigmenge}}$$

$$V_Z = \frac{V \cdot 100\,\%}{F}$$

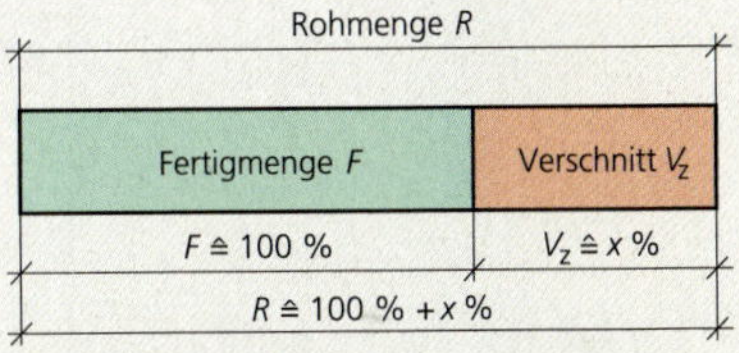

Wie viel Prozent Verschnittzuschlag entstehen, wenn von 16,00 m^2 Spanplatte 12,50 m^2 zugeschnitten werden?

Lösung:

$$V_Z = \frac{(R - F) \cdot 100\,\%}{F}$$

$$V_Z = \frac{(16{,}00\,m^2 - 12{,}50\,m^2) \cdot 100\,\%}{12{,}50\,m^2} = \underline{\underline{28\,\%}}$$

$$\text{oder: } V_Z = \frac{V \cdot 100\,\%}{F} = \frac{3{,}50\,m^2 \cdot 100\,\%}{12{,}50\,m^2} = 28\,\%$$

Mit dem **Verschnittabschlag V_A** wird in der Sägeindustrie gerechnet. Die Verschnittmenge V wird als Einschnittverlust auf die Rohmenge R (vorwiegend Rundholz) bezogen, die mit 100 % angenommen wird.

$$\text{Verschnittabschlag} = \frac{(\text{Rohmenge} - \text{Fertigmenge}) \cdot 100\,\%}{\text{Rohmenge}}$$

$$V_A = \frac{(R - F) \cdot 100\,\%}{R}$$

oder:

$$\text{Verschnittabschlag} = \frac{(\text{Verschnittmenge}) \cdot 100\,\%}{\text{Rohmenge}}$$

$$V_A = \frac{V \cdot 100\,\%}{R}$$

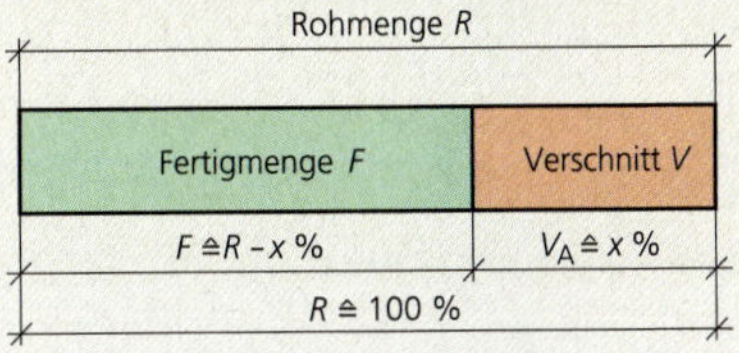

Ein Rotbuchenstamm hat ein Volumen von 2,386 m^3. Die Fertigmenge der daraus zugeschnittenen Bohlen beträgt 1,632 m^3. Mit wie viel Prozent Verschnittabschlag muss gerechnet werden?

Lösung:

$$V_A = \frac{(R - F) \cdot 100\,\%}{R}$$

$$V_A = \frac{(2{,}386\,m^3 - 1{,}632\,m^3) \cdot 100\,\%}{2{,}386\,m^3} = \underline{\underline{31{,}60\,\%}}$$

Mit dem **Zuschlagfaktor** kann die Rohmenge bestimmt werden. Ist der durchschnittliche Verschnittzuschlag V_Z durch Erfahrung oder aus Tabellen bekannt, wird vereinfacht mit dem Zuschlagfaktor gerechnet. Dabei wird die Fertigmenge F mit 100 % angenommen. Der Zuschlagfaktor berechnet sich zunächst prozentual aus $\frac{100\,\% + V_Z\,\%}{100\,\%}$ und wird in eine Dezimalzahl umgerechnet, die über 1 liegt. Die Fertigmenge wird mit dem Zuschlagfaktor multipliziert.

Rohmenge	=	Fertigmenge	·	Zuschlagfaktor
R	=	F	·	1,...

Bei einer Fertigmenge von 12,50 m² wird ein Verschnittzuschlag von 28 % angenommen.
Wie viel Qudratmeter beträgt die Rohmenge?

Lösung:
$F + V_Z \triangleq 100\,\% + 28\,\% = 128\,\%$
$128\,\% \triangleq 1{,}28$

$R = F \cdot \text{Zuschlagfaktor}$
$R = 12{,}50\ \text{m}^2 \cdot 1{,}28$
$R = \underline{\underline{16{,}00\ \text{m}^2}}$

Verschnittzuschläge als Richtwerte, Angaben in Prozent

Holzart	Vollholz	Furnier	Holzart	Vollholz	Furnier
Abachi	30 ... 40	–	Lärche	40 ... 50	50
Afrormosia	30	40	Limba	25	40
Ahorn	40	50	Makoré	35	25 ... 35
Birnbaum	40	50	Mahagoni	30	40
Birke	60	50	Sapelli, Sipo		
Buche	30 ... 50	25 ... 40	Meranti	30	–
Carolina-Pine	35	40	Nussbaum	60	80
Douglasie	–	40	Oregon-Pine	30	40
Eiche	50	60	Palisander, ostindisch	–	80
Erle	40	–	Rio	–	100
Esche	50	60	Ramin	30	–
Fichte	30	40	Rüster	50	80
Gabun	30	25	Sen-Esche	40	70
Hemlock	30	–	Tanne	30	40
Kiefer	30 ... 40	40 ... 50	Teak	40	60
Kirschbaum	50 ... 60	70 ... 80	Zirbelkiefer	80	80

Holzwerkstoffe, Kunststoffe		Plattenwerkstoffe	
Furniersperrholzplatten	20	Lagermaße	15
Holzfaserplatten	20	Fixmaße	3
Holzspanplatten beschichtet, furniert	15 ... 20		
Stab- und Stäbchensperrholzplatten	20		
Furnierumleimer	10		
Vollholzumleimer	15		
Dekorative Schichtpressstoffplatten	20 ... 30		

Aufgaben

1. Ein Innenausbaubetrieb hat für einen Auftrag 20,30 m^2 Strangpressplatten (Fertigmaß) zugeschnitten. Die Verschnittmenge betrug 1,75 m^2.
   Zu berechnen ist der Verschnittzuschlag in %.

2. Aus der Zeichnung für einen Auftrag berechnete man 11,32 m^2 als Fertigmenge für Tischlerplatten. Da der Zuschnitt aus Restbeständen erfolgte, benötigte man 14,40 m^2 als Rohmenge.
   Zu berechnen sind:
   a) Verschnittmenge in m^2
   b) Verschnittzuschlag in %

3. Aus einem Lärchenbrett werden 0,77 m^2 Rahmenfriese zugeschnitten.
   a) Welcher Verschnittzuschlag lässt sich nach Tabelle (s. S. 102) als Richtwert einsetzen?
   b) Wie viel Prozent und wie viel Quadratmeter beträgt die Rohmenge? Gesucht wird nach 2 Lösungsmöglichkeiten.

4. Für die Verglasung eines Fensterflügels wird eine Scheibe mit den Maßen 753 mm/1 270 mm zugeschnitten. Man rechnet mit 25 % Verschnittzuschlag.
   Zu berechnen ist die Rohmenge in m^2.

5. Für eine kleinere Serie werden aus 5 mm dicken Furniersperrholzplatten rechteckige Konstruktionsteile mit zusammen 28,50 m^2 Fläche zugeschnitten. Als Rohmenge zur weiteren Verarbeitung stehen 32,40 m^2 zur Verfügung. Wie viel Prozent beträgt der Verschnittzuschlag?

6. Ein Unternehmer bezahlt für eine 2,44 m^2 große kunstharzbeschichtete Furniersperrholzplatte 50,73 €. Wie viel Euro Verlust hätte er, wenn nur das Fertigmaß von $3 \cdot 573$ mm/1 050 mm in Rechnung gestellt würde?

7. Aus einem Brett, 4,00 m lang und 34,0 cm breit, werden 28 m Latten mit einer Breite von 45 mm herausgeschnitten.
   Zu berechnen sind:
   a) Verschnittmenge in m^2
   b) Verschnittzuschlag in %

8. Aus 4 Stäbchensperrholzplatten mit je 1 730 mm/4 600 mm werden je Platte 16 Teile mit je 820 mm/550 mm zugeschnitten.
   a) Wie viel Quadratmeter Verschnittmenge ergeben sich insgesamt?
   b) Wie viel Prozent Verschnittzuschlag muss man bei jedem Teil berechnen?

9. Für eine größere Serie erhält ein Betrieb auf Fixmaß zugeschnittene Furniersperrholzplatten. Die Fertigmaße je Platte betragen
   a) 0,37 m^2, b) 0,82 m^2 und c) 1,33 m^2.
   Zu berechnen ist die jeweilige Rohmenge in m^2 (s. Tabelle S. 102).

10. Bei der Herstellung eines einflügeligen Verbundfensters mit den Rahmenaußenmaßen 1 030 mm/1 260 mm ergaben sich folgende Fertigmengen: Rahmenholz 0,028 m^3, inneres und äußeres Flügelholz 0,017 m^3. Die Rohmenge, aus der Rahmen und Flügel zugeschnitten wurden, betrug 0,069 m^3.
    Zu berechnen ist der Verschnittzuschlag in %.

11. Aus einem 4,50 m langen Balken, 14 cm/20 cm, mit einem Volumen von 0,126 m^3 werden 6 Kanthölzer, 6 cm/6 cm, mit einer Länge von 4,30 m und einem Volumen von je 0,016 m^3 zugeschnitten.
    Zu berechnen sind:
    a) Fertigmenge in m^3
    b) Verschnittabschlag in %
    c) Verschnittzuschlag in %

12. Aus 4 parallel besäumten, 32 cm breiten und 5,10 m langen Eichenbohlen werden je Bohle 6 Treppenstufen mit den Fertigmaßen 29,5 cm/80,0 cm zugeschnitten.
    Zu berechnen sind:
    a) gesamte Rohmenge der Eichenbohlen in m^2
    b) Verschnittzuschlag je Treppenstufe in %

13. Eine kreisrunde Platte (Durchmesser $d = 1{,}42$ m, Fläche $A = 1{,}58\ m^2$) wird aus einer quadratischen Platte (die Seitenlänge ist um 1,3 cm größer als der Durchmesser) herausgeschnitten.
    Zu berechnen ist der Verschnittzuschlag in %

5.5 Parallelogramm, Trapez

Parallelogramm

Das Parallelogramm ist ein Viereck mit 2 gegenüberliegenden parallelen Seiten, die gleich lang sind. Man unterscheidet:

- **Rhombus (Raute)** = verschobenes Quadrat mit 4 gleich langen Seiten. Die Diagonalen stehen senkrecht aufeinander und halbieren die Eckwinkel.
- **Rhomboid** = verschobenes Rechteck mit je 2 gegenüberliegenden gleich langen Seiten.

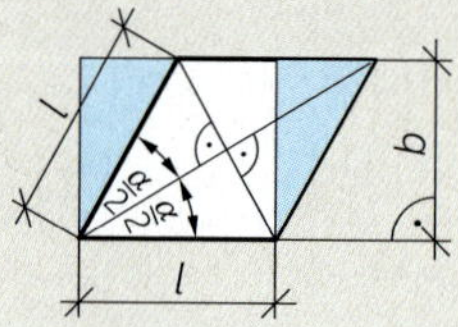

Rhombus

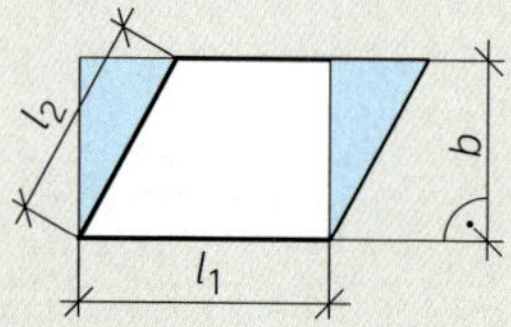

Rhomboid

Der **Flächeninhalt *A*** von Parallelogrammen berechnet sich aus dem flächengleichen Quadrat oder Rechteck.

Fläche	=	Länge$_1$	·	Breite
A	=	l_1	·	b

Der **Umfang *U*** ist die Summe der 4 Seiten.

Umfang	=	2	·	Länge$_1$	+	Länge$_2$
U	=	2	·	(l_1	+	l_2)

Eine Wandbekleidung hat die Form eines Rhomboids:
$l_1 = 2\,850$ mm, $l_2 = 880$ mm, $b = 670$ mm.
Zu berechnen sind:
a) $A = ?\ m^2$
b) $U = ?$ m

Lösung:
a) $A = l_1 \cdot b$
$A = 2{,}85\ m \cdot 0{,}67\ m = \underline{\underline{1{,}91\ m^2}}$

b) $U = 2 \cdot (l_1 + l_2)$
$U = 2 \cdot (1{,}85\ m + 0{,}88\ m) = \underline{\underline{5{,}46\ m}}$

Trapez

Das Trapez ist ein Viereck. 2 ungleich lange gegenüberliegende Seiten (l_1 und l_2) verlaufen parallel. Die Breite steht senkrecht auf l_1 und l_2.

Der **Flächeninhalt *A*** ist das Produkt aus der mittleren Länge und der Breite.

Fläche	=	mittlere Länge	·	Breite
A	=	l_m	·	b

$$\text{mittlere Länge} = \frac{\text{Länge}_1 + \text{Länge}_2}{2}$$

$$l_m = \frac{l_1 + l_2}{2}$$

Der **Umfang *U*** ist die Summe der 4 Seiten.

Umfang	=	Länge$_1$	+	Länge$_2$	+	Länge$_3$	+	Länge$_4$
U	=	l_1	+	l_2	+	l_3	+	l_4

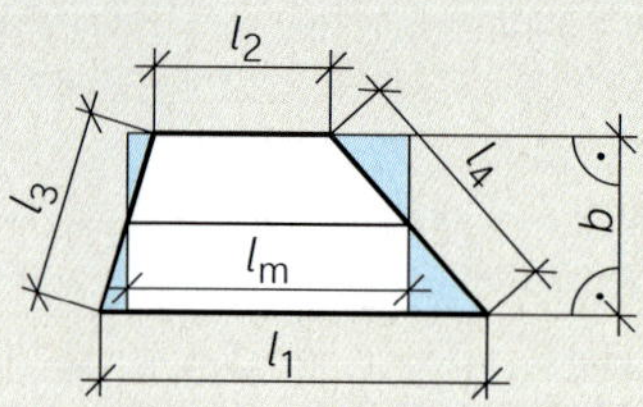

Eine Holzspanplatte hat die Form eines Trapezes:
$l_1 = 1\,370$ mm, $l_2 = 730$ mm, $l_3 = 1\,540$ mm,
$l_4 = 1\,560$ mm, $b = 1\,520$ mm.
Zu berechnen ist die Fläche A in m^2.

Lösung:

$$A = \frac{l_1 + l_2}{2 \cdot b}$$

$$A = \frac{1{,}37\ m + 0{,}73\ m}{2} \cdot 1{,}52\ m = \underline{\underline{1{,}596\ m^2}}$$

Aufgaben

1. Für die Preisermittlung ist die Fläche in m² eines isolierverglasten Treppenhausfensters zu berechnen.

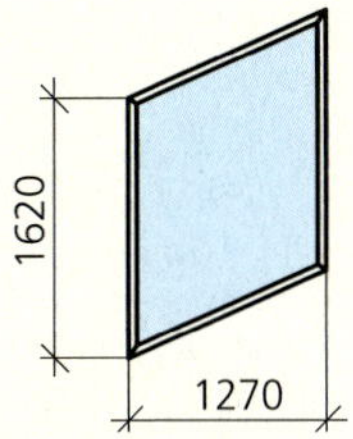

2. Ein Sitzungssaal erhält eine Bekleidung mit 12 gleich großen Flächenelementen, deren Trägermaterial Flachpressplatten sind.

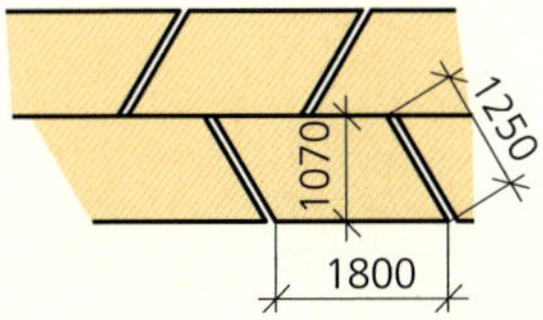

Zu berechnen sind:

a) Rohmenge an Flachpressplatten in m² bei 25 % Verschnittzuschlag

b) Länge des Kantenfurniers in m, wenn alle Kanten belegt werden

3. In einem Zweifamilienhaus sind im Treppenhaus an 3 gleichen Flächen gespundete Zirbelholzriemen anzubringen.

Zu berechnen ist die Rohmenge in m² bei 20 % Verschnittzuschlag.

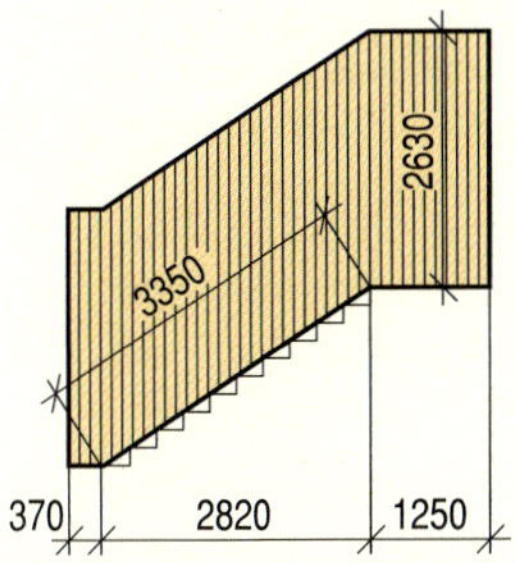

4. Ein Konferenztisch wird beidseitig furniert. Die Sichtseite erhält Palisanderfurnier, die Unterseite Nussbaumfurnier 2. Wahl.

Zu berechnen sind:

a) Rohmenge an Palisanderfurnier in m² bei 60 % Verschnittzuschlag

b) Rohmenge an Nussbaumfurnier in m² bei 35 % Verschnittzuschlag

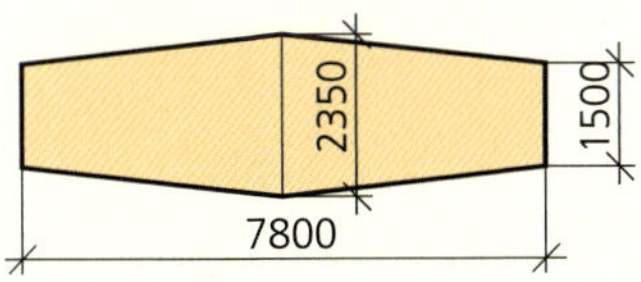

5. In einer Dachzimmerwohnung werden die Längswand mit Kniestock und Dachschräge und die beiden trapezförmigen Seitenwände mit furnierten Platten bekleidet.

Wie viel Quadratmeter Wandfläche werden belegt?

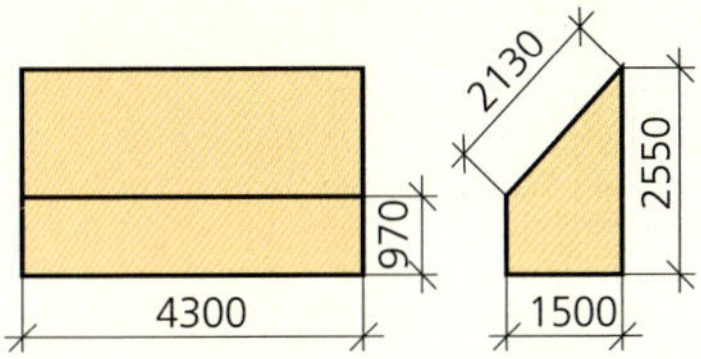

6. Ein Kunde bestellt einen Blumentrog in Eiche, der innen mit Kupfer ausgekleidet wird; Eckverbindungen offen gezinkt (Trichterzinkung).

a) Wie viel Quadratmeter Eichenholz, 28 mm dick, werden bei 50 % Verschnittzuschlag benötigt?

b) Wie viel Quadratmeter Kupferblech müssen zur Verfügung stehen? (Für die Berechnung werden, um den Verschnitt zu berücksichtigen, die Trogaußenmaße genommen.)

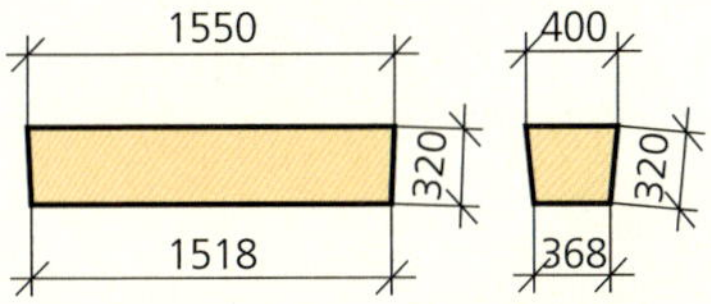

7. Ein Innenausbaubetrieb stellt in einer Kleinserie 23 Küchenhängeschränke her. Die Schrankseiten sind innen und außen mit dekorativer Schichtpressstoffplatte versehen. Plattengröße 1 200 mm/2 400 mm.

a) Zu zeichnen ist im Maßstab 1 : 20 eine Zuschnittskizze, bei der möglichst wenig Verschnitt entsteht.

b) Zu berechnen ist der Verschnittzuschlag je Trapezfläche in %.

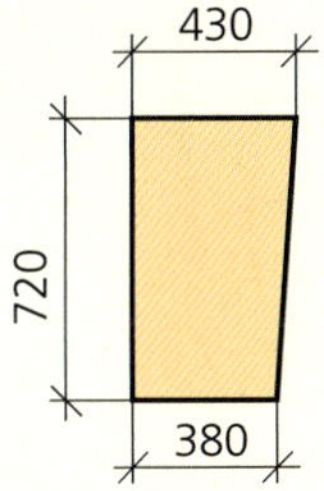

8. Für eine Verglasungsarbeit werden 7 Flachglasscheiben aus einem 750 mm breiten Glasstreifen zugeschnitten.
Zu berechnen sind:
a) Fertigmenge in m^2
b) Länge des gesamten Glasstreifens in m, aus dem die Scheiben zugeschnitten werden
c) Rohmenge in m^2 bei einem Verschnittzuschlag von 7 %

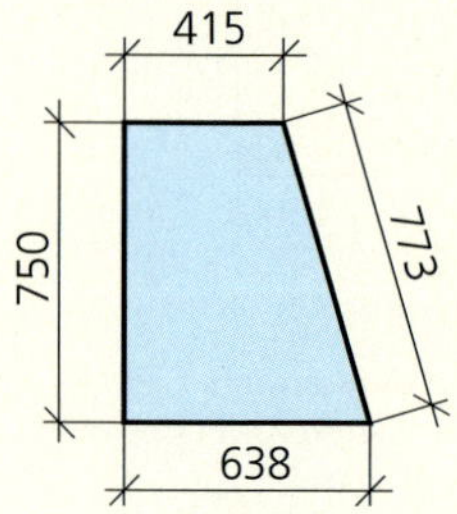

9. Unter einer Geschosstreppe wird eine Riemenverschalung angebracht. Die Tür wird dabei ausgespart.
Zu berechnen sind:
a) Fertigmenge in m^2
b) Verschnittzuschlag in %, wenn 11,75 m^2 Riemen für diesen Auftrag gekauft wurden

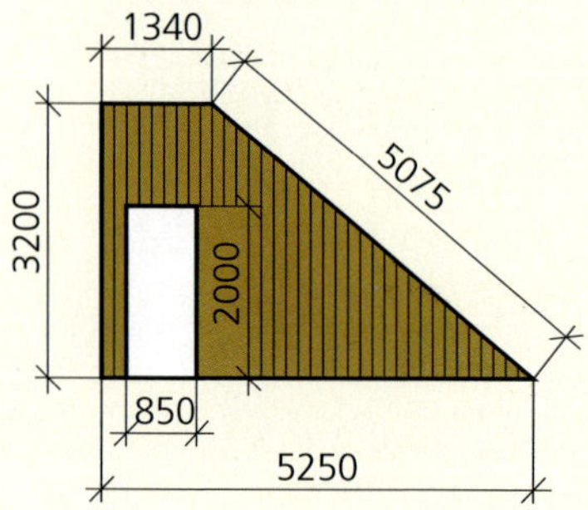

10. Ein Stuhlsitz hat folgende Maße: Vorderkante 450 mm, Hinterkante 370 mm, Sitztiefe 420 mm. 28 Sitze werden gebraucht. Man rechnet mit einem Verschnittzuschlag von 23 %.
Zu berechnen ist die Rohmenge an Furniersperrholzplatte in m^2.

11. Ein Kaufhaus bestellt für die Dekoration der Schaufenster 150 Dekorationsflächen. Als Material werden 6 mm dicke, harte Holzfaserplatten verwendet.
Zu berechnen sind:
a) Fertigmenge je Platte in m^2
b) Verschnitt je Platte in m^2, wenn der Zuschnitt aus einem 615 mm/1 780 mm großen Holzfaserplattenabschnitt erfolgt
c) Verschnittzuschlag in %
d) Rohmenge für den Gesamtauftrag in m^2

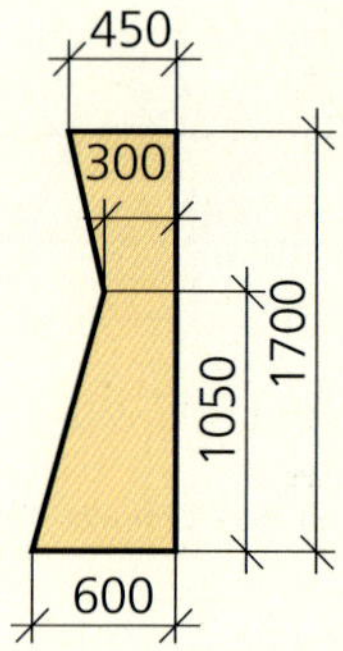

12. Zur besseren Wärmedämmung einer Außenwand werden Wärmedämmplatten und eine Paneelbekleidung montiert.
Wie viel Qudratmeter Bekleidung müssen ohne Berücksichtigung eines Verschnittzuschlags angebracht werden?

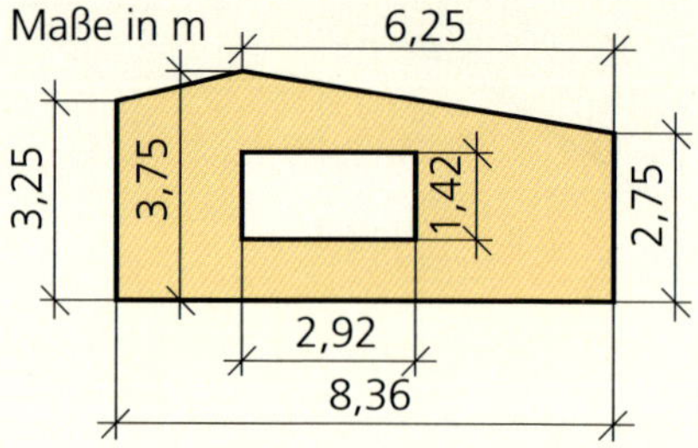

5.6 Bretter

Bretter werden nach Quadratmetern gehandelt und in €/m² berechnet. Die Höhe des Preises hängt von Holzart, Qualität und Holzdicke ab.

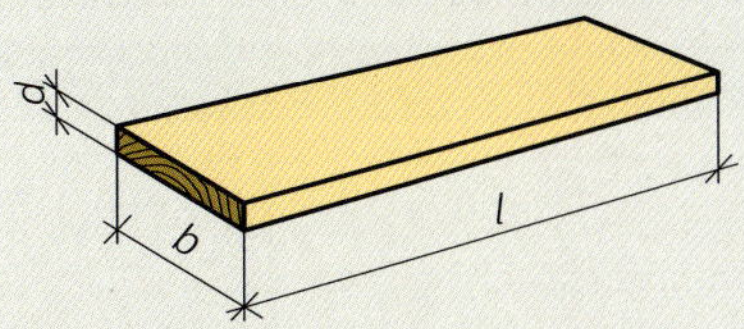

Parallel besäumte Bretter

Die **Gesamtfläche gleich dicker Bretter** kann als Rechteck berechnet werden, da parallel besäumte Bretter eine rechteckige Fläche haben.

Fläche	=	Länge	·	Breite
A	=	l	·	b

Bei **gleicher Länge und gleicher Breite** wird das Produkt aus Länge, Breite und Anzahl gebildet.

Gesamtfläche	=	Länge	·	Breite	·	Anzahl
A_{ges}	=	l	·	b	·	n

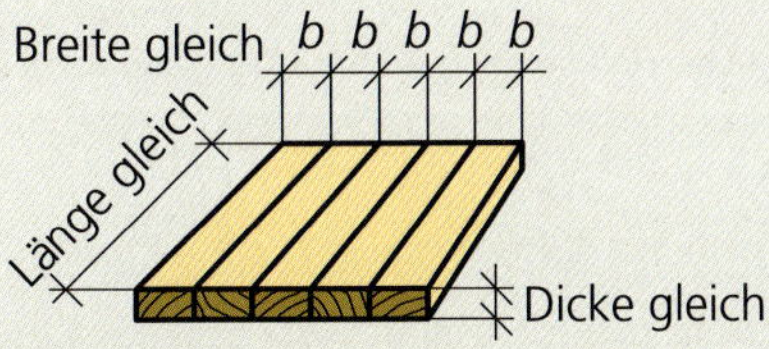

Wie viel Quadratmeter Fläche haben 5 Bretter mit den Einzelmaßen:
$l = 4000$ mm, $b = 220$ mm, $d = 24$ mm?

Lösung:
$A = l \cdot b \cdot n$
$A = 4{,}00\ \text{m} \cdot 0{,}22\ \text{m} \cdot 5 = \underline{\underline{4{,}40\ \text{m}^2}}$

Bei **gleicher Länge und unterschiedlicher Breite** wird die Länge mit der Summe der Breiten multipliziert.

Gesamtfläche	=	Länge	·	Summe der Breite
A_{ges}	=	l	·	$(b_1 + b_2 + b_3 + ...)$

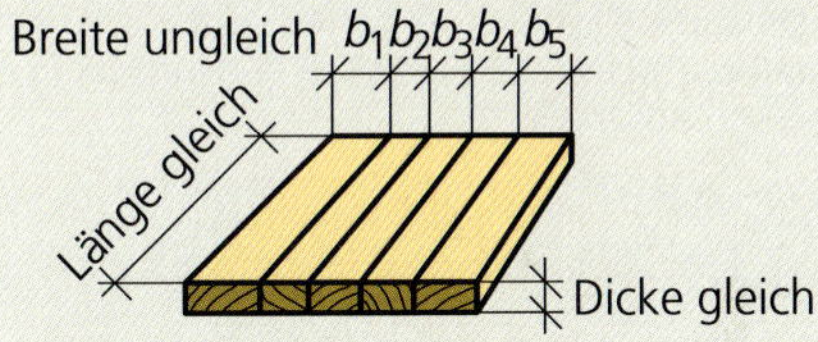

5 Eichenbretter haben die Einzelmaße: $l = 3250$ mm, $d = 18$ mm, $b = 140$ mm, 160 mm, 240 mm, 260 mm, 280 mm. Wie groß ist die Fläche in m²?

Lösung:
$A = l \cdot (b_1 + b_2 + b_3 + b_4 + b_5)$
$A = 3{,}25\ \text{m} \cdot (0{,}14\ \text{m} + 0{,}16\ \text{m} + 0{,}24\ \text{m} + 0{,}26\ \text{m} + 0{,}28\ \text{m})$
$A = \underline{\underline{3{,}51\ \text{m}^2}}$

Bei **unterschiedlicher Länge und gleicher Breite** wird die Breite mit der Summe der Längen multipliziert.

Gesamtfläche	=	Breite	·	Summe der Länge
A_{ges}	=	b	·	$(l_1 + l_2 + l_3 + ...)$

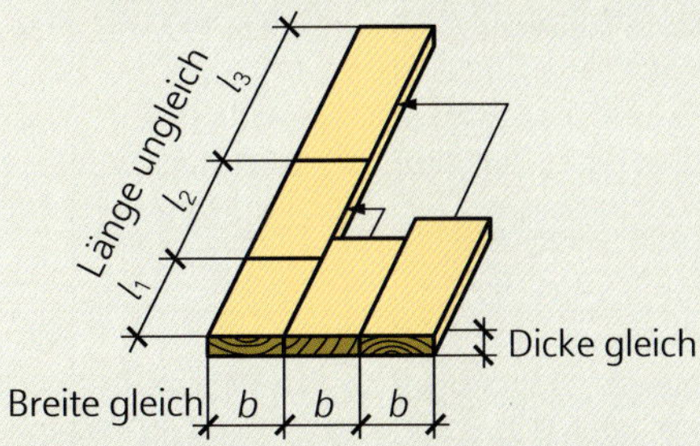

3 Buchenbretter, je 25 mm dick und 23 cm breit, sind 0,75 m, 1,13 m und 1,82 m lang. Wie groß ist die Fläche in m²?

Lösung:
$A = b \cdot (l_1 + l_2 + l_3)$
$A = 0{,}23\ \text{m} \cdot (0{,}75\ \text{m} + 1{,}13\ \text{m} + 1{,}82\ \text{m}) = \underline{\underline{0{,}85\ \text{m}^2}}$

Ungehobelte, parallel besäumte Bretter aus Nadelholz

Dicke (Nennmaß) in mm	Breite in mm	Länge in mm
16; 18; 22; 24; 28; 38	75; 80; 100; 115; 120; 125; 140; 150; 160; 175; 180; 200; 220; 225; 240; 250; 260; 275; 280; 300	von 1500 ... 6000 gestuft von 250 zu 250 oder von 300 zu 300

Einseitig glatte, rückseitig gleichmäßig gehobelte Bretter aus Nadelholz

Dicke (Nennmaß) in mm		Breite in mm	Länge in mm
Europäische Hölzer (außer nordische)	Nordische Hölzer (Finnland, Schweden, Norwegen)		
13,5; 15,5; 19,5; 25,5; 35,5	9,5; 11; 12,5; 14; 16; 19,5; 22,5; 25,5; 28,5	75; 80; 100; 115; 120; 125; 140; 150; 160; 175; 180; 200; 220; 225; 240; 250; 260; 275; 280; 300	von 1500 ... 6000 gestuft von 250 zu 250 oder von 300 zu 300

Profilbretter

Profilbretter haben 2 Breitenmaße:

- **Deckmaß b_D** (Brettbreite ohne Feder) → Berechnung der eingebauten Fläche A_D,
- **Profilmaß b_F** (Brettbreite mit Feder) → Berechnung der einzelnen Brettfläche A_F.

eingebaute Fläche = Länge · Deckmaß · Anzahl

$$A_D = l \cdot b_D \cdot n$$

Brettfläche = Länge · Profilmaß

$$A_F = l \cdot b_F$$

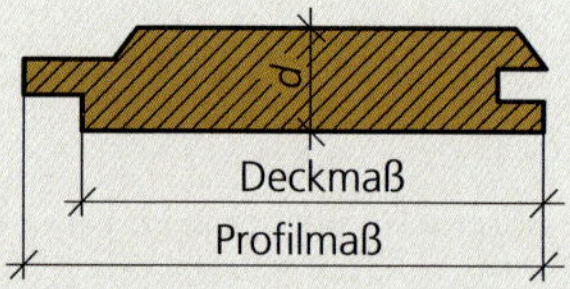

Eine 2,25 m hohe Wandbekleidung besteht aus 54 Profilbrettern mit einem Deckmaß von je 107 mm. Wie viel Quadratmeter Fläche hat diese Wand?

Lösung:
$A = l \cdot b_D \cdot n$
$A = 2{,}25\text{ m} \cdot 0{,}107\text{ m} \cdot 54 = \underline{\underline{13{,}00\text{ m}^2}}$

Profilbretter (gehobelte, gespundete Bretter) mit Schattennut (Fase und breitem Grund) aus Nadel- und Laubholz

	Dicke in mm	Breite (Profilmaß) in mm	Länge in mm
Europäische Hölzer (außer nordische)	13,5; 15,5; 19,5	95; 115	von 1500 ... 4500 gestuft von 250 zu 250 von 4500 ... 6000 gestuft von 500 zu 500
Nordische Hölzer (Finnland, Schweden, Norwegen)	12,5; 14; 19,5	71; 96; 146	1800; 2100; 2400; 2700; 3000; 3300; 3600; 3900; 4200; 4500; 4800; 5100; 5400; 5700; 6000
Überseeische Hölzer	9,5; 11; 12,5	69; 94	1830; 2130; 2440; 2740; 3050; 3350; 3660; 3960; 4270; 4570; 4880; 5180; 5490; 5790; 6100

Konisch besäumte und unbesäumte Bretter

Konisch (nicht parallel) besäumte und unbesäumte Bretter haben eine Trapezfläche.

Fläche	=	mittlere Breite	·	Länge
A	=	b_m	·	l

Gemessen wird Nadel- und Laubschnittholz:

- Länge → am kürzesten Abstand zwischen den annähernd rechtwinklig zur Längsachse liegenden Enden,
- Breite (auf volle Zentimeter auf- oder abgerundet) →
  - *unbesäumt:* auf der Seite ohne Baumkante,
  - *nicht parallel besäumt:* auf der schmalen Seite in der Mitte der Länge senkrecht zur Längsachse,
  - *parallel besäumt:* an beliebiger Stelle ohne Baumkante, jedoch 150 mm von den Enden entfernt.

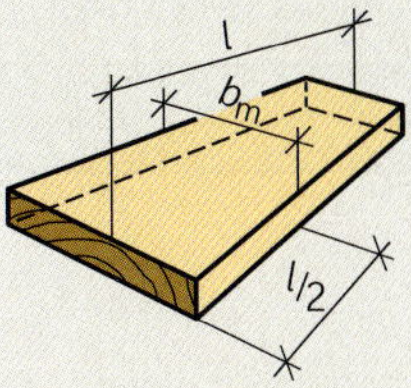

Brett, konisch besäumt

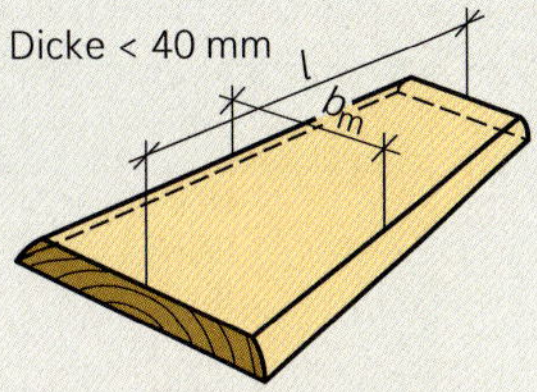

Brett, unbesäumt

Ein unbesäumtes Brett ist 4,25 m lang und hat eine mittlere Breite von 36 cm. Wie viel Quadratmeter beträgt die Fläche?

Gegeben: b_m = 3,6 cm
l = 4,25 mm
Gesucht: A = ? m²

Lösung:
$A = b_m \cdot l$
$A = 0{,}36\ \text{m} \cdot 4{,}25\ \text{m} = \underline{\underline{1{,}53\ \text{m}^2}}$

Aufgaben

1. Wie viel Quadratmeter beträgt die Fläche des unbesäumten Bretts?

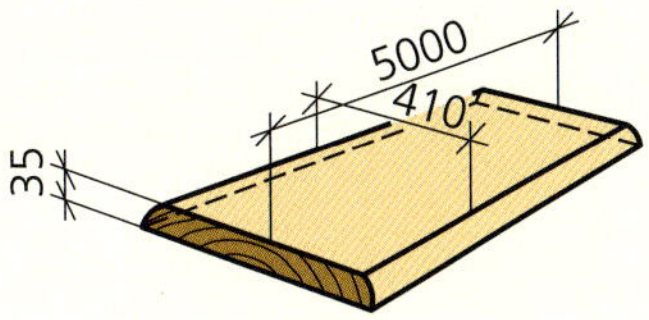

2. Wie teuer ist ein nicht parallel besäumtes, 30 mm dickes Brett, wenn der Preis je m² 14,50 € beträgt?

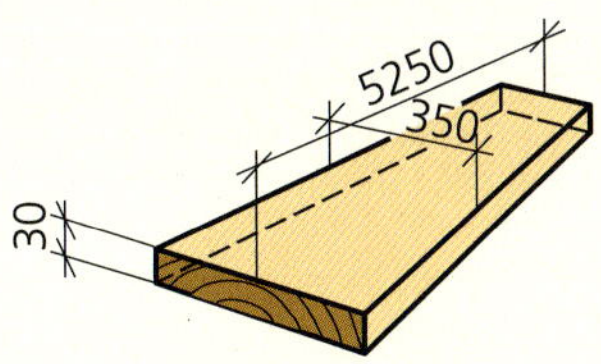

3. Ein parallel besäumtes Brett ist 32 cm breit und 4,50 m lang.
Wie viel Friese mit einer Breite von je 60 mm und einer Länge von je 1070 mm können daraus zugeschnitten werden, wenn durch den Sägeschnitt jeweils 4 mm Holzverlust entstehen?

4. Bei der Inventur wird auf einem Holzlagerplatz folgender Posten Schnittholz nachgemessen und berechnet.

Stückzahl	Länge in m	Breite in cm	Dicke in mm
12	4,50	24	22
1	4,75	20	24
1	4,75	22	24
1	4,75	26	24
1	4,75	14	24
1	4,75	18	24
1	4,75	28	24

Wie viel Quadratmeter Bretter, getrennt nach Holzdicke, müssen bei der Inventur eingebucht werden?

5. Ein Innenausbaubetrieb erhält Bretter gemäß der folgenden Aufstellung. Zu berechnen sind die Gesamtholzkosten dieser Lieferung.

lfd. Nr.	Holzart	Stückzahl	Länge in m	Breite in cm	Dicke in mm	Menge in m^2	Preis einzeln in €/m^2	Preis in €/m^2
1	Nussbaum	1	4,50	28	24	?	65,40	?
2	Eiche	1	5,00	30	24	?	32,00	?
3	Buche	6	3,50	24	22	?	7,60	?
4	Buche	15	4,00	22	18	?	8,10	?
5	Kiefer	25	6,00	24	24	?	10,00	?
6	Kiefer	9	4,50	18	18	?	7,40	?

6. Eine Ladung nicht parallel besäumter Bretter ist geliefert worden. Zu berechnen ist die jeweilige Menge.

lfd. Nr.	Stückzahl	Holzart	Länge in m	mittlere Breite in cm	Dicke in mm	Menge in m^2
1	3	Nussbaum	3,50	24	18	?
2	5	Rotbuche	4,25	45	28	?
3	4	Makoré	4,25	51	25	?
4	2	Eiche	5,00	47	28	?
5	6	Fichte	4,50	42	18	?

7. Wie viel Quadratmeter misst das konisch besäumte Kiefernbrett?

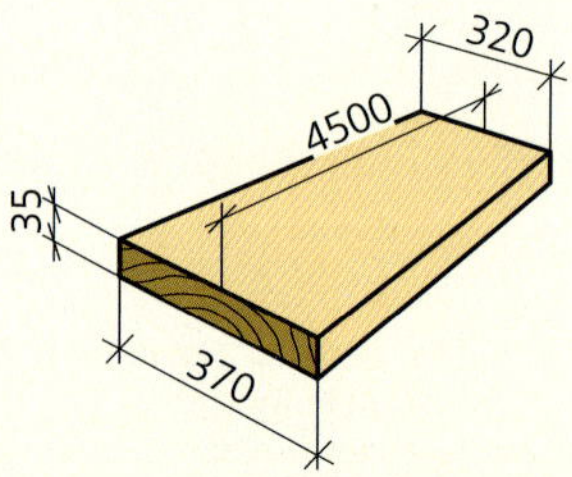

8. Ein konisch besäumtes Kiefernbrett mit einer Dicke von 24 mm misst am unteren Ende (Stammholz) 463 mm, am oberen Ende (Zopfholz) 378 mm und in der Länge 4,75 m.

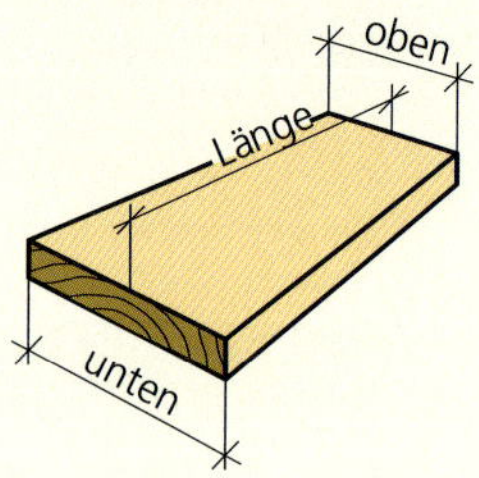

5 gleiche Bretter werden verwendet, um daraus Fertigteile zuzuschneiden. Dabei entsteht ein Schnittverlust von 26 %.
Zu berechnen ist die Fertigmenge in m^2.

9. Ein Zimmer, 5,26 m lang und 4,13 m breit, erhält einen Bodenbelag aus 4,25 m langen Hobeldielen, die mit Feder 13 cm breit sind und deren Federbreite 6,5 mm beträgt.
Zu berechnen sind:
a) Anzahl der benötigten Hobeldielen
b) Verschnittzuschlag in %

10. Ein 32 mm dickes, 3,75 m langes, unbesäumtes Eichenbrett misst in der Brettmitte linksseitig 270 mm und rechtsseitig 290 mm.
Zu berechnen ist die Fläche in m^2.

11. Zu berechnen sind Fläche und Preis eines unbesäumten, 4,75 m langen Bretts, dessen mittlere Breite 32 cm beträgt. Der Quadratmeterpreis des 26 mm dicken Bretts beträgt 15,20 €.

12. Ein einseitig glatt gehobeltes, 19,5 mm dickes Kiefernbrett ist 5,25 m lang und hat eine mittlere Breite von 37,3 cm.
Wie teuer ist das Brett bei einem Quadratmeterpreis von 15,00 €?

13. Ein 28 mm dickes, ungehobeltes, parallel besäumtes Tannenbrett ist 3,25 m lang und soll eine Fläche von 0,55 m^2 haben.
Wie viel Zentimeter beträgt die Breite?

14. Für eine Wandbekleidung werden 93 Profilbretter mit Schattennut gekauft. Die fertig montierten Bretter sind 232 cm lang. Das Deckmaß beträgt 89 mm.
Wie viel Quadratmeter beträgt die bekleidete Fläche?

15. Für eine Deckenbekleidung in nordischer Fichte werden Profilbretter mit 96 mm Profilmaß und 4800 mm Länge bestellt.
Wie viel Quadratmeter beträgt die Fläche eines Profilbretts?

16. Eine 5,17 m lange Decke ist mit 77 Profilbrettern in europäischer Kiefer bekleidet. Das Deckmaß beträgt 106 mm.
Wie viel Quadratmeter beträgt das Rohmaß der montierten Decke bei einem Verschnittzuschlag von 15 %?

17. Eine 4,30 m breite Wand ist mit Profilbrettern mit Schattennut bekleidet. Das Profilmaß beträgt 96 mm, die angefräste Feder 8 mm.
Wie viele Profilbretter wurden montiert?

5.7 Dreiecke

Dreiecke haben drei Seiten und drei Winkel.
Bezeichnet wird im Allgemeinen wie folgt:

- Eckpunkte → große lateinische Buchstaben im Gegenuhrzeigersinn,
- Seiten → kleine lateinische Buchstaben,
- Innenwinkel an den Eckpunkten → kleine griechische Buchstaben.

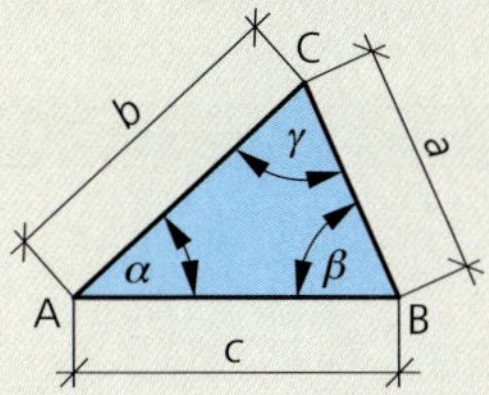

Dreiecksarten unterscheidet man nach den Winkeln und den Seiten.

Nach den **Winkeln** bezeichnet man Dreiecke als:

- rechtwinklig → ein rechter Winkel (= 90°) und zwei spitze Winkel (je < 90°),
- spitzwinklig → drei spitze Winkel (alle < 90°),
- stumpfwinklig → ein stumpfer Winkel (> 90°) und zwei spitze Winkel (je < 90°).

Nach den **Seiten** bezeichnet man Dreiecke als:

- gleichseitig → drei gleich lange Seiten,
- gleichschenklig → zwei gleich lange Seiten,
- ungleichseitig → drei verschieden lange Seiten.

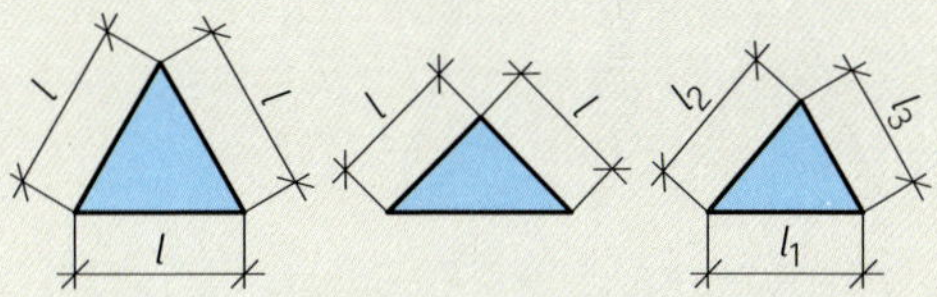

Der **Flächeninhalt *A*** von Dreiecken berechnet sich aus der Hälfte der Fläche eines Rechtecks oder Parallelogramms. Die Dreiecksfläche ist das Produkt aus Länge und Breite geteilt durch zwei.

$$\text{Fläche} = \frac{\text{Länge} \cdot \text{Breite}}{2}$$

$$A = \frac{l \cdot b}{2}$$

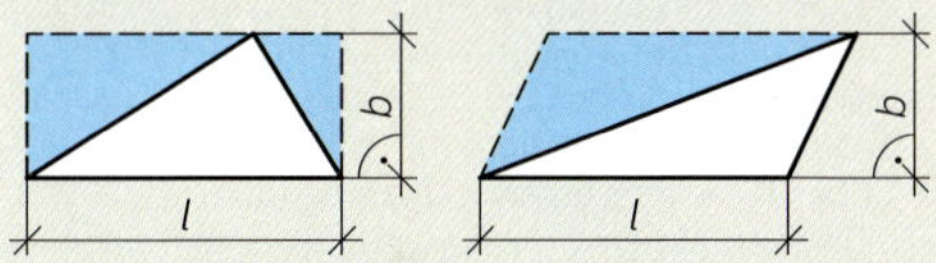

Ein Dreieck hat folgende Maße: $l = 0{,}92$ m, $h = 0{,}50$ m. Wie groß ist die Fläche A in m^2?

Lösung:

$$A = \frac{l \cdot b}{2}$$

$$A = \frac{0{,}92 \text{ m} \cdot 0{,}50 \text{ m}}{2} = \underline{\underline{0{,}23 \text{ m}^2}}$$

Der **Umfang *U*** von Dreiecken ist die Summe aller Seiten.

$$\text{Umfang} = \text{Länge 1} + \text{Länge 2} + \text{Länge 3}$$

$$U = l_1 + l_2 + l_3$$

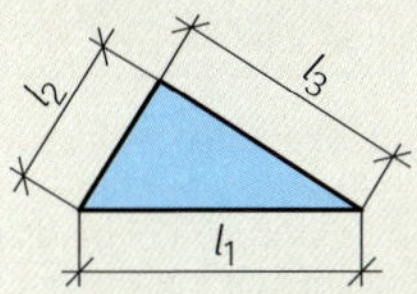

Ein Dreieck hat folgende Maße: $U = 4{,}64$ m, $l_2 = 1{,}31$ m, $l_3 = 1{,}53$ m. Wie groß ist l_1 in m?

Lösung:

$U = l_1 + l_2 + l_3$
$l_1 = U - l_2 - l_3$
$l_1 = 4{,}64 \text{ m} - 1{,}31 \text{ m} - 1{,}53 \text{ m}$
$l_1 = \underline{\underline{1{,}80 \text{ m}}}$

Aufgaben

1. Zu berechnen sind die fehlenden Werte folgender Dreiecke.

	Länge	Breite	Fläche
a)	74 cm	53 cm	? m^2
b)	146 cm	113 cm	? m^2
c)	41 cm	37 cm	? m^2
d)	1,65 m	? m	2,18 m^2
e)	0,24 m	? m	0,41 m^2
f)	? m	0,50 m	0,80 m^2

2. Ein Stoffgeschäft bestellt 7 Gestelle aus 6 mm dicker Furnierplatte mit klappbarer Stütze.
Wie viel Quadratmeter Furnier werden bei beidseitiger Furnierung der beiden Dreiecksflächen und einem Verschnittzuschlag von 40 % benötigt?

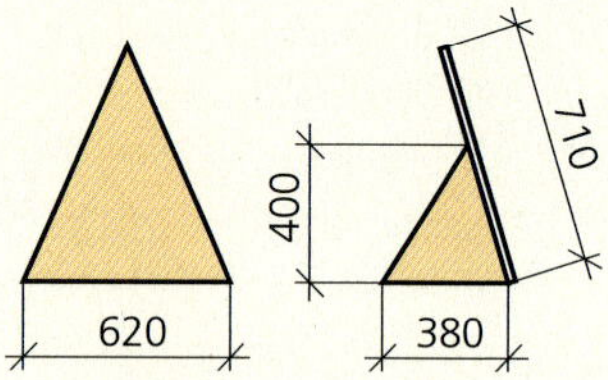

3. Für ein Wandregal werden 9 dreieckige Bretter aus 19 mm dicker Holzspanplatte zugeschnitten und beidseitig furniert.
a) Wie viel Quadratmeter Rohmenge Furnier werden bei 15 % Verschnittzuschlag benötigt?
b) Wie viel Meter Kantenfurnier müssen bei einem Verschnittzuschlag von 10 % bereitgestellt werden?

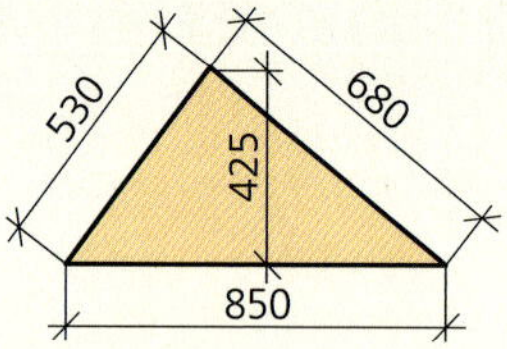

4. Für ein Schuhgeschäft werden 34 Fachbretter für Eckregale angefertigt.
Zu berechnen sind:
a) Bruttoverbrauch an Spanplatten in m^2 bei 12 % Verschnittzuschlag,
b) Bruttoverbrauch an Nussbaumfurnier bei beidseitigem Furnieren und 25 % Verschnittzuschlag.

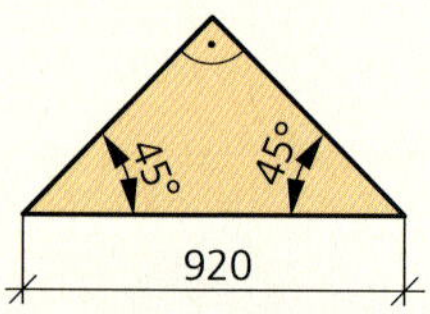

5. Für einen Ausstellungsstand werden einer Kundin 6 Scheiben Kathedralglas, 4 mm dick, geliefert. Für 1 m^2 Kathedralglas werden 38,50 € berechnet. Wie viel Euro Materialkosten werden der Kundin in Rechnung gestellt bei einem Verschnittzuschlag von 28 %?

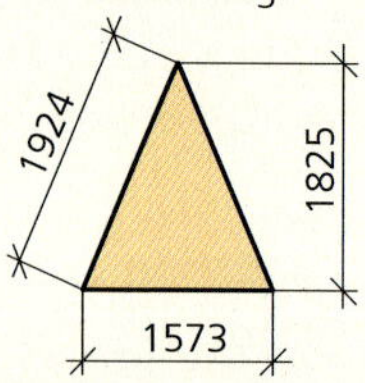

6. In eine Wandaussparung werden 5 dreieckige Fachböden eingepasst; sie werden direkt an die Wand geschraubt.
Zu berechnen sind:
a) Fertigmenge an Stabsperrholz in m^2
b) Furnierrohmenge bei 25 % Verschnittzuschlag

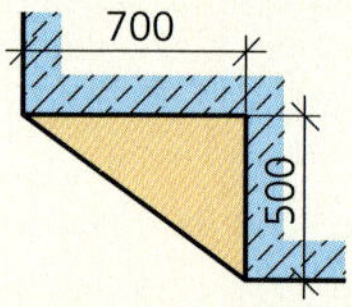

7. In eine Wandaussparung wird ein 2,10 m hohes Regal mit dreieckiger Grundfläche eingebaut. Der Abstand von Wand bis Regalaußenkante beträgt jeweils 10 mm.
Zu berechnen sind in m:
a) Breite der beiden Seiten
b) Zuschnittmaße der beiden Seiten
c) Zuschnittmaße der Fachböden

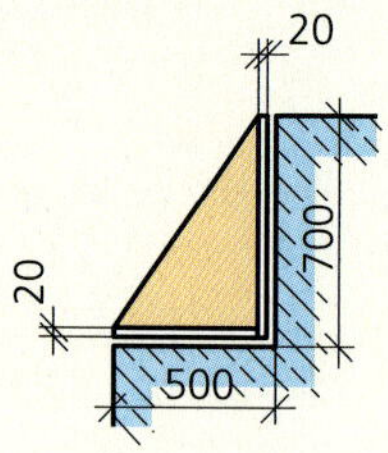

8. Zu berechnen ist der Preis der Verschalung ohne Tür. Für 1 m^2 Schalungsfläche müssen 152,00 € bezahlt werden.

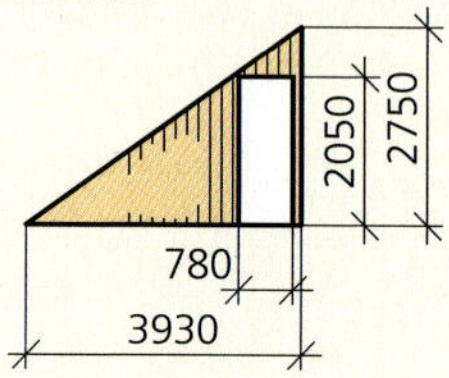

9. Ein gleichschenkliges, rechtwinkliges Dreieck hat zwei Schenkel mit je 2,45 m Länge.
Zu berechnen ist die Fläche in m^2.

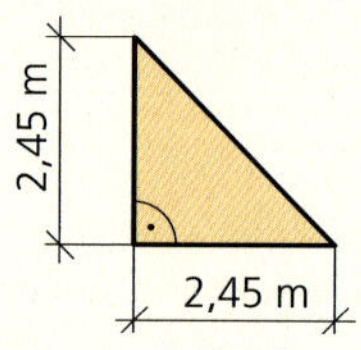

10. Für ein Restaurant werden 35 quadratische Felder angefertigt, die als Sichtblenden zwischen den Einzeltischen aufgestellt werden. Jedes Feld ist aus 4 Dreiecken zusammengesetzt, die beidseitig furniert sind.
Zu berechnen sind:
a) Furnierverbrauch je Holzart bei 40 % Verschnittzuschlag für 1) Eiche, 2) Esche, 3) Rüster und 4) Wenge,
b) Vollholzanleimer in m, wenn jede Dreiecksfläche einzeln mit 4 mm dicken Anleimern versehen wird, da diese Flächen in verschiedenen Ebenen liegen.

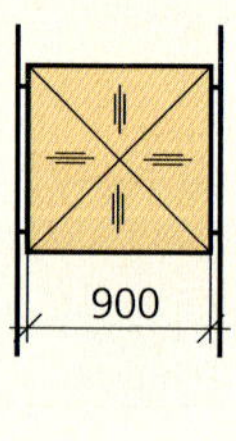

5.8 Vielecke

Regelmäßige Vielecke

Regelmäßige Vielecke haben jeweils gleich lange Seiten und gleich große Winkel. Sie können in eine bestimmte Anzahl gleichschenkliger Teildreiecke zerlegt werden.

In- und Umkreis haben denselben Mittelpunkt. Der Inkreis berührt alle Seiten. Auf dem Umkreis liegen alle Eckpunkte.
Verbindet man je zwei benachbarte Eckpunkte mit dem Mittelpunkt, entstehen gleichschenklige Dreiecke. Die Schenkellänge ist dabei der Radius des Umkreises.
Der Radius des Inkreises ist gleich der Höhe der Teildreiecke. Die Grundlinie *l* ist eine Vieleckseite.

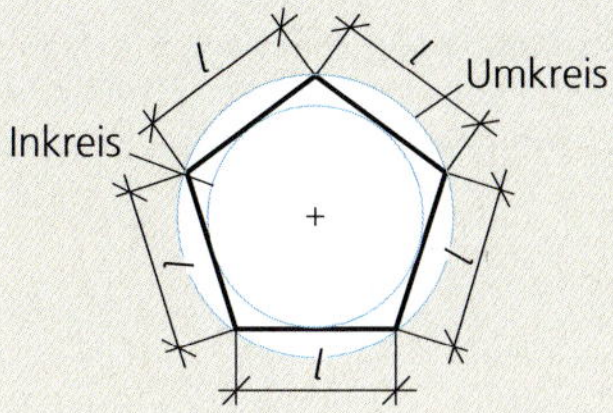

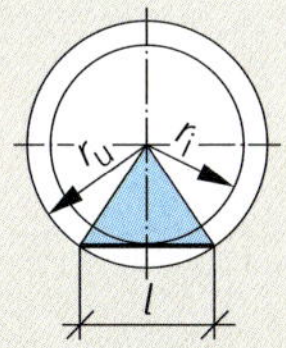

Der **Flächeninhalt *A*** eines regelmäßigen Vielecks ist das Produkt aus der Fläche und der Anzahl der Teildreiecke.

$$\text{Fläche} = \frac{\text{Länge} \cdot \text{Inkreisradius}}{2} \cdot \text{Anzahl}$$

$$A = \frac{l \cdot r_i}{2} \cdot n$$

Ein fünfeckiger Spieltisch hat eine Seitenlänge von 68 cm und einen Inkreisradius von 47 cm.
Zu berechnen sind:
a) Fläche *A* in m^2
b) Umfang *U* in m

Lösung:

a) $A = \frac{l \cdot r_i \cdot n}{2}$

$A = \frac{0{,}68\text{ m} \cdot 0{,}47\text{ m} \cdot 5}{2} = \underline{\underline{0{,}80\text{ m}^2}}$

b) $U = l \cdot n$

$U = 0{,}68\text{ m} \cdot 5 = \underline{\underline{3{,}40\text{ m}}}$

Der **Umfang *U*** ist die Summe der Vieleckseiten.

$$\text{Umfang} = \text{Länge} \cdot \text{Anzahl}$$

$$U = l \cdot n$$

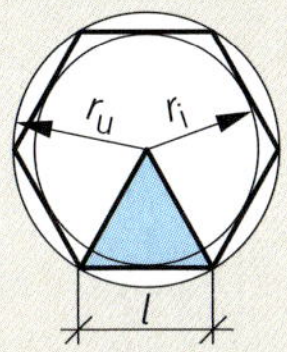

Mithilfe der **Tabelle** lässt sich der Flächeninhalt von regelmäßigen Vielecken vereinfacht aus der Seitenlänge, dem Umkreisradius oder dem Inkreisradius berechnen.

Ein sechseckiger Spieltisch hat eine Seitenlänge von 68 cm. Wie viel Quadratmeter beträgt die Fläche *A*?

Lösung:
$A = 2{,}598 \cdot l \cdot l$
$A = 2{,}598 \cdot 0{,}68\text{ m} \cdot 0{,}68\text{ m} = \underline{\underline{1{,}20\text{ m}^2}}$

Berechnung von regelmäßigen Vielecken

Vieleck	Fläche *A*			Seitenlänge *l*		Umkreisradius r_u		Inkreisradius r_i	
	l^2 mal	r_u^2 mal	r_i^2 mal	r_u mal	r_i mal	*l* mal	r_i mal	r_u mal	*l* mal
Dreieck	0,433	1,299	5,196	1,732	3,464	0,577	2,000	0,500	0,289
Viereck	1,000	2,000	4,000	1,414	2,000	0,707	1,414	0,707	0,500
Fünfeck	1,720	2,377	3,633	1,175	1,453	0,851	1,236	0,809	0,688
Sechseck	2,598	2,598	3,464	1,000	1,155	1,000	1,155	0,866	0,866
Achteck	4,828	2,828	3,314	0,765	0,828	1,306	1,082	0,924	1,207
Zehneck	7,694	2,939	3,249	0,618	0,650	1,618	1.051	0,951	1,539

Unregelmäßige Vielecke

Unregelmäßige Vielecke haben verschieden große Winkel und unterschiedlich lange Seiten. Sie können in Teilflächen zerlegt und als Einzelflächen berechnet werden, z. B. als:
- Dreiecke,
- Rechtecke,
- Parallelogramme.

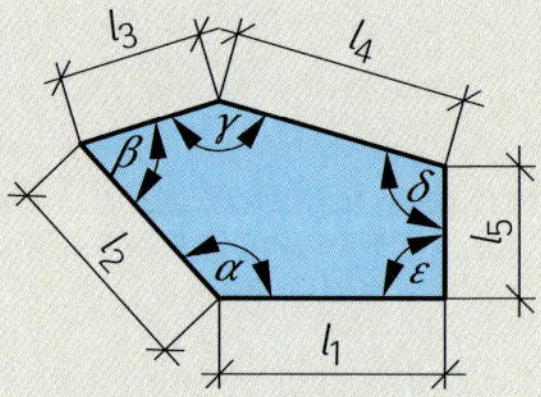

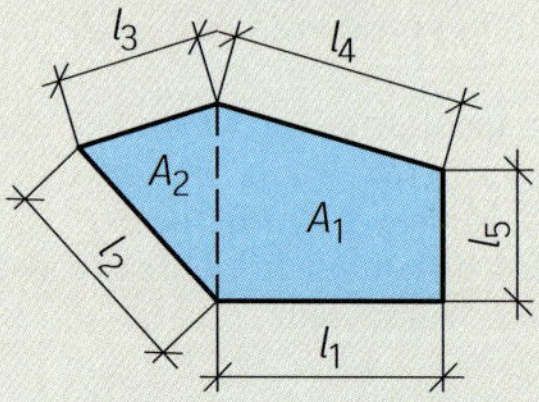

Der **Flächeninhalt *A*** ist bei unregelmäßigen Vielecken die Summe aller Teilflächen.

Gesamtfläche = Summe aller Teilflächen

$$A_{ges} = A_1 + A_2 + A_3 \ldots$$

Der **Umfang *U*** von unregelmäßigen Vielecken ist die Summe aller Vieleckseiten.

Gesamtumfang = Seite 1 + Seite 2 + Seite 3 ...

$$U_{ges} = l_1 + l_2 + l_3 \ldots$$

Zu berechnen ist die Fläche eines unregelmäßigen Vielecks in m².

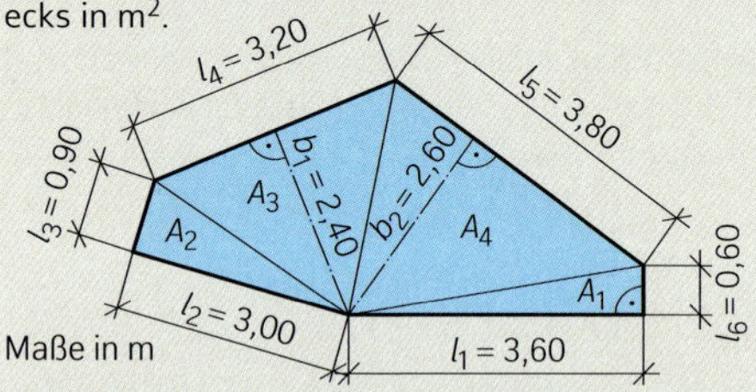

Lösung:

$$A_1 = \frac{l_1 \cdot l_6}{2} = \frac{3{,}60\ \text{m} \cdot 0{,}60\ \text{m}}{2} = 1{,}08\ \text{m}^2$$

$$A_2 = \frac{l_2 \cdot l_3}{2} = \frac{3{,}00\ \text{m} \cdot 0{,}90\ \text{m}}{2} = 1{,}35\ \text{m}^2$$

$$A_3 = \frac{l_4 \cdot b_1}{2} = \frac{3{,}20\ \text{m} \cdot 2{,}40\ \text{m}}{2} = 3{,}84\ \text{m}^2$$

$$A_4 = \frac{l_5 \cdot b_2}{2} = \frac{3{,}80\ \text{m} \cdot 2{,}60\ \text{m}}{2} = 4{,}94\ \text{m}^2$$

$$= \underline{\underline{11{,}21\ \text{m}^2}}$$

Aufgaben

1. Eine sechseckige Tischplatte wird aus einer STAE-Platte angefertigt. Der Umkreisradius r_u des Sechsecks beträgt 635 mm.
Zu berechnen sind:
a) Fläche der Tischplatte in m²
b) Verschnittzuschlag in %, wenn die Seitenlänge der ursprünglich quadratischen STAE-Platte um 120 mm größer ist als der Umkreisdurchmesser der anzufertigenden Tischplatte
c) Länge des 8 mm dicken, auf Gehrung gestoßenen Anleimers in m unter Berücksichtigung von 10 % Verschnittzuschlag

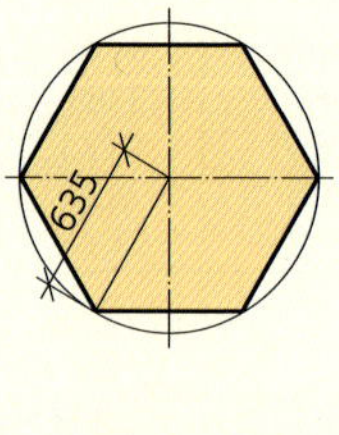

2. Ein Möbelhaus bestellt Tische in Form eines regelmäßigen Fünfecks.
Zu berechnen sind für den Kostenvoranschlag je Tischplatte:
a) Rohmenge an Flachpressplatte in m² bei 40 % Verschnittzuschlag, abzüglich des 12 mm dicken Anleimers
b) Rohmenge an Deckfurnier (1. Wahl für die Oberseite) bei 50 % Verschnittzuschlag
c) Rohmenge an Deckfurnier (2. Wahl für die Unterseite) bei 35 % Verschnittzuschlag
d) Länge des 12 mm dicken Anleimers in m, der für die Profilfräsung auf Gehrung gestoßen ist, bei einem Verschnittzuschlag von 10 %

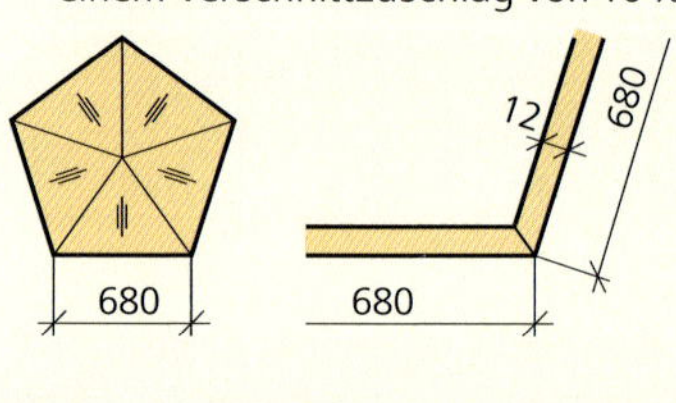

3. Die Seitenlänge einer regelmäßigen achteckigen Tischplatte hat das Maß von 675 mm.
Zu berechnen sind:
a) Rohmenge in m^2 des Deckfurniers bei 60 % Verschnittzuschlag mithilfe der Tabelle (s. S. 113)
b) Anleimer in m bei 15 % Verschnittzuschlag

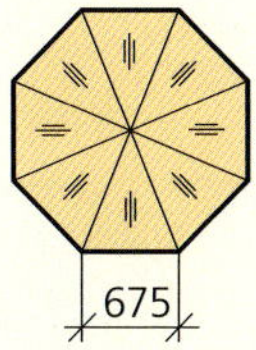

4. Eine Tischplatte in Form eines regelmäßigen Sechsecks wird beidseitig furniert. Die Seitenlänge beträgt 670 mm.
Mithilfe der Tabelle (s. S. 113) sind zu berechnen:
a) Durchmesser in m
b) Furniermenge in m^2 bei einem Verschnittzuschlag von 30 %

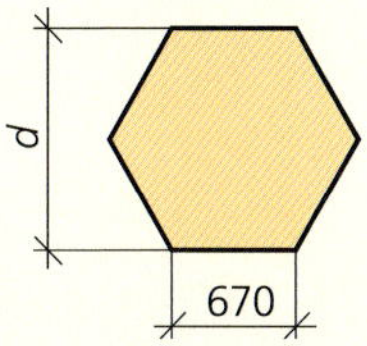

5. Bei einer Serienfertigung in einer Möbelfabrik werden 362 Schrankseiten aus Holzspanplatten, 19 mm dick, zugeschnitten.
Zu berechnen sind:
a) gesamte Fertigmenge in m^2
b) Bruttomenge in m^2 bei einem Verschnittzuschlag von 11,5 %

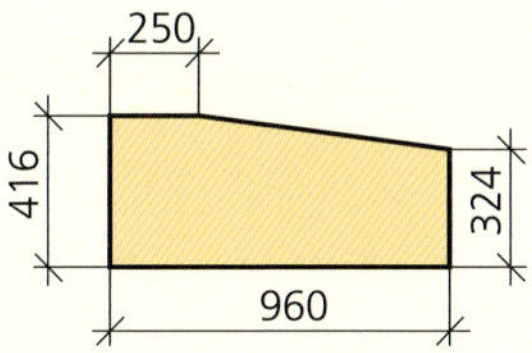

6. Zu berechnen ist die Fensterfläche eines Atelierfensters in m^2.

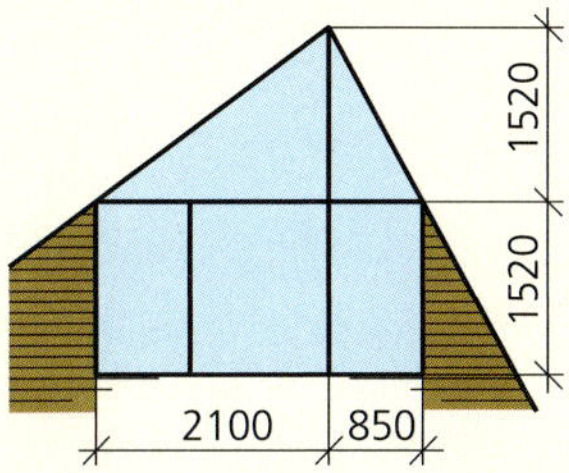

7. Für 14 furnierte Schrankrückwände wird als Trägermaterial eine 8 mm dicke Furniersperrholzplatte verwendet. Die Rückwände werden innen mit Kirschbaum, Verschnittzuschlag 35 %, außen mit Makoré, Verschnittzuschlag 15 %, furniert.
Zu berechnen sind die Rohmengen in m^2:
a) Furniersperrholzplatte bei 12 % Verschnittzuschlag
b) Kirschbaumfurnier
c) Makoréfurnier

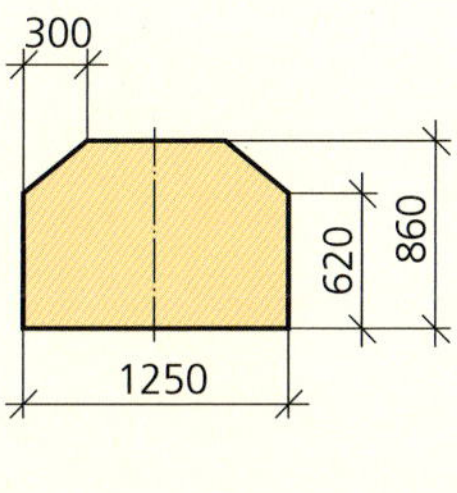

8. Für die Verglasung eines Giebelfensters wird eine Scheibe aus einer 6 mm dicken Kristallglastafel mit den Abmessungen 1 500 mm/1 800 mm zugeschnitten.
Zu berechnen sind:
a) Fertigmenge der Scheibe in m^2
b) Verschnittmenge in m^2
c) Verschnittzuschlag in %
d) Preis der Scheibe einschließlich Verschnittzuschlag, wenn der Preis je m^2 53,20 € beträgt

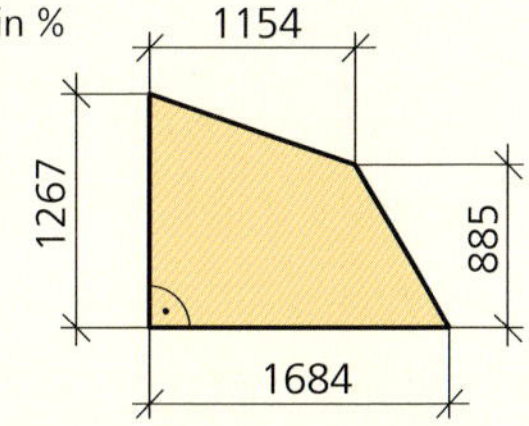

9. Zu berechnen ist die Fertigmenge in m^2, die für eine Deckenbekleidung benötigt wird.

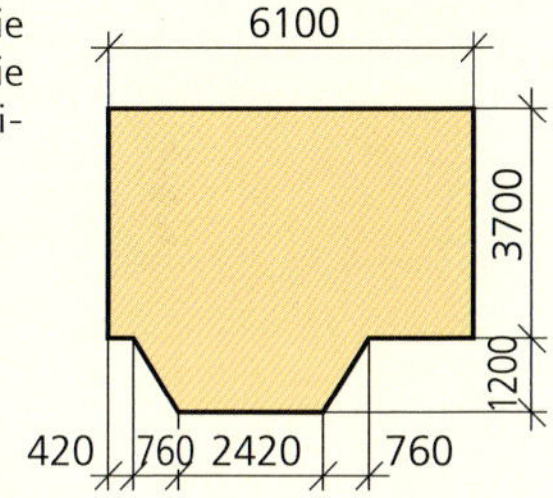

10. In einem Zimmer eines Altbaus werden auf einem unbrauchbaren Riemenboden 19 mm dicke Fußbodeverlegeplatten montiert.
Zu berechnen sind:
a) Fertigmenge an Fußbodenplatten
b) Rohmenge bei 30 % Verschnittzuschlag

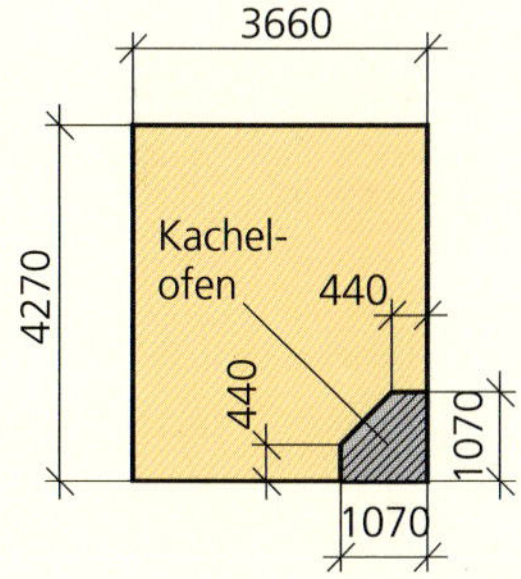

11. In einer Gärtnerei werden an 3 Gewächshäusern jeweils die beiden Giebelseiten mit Drahtglas eingeglast. Die Tür an jeder Giebelseite einschließlich der Lüftungsklappe bleibt ausgespart. Für den Glaszuschnitt wird ein Verlust von 32 % angenommen.
Zu berechnen ist die Bruttomenge des benötigten Drahtglases in m^2.

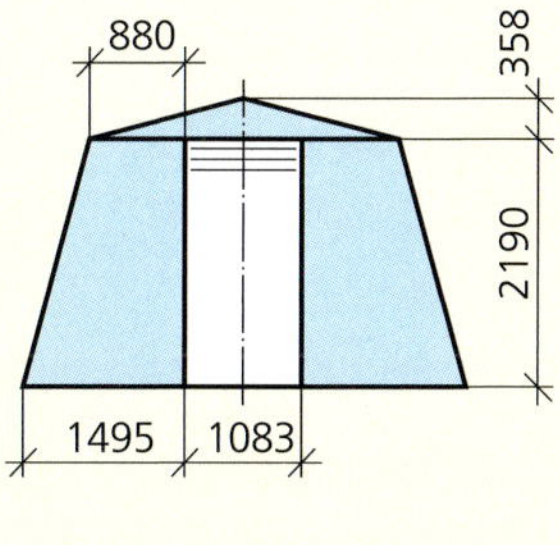

5.9 Kreis

Kreis

Der Kreis ist eine in sich geschlossene, ebene Linie (Kreislinie), die von einem festen Mittelpunkt M aus überall die gleiche Entfernung hat.

Der **Durchmesser *d*** geht durch den Mittelpunkt (Symmetrieachse) und ist die geradlinige Verbindungslinie zwischen zwei Punkten auf der Kreislinie.

Der **Radius *r*** (Halbmesser $\frac{d}{2}$) ist die geradlinige Verbindungslinie vom Mittelpunkt M zur Kreislinie.

Der **Umfang *U*** des Kreises ist die Länge der Kreislinie. Bei allen Kreisen ist das Verhältnis des Umfangs zum Durchmesser gleich. Der Umfang ist das 3,1415927-Fache des Durchmessers. Die Verhältniszahl heißt π (sprich: pi). Meistens wird der Näherungswert 3,14 verwendet.

Umfang = Durchmesser · π

$U = d \cdot \pi$

Umfang = 2 · Radius · π

$U = 2 \cdot r \cdot \pi$

Der **Flächeninhalt *A*** ist die Summe einer geraden Anzahl kleiner Sektoren, die näherungsweise zu einem Parallelogramm angeordnet werden. Die Länge entspricht dem halben Kreisumfang $\frac{U}{2}$, die Breite dem Radius *r*. Der Flächeninhalt *A* ist das Produkt aus dem Quadrat des Radius (des halben Durchmessers) und der Zahl π.

Fläche = Radius² · π

$A = r^2 \cdot \pi$

$\text{Fläche} = \left(\frac{\text{Durchmesser}}{2}\right)^2 \cdot \pi$

$A = \left(\frac{d}{2}\right)^2 \cdot \pi = \frac{d^2 \cdot \pi}{4}$

Fläche = Durchmesser² · 0,785*

$A = d^2 \cdot 0{,}785$

*In der Praxis wird vorwiegend mit dem Näherungswert $\frac{\pi}{4} \approx 0{,}785$ gerechnet.

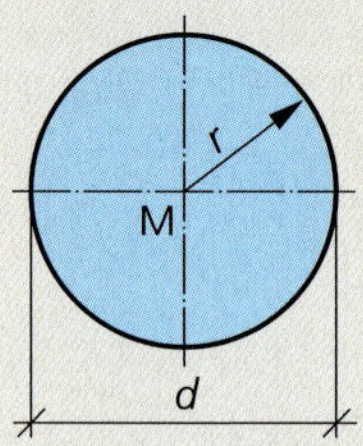

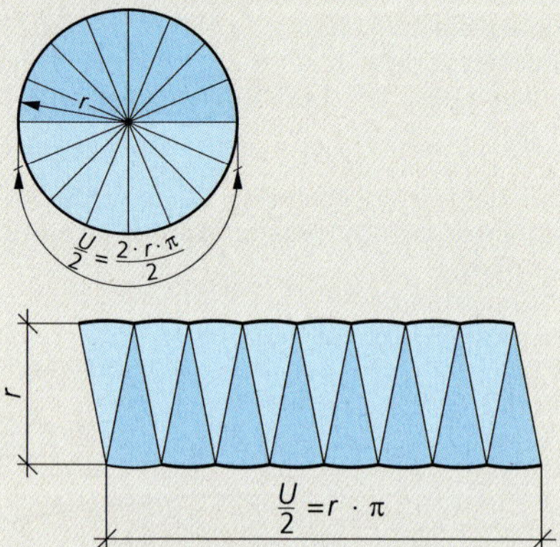

$A = \frac{U}{2} \cdot r = r \cdot \pi \cdot r = r^2 \cdot \pi$

Wie viel Meter beträgt der Umfang einer runden Tischplatte mit dem Durchmesser von 1,13 m?

Gegeben: $d = 1{,}13$ m
Gesucht: $U = ?$ m

Lösung:
$U = d \cdot \pi$
$U = 1{,}13\ \text{m} \cdot \pi = \underline{\underline{3{,}55\ \text{m}}}$

Die Kreisfläche entspricht ungefähr dem 0,785-Fachen der Quadratfläche.

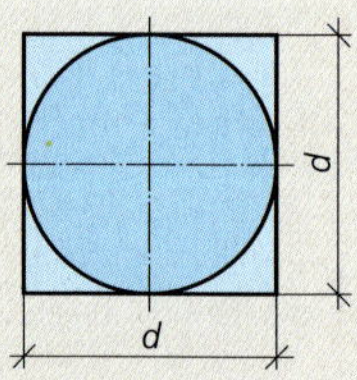

Wie viel Quadratmeter beträgt der Flächeninhalt einer runden Tischplatte mit einem Durchmesser von 1,13 m?

Gegeben: $d = 1{,}13$ m
Gesucht: $A = ?\ \text{m}^2$

Lösung:

$A = d^2 \cdot \frac{\pi}{4}$

$A = 1{,}13\ \text{m} \cdot 1{,}13\ \text{m} \cdot \frac{\pi}{4} = \underline{\underline{1{,}00\ \text{m}^2}}$

Der **Durchmesser *d*** ist die Quadratwurzel aus dem Quotienten von Flächeninhalt und $\frac{\pi}{4}$.

$$\text{Durchmesser} = \sqrt{\frac{\text{Kreisfläche} \cdot 4}{\pi}}$$

$$d = \sqrt{\frac{A \cdot 4}{\pi}}$$

oder:

$$d = \sqrt{\frac{A}{0{,}785}}$$

Eine runde Tischplatte hat den Flächeninhalt von 0,61 m². Wie viel m beträgt der Durchmesser?

Gegeben: $A = 0{,}61\ \text{m}^2$
Gesucht: $d = ?\ \text{m}$

Lösung: $d = \sqrt{\frac{A \cdot 4}{\pi}}$

$$d = \sqrt{\frac{0{,}61\ \text{m}^2 \cdot 4}{\pi}} = \underline{\underline{0{,}78\ \text{m}}}$$

Kreisring

Der Kreisring besteht aus zwei konzentrischen Kreisen mit verschiedenen Durchmessern.

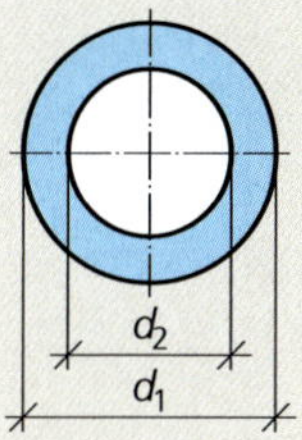

Der **Flächeninhalt *A*** ist die Differenz zwischen größerer und kleinerer Fläche.

Fläche = große Kreisfläche – kleine Kreisfläche

$$A = A_1 - A_2$$

$$A = d_1^2 \cdot \frac{\pi}{4} - d_2^2 \cdot \frac{\pi}{4} = \left(d_1^2 - d_2^2\right) \cdot \frac{\pi}{4}$$

Wie viel Quadratmeter beträgt die Fläche eines Kreisrings mit den Durchmessern d_1 = 910 mm und d_2 = 695 mm?
Wie groß ist der Umfang U?

Gegeben:
$d_1 = 0{,}910\ \text{m}$
$d_2 = 0{,}695\ \text{m}$

Gesucht:
$A = ?\ \text{m}^2$

Lösung:

$$A = \left(d_1^2 - d_2^2\right) \cdot \frac{\pi}{4}$$

$$A = (0{,}910\ \text{m} \cdot 0{,}910\ \text{m} - 0{,}695\ \text{m} \cdot 0{,}695\ \text{m}) \cdot \frac{\pi}{4}$$

$$A = \underline{\underline{0{,}28\ \text{m}^2}}$$

Der **Umfang *U*** ist die Summe des äußeren und inneren Kreisumfangs.

$$\text{Umfang} = \text{Kreisumfang}_1 + \text{Kreisumfang}_2$$

$$U = U_1 + U_2$$

$$U = d_1 \cdot p + d_2 \cdot p$$

$$= (d_1 + d_2) \cdot \pi$$

Gesucht:
$U = ?\ \text{m}$

Lösung:

$$U = U_1 + U_2$$

$$U_1 = d_1 \cdot \pi = 0{,}910\ \text{m} \cdot \pi = 2{,}86\ \text{m}$$

$$U_2 = d_2 \cdot \pi = 0{,}695\ \text{m} \cdot \pi = 2{,}18\ \text{m}$$

$$U = 2{,}86\ \text{m} + 2{,}18\ \text{m}$$

$$U = \underline{\underline{5{,}04\ \text{m}}}$$

Aufgaben

1. Zu berechnen sind a) Kreisfläche A, b) Kreisumfang U.

d	0,53 m	1,09 m	810 mm	26 cm	3,19 m	11,3 dm	1,52 m	78 cm	1 230 mm	93 cm	0,17 m	1613 mm
A in m²	?	?	?	?	?	?	?	?	?	?	?	?
U in m	?	?	?	?	?	?	?	?	?	?	?	?

2. Zu berechnen sind die Durchmesser mithilfe des Näherungswerts 0,785.

A in m²	1,62	0,46	6,70	3,90	0,22	0,88
d in m	?	?	?	?	?	?

3. Zu berechnen sind die Durchmesser.

U in m	1,87	1,10	0,59	7,85	4,40	0,67
d in m	?	?	?	?	?	?

4. Wie viel Quadratmeter Flachpressplatte werden für die Herstellung von 15 kreisrunden Flächen mit je 1,35 m Durchmesser benötigt?

5. Es sollen 8 kreisrunde Tischplatten beidseitig furniert werden. Man rechnet mit einem Verschnittzuschlag von 60 %.
Zu berechnen ist die notwendige Rohmenge an Deckfurnier in m².

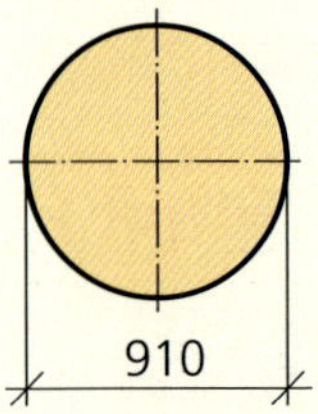

6. Wie viel Meter PVC-Kante müssen bereitgestellt werden, wenn 20 kreisrunde Platten mit Kanten versehen werden? Es werden 3 % Verschnittzuschlag – bedingt durch das Schweißen der Nahtstellen – einkalkuliert. Beim Erwärmen hingegen dehnen sich die Kanten um 8 % aus, ohne dass sie nach dem Erkalten zusammenschrumpfen.

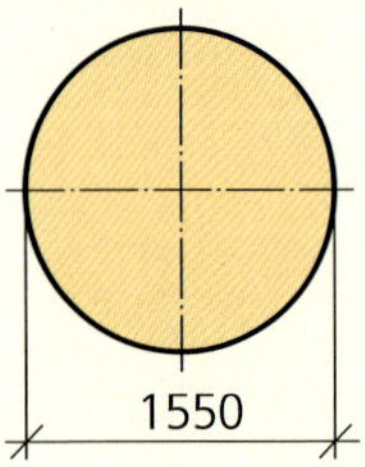

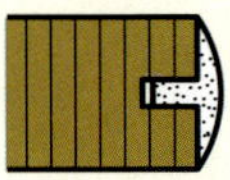

7. Aus einer 19 mm dicken Flachpressplatte werden 6 kreisrunde Flächen herausgeschnitten.
Zu berechnen sind mit dem Näherungswert 0,785:
a) Fertigmenge in m²
b) Rohmenge in m²
c) Verschnittzuschlag in Prozent

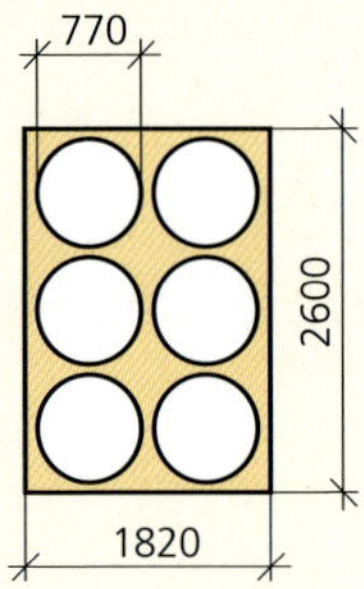

8. Aus dem Reststück einer dekorativen Schichtpressstoffplatte lässt sich noch eine Kreisfläche zuschneiden.
Wie viel Prozent Verschnittzuschlag können bei weiteren gleichen Stücken eingesetzt werden?

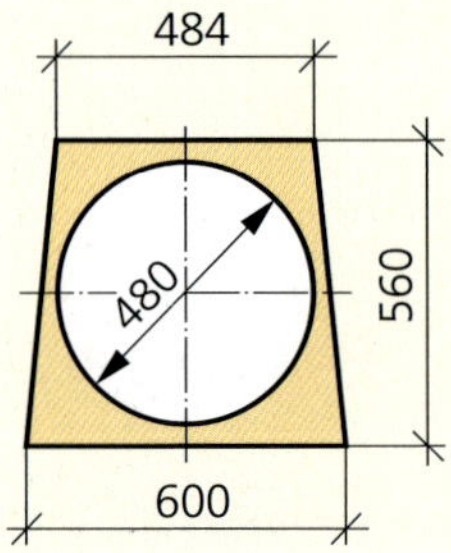

9. Aus dem Reststück einer 5 mm dicken Floatglastafel werden zwei kreisrunde Scheiben zugeschnitten.
Zu berechnen sind:
a) Fertigmenge der Scheiben in m²
b) Reststücke in m²
c) Verschnittzuschlag in %
d) Länge des Dichtungsstreifens für beide Scheiben in m

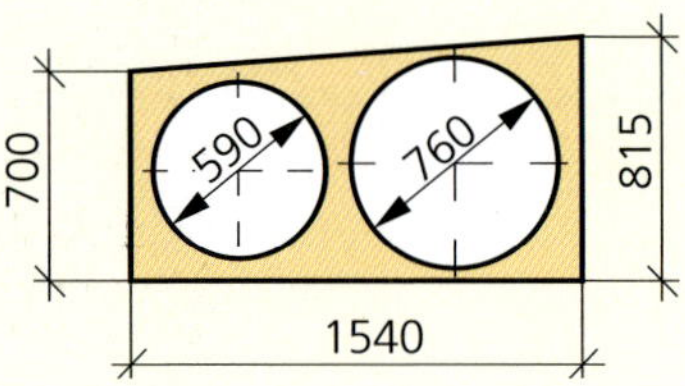

10. Für den Ausbau der Empfangshalle in einem Hotel benötigt man abgerundete Aussteifungsflächen, über die eine mittelharte Holzfaserplatte gezogen wird.
Zu berechnen ist für 30 Flächen:
a) Fertigmenge in m² mit dem Näherungswert 0,785
b) Verschnittzuschlag in %. Je 2 Platten werden aus einer Platte von 1530 mm/2050 mm zugeschnitten

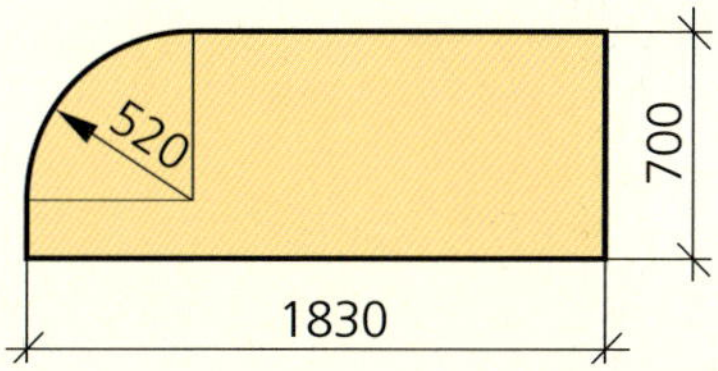

11. In das Wohnzimmer eines Einfamilienhauses wird eine furnierte Holzdecke eingebaut. Die Decke erhält eine Aussparung für die Wendeltreppe. Mit Unterkonstruktion kostet 1 m² fertige Deckenbekleidung 207,00 €.
Zu berechnen ist der Angebotspreis in €.

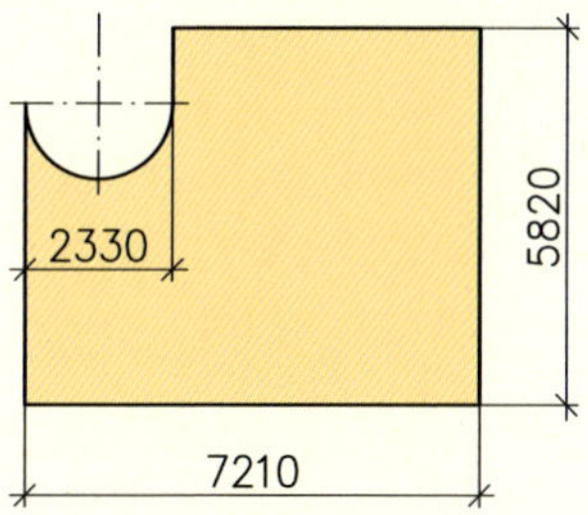

12. Eine Theke in einer Bar wird beidseitig furniert: oben in Esche, unten in Rotbuche. Sämtliche Kanten werden ebenfalls mit Esche furniert.
Zu berechnen sind:
a) Fertigmenge in m² an Esche- bzw. Rotbuchenfurnier für die Thekenfläche mit dem Näherungswert 0,785
b) Fertigmenge in m an Eschekantenfurnier

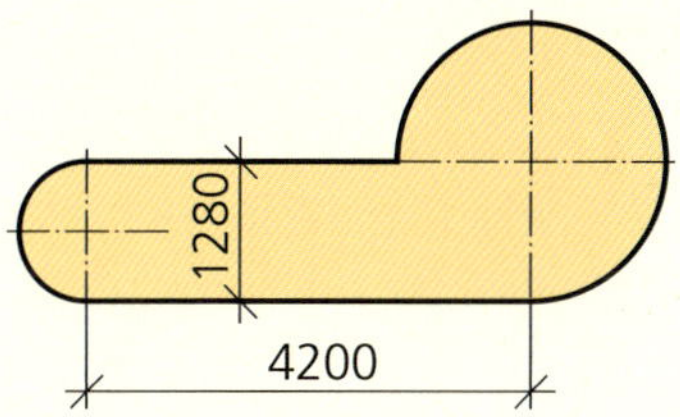

13. Da für die Fertigung einer Rundbogentür keine 38 mm dicke Flachpressplatte zur Verfügung stand, wurden zwei 19 mm dicke Flachpressplatten aufeinander geleimt.
Zu berechnen sind:
a) Rohmenge an 19 mm dicker Flachpressplatte in m² bei einem Verschnittzuschlag von 40 %
b) Fertigmenge an 16 mm dicker Flachpressplatte für das Futter in m²

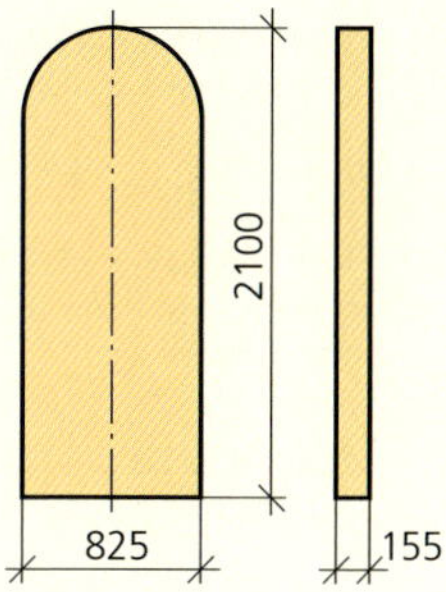

14. In eine 25 mm dicke, runde Tischplatte ist in der Mitte eine strukturierte Kupferplatte eingelassen. Das Nussbaumfurnier auf dem Kreisring ist sternförmig zusammengesetzt.
Zu berechnen sind mit dem Näherungswert 0,785:
a) Rohmenge der Kupferplatten in m² bei einem Verschnittzuschlag von 35 %
b) Rohmenge an Nussbaumfurnier in m² bei einem Verschnittzuschlag von 30 %
c) Länge des Kantenfurniers in m bei 15 % Verschnittzuschlag

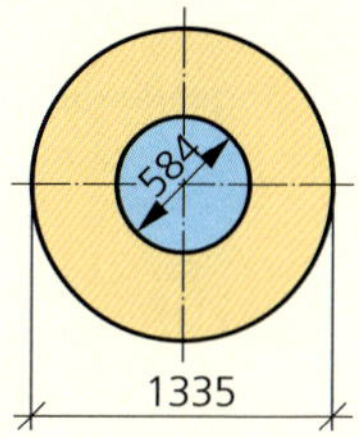

15. Eine Rundbogenzimmertür in Rahmenbauweise wird verglast. Die Ornamentglasscheibe liegt im Falz und hat ringsum 2 mm Luft.
Zu berechnen sind mit dem Näherungswert 0,785:
a) Zuschnittmaße für die Scheibe
b) Glasverbrauch in m² bei 50 % Verschnittzuschlag
c) Fertigmenge an Nussbaumholz in m², wenn der Sockelfries gedübelt ist

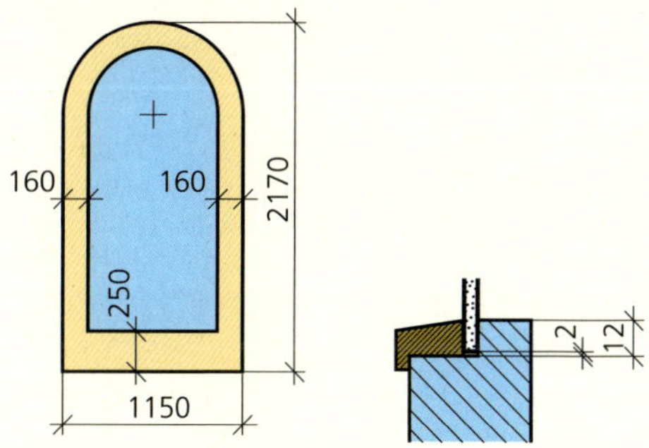

Kreisausschnitt

Der Kreisausschnitt (Sektor) wird durch zwei Radien und den eingeschlossenen Mittelpunktswinkel α gebildet. Dieser ist der $\frac{\alpha}{360°}$. Teil des Vollwinkels.

Der Flächeninhalt A des Kreisausschnitts verhält sich zur gesamten Kreisfläche wie der Mittelpunktswinkel α zur Gesamtgradzahl 360°.

$$\frac{\text{Sektorfläche}}{\text{Gesamtkreisfläche}} = \frac{\text{Mittelpunktswinkel}}{\text{Gesamtgradzahl}}$$

$$\frac{A_{Sektor}}{A_{ges}} = \frac{\alpha}{360°}$$

$$A_{Sektor} = \frac{A_{ges} \cdot \alpha}{360°}$$

$$A_{Sektor} = \frac{d^2 \cdot \pi \cdot \alpha}{360°}$$

Bei einem Kreisausschnitt sind der Durchmesser d = 870 mm und der Mittelpunktswinkel = 66,65° bekannt. Wie viel Quadratmeter beträgt der Flächeninhalt?

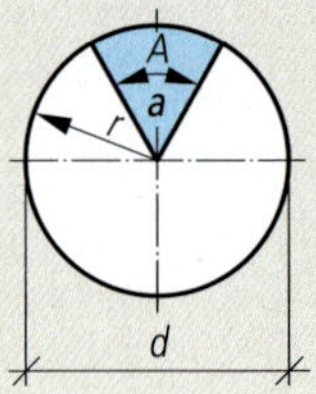

Gegeben: d = 870 mm
α = 66,65°
Gesucht: A = ? m²

Lösung:

$$A = \frac{d^2 \cdot \pi \cdot \alpha}{360° \cdot 4}$$

$$A = \frac{(0{,}87\text{ m})^2 \cdot \pi \cdot 66{,}65°}{360° \cdot 4} = \underline{\underline{0{,}11\text{ m}^2}}$$

Die **Bogenlänge *b*** hängt vom Mittelpunktswinkel α ab und ist somit der $\frac{\alpha}{360°}$. Teil des Kreisumfangs.

$$\text{Bogenlänge} = \frac{\text{Kreisumfang} \cdot \alpha}{360°}$$

$$b = \frac{d \cdot \pi \cdot \alpha}{360°}$$

Wie viel Meter beträgt bei einem Kreisausschnitt die Bogenlänge b, wenn die Maße für den Durchmesser = 1 230 mm und für den Mittelpunktswinkel = 70° sind?

Gegeben: d = 1 230 mm
α = 70°
Gesucht: b = ? m

Lösung:

$$b = \frac{d \cdot \pi \cdot \alpha}{360°}$$

$$b = \frac{1{,}23\text{ m} \cdot \pi \cdot 70°}{360°} = \underline{\underline{0{,}75\text{ m}}}$$

Der **Flächeninhalt *A*** berechet sich auch aus dem Produkt von Bogenlänge und einem Viertel des Durchmessers.

$$\text{Fläche} = \frac{\text{Bogenlänge} \cdot \text{Durchmesser}}{4}$$

$$A_{Sektor} = \frac{b \cdot d}{4}$$

Der **Umfang *U*** berechnet sich aus der Bogenlänge und dem Durchmesser (= doppelter Radius).

$$\text{Umfang} = \text{Bogenlänge} + \text{Durchmesser}$$

$$U_{Sektor} = b + d$$

$$U_{Sektor} = d \cdot \pi \cdot \frac{\alpha}{360°} + d$$

6 Flachpressplatten in Form eines Kreisausschnitts (d = 875 mm, α = 72°) erhalten ringsum Furnierkanten. Wie viel m Kantenmaterial ohne Verschnittzuschlag werden benötigt?

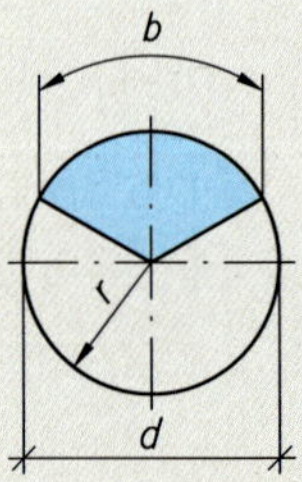

Gegeben: d = 875 mm
α = 72°
Anzahl = 6
Gesucht: U = ? m

Lösung:

$$U = \left(\frac{d \cdot \pi \cdot \alpha}{360°} + d\right) \cdot n$$

$$U = \left(\frac{0{,}875\text{ m} \cdot \pi \cdot 72°}{360°} + 0{,}875\text{ m}\right) \cdot 6 = \underline{\underline{8{,}55\text{ m}}}$$

Kreisabschnitt

Der Kreisabschnitt (Segment) entsteht durch die Sehne *s*, die den Kreisbogen in zwei Punkten (A und B) schneidet.

Der **Flächeninhalt *A*** des Kreisabschnitts berechnet sich aus der Differenz von Kreisausschnitt und Dreieck AMB.

$$\text{Segmentfläche} = \text{Fläche}_{\text{Sektor}} - \text{Fläche}_{\text{Dreieck}}$$

$$A_{\text{Segment}} = \frac{b \cdot d}{4} - \frac{s(r-h)}{2}$$

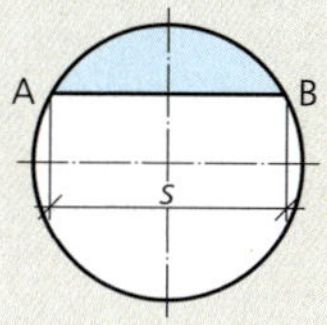

Mit der **Näherungsformel** wird der Flächeninhalt *A* vereinfacht berechnet. Er beträgt zwei Drittel des Rechtecks aus Sehne *s* und Höhe *h*.

$$\text{Segmentfläche} \approx \frac{2}{3}\,\text{Sehne} \cdot \text{Höhe}$$

$$A_{\text{Segment}} \approx \frac{2}{3}\, s \cdot h$$

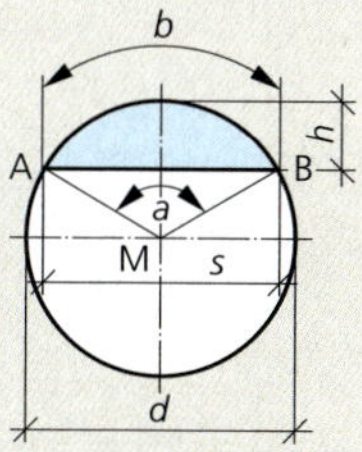

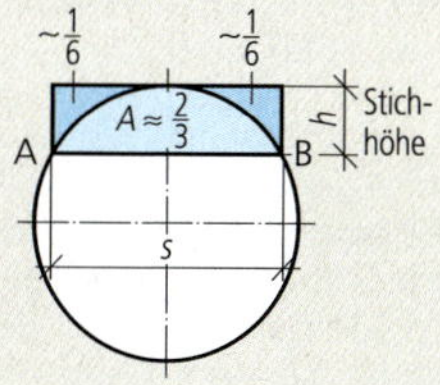

Für eine Stichbogentür mit der Stichhöhe 110 mm und der Sehnenlänge 900 mm wird nach der Näherungsformel der Flächeninhalt *A* des Kreisabschnitts in m² berechnet.

Gegeben: $s = 900$ mm
$h = 110$ mm
Gesucht: $A_{\text{Segment}} = ?\ \text{m}^2$

Lösung:

$$A_{\text{Segment}} \approx \frac{2}{3}\, s \cdot h$$

$$A_{\text{Segment}} \approx \frac{2}{3}\, 0{,}90\ \text{m} \cdot 0{,}11\ \text{m} = \underline{\underline{0{,}07\ \text{m}^2}}$$

Der **Segmentbogen (Stichbogen) *b*** ist der $\frac{\alpha}{360°}$. Teil des Kreisumfangs.

$$\text{Segmentbogen} = \text{Kreisumfang} \cdot \frac{\alpha}{360°}$$

$$b = \frac{d \cdot \pi \cdot \alpha}{360°}$$

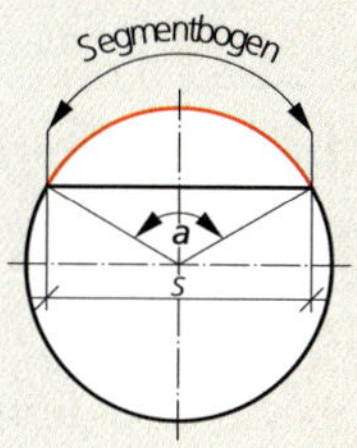

Der **Umfang *U*** ist die Summe aus dem Segmentbogen und der Sehne.

$$\text{Umfang} = \frac{\text{Kreisumfang} \cdot \alpha}{360°} + \text{Sehne}$$

$$U_{\text{Segment}} = \frac{d \cdot \alpha}{360°} + s$$

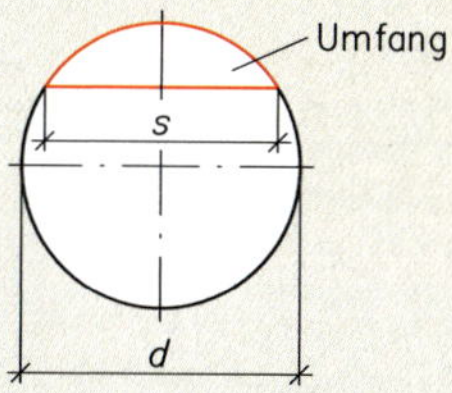

Die **Sehne *s*** ist das Produkt aus dem Durchmesser und dem Sinus des halben Mittelpunktswinkels (Winkelfunktionen s. S. 68 f.).

$$\text{Sehne} = \text{Durchmesser} \cdot \sin\frac{\alpha}{2}$$

$$s = d \cdot \sin\frac{\alpha}{2}$$

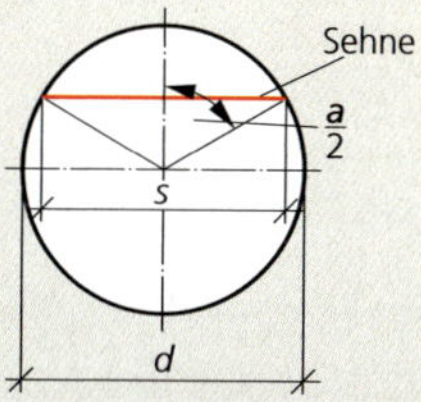

Aufgaben

16. Ein Küchenbauunternehmen fertigt Küchenmöbeltüren aus MDF-Platte an der CNC-Oberfräsmaschine.
Bei den Türen wird die Außenkante profiliert. Für die Festlegung der Zeitvorgabe für eine größere Serie ist der Weg in mm zu berechnen, den das Fräswerkzeug je Tür zurücklegt.

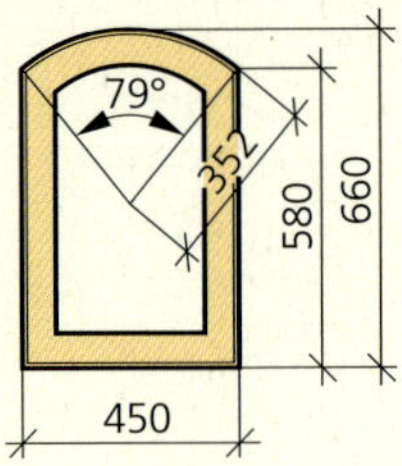

17. Ein Fotogeschäft lässt sich an einem Mauervorsprung 7 Konsolen für die Auslage von Fotoartikeln anbringen.
Zu berechnen sind mit dem Näherungswert 0,785:

a) Fertigmenge der Konsolen in m²
b) Gesamtlänge der Kantenanleimer in m an den sichtbaren Kanten

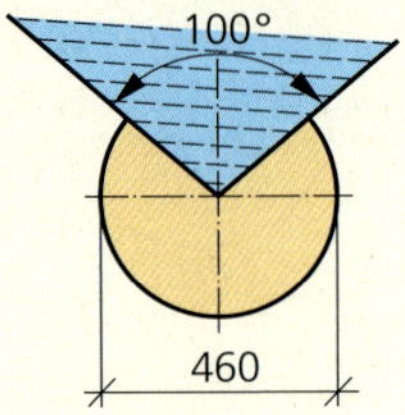

18. In einem Altbau werden 7 Fenster erneuert.
Wie viel Quadratmeter Fensterfläche sind bei der Kalkulation zugrunde zu legen?

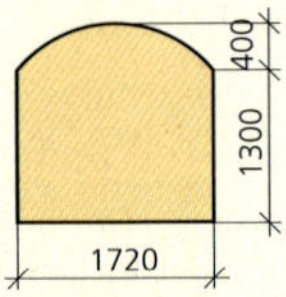

19. Die Eingangstür vom Foyer in einen Versammlungsraum hat eine Leibungstiefe von 420 mm. Der Radius des Stichbogens beträgt 2960 mm. Die Leibung wird aus 28 mm dicker P2-Platte, sichtseitig mit Zebrano furniert, hergestellt. Zu berechnen sind:

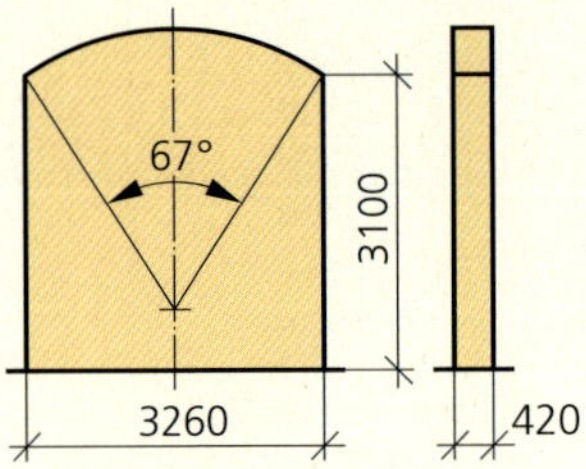

a) Rohmenge in m² an P2-Plattenmaterial bei 16 % Verschnittzuschlag
b) Rohmenge in m² an Zebranofurnier bei einem Verschnittzuschlag von 23 %

20. Für die Herstellung eines Verkaufsstandes in einer Ausstellung werden je zwei 25 mm dicke P2-Platten mit den Rohmaßen 1500 mm/3000 mm aufeinander geleimt. Daraus werden jeweils die beiden Hälften des Kreisrings ausgeschnitten. Belegt wird die kreisförmige Fläche mit HPL-Platte.

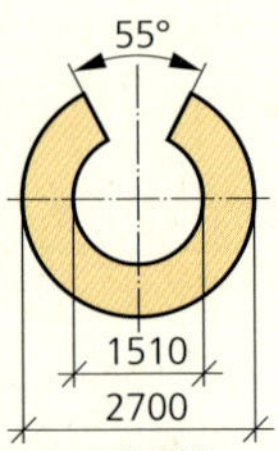

Zu berechnen sind mit dem Näherungswert 0,785:

a) Rohmenge in m² an P2-Platte
b) Rohmenge in m² an HPL-Platte bei 70 % Verschnittzuschlag
c) Länge des PVC-Anleimers in m, wenn alle Kanten belegt werden

21. In eine Außentür wird eine einbruchsichere Isolierglasscheibe eingesetzt. Sie liegt ringsum in einem 18 mm breiten Falz und hat wegen des Dichtungsstreifens ringsum 5 mm Abstand vom Falzgrund.
Zu berechnen sind:

a) Bestellmaß für die Scheibe in mm für die Breite und die Höhe
b) Bogenlänge der Scheibe in mm
c) Scheibenfläche in m²

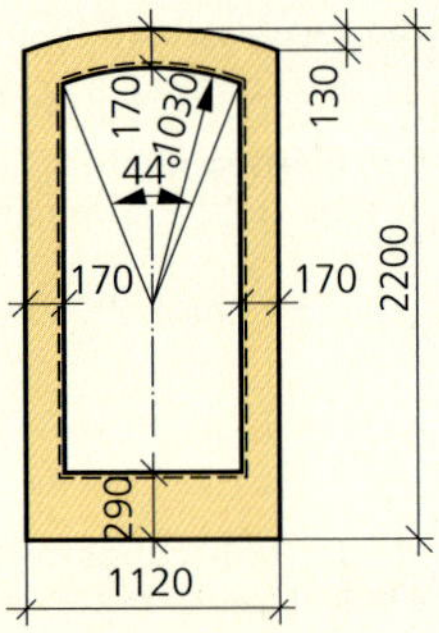

22. Für eine Ladeneinrichtung wird eine Glasvitrine gefertigt. Zu berechnen sind mit dem Näherungswert 0,785:

a) Fertigmenge an 25 mm dicker Stabsperrholzplatte für den unteren und oberen Boden
b) Länge der Anleimer für beide Böden in m

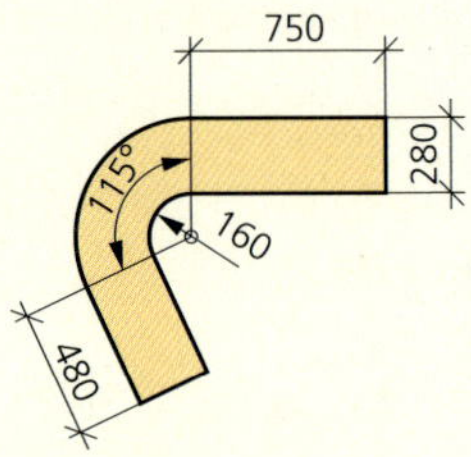

23. Eine Boutique bestellt 5 Fachböden, die direkt an der Wand befestigt und beidseitig mit Esche furniert werden.
Zu berechnen sind:

a) Rohmenge an Stäbchensperrholzplatte bei 45 % Verschnittzuschlag
b) Rohmenge an Deckfurnier bei 60 % Verschnittzuschlag
c) Kunststoffkante an den sichtbaren Kanten in m

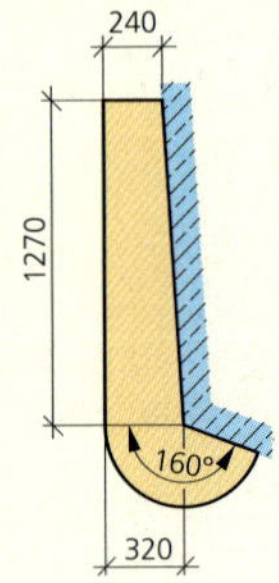

24. Zur Berechnung des Preises für die Herstellung einer Ladentischplatte ist die Fertigmenge an P2-Platte in m² mithilfe des Näherungswerts 0,785 zu ermitteln.

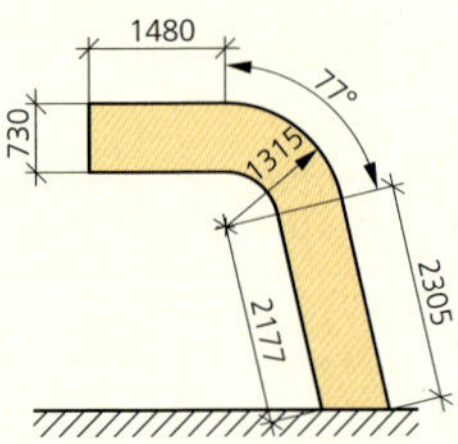

25. In einer Möbelfabrik wird eine Serie von 570 rustikalen Stühlen mit ausgerundeter Rückenlehne hergestellt. Die Sitzfläche wird aus Vollholz Rotbuche gefertigt. Zu berechnen sind:

a) gesamte Fertigmenge an Rotbuchenholz in m²
b) Rohmenge an Rotbuchenholz in m² bei einem Verschnittzuschlag von 23 %

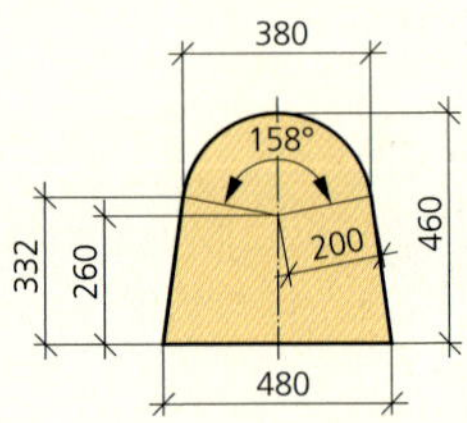

5.10 Ellipse

Die Ellipse entsteht beim Schrägschnitt eines kreisförmigen Zylinders und hat 2 verschieden lange Durchmesser d_1 und d_2.

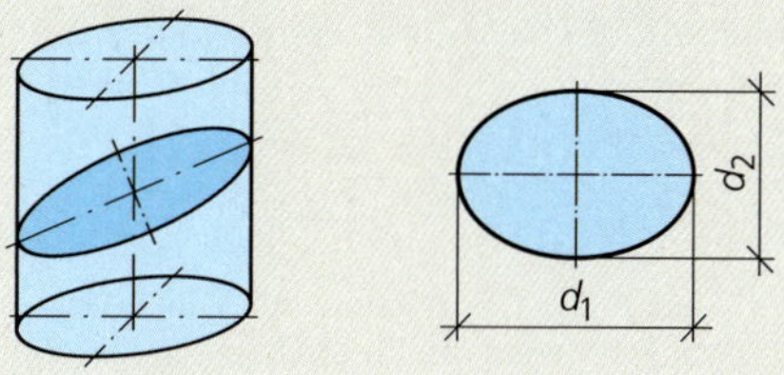

Der **Flächeninhalt** A ist das Produkt aus den beiden Durchmessern und der Zahl $\frac{\pi}{4}$ bzw. 0,785.

$$\text{Fläche}_{\text{Ellipse}} = \text{Durchmesser 1} \cdot \text{Durchmesser 2} \cdot \frac{\pi}{4}$$

$$A_{\text{Ellipse}} = d_1 \cdot d_2 \cdot \frac{\pi}{4}$$

$$A_{\text{Ellipse}} = d_1 \cdot d_2 \cdot 0{,}785$$

Der angenäherte **Umfang** U ist das Produkt aus dem mittleren Durchmesser und der Zahl π.

$$\text{Umfang}_{\text{Ellipse}} = \frac{\text{Durchmesser 1} + \text{Durchmesser 2}}{2} \cdot \pi$$

$$U_{\text{Ellipse}} = \frac{d_1 + d_2}{2} \cdot \pi$$

Eine Ellipse hat die Durchmesser d_1 = 1 350 mm und d_2 = 920 mm.

Zu berechnen sind:
a) Fläche A = ? m²
b) Umfang U = ? m

Gegeben: d_1 = 1 350 mm
d_2 = 920 mm
Gesucht: a) A = ? m²
b) U = ? m

Lösung:

a) $A = d_1 \cdot d_2 \cdot \frac{\pi}{4}$

$A = 1{,}35\text{ m} \cdot 0{,}92\text{ m} \cdot \frac{\pi}{4} = \underline{\underline{0{,}98\text{ m}^2}}$

b) $U = \frac{d_1 + d_2}{2} \cdot \pi$

$U = \frac{1{,}35\text{ m} + 0{,}92\text{ m}}{2} \cdot \pi = \underline{\underline{3{,}57\text{ m}}}$

Aufgaben

1. Aus einer 28 mm dicken Flachpressplatte mit den Maßen 1 350 mm/1 900 mm wird eine elliptische Fläche herausgeschnitten.

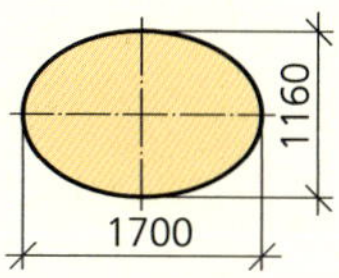

Zu berechnen sind mit dem Näherungswert 0,785:
a) Fertigmenge in m²
b) Rohmenge in m²
c) Verschnittzuschlag in %

2. Eine Schreibtischplatte mit halbelliptischen Bogenabschlüssen wird aus einer Stäbchensperrholzplatte mit den Maßen 2 560 mm/1 720 mm zugeschnitten. Die Platte wird in Nussbaum furniert und erhält wegen der Profilierung der Kante einen 15 mm dicken Anleimer aus Nussbaum.

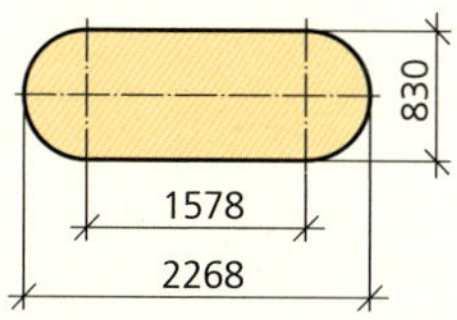

Zu berechnen sind mit dem Näherungswert 0,785:
a) Verschnittzuschlag in % für die STAE-Platte
b) Rohmenge in m² an Nussbaumfurnier bei 55 % Verschnittzuschlag
c) Länge des Vollholzanleimers in m bei 12 % Verschnittzuschlag

3. In eine elliptische Maueröffnung wird ein Fenster eingebaut. Der Rahmen hat in der Leibung ringsum 15 mm Luft.
a) Wie viel Meter Rahmenholz werden berechnet?
b) Wie teuer wird das Fenster, wenn mit einem Quadratmeterpreis von 340,00 € kalkuliert wird?

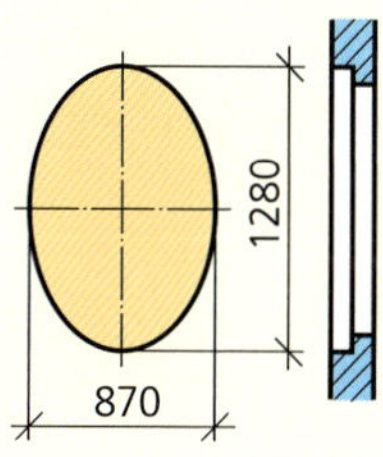

4. Ein Kaufhaus bestellt für die Schaufenster 45 Dekorationsflächen mit ellipsenförmigem Bogen. Die Kanten sind mit einer 130 mm breiten und 4 mm dicken Furniersperrholzplatte abgedeckt.

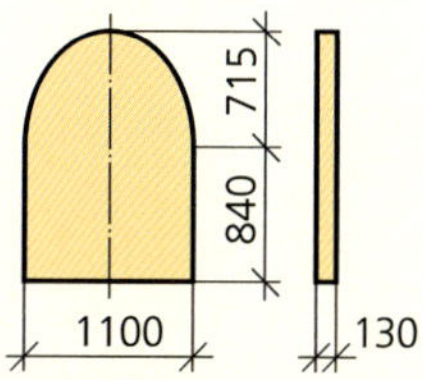

Zu berechnen sind in m² die Rohmengen an:
a) Flachpressplatte bei 35 % Verschnittzuschlag
b) Furniersperrholzplatte bei 20 % Verschnittzuschlag

5.11 Volumeneinheiten

Das **Volumen *V*** (der Raum) eines Körpers hat drei Ausdehnungen:

- Länge l,
- Breite b,
- Höhe h.

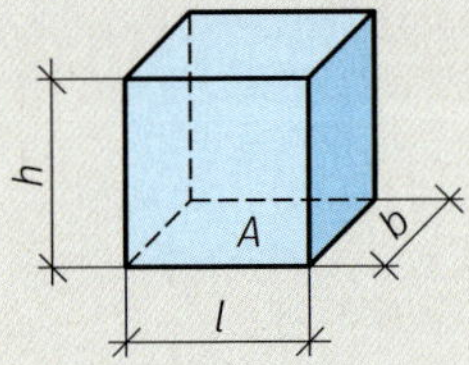

Bei Brettern und Bohlen bezeichnet man die Höhe als Dicke d. Das Volumen V ist das Produkt aus Länge, Breite und Höhe (Dicke).

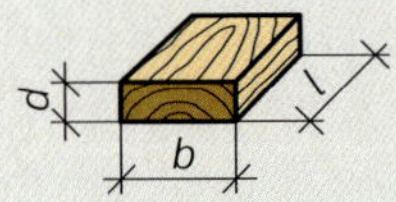

Volumen = Länge · Breite · Höhe (Dicke)

$V = l \cdot b \cdot h\,(d)$

Die Größe eines Volumens wird in Volumeneinheiten angegeben.

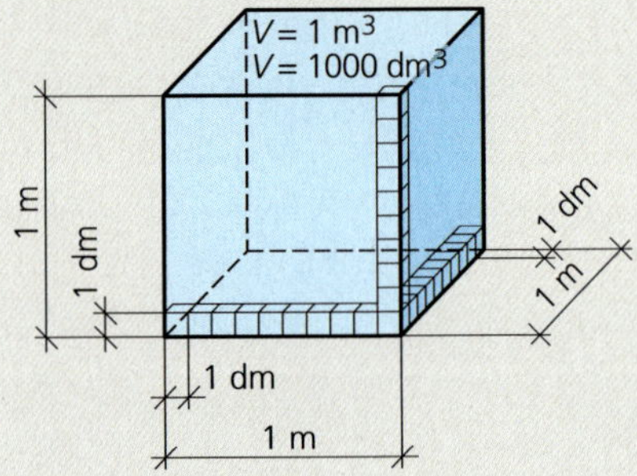

Das Kubikmeter (m^3) ist die Einheit des Volumens.

$V = 1\ \text{m} \cdot 1\ \text{m} \cdot 1\ \text{m} = 1\ \text{m}^3$

Beim Würfel, Kantenlänge = a, gilt:

$V = a^3$

$\sqrt[3]{a^3} = \sqrt[3]{V}$

$a = \sqrt[3]{V}$

Die **Umrechnungszahl** von einer Einheit in die nächstgrößere oder kleinere ist 1 000.

Wie viel Kubikzentimeter sind 0,750 m^3?

Lösung:
$1\ \text{m}^3 = 1\,000 \cdot 1\,000\ \text{cm}^3$
$V = 0{,}750 \cdot 1\ \text{m}^3 = 0{,}750 \cdot 1\,000 \cdot 1\,000\ \text{cm}^3$
$V = \underline{\underline{750\,000\ \text{cm}^3}}$

Umrechnung in die nächstkleinere Einheit

$1\ \text{m}^3 = 1\,000\ \text{dm}^3 = 1\,000\,000\ \text{cm}^3 = 1\,000\,000\,000\ \text{mm}^3$
$1\ \text{dm}^3 = 1\,000\ \text{cm}^3 = 1\,000\,000\ \text{mm}^3$
$1\ \text{cm}^3 = 1\,000\ \text{mm}^3$

Wie viel Kubikdezimeter sind 125 cm^3?

Lösung:

$1\ \text{cm}^3 = \frac{1}{1\,000}\ \text{dm}^3$

$V = 125 \cdot 1\ \text{cm}^3 = \frac{125}{1\,000}\ \text{dm}^3$

$V = \underline{\underline{0{,}125\ \text{dm}^3}}$

Umrechnung in die nächstgrößere Einheit

$1\ \text{mm}^3 = 0{,}001\ \text{cm}^3 = 0{,}000001\ \text{dm}^3 = 0{,}000000001\ \text{m}^3$
$1\ \text{cm}^3 = 0{,}001\ \text{dm}^3 = 0{,}000001\ \text{m}^3$
$1\ \text{dm}^3 = 0{,}001\ \text{m}^3$

Von **Hohlmaßen** spricht man, wenn das Volumen von Flüssigkeiten berechnet wird.

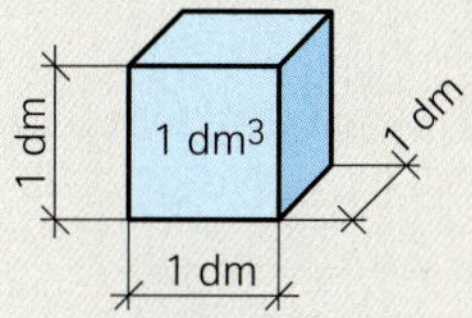

Liter (l) ist die Einheit des Hohlmaßes.

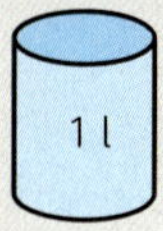

1 Liter = 1 l ≙ 1 dm^3
1 Hektoliter = 1 hl ≙ 100 l

Ein Leimgebinde fasst 9,5 l. Es ist zu drei Vierteln gefüllt. Wie viel dm^3 stehen zur Verfügung?

Gegeben:
$V_1 = 9{,}5$ l
$V_2 = 0{,}75 \cdot V_1$

Gesucht:
$V_2 = ?\ dm^3$

Lösung:
$V_2 = 0{,}75 \cdot 9{,}5\ dm^3$
$V_2 = \underline{\underline{7{,}125\ dm^3}}$

Aufgaben

1. Umrechnung in dm^3.

m^3	27,2	0,82	0,48	0,047	2,97
dm^3	?	?	?	?	?

2. Umrechnung in cm^3.

m^3	2,13	0,39	0,072	0,015	0,0007
cm^3	?	?	?	?	?

3. Umrechnung in cm^3.

dm^3	6,227	87,4	317	0,88	67,200
cm^3	?	?	?	?	?

4. Umrechnung in m^3.

cm^3	3 820	653,4	570	9 727,0	131 721
m^3	?	?	?	?	?

5. Umrechnung in cm^3.

mm^3	2 137	717	55 150	89	313 000
cm^3	?	?	?	?	?

6. Umrechnung in m^3.

l	5 170	802	43,2	118,7	1,07
m^3	?	?	?	?	?

7. Umrechnung in l.

cm^3	932	37	82,4	21 280	198,7
l	?	?	?	?	?

5.12 Prismen

Prismen sind säulenförmige Körper mit gleich bleibendem Querschnitt. Die Querschnittsform kann quadratisch, rechteckig, dreieckig, sechseckig oder vieleckig sein. Die Körperhöhe steht senkrecht auf der Grundfläche.

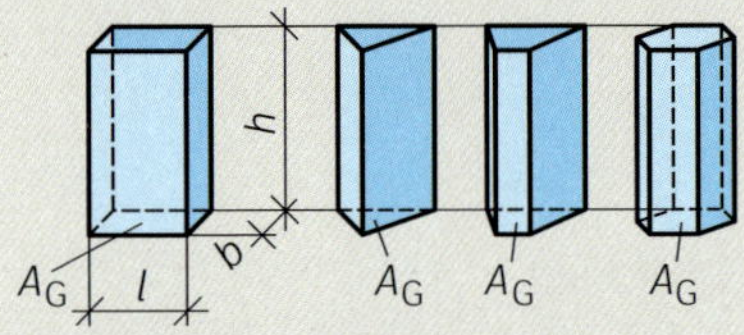

Das **Volumen *V*** ist das Produkt aus Grundfläche und Körperhöhe.

Volumen = Grundfläche · Körperhöhe

$$V = A_G \cdot h$$

Die **Mantelfläche A_M** ist die Summe aller Seitenflächen.

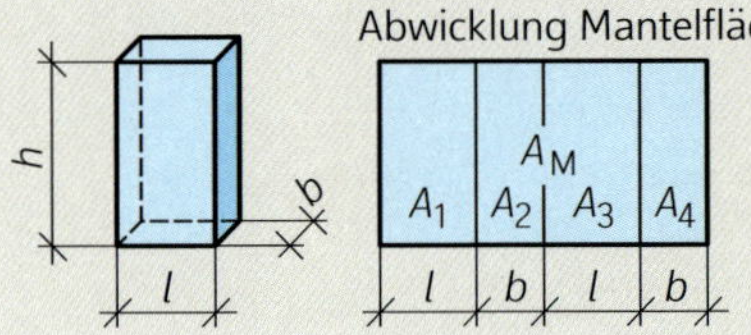

Mantelfläche = Summe aller Seitenflächen

$$A_M = A_1 + A_2 + A_3 + \ldots$$

Die **Oberfläche A_O** ist die Summe aus Grundfläche, Deckfläche und Mantelfläche.

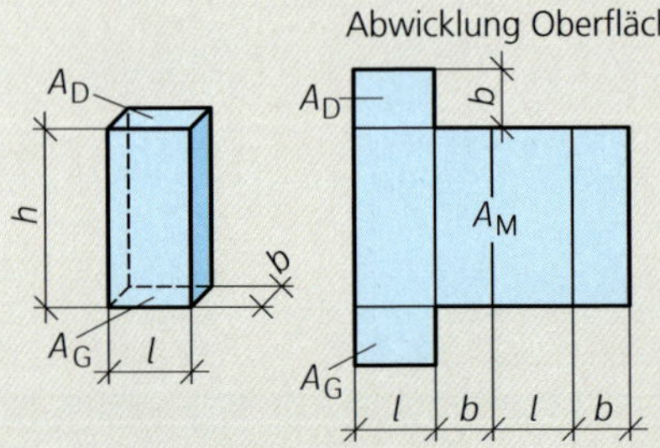

Oberfläche = Grundfläche + Deckfläche + Mantelfläche

$$A_O = A_G + A_D + A_M$$

Eine prismatische Stütze ist 420 mm lang, 310 mm breit und 1 200 mm hoch. Zu berechnen sind:

a) Volumen in m^3
b) Mantelfläche in m^2

Gegeben: $l = 420$ mm
$b = 310$ mm
$h = 1\,310$ mm

Gesucht: a) $A = ?\ m^2$
b) $U = ?$ m

Lösung:

a) $V = l \cdot b \cdot h$
$V = 0{,}42\ m \cdot 0{,}31\ m \cdot 1{,}20\ m = \underline{\underline{0{,}156\ m^3}}$

b) $A_M = 2A_1 + 2A_2$
$A_M = 2 \cdot l \cdot h + 2 \cdot b \cdot h = 2h\,(l + b)$
$A_M = 2 \cdot 1{,}20\ m \cdot (0{,}42\ m + 0{,}31\ m) = \underline{\underline{1{,}75\ m^2}}$

Aufgaben

1. Einem Innenausbaubetrieb wird ein Kanister mit Oberflächenmaterial geliefert.
Zu berechnen ist das Volumen in l.

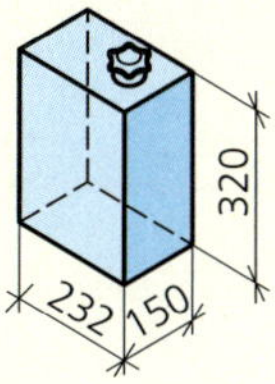

2. Einer Maschinenfabrik wird eine Kiste aus 22 mm dickem Fichtenholz geliefert. Boden und Deckel sind aufgeschraubt. Die Schmal- und Längsseiten erhalten als Eckverbindung Fingerzinken. Der Flächenverschnitt wird mit einem Zuschlag von 35 % berücksichtigt.

a) Wie viel Quadratmeter Rohmenge an 22 mm dickem Fichtenholz werden benötigt?
b) Wie groß ist das Volumen der Kiste in m^3?

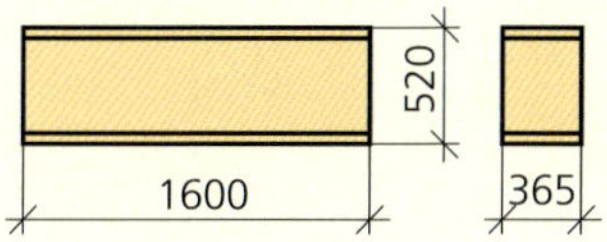

3. Für einen Kindergarten werden 55 Kindersitzmöbel bestellt. Material: Vollholz Fichte, Fertigdicke 18 mm. Konstruktion bei den Holzverbindungen: Seiten mit hinterer Rückenlehne offen gezinkt, Sitzfläche seitlich und hinten gedübelt.
Zu berechnen sind:

a) gesamte Fertigmenge an Fichtenholz in m^2
b) Stapelraum in m^3 für alle 55 Sitzmöbel

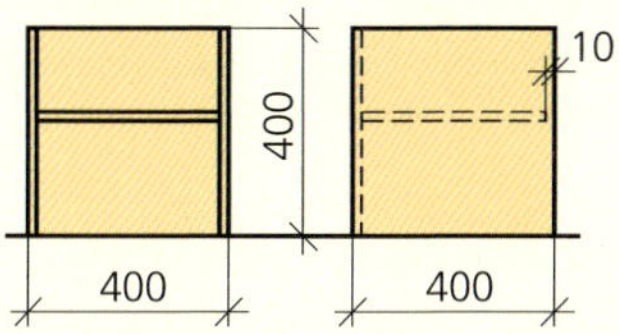

4. Ein Treppengeländer aus Sapelli-Mahagoni ist 8,75 m lang. Der Verschnittzuschlag beträgt 80 %.

a) Wie viel Kubikmeter Rohmenge benötigt man zur Fertigung?
b) Wie viel Euro betragen die Materialkosten bei einem Preis von 935,00 € je m^3?

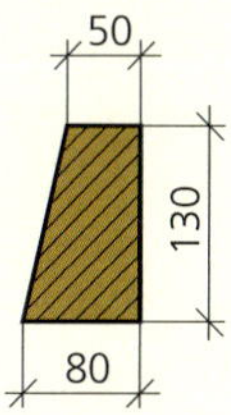

5. Die Bühne der Stadthalle besteht aus 4 Podesten. Material: 25 mm dicke Tischlerplatte. Konstruktion: Die Seiten sind auf Gehrung gefedert, der Boden ist stumpf auf die Seiten gedübelt. Die 5 Mittelseiten sind stumpf gedübelt.
Zu berechnen sind:

a) Zuschnittmaße für die einzelnen Teile
b) gesamte Fertigmenge in m^2

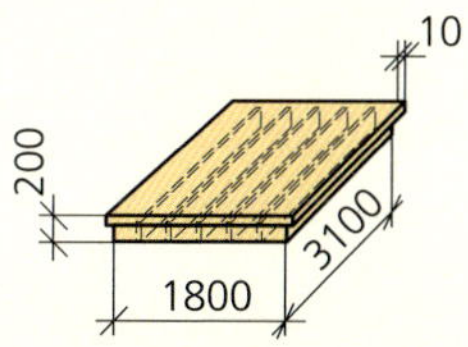

6. Für eine Glasvitrine, deren Umfassungswände und oberer Boden aus 8 mm Kristallspiegelglas bestehen, wird das Glas zugeschnitten.
Wie viel Quadratmeter Fertigmenge (ohne Berücksichtigung der Glasdicke) benötigt man für eine Vitrine?

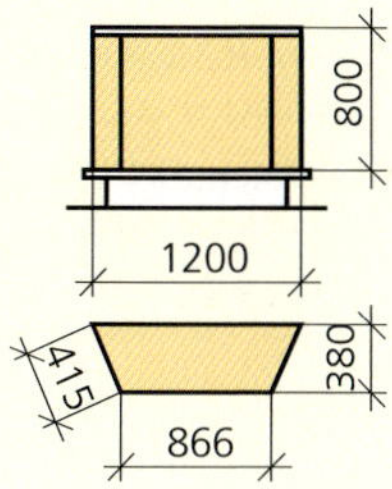

7. Für ein Museum werden 17 Ausstellungssäulen gefertigt. Verwendet wird 19 mm dicke kunstharzbeschichtete Holzspanplatte. Eckverbindung: auf Gehrung gefedert. Die kreisrunde Abdeckplatte hat einen Durchmesser von 290 mm. Der Verschnittzuschlag beträgt insgesamt 30 %.
Wie viel Quadratmeter Plattenmaterial müssen gekauft werden?

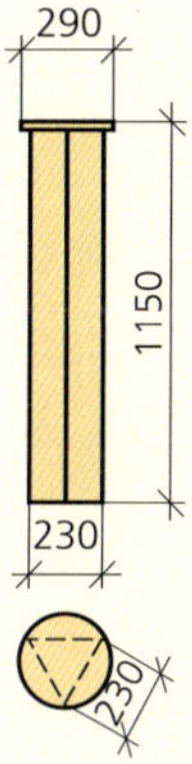

8. 6 fünfeckige Stahlbetonsäulen werden mit nussbaumfurnierten, 19 mm dicken Holzspanplatten bekleidet.
Eckverbindung: auf Gehrung gedübelt. Zur Befestigung der Konstruktion werden 24 mm dicke Latten an die Säule geschossen. Die Bekleidung ist 4,10 m hoch.
Zu berechnen sind die Rohmengen in m^2:

a) Spanplatte bei 30 % Verschnittzuschlag
b) Nussbaumfurnier bei 50 % Verschnittzuschlag (Sichtseite)
c) Limbafurnier bei 25 % Verschnittzuschlag (Blindseite)

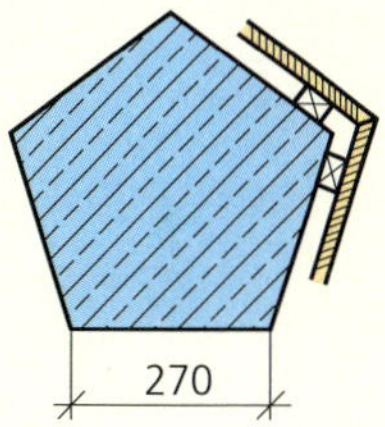

9. Ein Wohnraum, 6,58 m lang und 4,45 m breit, erhält eine Deckenbekleidung. Die Anschlussleiste wird an den 4 Ecken auf Gehrung geschnitten. Die Deckenbekleidung wird in Vollholzriemen ausgeführt.
Die 18 mm dicken Riemen sind so angebracht, dass sie ringsum von der Wand 80 mm Abstand haben.

a) Zu berechnen ist die Rohmenge in m^3 der Anschlussleiste, wenn mit einem Verschnittzuschlag von 45 % gerechnet wird.
b) Wie viel Kubikmeter Vollholz sind notwendig zur Herstellung der Riemen, wenn für Einschnitt- und Montageverluste 35 % angesetzt werden?

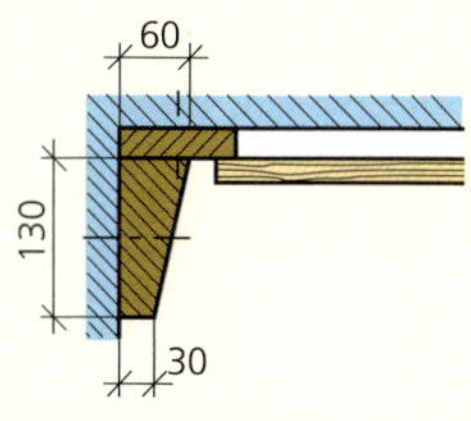

5.13 Würfel

Der Würfel wird von 6 gleich großen quadratischen Flächen begrenzt.

Das **Volumen *V*** ist das Produkt aus 3 gleich langen Kanten oder aus Grundfläche und Körperhöhe.

Volumen = Kantenlänge · Kantenlänge · Kantenlänge

$V = l \cdot l \cdot l = l^3$

Volumen = Grundfläche · Körperhöhe

$V = A_G \cdot h$

Die **Oberfläche A_O** ist die Summe der Quadratflächen.

Oberfläche = 6 · Quadratfläche

$A_O = 6 \cdot l \cdot l = 6 \cdot l^2$

Ein würfelförmiger Hohlkörper aus P2-Platten hat eine Kantenlänge von 140 mm.

a) Wie viel Dezikubikmeter Raum nimmt der Körper ein?
b) Wie viel Quadratmeter HPL-Platte wird für die Beschichtung benötigt?

Gegeben: $l = 140$ mm
Gesucht: a) $V = ?\ \text{dm}^3$
b) $A_O = ?\ \text{m}^2$

Lösung:
a) $V = l^3$
$V = (1{,}40\ \text{dm})^3 = \underline{\underline{2{,}744\ \text{dm}^3}}$

b) $A_O = 6 \cdot l^2$
$A_O = 6 \cdot 0{,}14\ \text{m} \cdot 0{,}14\ \text{m} = 0{,}1176\ \text{m}^2$
$A_O \approx \underline{\underline{0{,}12\ \text{m}^2}}$

Aufgaben

1. Für einen Kindergarten werden 70 Kleinmöbel in Würfelform hergestellt, die als Sitzmöbel und Spielzeugkisten verwendet werden können. Eine Seite dieser Würfelmöbel ist offen. Wegen der Stabilität werden die Seiten offen gezinkt. Der Boden wird zwischen die Seiten geschraubt. Die Fertigholzdicke beträgt überall 20 mm.
Zu berechnen sind:
a) Fertigmenge an Vollholz in m^2
b) Volumen aller Kisten (Lagerung) in m^3

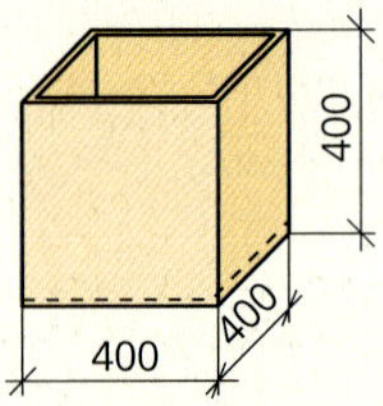

2. Aus 16 mm Stabsperrholz, 16 mm dick, werden 34 würfelförmige Behälter mit einer Seitenlänge von je 317 mm angefertigt.
Zu berechnen sind:
a) Stapelraum aller Behälter in m^3
b) Gesamtverbrauch an Platten in m^2 bei 15 % Verschnittzuschlag (die Eckverbindungen bleiben unberücksichtigt).

3. Ein würfelförmiger Behälter aus 19 mm dicker, kunststoffbeschichteter P2-Platte hat eine Seitenlänge von 410 mm. Die 4 Mantelflächen des Würfels werden mit Winkelfedern auf Gehrung verbunden. Der untere Boden ist 6 mm tief eingenutet und mit den Seitenunterkanten bündig.
Zu berechnen sind:
a) Zuschnittmaß für den unteren Boden in mm
b) Hohlraum des Behälters in dm^3

4. Für eine Schaufensterauslage werden 17 allseitig furnierte Würfel gefertigt. Jeder Würfel hat ein Volumen von 0,027 m^3.
Zu berechnen sind:
a) Seitenlänge eines Würfels in m
b) Oberfläche eines Würfels in m^2
c) gesamter Furnierverbrauch in m^2 bei 25 % Verschnittzuschlag
d) gesamter Klebstoffverbrauch in kg bei einem Verbrauch von 170 g/m^2
e) Die Kanten sind allseitig auf Gehrung gestoßen. Wie viel Meter Aluminiumwinkel werden für alle Würfel insgesamt bei einem Verschnittzuschlag von 10 % benötigt?

5.14 Kanthölzer, Balken und Bohlen

Kanthölzer, Balken und parallel besäumte Bohlen

Kanthölzer, Balken und parallel besäumte Bohlen sind prismatische Körper. Sie haben in jeder Ansicht die Form eines Rechtecks.

Das **Volumen *V*** ist das Produkt aus Querschnittsfläche und Körperlänge.

Volumen = Breite · Dicke · Länge

$$V = b \cdot d \cdot l$$

Querschnittsmaße von Kanthölzern und Balken

	Breite b	Dicke d	Beispiele in cm/cm
Kant-hölzer	$\leq 3 \cdot d$ < 20 cm	≥ 6 cm	6/6; 6/8; 6/12; 8/8; 8/10; 8/12
Balken	≥ 20 cm $\leq 3b$	> 7 cm	10/20; 10/22; 12/24; 16/20

Konisch besäumte Bohlen

Konisch besäumte Bohlen haben in der Ansicht eine rechteckige Querschnittsfläche, in der Draufsicht die Form eines Trapezes.

Das **Volumen *V*** ist das Produkt aus mittlerer Breite – in halber Bohlenlänge –, Dicke und Länge.

Volumen = mittlere Breite · Dicke · Länge

$$V = b_m \cdot d \cdot l$$

Unbesäumte Bohlen

Unbesäumte Bohlen berechnen sich wie prismatische Körper. Die Querschnittsfläche wird als Trapez berechnet.

Die **mittlere Breite b_m** wird – in halber Bohlenlänge – auf der schmalen (linken) Seite und auf der breiten (rechten) Seite gemessen.

$$\text{mittlere Breite} = \frac{\text{mittl. Breite links} + \text{mittl. Breite rechts}}{2}$$

$$b_m = \frac{b_{m1} + b_{m2}}{2}$$

Das **Volumen *V*** ist das Produkt aus dem Mittelwert der mittleren Breite, der Dicke und der Länge.

$$\text{Volumen} = \frac{b_{m1} + b_{m2}}{2} \cdot \text{Dicke} \cdot \text{Länge}$$

$$V = \frac{b_{m1} + b_{m2}}{2} \cdot d \cdot l$$

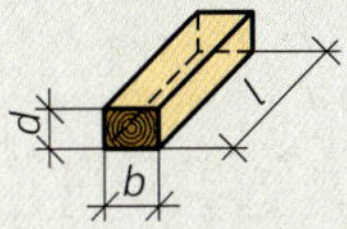

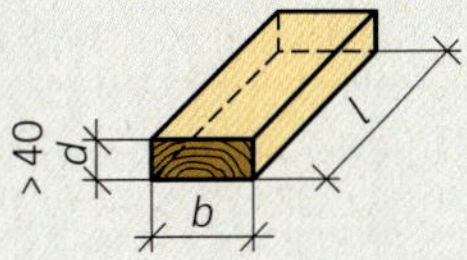

Ein Kantholz hat den Querschnitt 8 cm/12 cm und ist 5,25 m lang. Zu berechnen ist das Volumen in m³.

Gegeben: $b = 12$ cm
$d = 8$ cm
$l = 5{,}25$ m

Gesucht: $V = ?$ dm³

Lösung:
$V = b \cdot d \cdot l$
$V = 0{,}08\ \text{m} \cdot 0{,}12\ \text{m} \cdot 5{,}25\ \text{m} = \underline{\underline{0{,}050\ \text{m}^3}}$

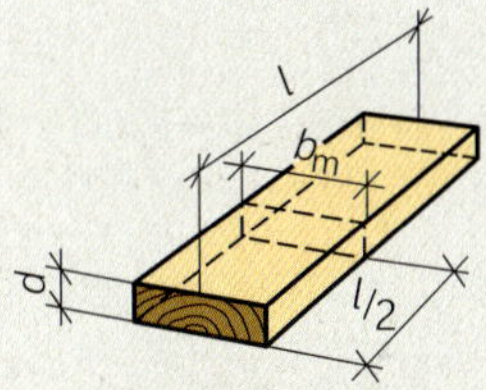

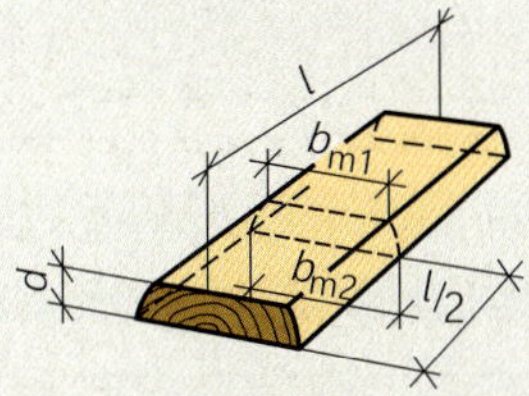

Eine unbesäumte Bohle ist auf der linken Seite 48 cm, auf der rechten Seite 56 cm breit und ist 60 mm dick und 4,50 m lang.
Zu berechnen ist das Volumen in m³.

Gegeben: $b_{m1} = 48$ cm
$b_{m2} = 56$ cm
$d = 60$ mm
$l = 4{,}50$ m

Gesucht: $V = ?$ m³

Lösung:

$$V = \frac{b_{m1} + b_{m2}}{2} \cdot d \cdot l$$

$$V = \frac{0{,}48\ \text{m} \cdot 0{,}56\ \text{m}}{2} \cdot 0{,}06\ \text{m} \cdot 4{,}50\ \text{m}$$

$$V = \underline{\underline{0{,}140\ \text{m}^3}}$$

Aufgaben

1. Ein Innenausbaubetrieb erhält den Auftrag, 17 dreifüßige und 42 vierfüßige Tische herzustellen. Es wird mit 18 % Verschnittzuschlag gerechnet und mit einem Preis von 1 250,00 € je m³.
a) Wie viel Euro kosten sämtliche Tischfüße?
b) Wie hoch sind die Materialkosten für 1 Fuß?

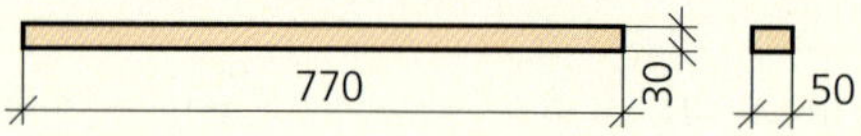

2. Für die Herstellung von Fenstern werden 4,158 m³ parallel besäumte Kiefernbohlen bestellt. Beim Einschnitt der Bohlen zum profilierten Fensterholz entsteht ein Verlust (Verschnittabschlag) von 37 %. Der Unternehmer weiß, dass für 1 m² Fensterfläche 0,041 m³ profiliertes Fensterholz benötigt wird.
Zu berechnen sind:
a) Anzahl der gelieferten Bohlen
b) Fensterfläche in m², die aus 4,158 m³ Rohmenge Fensterholz hergestellt werden kann

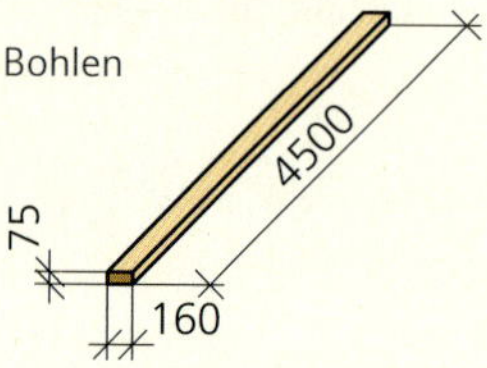

3. Aus einer parallel besäumten Fichtenbohle werden zugeschnitten:
2 Friese mit je 12,6 cm Breite und 1,40 m Länge;
2 Friese mit je 14,0 cm Breite und 2,17 m Länge.
Zu berechnen sind:
a) Volumen des Bretts in m³
b) Volumen der Friese in m³
c) Verschnitt in m³

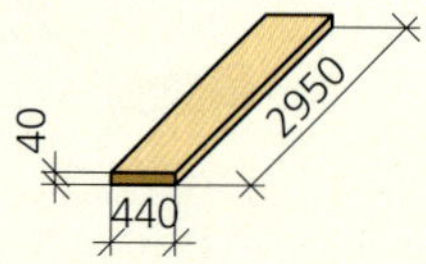

4. Ein 2,50 m langes Kantholz mit einem Querschnitt von 14 cm/14 cm wird der Länge nach geviertelt und so verleimt, dass das Arbeiten des Holzes weitgehend unterbunden ist. Aus dem verleimten Rohling wird ein 6-eckiges, 2,35 m langes Prisma hergestellt (Berechnung von *A* s. Tabelle S. 113).
a) Wie viel Kubikmeter betragen 1. die Rohmenge, 2. die Fertigmenge?
b) Wie viel Prozent Verschnittzuschlag entstehen?

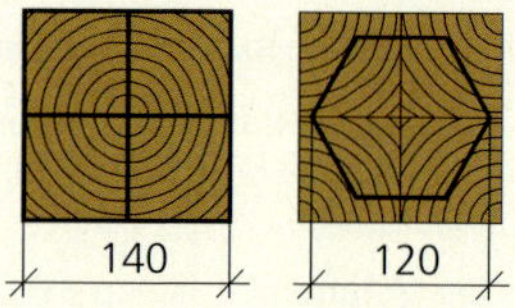

5. Eine unbesäumte Eichenbohle, 65 mm dick, hat eine Länge von 5,20 m. Sie misst in der Stammmitte linksseitig 48 cm und rechtsseitig 54 cm.
Zu berechnen ist das Volumen in m³.

6. Eine 50 mm dicke Birnbaumbohle wird zum Preis von 430,00 € gehandelt.
Zu berechnen ist der Preis je m³ Birnbaumholz gleicher Qualität.

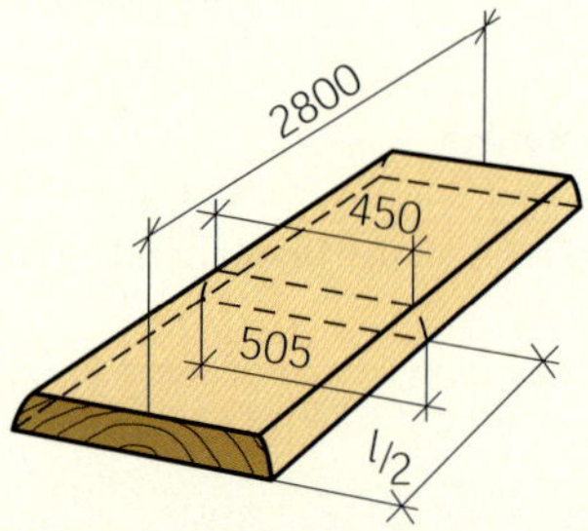

7. Ein Betrieb erhält unbesäumte Kiefernbohlen (s. Tabelle). Wie viel Kubikmeter wurden insgesamt geliefert?

lfd. Nr.	Stückzahl	Holzart	Länge in m	mittlere Breite in cm links	mittlere Breite in cm rechts	Dicke in mm	Menge in m³
1	2	KI	4,80	45	53	75	?
2	1	KI	5,25	47	54	45	?
3	3	KI	6,00	38	44	50	?
4	1	KI	5,50	41	45	45	?
5	1	KI	5,00	36	45	85	?

8. Eine hochwertige Nussbaumbohle wird gekauft. Zur Preisberechnung ist das Volumen in m³ zu bestimmen.

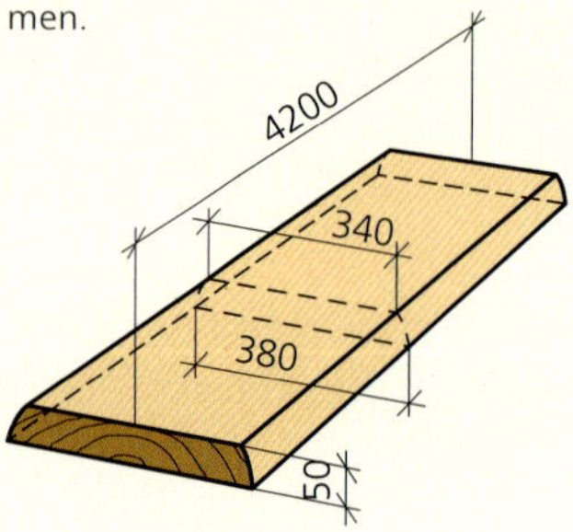

9. Ein Betrieb kauft eine 65 mm dicke Eichenbohle. Der Holzhändler verlangt für 1 m³ Eichenholz 3 420,00 €.
a) Welchen Preis muss der Betrieb bezahlen?
b) Wie teuer wird der Kubikmeter Eichenholz, wenn beim Zuschnitt der Teile zum Fertigprodukt mit 23 % Verlust gerechnet wird?

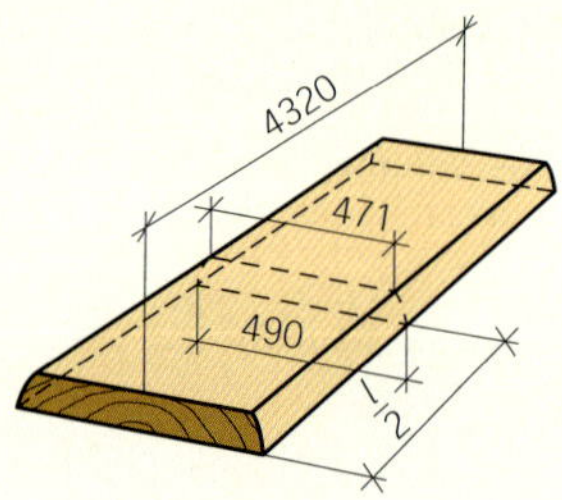

5.15 Holz- und Preisumrechnungen

Rundholz wird zu Latten, Kantholz, Balken, Brettern oder Bohlen eingeschnitten und als Schnittholz gehandelt. Die verschiedenen Zuschnittsformen mit ihren Längen-, Flächen- und Volumeneinheiten werden aufeinander bezogen.

Umrechnung von m^3 in m^2

Die **Holzfläche *A*** in m^2 ist der Quotient aus dem Volumen *V* in m^3 und der Holzdicke *d* in m.

$$\text{Holzfläche} = \frac{\text{Volumen}}{\text{Holzdicke}}$$

$$A = \frac{V}{d}$$

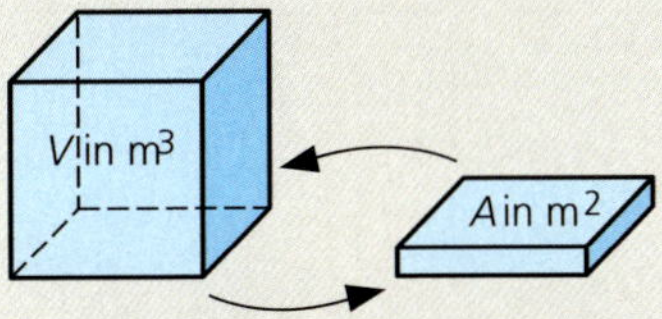

2,700 m^3 Fichtenholz wird zu 18 mm dicken Brettern zugeschnitten. Wie viel m^2 Bretter stehen zur Verfügung?

Lösung:

$$A = \frac{V}{d}$$

$$A = \frac{2{,}700\ m^3}{0{,}018\ m} = 150\ m^2$$

Umrechnung von m^2 in m^3

Das **Volumen *V*** in m^3 ist das Produkt aus Holzfläche in m^2 und Holzdicke in m.

$$\text{Volumen} = \text{Holzfläche} \cdot \text{Holzdicke}$$

$$V = A \text{ in } m^2 \cdot d \text{ in m}$$

Wie viel m^3 ergeben 5,23 m^2 24 mm dicke Bretter?

Lösung:
$V = A \cdot d$
$V = 5{,}23\ m^2 \cdot 0{,}024\ m = \underline{\underline{0{,}126\ m^3}}$

Umrechnung von m^3-Preis in m^2-Preis

Der **Quadratmeterpreis** ist das Produkt aus dem Kubikmeterpreis in €/m^3 und der Holzdicke *d* in m.

$$\text{Quadratmeterpreis} = \text{Kubikmeterpreis} \cdot \text{Holzdicke}$$

$$m^2\text{-Preis} = \text{Preis in } €/m^3 \cdot d \text{ in m}$$

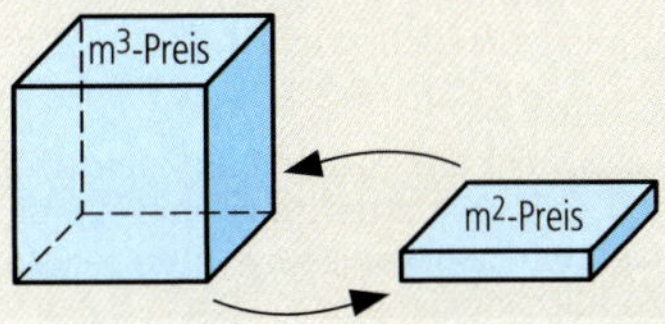

1 m^3 Fichtenholz kostet 1050,00 €. Wie teuer ist 1 m^2 Brettware, 24 mm dick?

Lösung:
$m^2\text{-Preis} = m^3\text{-Preis} \cdot d$
$m^2\text{-Preis} = 1050{,}00\ €/m^3 \cdot 0{,}024\ m = \underline{\underline{25{,}20\ €\ m^3}}$

Umrechnung von m^2-Preis in m^3-Preis

Der **Kubikmeterpreis** ist der Quotient aus Quadratmeterpreis in €/m^2 und Holzdicke in m.

$$\text{Kubikmeterpreis} = \frac{\text{Quadratmeterpreis}}{\text{Holzdicke}}$$

$$m^3\text{-Preis} = \frac{m^3\text{-Preis in } €/m^2}{d \text{ in m}}$$

Wie teuer ist 1 m^3 Kiefernholz, wenn 1 m^2 Brettware, 35 mm dick, 28,50 € kostet?

Lösung:

$$m^3\text{-Preis} = \frac{m^2\text{-Preis}}{d \text{ in m}}$$

$$m^3\text{-Preis} = \frac{28{,}50\ €/m^2}{0{,}035\ m}$$

$$m^3\text{-Preis} = \underline{\underline{814{,}28\ €/m^2}}$$

Umrechnung von Kubikmetern (m³) in Meter (m)

Die **Länge *l*** in m ist der Quotient aus dem Volumen V in m^3 und der Fläche des Querschnitts A in m^2.

$$\text{Länge} = \frac{\text{Volumen}}{\text{Querschnittsfläche}}$$

$$l = \frac{V}{A}$$

$$l = \frac{V}{b \cdot d}$$

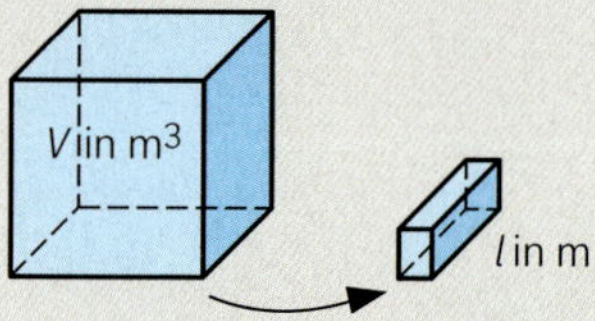

Wie viel Meter Dachlatten mit dem Querschnittsmaß 48 mm/24 mm können aus 0,880 m³ zugeschnitten werden?

Gegeben: $A = 48\ \text{mm}/24\ \text{mm}$
$V = 0{,}880\ \text{m}^3$

Gesucht: $l = ?\ \text{m}$

Lösung:

$$l = \frac{V}{A}$$

$$l = \frac{0{,}880\ \text{m}^3}{0{,}048\ \text{m} \cdot 0{,}024\ \text{m}} = \underline{\underline{763{,}89\ \text{m}}}$$

Umrechnung von Quadratmeterpreis (m²) bzw. Kubikmeterpreis (m³) in Meterpreis (m)

Bei Latten (Kanthölzern) wird der Meterpreis in €/m aus dem Quadratmeterpreis bzw. dem Kubikmeterpreis berechnet.

Der **Meterpreis** ist entweder das Produkt aus dem Quadratmeterpreis in €/m² und der Latten-(Kantholz-)breite b in m oder das Produkt aus dem Kubikmeterpreis in €/m³ und dem Latten-(Kantholz-)querschnitt A in m².

$$\text{Meterpreis} = \text{Quadratmeterpreis} \cdot \text{Lattenbreite}$$
$$\text{m-Preis} = \text{m}^2\text{-Preis in €/m}^2 \cdot b \text{ in m}$$

$$\text{Meterpreis} = \text{Kubikmeterpreis} \cdot \text{Querschnittsfläche}$$
$$\text{m-Preis} = \text{Preis in €/m}^3 \cdot A \text{ in m}^2$$
$$\text{m-Preis} = \text{Preis in €/m}^3 \cdot b \text{ in m} \cdot d \text{ in m}$$

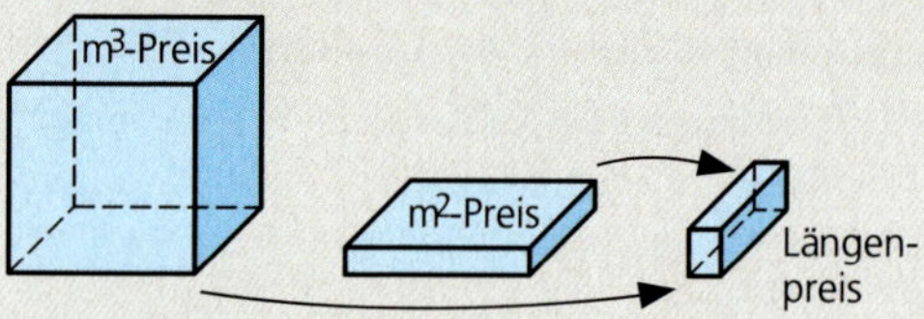

Aus 1 m³ Fichtenholz zum Preis von 1 250,00 € werden Latten mit dem Querschnitt 50 mm/30 mm zugeschnitten. Wie hoch ist der Meterpreis?

Gegeben: m³-Preis = 1 250,00 €/m³
A = 50 mm/30 mm

Gesucht: m-Preis = ? €/m

Lösung:
m-Preis = m³-Preis · $b \cdot d$
m-Preis = 1 250,00 €/m³ · 0,05 m · 0,03 m
m-Preis = $\underline{\underline{1{,}88\ \text{€/m}}}$

Aufgaben

1. Wie viel Quadratmeter ungehobelte, 24 mm dicke Brettware lassen sich aus 1,400 m³ Kiefernholz zuschneiden?

2. Für den Fensterbau werden 75 mm dicke Bohlen benötigt, die aus 17,200 m³ Lärchenholz gewonnen werden.
Zu berechnen ist, wie viel Quadratmeter Bohlen man erhält.

3. Für eine Verschalungsarbeit wurden 73 m² Bretter, 15 mm dick, bestellt.
Zu berechnen ist das Volumen in m³.

4. Ein Innenausbaubetrieb benötigt zur Erstellung schalldämmender Zwischenwände 12 m² Bohlen, Dicke 80 mm, für Kantholz.
Zu berechnen sind:
a) Volumen der Bohlen in m³
b) Länge des Kantholzes in m bei einem Querschnitt von 8 cm/8 cm

5. Bei einer abgehängten Decke wird die Unterbaukonstruktion aus Latten mit den Maßen 50 mm/30 mm gefertigt. 123 m sind für diese Arbeit vorgesehen.
Wie viel Kubikmeter Fichtenholz braucht man zur Herstellung der Latten?

6. 1 m³ Kiefernholz kostet 485,00 €.
Wie teuer ist 1 m² Brettware, 30 mm dick?

7. Eichenbrettware, 18 mm dick, wird zum Quadratmeterpreis von 17,00 € angeboten.
Wie teuer ist 1 m³ gleicher Holzqualität?

8. Ein Furnier- und Sägewerk lagert 3 280 m³ Rundholz. Für Einschnitt und Schwartenabfall wird mit einem Verlust von 27 % gerechnet.
Wie viel Quadratmeter Schnittware lassen sich aus dem Rundholz herstellen, wenn je ein Drittel zu Brettware von 18 mm, 22 mm und 24 mm Dicke eingeschnitten wird?

9. 3,175 m³ Fichtenholz werden für 848,00 € angeboten.
Wie teuer sind 46,00 m² Schnittware mit einer Dicke von 28 mm?

10. Zur Herstellung von Furnieren wird ein Eichenstamm mit einem Volumen von 2,320 m³ zum Preis von 7 820,00 € gekauft.
a) Wie viel Quadratmeter Messerfurnier mit einer Dicke von 0,75 mm können aus diesem Stamm hergestellt werden, wenn mit einem Gesamtverlust von 15 % für den unverwertbaren Splintholzanteil und das Messerreststück gerechnet wird?
b) Wie viel Euro betragen demnach die reinen Holzkosten für 1 m² Eichenfurnier?

11. Es werden 65,00 m² Kiefernbretter, 24 mm dick, benötigt. Zu berechnen sind:
a) Volumen in m³
b) m²-Preis, wenn der m³-Preis 1 240,00 € beträgt

12. Wie viel Meter Dachlatten mit einem Querschnitt von 48 mm/24 mm erhält man aus 5,271 m³ Fichtenholz?

13. 1 m³ Fichtenholz kostet 1 050,00 €. Daraus werden Latten mit dem Querschnitt von 50 mm/30 mm zugeschnitten.
Wie viel Euro beträgt der Materialpreis für 1 m Latte?

14. Aus 0,270 m³ Kiefernholz zum Preis von 234,00 € werden Latten mit dem Querschnitt von 50 mm/30 mm zugeschnitten.
Wie viel Euro beträgt der Materialpreis bei einer Lattenlänge von 1 m?

15. Aus 34,5 m² 30 mm dicken Brettern zum Gesamtpreis von 535,00 € werden 50 mm breite Latten zugeschnitten. Es entsteht 15 % Schnittverlust.
a) Wie viel Meter Latten stehen zur Verfügung?
b) Wie viel Euro beträgt der Materialpreis der Latten pro Meter?

16. Für die Herstellung einer einläufigen Treppe ist die Materialliste für die Kalkulation (s. S. 222) zu erstellen. In der Spalte „Einzelpreis“ wird der Quadratmeterpreis verlangt. Die Treppe besteht aus 18 Trittstufen aus Rotbuchenholz mit den Einzelmaßen 34,2 cm/123,0 cm. Die Stufen werden aus 50 mm dicken Bohlen zugeschnitten und auf 45 mm Dicke ausgehobelt.
a) Wie viel Euro beträgt der Quadratmeterpreis der rohen Rotbuchenbohle bei einem Kubikmeterpreis von 1 420,00 €?
b) Welcher Holzpreis muss für die Trittstufen bei einem Zuschlag von 30 % für den Flächenverschnitt berechnet werden?

17. In einem Sägewerk werden bestellt:
59,25 m² Kiefernholz, 30 mm dick;
34,74 m² Eichenholz, 24 mm dick;
2,84 m² Nussbaumholz, 50 mm dick.
Das Kiefernholz wird mit 1 240,00 €/m³, das Eichenholz mit 3 420,00 €/m³ und das Nussbaumholz mit 4 300,00 €/m³ gehandelt.
Zu berechnen sind:
a) Quadratmeterpreis je Holzart
b) Gesamtpreis der Bestellung

18. Die Holzeinkäuferin eines Sägewerks kauft bei einer Versteigerung im Wald 42,730 m³ Fichtenholz ein, das je zur Hälfte zu Kantholz mit den Querschnitten von 8 cm/14 cm und 10 cm/12 cm eingeschnitten wird. Für Schwartenabfall und Schnittverlust zusammen rechnet man 18 %.
Wie viel Meter können je Querschnittsmaß zugeschnitten werden?

5.16 Zylindrische Körper

Zylindrische Körper haben deckungsgleiche Grundflächen A_G und Deckflächen A_D, die parallel zueinander liegen. Der rechtwinklige Abstand zwischen den Flächen ist die Höhe h. Grund- und Deckflächen können ein Vollkreis, ein Kreisab- bzw. -ausschnitt oder eine Ellipse sein.

Kreiszylinder

Das **Volumen** berechnet sich aus dem Produkt von Kreisfläche und Höhe.

Volumen = Kreisfläche · Höhe

$$V = A \cdot h$$

$$V = d^2 \cdot \frac{p}{4} \cdot h = d^2 \cdot 0{,}785 \cdot h$$

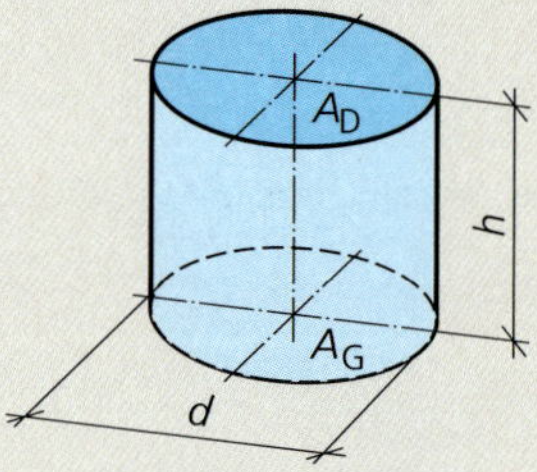

Die **Mantelfläche A_M** ist das Produkt aus Körperumfang und Höhe.

Mantelfläche = Umfang · Höhe

$$A_M = U \cdot h = d \cdot p \cdot h$$

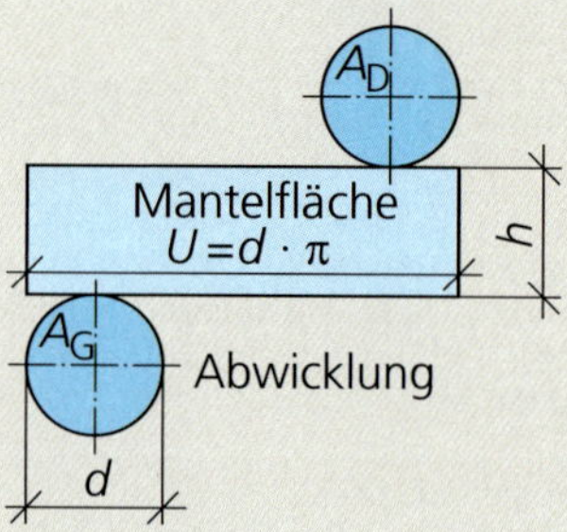

Die **Oberfläche A_O** ist die Summe aus Grundfläche, Deckfläche und Mantelfläche.

Oberfläche = Grundfläche + Deckfläche + Mantelfläche

$$A_O = A_G + A_D + A_M$$

Ein Kreiszylinder hat einen Durchmesser von 220 mm und eine Höhe von 41,0 cm.
Zu berechnen sind:
a) Volumen in l
b) Mantelfläche in m²
c) Oberfläche in m²

Gegeben: $d = 220$ mm
$h = 41{,}0$ cm
Gesucht: a) $V = ?$ l
b) $A_M = ?\ m^2$
c) $A_O = ?\ m^2$

Lösung:

a) $V = d^2 \cdot 0{,}785 \cdot h$

$V = 2{,}2\ dm \cdot 2{,}2\ dm \cdot 0{,}785 \cdot 4{,}1\ dm$

$V = 15{,}58\ dm^3 = \underline{\underline{15{,}58\ l}}$

b) $A_M = d \cdot \pi \cdot h$

$A_M = 0{,}22\ m \cdot \pi \cdot 0{,}41\ m = \underline{\underline{0{,}28\ m^2}}$

c) $A_O = A_G + A_D + A_M$

$A_G = d^2 \cdot 0{,}785 = 0{,}22^2\ m^2 \cdot 0{,}785 = 0{,}038\ m^2$

$A_D = d^2 \cdot 0{,}785 = 0{,}22^2\ m^2 \cdot 0{,}785 = 0{,}038\ m^2$

$A_M = d \cdot \pi \cdot h = 0{,}22\ m \cdot \pi \cdot 0{,}41\ m = 0{,}283\ m^2$

$A_O = 0{,}038\ m^2 + 0{,}038\ m^2 + 0{,}283\ m^2$

$\underline{\underline{A_O = 0{,}359\ m^2}}$

Hohlzylinder

Das **Volumen *V*** berechnet sich aus dem Produkt von Kreisringfläche und Höhe.

Volumen = Kreisringfläche · Höhe

$$V = A_K \cdot h$$

$$V = \frac{\pi}{4} \cdot (d_1^2 - d_2^2) \cdot h = 0{,}785 \cdot (d_1^2 - d_2^2)$$

Die **äußere (innere) Mantelfläche** ist das Produkt des äußeren (inneren) Kreisumfangs und der Körperhöhe.

Mantelfläche = Durchmesser · π · Höhe

$$A_M = d \cdot \pi \cdot h$$

Die **Oberfläche A_O** ist die Summe der Kreisringflächen und der äußeren und inneren Mantelfläche.

Oberfläche = 2 · Kreisringfläche + äußere Mantelfläche + innere Mantelfläche

$$A_O = 2 \cdot A_K + A_{Ma} + A_{Mi}$$

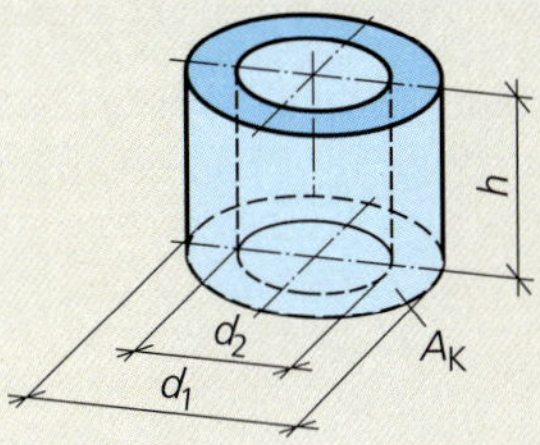

Von einem Hohlzylinder sind folgende Abmessungen bekannt: $d_1 = 150$ mm, $d_2 = 130$ mm, $h = 720$ mm.
Zu berechnen ist das Volumen des Hohlzylinders in m^3.

Gegeben: $d_1 = 150$ mm
$d_2 = 130$ mm
$h = 720$ mm
Gesucht: $V = ?\ m^3$

Lösung:
$V = 0{,}785\,(d_1^2 - d_2^2) \cdot h$
$V = 0{,}785\,[(0{,}15\ m)^2 - (0{,}13\ m)^2] \cdot 0{,}72\ m$
$V = \underline{\underline{0{,}003\ m^3}}$

Aufgaben

1. Ein zylindrisches Gebinde ist zu 3/5 mit Dichtungsmasse gefüllt. Beim Abdichten von Glasscheiben im Glasfalz werden für 1 m Länge 0,02 dm^3 benötigt.
a) Mithilfe des Näherungswertes 0,785 ist die vorhandene Dichtungsmasse in dm^3 zu berechnen.
b) Wie viel Meter Glasfalz können mit der Dichtungsmasse versiegelt werden?

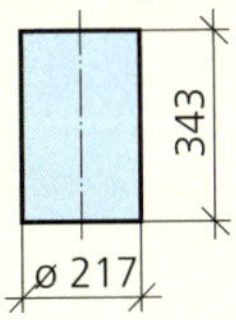

2. 17 Verbundfenster in Kiefernholz werden mit einem Anti-Bläue-Holzschutzmittel behandelt. Je Stück werden 0,35 l gebraucht.
Wie viel Gebinde müssen gekauft werden, um die Oberfläche fachgerecht behandeln zu können? Die Gebinde sind bis 2,5 cm unterhalb des oberen Randes gefüllt.

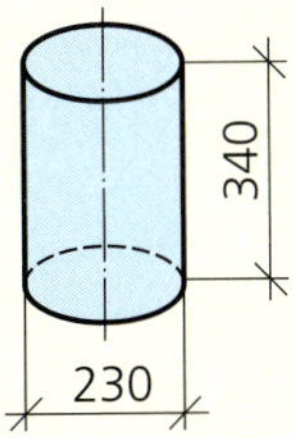

3. Ein Gebinde für Oberflächenmaterial ist zu 3/4 gefüllt.
a) Wie viel Liter stehen zur Verfügung (Berechnung mit dem Näherungswert 0,785)?
b) Wie viel Quadratmeter Holzoberfläche können bei einem Verbrauch von 0,14 l/m^2 lackiert werden?

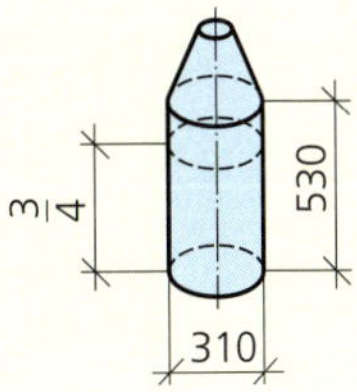

4. Für Dichtungsarbeiten bei der Verglasung werden Einhand-Druckluftspritzen eingesetzt. Die verwendeten Kartuschen sind mit Einkomponentendichtstoff gefüllt. Je Meter Verglasung werden 220 cm^3 Dichtstoff verbraucht.
Wie viel Kartuschen werden bei 120 m Glasfalz verbraucht?

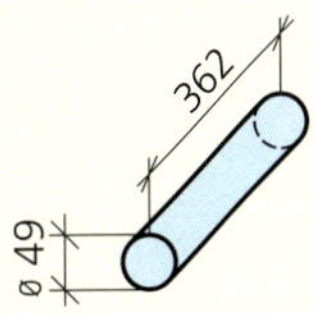

5. Ein zylindrisches Spänesilo ist 4,50 m hoch mit Spänen angefüllt, die zur Weiterverarbeitung abgeholt werden.
Mit wie viel Kubikmetern Füllmenge kann man rechnen?

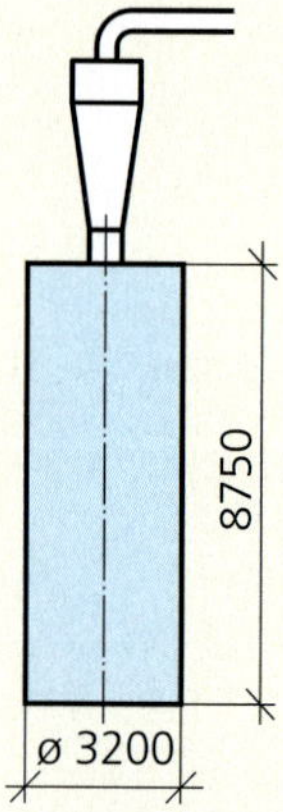

6. Eine Kunstgalerie lässt für eine Ausstellung 5 zylindrische Werbesäulen anfertigen. Konstruktion der Zylinder: Der mit Folie belegte Mantel aus 4 mm dicker Furniersperrholzplatte wird am Stoß mit einer PVC-Fugenleiste verbunden. Außer dem unteren und oberen Boden aus 13 mm dicker P2-Platte werden noch 4 weitere gleich große Kreisscheiben zur Aussteifung eingebaut. Die Säulen stehen auf einem quadratischen Sockel, Material ebenfalls 13 mm P2-Platte. Zu berechnen sind für die 5 Säulen die Rohmengen in m^2 bei folgenden Verschnittzuschlägen:

a) Folie: 35 %
b) Furniersperrholzplatte: 25 %
c) P2-Platte: 35 %

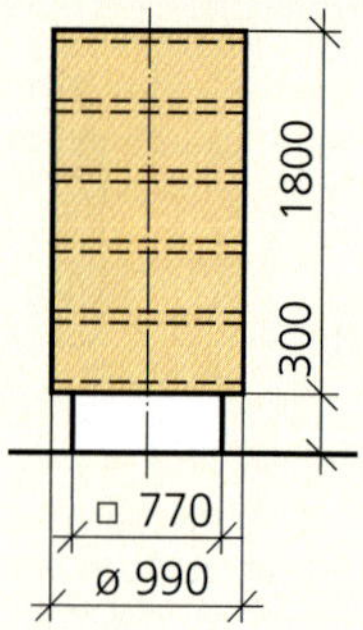

7. Die Tischzarge eines kreisrunden Tisches mit einem Durchmesser von 2 100 mm wird furniert.
Wie viel Quadratmeter Palisanderfurnier müssen zugerichtet werden, wenn die Zarge 160 mm hoch ist und ein Verschnittzuschlag von 45 % verrechnet wird?

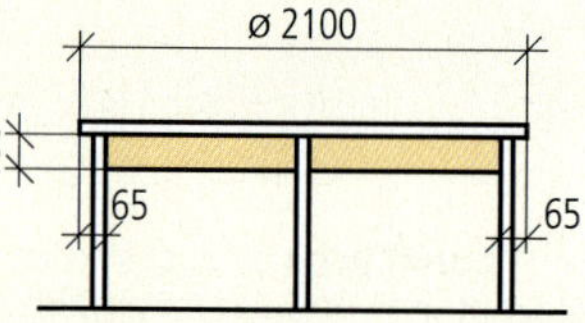

8. Im Treppenhaus eines Kaufhauses wird eine Wandecke ausgerundet. Die Fläche wird aus 10 mm dicker Furniersperrholzplatte gefertigt; Konstruktionshöhe 5,20 m.
Zu berechnen ist die Fertigmenge an Furniersperrholzplatten in m^2.

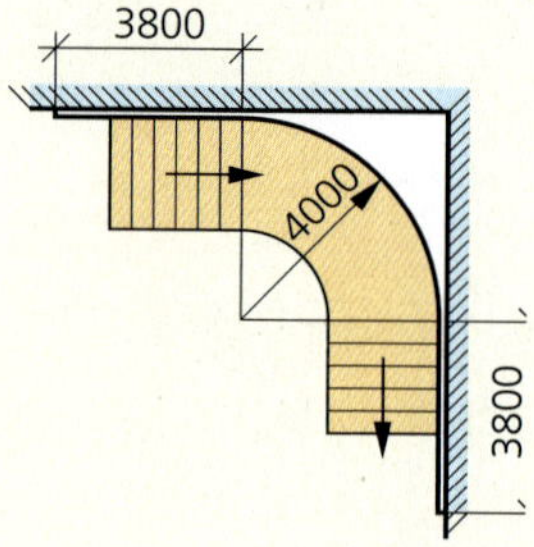

9. Das 6,27 m hohe Treppenhaus einer Wendeltreppe erhält eine Riemenbekleidung.
Wie viel Quadratmeter Riemen werden bei 35 % Verschnittzuschlag verarbeitet?

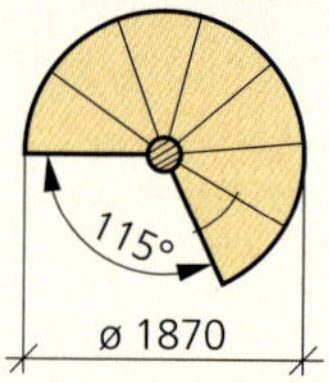

10. Eine Zylinderschleifmaschine hat drei Schleifzylinder mit einer Länge von 800 mm und einem Durchmesser von 180 mm.
Wie viel Quadratmeter Schleiffläche weist die Maschine auf?

5.17 Pyramidenförmige Körper

Pyramide

Die Pyramide ist ein spitzer Körper. Die Grundfläche ist ein ebenes Vieleck (z. B. Dreieck, Quadrat, Rechteck, Parallelogramm). Die Seitenflächen sind gleichschenklige Dreiecke.

Das **Volumen *V*** beträgt ein Drittel des Raumes, den ein Prisma mit gleicher Grundfläche A_G und Körperhöhe h einnimmt.

$$\text{Volumen} = \frac{\text{Grundfläche} \cdot \text{Körperhöhe}}{3}$$

$$V = \frac{A_G \cdot h}{3}$$

Die **Mantelfläche A_M** ist die Summe aller Dreiecksflächen.

$$\text{Mantelfläche} = \text{Dreiecksfläche}_1 + \text{Dreiecksfläche}_2 + \text{Dreiecksfläche}_3$$

$$A_M = A_1 + A_2 + A_3$$

Die **Oberfläche A_O** ist die Summe aus Grundfläche A_G und Mantelfläche A_M.

$$\text{Oberfläche} = \text{Grundfläche} + \text{Mantelfläche}$$

$$A_O = A_G + A_M$$

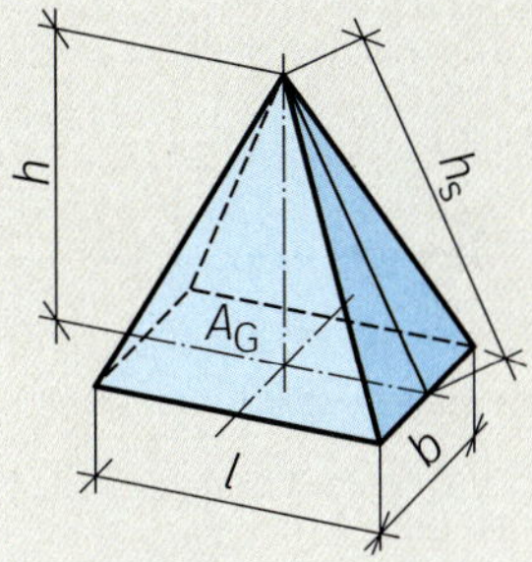

Von einer Pyramide mit quadratischer Grundfläche sind folgende Maße gegeben:
$l = 4{,}20$ dm, $h = 6{,}80$ dm, $h_s = 7{,}12$ dm.

Gesucht:

a) Volumen $V = ?\ \text{dm}^3$
b) Mantelfläche $A_M = ?\ \text{dm}^2$

Lösung:

a) $V = \frac{A_G \cdot h}{3}$

$V = \frac{4{,}20\ \text{dm} \cdot 4{,}20\ \text{dm} \cdot 6{,}80\ \text{dm}}{3}$

$V = \underline{\underline{39{,}984\ \text{dm}^3}}$

b) A_M = Summe aller Dreiecksflächen

$A_M = \frac{4{,}20\ \text{dm} \cdot 7{,}12\ \text{dm} \cdot 4}{2}$

$A_M = \underline{\underline{59{,}81\text{dm}^2}}$

Die **Seitenhöhe h_s** ist die Höhe eines Dreiecks der Mantelfläche und errechnet sich nach dem pythagoreischen Lehrsatz (s. S. 63).

$$h_s = \sqrt{h^2 + \left(\frac{l}{2}\right)^2}$$

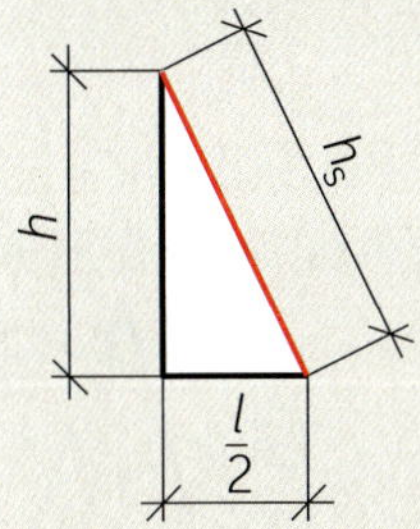

Pyramidenstumpf

Der Pyramidenstumpf entsteht aus einer Pyramide durch einen Schnitt parallel zur Grundfläche. Dabei entfällt die Pyramidenspitze. Die Deckfläche entspricht in verkleinerter Form der Grundfläche.

Das **Volumen *V*** errechnet sich aus einem Drittel der Körperhöhe h, der Grundfläche A_G und der Deckfläche A_D.

$$V = \frac{h}{3} \cdot \left(A_G + A_D + \sqrt{A_G \cdot A_D}\right)$$

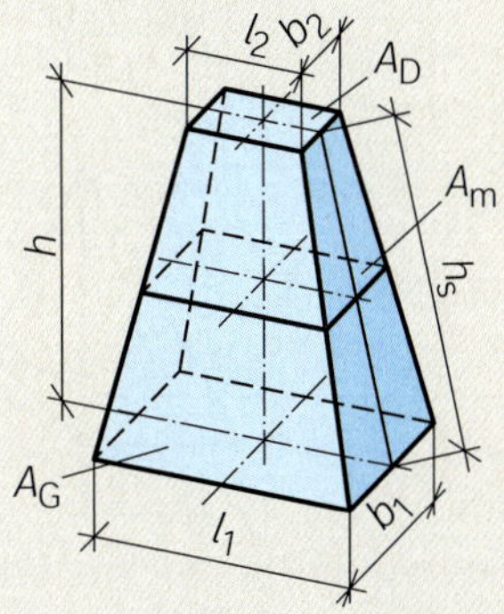

Das **Volumen V** ist als Näherungswert das Produkt aus der mittleren Fläche A_m und der Körperhöhe h.

$$V \approx A_m \cdot h$$

$$\text{wobei: } A_m = \frac{l_1 + l_2}{2} \cdot \frac{b_1 + b_2}{2}$$

Die **Mantelfläche A_M** ist die Summe aller Seitenflächen.

$$\text{Mantelfläche} = \text{Seitenfläche}_1 + \text{Seitenfläche}_2 + \text{Seitenfläche}_3$$

$$A_M = A_{M1} + A_{M2} + A_{M3}$$

Die **Oberfläche A_O** ist die Summe aus Grundfläche, Deckfläche und Mantelfläche.

$$\text{Oberfläche} = \text{Grundfläche} + \text{Deckfläche} + \text{Mantelfläche}$$

$$A_O = A_G + A_D + A_M$$

Die **Seitenhöhe h_s** der Seitenflächen errechnet sich nach dem pythagoreischen Lehrsatz.

$$h_s = \sqrt{h_2 + \left(\frac{l_1 - l_2}{2}\right)^2}$$

Ein Pyramidenstumpf mit quadratischem Querschnitt hat die Kantenlängen $l_1 = 60$ cm und $l_2 = 20$ cm; die Höhe h beträgt 75 cm.
Wie groß ist das Volumen V in m³?

Lösung:

$$V = \frac{h}{3} \cdot \left(A_G + A_D + \sqrt{A_G \cdot A_D}\right)$$

$$A_G = l_1 \cdot l_1 = 0{,}60 \text{ m} \cdot 0{,}60 \text{ m} = 0{,}36 \text{ m}^2$$

$$A_D = l_1 \cdot l_1 = 0{,}20 \text{ m} \cdot 0{,}20 \text{ m} = 0{,}04 \text{ m}^2$$

$$\sqrt{A_G \cdot A_D} = \sqrt{0{,}36 \text{ m}^2 \cdot 0{,}04 \text{ m}^2} = 0{,}12 \text{ m}^2$$

$$V = 0{,}75 \text{ m}/3 \cdot (0{,}36 \text{ m}^2 + 0{,}04 \text{ m}^2 + 0{,}12 \text{ m}^2)$$

$$V = \underline{\underline{0{,}13 \text{ m}^3}}$$

Beispiel s. S. 50

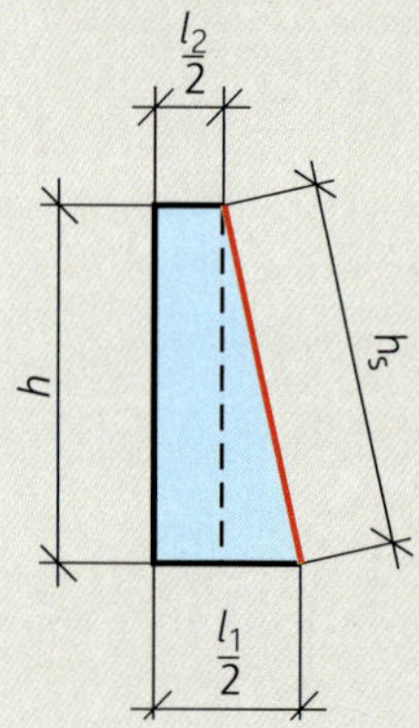

Aufgaben

1. Für einen Ausstellungsraum werden 5 quadratische Pyramiden hergestellt.
Zu berechnen sind:
a) Volumen als Lagerraum in m³
b) Mantelfläche als Rohmenge in m² bei 25 % Verschnittzuschlag

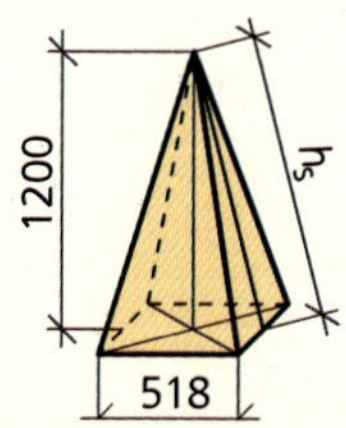

2. Eine Dreieckspyramide hat ein Volumen von 2,143 m³.
Wie viel Meter beträgt die Körperhöhe?

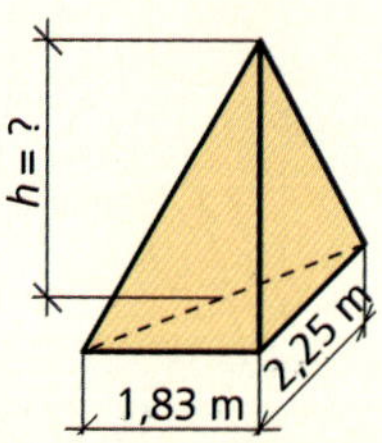

3. Für 42 sechsfüßige Tische werden die Füße in Form eines rechteckigen Pyramidenstumpfes zugeschnitten.
Wie viel Kubikmeter Vollholz (Volumen als Näherungswert) werden benötigt, wenn mit einem Verschnittzuschlag von 20 % zu rechnen ist?

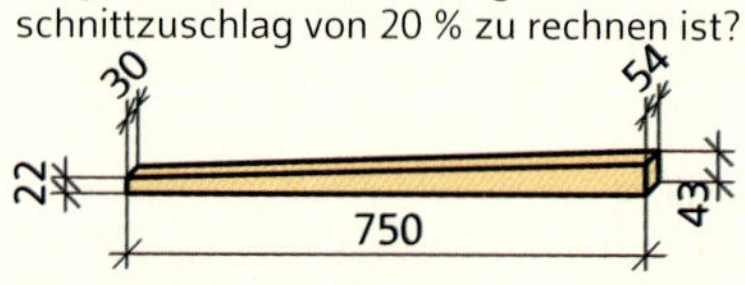

4. Für eine Theaterdekoration werden 15 quadratische Pyramidenstümpfe hergestellt.
Zu berechnen sind:
a) Volumen in m³
b) Mantelfläche in m²

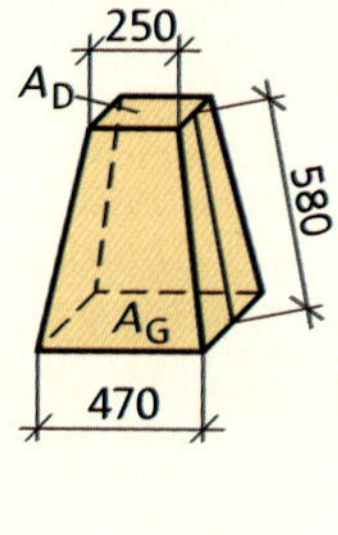

5.18 Kegelförmige Körper

Gerader Kreiskegel

Bei geraden Kreiskegeln ist die Grundfläche A_G eine Kreisfläche. Die Höhe ist das Lot von der Kegelspitze zur Grundfläche.

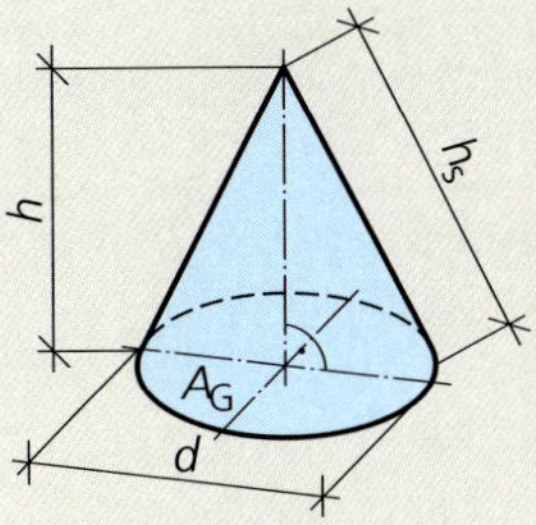

Das **Volumen *V*** ist ein Drittel des Volumens des Kreiszylinders mit gleicher Grundfläche und Höhe.

$$\text{Volumen} = \frac{\text{Grundfläche} \cdot \text{Höhe}}{3}$$

$$V = \frac{A_G \cdot h}{3}$$

$$V = \frac{d^2 \cdot \pi \cdot h}{3 \cdot 4} = \frac{d^2 \cdot 0{,}785 \cdot h}{3}$$

Ein auf der Spitze stehender gerader Kreiskegel mit einem Durchmesser von 140 mm wird mit 1 l Flüssigkeit gefüllt. Wie hoch muss der Kegel mindestens sein?

Gegeben: d = 140 mm; V = 1 l
Gesucht: h = ? mm

Lösung:

$$V = \frac{d^2 \cdot 0{,}785 \cdot h}{3}$$

$$h = \frac{V \cdot 3}{d^2 \cdot 0{,}785}$$

$$h = \frac{1\ \text{dm}^3 \cdot 3}{1{,}4\ \text{dm} \cdot 1{,}4\ \text{dm} \cdot 0{,}785} = 1{,}95\ \text{dm} = \underline{\underline{195\ \text{mm}}}$$

Die **Mantelfläche A_M** ist in der Abwicklung ein Kreisausschnitt.

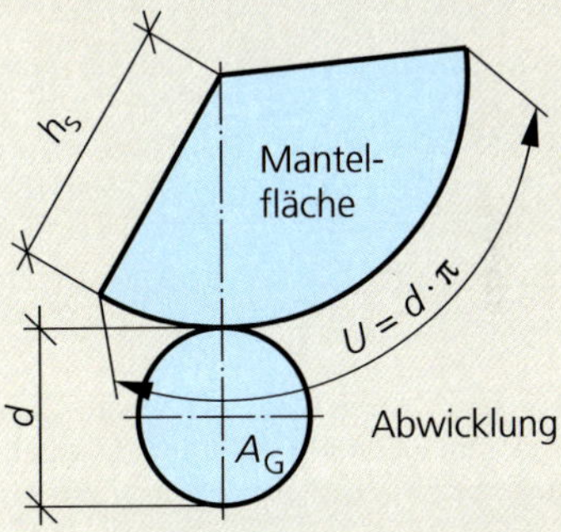

$$\text{Mantelfläche} = \text{Fläche des Kreisausschnitts}$$

$$A_M = \frac{d \cdot \pi \cdot h_s}{2}$$

Die **Oberfläche A_O** ist die Summe aus Grundfläche A_G und Mantelfläche A_M.

$$\text{Oberfläche} = \text{Grundfläche} + \text{Mantelfläche}$$

$$A_O = d^2 \cdot 0{,}785 + A_M$$

Die **Seitenhöhe h_s** errechnet sich nach dem pythagoreischen Lehrsatz (s. S. 63).

$$h_s = \sqrt{h_2 + \left(\frac{d}{2}\right)^2}$$

Gerader Kegelstumpf

Beim geraden Kegelstumpf entfällt die Kegelspitze durch einen Schnitt parallel zur Grundfläche.
Das **Volumen *V*** errechnet sich aus dem Sechstel der Körperhöhe h und der Summe aus Grundfläche A_G, Deckfläche A_D und 4-mal der mittleren Fläche A_M. Es wird auch aus dem großen und kleinen Durchmesser berechnet.

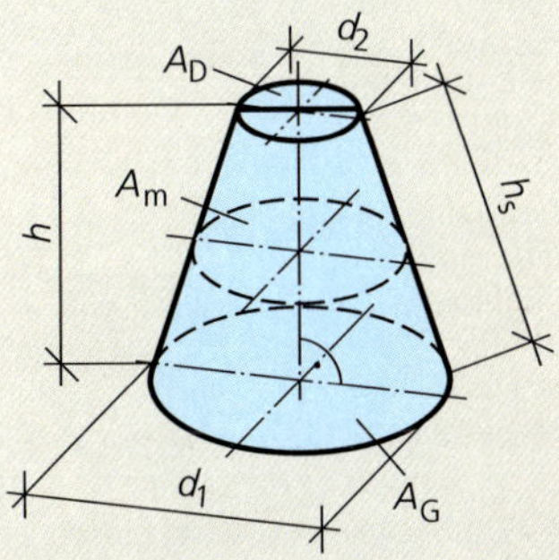

$$V = \frac{h}{6} \cdot (A_G + A_D + 4A_m)$$

$$\text{wobei: } A_m = \left(\frac{d_1 + d_2}{2}\right)^2 \cdot 0{,}785$$

$$V = \frac{\pi \cdot h}{12} \cdot (d_1^2 + d_2^2 + d_1 \cdot d_2)$$

Das **Volumen *V*** kann bei geringer Durchmesserdifferenz näherungsweise aus der mittleren Fläche A_m und der Höhe h berechnet werden.

Volumen = mittlere Fläche · Höhe

$$V = A_m \cdot h$$

wobei: $A_m = \left(\frac{d_1 + d_2}{2}\right)^2 \cdot 0{,}785$

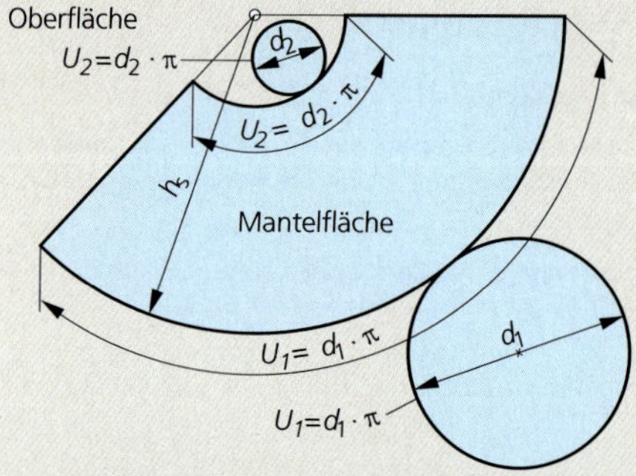

Die **Mantelfläche A_M** ist die Abwicklung in Form eines kreisringförmigen Ausschnitts.

Mantelfläche = mittlerer Durchmesser · π · Seitenhöhe

$$A_M = \frac{d_1 + d_2}{2} \cdot \pi \cdot h_s$$

Die **Oberfläche A_O** ist die Summe aus Grundfläche A_G, Deckfläche A_D und Mantelfläche A_M.

Oberfläche = Grundfläche + Deckfläche + Mantelfläche

$$A_O = A_G + A_D + A_M$$

Die **Seitenhöhe h_s** errechnet sich nach dem pythagoreischen Lehrsatz.

$$h_s = \sqrt{h^2 + \left(\frac{d_1 + d_2}{2}\right)^2}$$

Ein Kegelstumpf mit d_1 = 630 mm, d_2 = 470 mm und h_s = 850 mm wird gebeizt.
Wie viel Quadratmeter beträgt die Mantelfläche?

Gegeben: d_1 = 630 mm; d_2 = 470 mm
h_s = 850 mm

Gesucht: A_M = ? m²

Lösung:

$$A_M = \frac{d_1 + d_2}{2} \cdot \pi \cdot h_s$$

$$A_M = \frac{0{,}63\ \text{m} + 0{,}47\ \text{m}}{2} \cdot \pi \cdot 0{,}85\ \text{m} = \underline{\underline{1{,}47\ \text{m}^2}}$$

Aufgaben

1. Ein trichterförmiger Messbecher mit einem Durchmesser von 180 mm wird mit 1,4 l Beizlösung gefüllt. Wie hoch muss die Mindesthöhe des Bechers in dm sein?

2. Ein Kunststoffeimer ist mit KPVAC-Klebstoff bis 50 mm unter den Rand gefüllt. Zu berechnen ist mit dem Näherungswert 0,785:
a) Wie viel Liter sind im Eimer enthalten?
b) Wie viel Liter würden vorhanden sein, wenn der Eimer bis 1 cm unter den Rand gefüllt wäre?

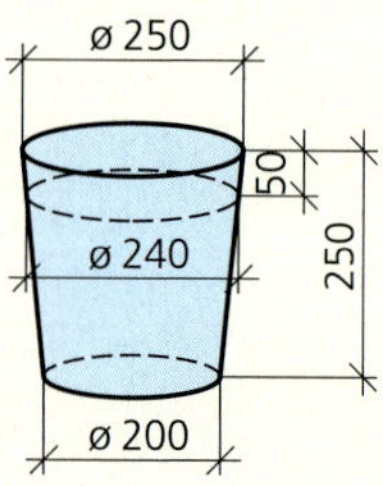

3. Zur Raumentlüftung über einem Spritzstand wird ein Dachentlüfter eingebaut.
Zu berechnen ist das Volumen des Lüfters. Die Materialdicken bleiben unberücksichtigt.

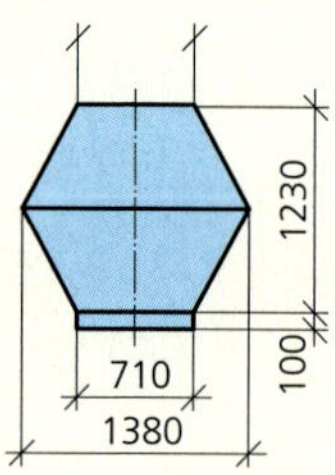

4. Zu berechnen ist das Volumen in m³ eines Zyklonabscheiders. Die Materialdicken des Mantels bleiben unberücksichtigt.

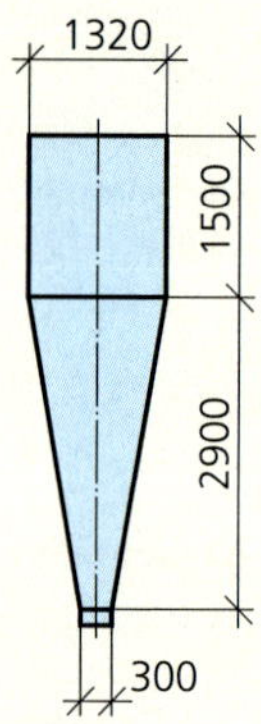

5. Wie viel Quadratmeter Folie werden zum Kaschieren eines Kegelstumpfes benötigt, wenn mit einem Verschnittzuschlag von 35 % gerechnet wird?

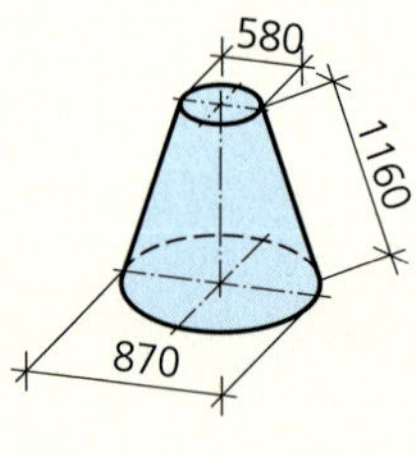

5.19 Kugel, Fass

Kugel

Bei der Kugel haben alle Punkte auf ihrer Oberfläche zum Mittelpunkt den gleichen Abstand (Radius r).

Das **Volumen V** wird vom Würfel abgeleitet, wobei der Kugeldurchmesser gleich lang wie die Würfelseiten ist.

$$V = \frac{d^3 \cdot \pi}{6}$$

Der **Durchmesser d** berechnet sich aus dem Volumen.

$$d = \sqrt[3]{\frac{V \cdot 6}{\pi}}$$

Die **Oberfläche A_O** ist das Quadrat des Durchmessers multipliziert mit der Zahl π.

$$A_O = d^2 \cdot \pi$$

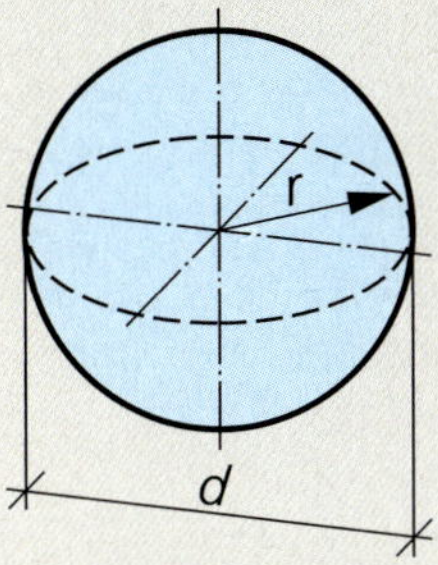

Eine Kugel hat einen Durchmesser von 80 mm.
Zu berechnen sind:
a) Volumen in dm^3
b) Oberfläche in dm^2

Gegeben: $d = 80$ mm
Gesucht: a) $V = ?\ dm^3$
b) $A_O = ?\ dm^2$

Lösung:

a) $V = \frac{d^3 \cdot \pi}{6}$

$V = \frac{(0{,}8\ dm)^3 \cdot \pi}{6} = \underline{\underline{0{,}268\ dm^3}}$

b) $A_O = d^2 \cdot \pi$

$A_O = (0{,}8\ dm)^2 \cdot \pi = \underline{\underline{2{,}00\ dm^2}}$

Fass

Das Fass ist ein unregelmäßig gekrümmter Hohlkörper.

Das **Volumen V** berechnet sich aus der Zahl π, einem Zwölftel der Höhe h und aus den Durchmessern d_1 und d_2.

$$V = \pi \cdot \frac{h}{12} \cdot (2 \cdot d_1^2 + d_2^2)$$

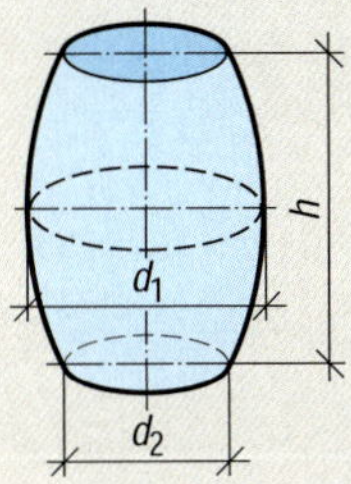

Ein Metallfass hat die Durchmesser $d_1 = 620$ mm und $d_2 = 440$ mm und ist 980 mm hoch.
Wie viel Kubikmeter beträgt der Rauminhalt?

Gegeben: $d_1 = 620$ mm
$d_2 = 440$ mm
$h = 980$ mm
Gesucht: $V = ?\ m^3$

Lösung:

$V = \pi \cdot \frac{h}{12} \cdot (2 \cdot d_1^2 + d_2^2)$

$V = \pi \cdot \frac{0{,}98\ m}{12} \cdot [2 \cdot (0{,}62\ m)^2 + (0{,}44\ m)^2]$

$V = \underline{\underline{0{,}247\ m^3}}$

5.20 Stammberechnung – Blockmaß – Würfelmaß

Stammberechnung

Das **Stammholz** wird nach dem Holzeinschlag als Rundholz in der Volumeneinheit Kubikmeter berechnet. Dazu werden beim Rundholz Durchmesser und Länge gemessen. Stammholz hat ohne Rinde einen Durchmesser > 14 cm, gemessen 1 m oberhalb des Stammendes.

Der **Durchmesser** ergibt sich durch Kluppen an entrindeter Stelle in halber Stammlänge. Es wird
- 1-mal gekluppt bei Durchmessern < 20 cm,
- 2-mal gekluppt bei Durchmessern > 20 cm.

Die gemessenen Werte werden auf volle Zentimeter abgerundet.

Der **mittlere Durchmesser** errechnet sich aus dem Mittelwert beider Durchmesser.

$$\text{mittlerer Durchmesser} = \frac{\text{mittlerer Durchmesser 1} + \text{mittlerer Durchmesser 2}}{2}$$

$$d_m = \frac{d_{m1} + d_{m2}}{2}$$

Die **Länge** wird festgelegt auf
- volle Meter bei Fichte und Tanne,
- volle und halbe Meter und in geraden Dezimetern bei den übrigen Holzarten.

Das **Volumen** von Rundholz wird näherungsweise nach der Formel für den Kegelstumpf berechnet.

$$\text{Volumen} = (\text{mittlerer Durchmesser})^2 \cdot 0{,}785 \cdot \text{Länge}$$

$$V = d_m^2 \cdot 0{,}785 \cdot l$$

Ein 8,00 m langer Buchenstamm wird 2-mal gekluppt: $d_{m1} = 28$ cm, $d_{m2} = 32$ cm.

Wie viel Kubikmeter enthält der Stamm?

Gegeben: $d_{m1} = 28$ cm
$d_{m2} = 32$ cm
$l = 8{,}00$ m
Gesucht: $V = ?\ m^3$

Lösung:

$$d_m = \frac{d_{m1} + d_{m2}}{2}$$

$$d_m = \frac{0{,}28\ m + 0{,}32\ m}{2} = 0{,}30\ m$$

$$V = (d_m)^2 \cdot 0{,}785 \cdot l$$

$$V = (0{,}30\ m)^2 \cdot 0{,}785 \cdot 8{,}00\ m$$

$$V = \underline{\underline{0{,}565\ m^3}}$$

Blockmaß

Das Blockmaß (Rundmaß) errechnet sich aus dem unbesäumten Schnittholz. Säge- und Schwartenabfall werden mitgerechnet.
Der mittlere Durchmesser entspricht der Breite des breitesten Mittelbretts (Mittelbohle) in halber Länge des Blocks ohne Rinde.

Das **Volumen** wird nach der Formel des Stamms berechnet.

$$V = b_m^2 \cdot 0{,}785 \cdot l$$

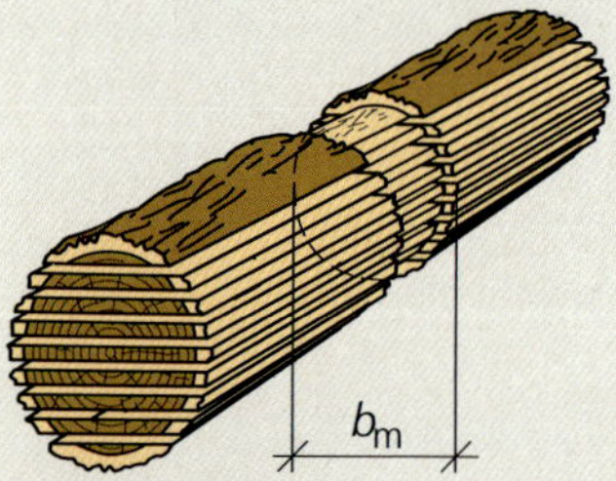

Ein Block Fichtenholz ist 5,75 m lang und hat eine mittlere Breite von 41,00 cm. Wie groß ist das Volumen in m^3?

Gegeben: $l = 5{,}75$ m
$b_m = 41{,}00$ cm
Gesucht: $V = ?\ m^3$

Lösung:
$$V = b_m^2 \cdot 0{,}785 \cdot l$$
$$V = (0{,}41\ m)^2 \cdot 0{,}785 \cdot 5{,}75\ m = \underline{\underline{0{,}759\ m^3}}$$

Würfelmaß

Das Würfelmaß errechnet sich aus dem nicht parallel besäumten Schnittholz. Säge- und Schwartenabfall werden nicht mitgerechnet.

Das **Gesamtvolumen V_{ges}** der Schnittware ergibt sich aus:
- der Summe der Einzelvolumen oder
- der Summe der mittleren Breiten bei gleicher Dicke und der Länge.

V_{ges} = Summe der Einzelvolumen

$V_{ges} = V_1 + V_2 + V_3 + ...$

V_{ges} = Summe der mittleren Breiten · Dicke · Länge

$V_{ges} = (b_{m1} + b_{m2} + b_{m3} + ...) \cdot d \cdot l$

Je geringer die Dicke der Schnittware, desto größer ist der Unterschied zwischen Block- und Würfelmaß.

$1\ m^3$ Blockmaß $\triangleq 0{,}7\ m^3 ... 0{,}8\ m^3$ Würfelmaß.

Brettdicke und Schnittverlust

Brettdicke in mm	15	22	24	26	30	35
Schnittverlust in %	31	26	24	23	21	20

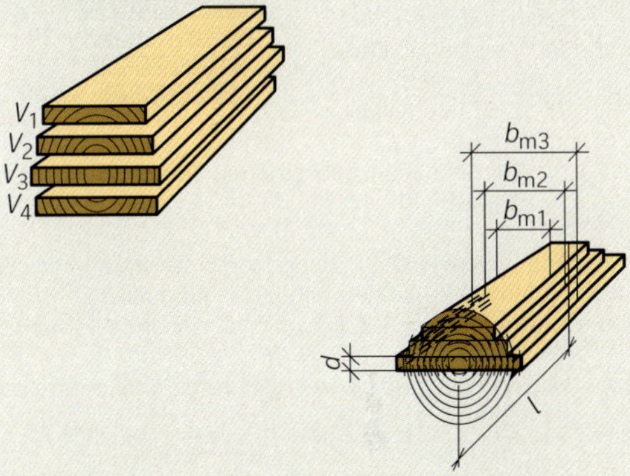

Aufgaben

1. Bei der Kluppung eines Eichenstamms ergeben sich folgende Messergebnisse für den mittleren Durchmesser: 52,0 cm und 47,0 cm. Die Stammlänge beträgt 6,80 m.
Zu berechnen ist das Volumen des Stamms.

2. Ein Furnierwerk kauft einen hochwertigen Nussbaumstamm, um Messerfurniere daraus herzustellen. Der Preis je Kubikmeter beläuft sich auf 5 250,00 €. Der Stamm misst in der Länge 7,25 m und erbringt einen Mittendurchmesser von 56 cm. Wie teuer ist der Stamm (Berechnung mit dem Näherungswert 0,785)?

3. Die Forstverwaltungen kennzeichnen die eingeschlagenen Stämme am Stammende durch fortlaufende Nummern und Angabe des gekluppten Durchmessers sowie der Stammlänge.
Zu berechnen ist das Volumen des Kiefernstamms nach den Angaben auf dem Stammende.

4. a) Wie viel Kubikmeter misst der abgebildete Eichenstamm?
b) Wie viel Kubikmeter Bretter von 26 mm Dicke (vgl. Würfelmaß) können aus diesem Stamm gewonnen werden?

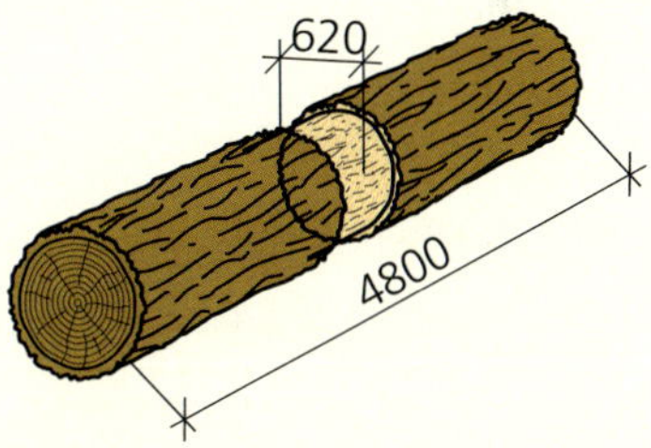

5. Aus Übersee wird ein Mahagonistamm angeliefert. Bei über 2,00 m Durchmesser ist eine Kluppung nicht möglich; deshalb werden die mittleren Durchmesser der Stammholz- und der Zopfholzfläche gemessen. Die Messungen am Stammholz ergeben 2,18 m und 2,01 m, die am Zopfholz 2,12 m und 1,97 m. Der Stamm ist 8,00 m lang.
Das Volumen in m^3 ist mit dem Näherungswert 0,785 zu berechnen.

6. Ein Eichenstamm mit einem mittleren Durchmesser von 53 cm und einer Länge von 5,60 m wird in 35 mm dicke, nicht parallel besäumte Bretter mit den angegebenen mittleren Breiten aufgetrennt.

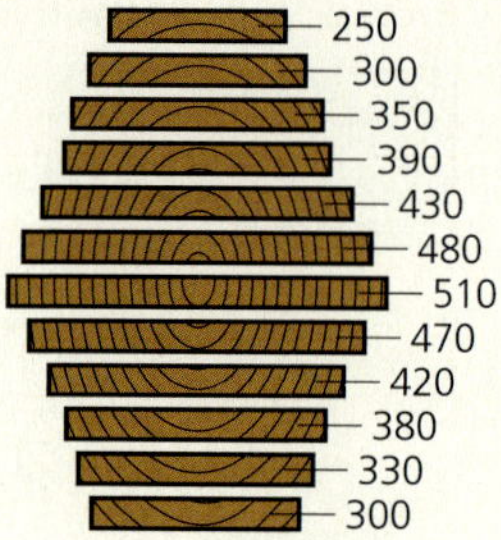

a) Wie viel Kubikmeter werden nach dem Rundmaß berechnet?
b) Wie viel Kubikmeter ergeben sich nach dem Würfelmaß?

7. Aus einem 9,00 m langen Fichtenstamm werden 40 mm dicke Bohlen mit folgenden mittleren Breiten zugeschnitten: 1 Bohle mit 40 cm, je 2 Bohlen mit 38 cm, 36 cm, 32 cm, 28 cm und 20 cm.
Wie viel Kubikmeter werden nach dem Würfelmaß berechnet?

8. Ein Rotbuchenstamm mit einem mittleren Durchmesser von 43 cm hat eine Länge von 5,25 m. Daraus werden Bretter mit 18 mm Dicke zugeschnitten; die Brettbreiten ergeben folgende mittlere Maße in cm: 20; 24; 27; 29; 32; 35; 37; 39; 41; 39; 37; 36; 31; 28; 26; 22.
Zu berechnen sind:
a) Blockmaß in m^3 mit dem Näherungswert 0,785
b) Würfelmaß in m^3
c) Verschnittabschlag in %

9. Das Blockmaß eines Kiefernstamms betrug 2,340 m^3. Beim Einschnitt von 30 mm dicken Brettern entstand für Sägeschnitt und Schwartenabfall ein Verlust von 22 %.
a) Wie groß war das Würfelmaß in m^3?
b) Wie groß wäre das Würfelmaß gewesen, wenn der Stamm in 15 mm dicke Bretter aufgeschnitten worden wäre (s. Tabelle S. 143)?

10. Forstbeamte versteigerten den Holzeinschlag ihres Reviers. Ein Sägewerk bekam zum Preis von 1 350,00 € je Kubikmeter den Zuschlag für einen Stamm, der 8,50 m lang war und bei der Kluppung einen mittleren Durchmesser von 54 cm aufwies.
Beim Auftrennen des Stamms zu nicht parallel besäumter, 24 mm dicker Brettware ergab sich eine Ausbeute von 76 %.
Zu berechnen sind mit dem Näherungswert 0,785
a) Preis des Stamms in €
b) Kubikmeterpreis der 24 mm dicken Bretter ohne Berücksichtigung des Kostenaufwands, der durch Transport, Lagerung und Einschnitt entstanden ist

11. Das Blockmaß eines Ahornstamms beträgt 1,382 m^3. Der Schnittverlust beim Einschneiden einschließlich des Schwartenabfalls beläuft sich auf 28 %.
Zu berechnen sind:
a) Würfelmaß in m^3
b) Kosten der Schnittware (Würfelmaß) in € bei einem Kubikmeterpreis von 1 250,00 €

12. Es wurden 5 Buchenstämme mit zusammen 4,573 m^3 zum Preis von 4 350,00 € ersteigert. Der Aufwand für Einschnitt und Transport beträgt 450,00 €, der Sägeverlust beläuft sich auf 28 %.
Zu berechnen sind:
a) Kosten für 1 m^3 Buchenstammholz im Wald
b) Kosten für 1 m^3 Buchenschnittholz im Sägewerk

13. Ein Kiefernstamm, Länge 6,80 m, Mittendurchmesser 44 cm, wurde zu 45 mm dicken Bohlen aufgeschnitten. Der Einschnittverlust betrug 17 %.
Wie viel Quadratmeter Bohlen ergab der Stamm?

14. Ein Kiefernstamm mit einem mittleren Durchmesser von 42 cm hat eine Länge von 8,50 m. Im Sägewerk wird der Stamm zu 70 mm dicken Bohlen aufgeschnitten. Das für den Fensterbau besonders gut geeignete Holz wird je m^3 mit 745,00 € gehandelt.
Zu berechnen sind mit dem Näherungswert 0,785:
a) Einkaufspreis des Stamms in €
b) Anzahl der Quadratmeter an Bohlen bei einem Einschnittverlust von 16 %
c) Quadratmeterpreis der Bohlen, wenn die Einschnittkosten nicht berechnet werden

15. Ein Furnierwerk kauft zur Herstellung von Messerfurnieren einen Stamm Spessarteiche von überdurchschnittlich guter Qualität. Für den Kubikmeter werden 2 300,00 € bezahlt. Die Maße des vollholzig gewachsenen Stamms betragen: mittlere Kluppung am Stammende 86,0 cm, am Zopfende 78,0 cm, Länge 9,50 m.
Zu berechnen sind:
a) Volumen in m^3 mit dem Näherungswert 0,785
b) Preis des Stamms in €

6 Technisch-physikalische Mathematik

6.1 Holztrocknung

Holzfeuchte

Holz enthält
- gebundenes Wasser in den Zellwänden und
- freies Wasser in den Zellhohlräumen.

Der **Wassergehalt m_w** ist die Differenz der Masse des nassen Holzes (Nassgewicht) m_u und der Masse des darrtrockenen Holzes (Darrgewicht) m_0.

$$\text{Masse}_{\text{Wasser}} = \text{Masse}_{\text{nasses Holz}} - \text{Masse}_{\text{darrtrockenes Holz}}$$
$$m_w = m_u - m_0$$

Die **Holzfeuchte u** ist das Verhältnis des Wassergehalts m_w zur Masse des darrtrockenen Holzes m_0 in Prozent.

$$\text{Holzfeuchte} = \frac{\text{Masse}_{\text{Wasser}}}{\text{Masse}_{\text{darrtrockenes Holz}}} \cdot 100\,\%$$
$$u = \frac{m_w}{m_o} \cdot 100\,\%$$

Die Holzfeuchte beträgt bei:

•	fällfrischem Eichenholz	ca.	110 %,
	Fichtenholz	ca.	150 %,
	Pappelholz	ca.	220 %,
•	lufttrockenem Holz	ca.	15 %,
•	technisch getrocknetem Holz	ca.	8 %,
•	darrtrockenem Holz		0 %.

Eine Holzprobe hat vor dem Trocknen die Masse von 192 g, danach darrtrocken die Masse von 175 g.
Wie viel Prozent beträgt die Holzfeuchte?

Gegeben: $m_u = 192$ g
$m_0 = 175$ g

Gesucht: $u = ?\,\%$

Lösung:

$$u = \frac{m_u - m_o}{m_o} \cdot 100\,\%$$

$$u = \frac{192\text{ g} - 175\text{ g}}{175\text{ g}} \cdot 100\,\% = \underline{\underline{9{,}71\,\%}}$$

Holzfeuchte – Wassergehalt und Volumen

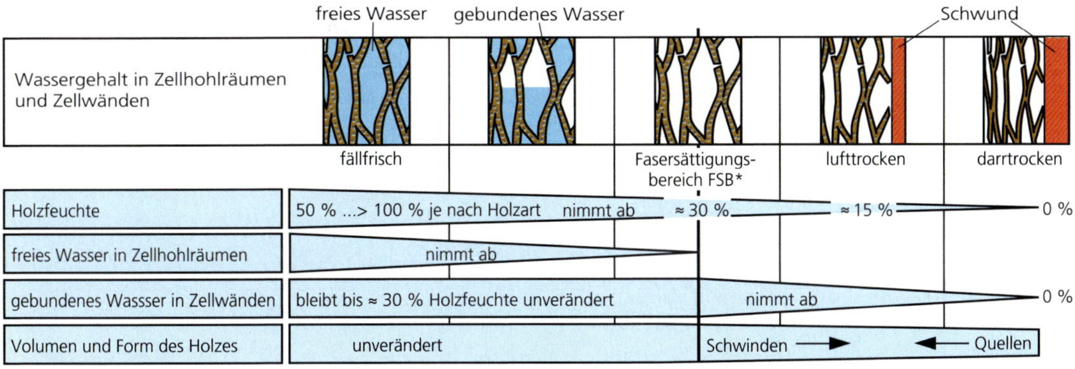

* Der Fasersättigungsbereich FSB liegt je nach Holzart zwischen 25 % und 35 % Holzfeuchte.

Luftfeuchte

Die Luftfeuchte beeinflusst die Holzfeuchte.

Die **Sättigungsluftfeuchte $\varphi_{sät}$** (sprich: phi) gibt an, wie viel Gramm Wasserdampf 1 m^3 Luft bei einer bestimmten Temperatur höchstens aufnehmen kann.
Je höher die Lufttemperatur ist, desto mehr Wasserdampf kann die Luft aufnehmen. Dieser Wert ist bei einer bestimmten Lufttemperatur immer gleich (konstant).

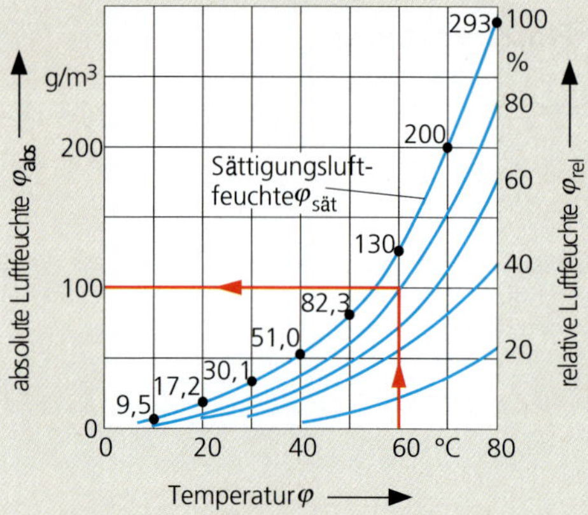

Die **absolute Luftfeuchte φ_{abs}** gibt an, wie viel Gramm Wasserdampf 1 m^3 Luft tatsächlich aufgenommen hat.

Wie viel Gramm Wasserdampf enthält 1 m^3 Luft bei einer Lufttemperatur von 60 °C und einer relativen Luftfeuchte von 80 %?

Lösung nach Diagramm:

$\varphi_{abs} = \underline{\underline{100\ g/m^3}}$

Die **relative Luftfeuchte φ_{rel}** wird in Prozent angegeben und berechnet sich aus dem Verhältnis von absoluter Luftfeuchte zu Sättigungsluftfeuchte.

$$\text{relative Luftfeuchte} = \frac{\text{absolute Luftfeuchte}}{\text{Sättigungsluftfeuchte}} \cdot 100\ \%$$

$$\varphi_{rel} = \frac{\varphi_{abs}}{\varphi_{sät}} \cdot 100\ \%$$

Bei einer Lufttemperatur von 26 °C beträgt die Sättigungsluftfeuchte $\varphi_{sät}$ 24,4 g/m^3. Als absolute Luftfeuchte φ_{abs} werden jedoch nur 21,7 g/m^3 festgestellt. Wie viel Prozent beträgt die relative Luftfeuchte φ_{rel}?

Gegeben: $\varphi_{abs} = 21{,}7\ g/m^3$
$\varphi_{sät} = 24{,}4\ g/m^3$

Gesucht: $\varphi_{rel} = ?\ \%$

Lösung:

$$\varphi_{rel} = \frac{\varphi_{abs}}{\varphi_{sät}} \cdot 100\ \%$$

$$\varphi_{rel} = \frac{21{,}7\ g/m^3}{24{,}4\ g/m^3} \cdot 100\ \% = \underline{\underline{88{,}9\ \%}}$$

Holzfeuchtegleichgewicht

Das **Holzfeuchtegleichgewicht u_{gl}** ist abhängig von den messbaren Faktoren Holzfeuchte, relative Luftfeuchte und Lufttemperatur. Es ist dann erreicht, wenn kein Austausch zwischen Holzfeuchte und umgebender Luftfeuchte stattfindet.

Zu Beginn technischer Holztrocknungen soll das Holzfeuchtegleichgewicht erreicht sein, damit keine Trocknungsschäden auftreten (vgl. Trocknungsgefälle *TG*, s. S. 147).

Das **Holzfeuchtediagramm** zeigt die Beziehung zwischen Holzfeuchtegleichgewicht, relativer Luftfeuchte und Lufttemperatur.

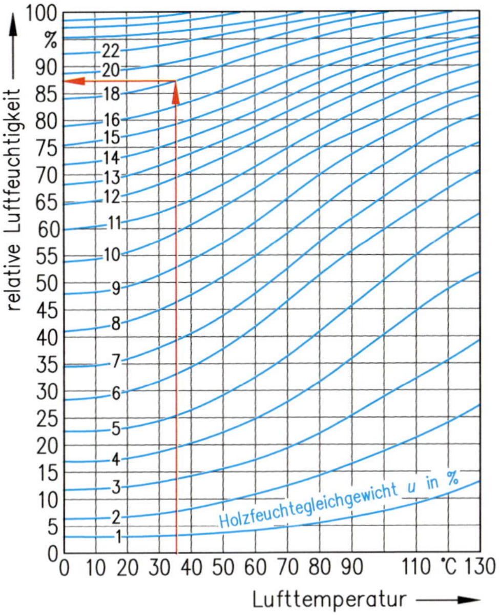

Es wird eine Holzfeuchte von 18 % gemessen. Die Lufttemperatur in der Trockenmaschine beträgt 35 °C. Welche relative Luftfeuchte ist zu Beginn des Trockenverfahrens notwendig?

Gegeben: $u = 18\ \%$
$\vartheta = 35\ °C$
Gesucht: $\varphi_{rel} = ?\ \%$

Lösung:
Im Diagramm vom Wert „Lufttemperatur 35 °C" in Pfeilrichtung nach oben bis zur Linie „18 %" gehen. Vom Schnittpunkt waagerecht nach links und auf der Skala „relative Luftfeuchte" den Wert „87 %" ablesen.

Trocknungsgefälle

Das **Trocknungsgefälle *TG*** bestimmt die Qualität des Trocknungsergebnisses. Ein zu großes Gefälle kann Rissbildungen und Spannungen im Holz ergeben, ein zu kleines führt zu langen Trockenzeiten und ist unwirtschaftlich. Das Trocknungsgefälle ist das Verhältnis der momentanen Holzfeuchte u_m des Trockenguts zum Holzfeuchtegleichgewicht u_{gl}, das den vorliegenden Trocknungsbedingungen (Temperatur, relative Luftfeuchte) entspricht.

$$\text{Trocknungsgefälle} = \frac{\text{Holzfeuchte}}{\text{Holzfeuchtegleichgewicht}}$$

$$TG = \frac{u_m}{u_{gl}}$$

30 mm dicke Fichtenholzbretter werden technisch getrocknet. Ihre Holzfeuchte u_m beträgt 40 %. In der Trockenmaschine herrscht eine Trockentemperatur von 70 °C und eine relative Luftfeuchte von 70 %.

a) Wie groß ist das Trocknungsgefälle?
b) Ist das *TG* nach der Tabelle richtig gewählt?

Lösung:
a) Im Feuchtediagramm wird aus den Werten 70 °C und 70 % relativer Luftfeuchte das Holzfeuchtegleichgewicht u_{gl} von 10 % abgelesen.

$$TG = \frac{u_m}{u_{gl}} = \frac{40\ \%}{10\ \%} = \underline{\underline{4}}$$

b) Laut Tabelle ist das *TG* richtig gewählt.

Bestimmung des Trocknungsgefälles

Trocknung	Trocknungsgefälle *TG*		Trocknungszeit	rel. Luftfeuchte	Holzart
schonend	niedrig	1,5 ... 1,9	lang	hoch	Eiche, Esche, Buche, Sapelli, Macore, Mahagoni
normal	mittel	2,0 ... 2,9	mittel	mittel	Ahorn, Birnbaum, Kirschbaum, Nussbaum, Teak
scharf	hoch	3,0 ... 3,9	schnell	gering	Abachi, Fichte, Kiefer, Tanne
sehr scharf	sehr hoch	4,0 ... 5,2	sehr schnell	sehr gering	Abachi, Fichte, Tanne

Aufgaben

1. Mithilfe der Darrprobe wird die prozentuale Holzfeuchte festgestellt. Das Probestück hat ein Nassgewicht von 119 g, darrtrocken wiegt es noch 95 g. Wie groß ist die Holzfeuchte in Prozent?

2. Für eine Kammertrocknung muss die Holzfeuchte bestimmt werden. Eine Holzprobe wiegt im feuchten Zustand 168 g, darrtrocken 132 g.
Wie viel Prozent beträgt die Holzfeuchte?

3. Ein Probestück ist im darrtrockenen Zustand 455 g schwer.
Wie viel Gramm wiegt das Brettstück bei a) 8 %, b) 15 % und c) 23 % Holzfeuchte?

4. Mit einem elektrischen Holzfeuchtemessgerät wird bei einem Probestück ein Holzfeuchtegehalt von 18 % festgestellt; es wiegt 498 g.
Wie viel Prozent Holzfeuchte hat das Holz, wenn nach dem Trocknen des Probestücks das Gewicht 453 g beträgt?

5. Zu berechnen ist die Holzfeuchte in Prozent bei folgenden Messergebnissen:

	a)	b)	c)	d)	e)	f)
Nassgewicht in g	138	181,5	252	160	1 562	821
Darrgewicht in g	120	165	210	144	1 285	766
Holzfeuchte in %	?	?	?	?	?	?

6. Eine Kiefernbohle mit den Abmessungen 3 800 mm/280 mm/60 mm ist nass geworden und hat 2,7 l Wasser aufgenommen. Ihre Masse beträgt nach der Feuchtigkeitsaufnahme 36,50 kg. Die Rohdichte von Kiefernholz bei 0 % Holzfeuchte beträgt 480 kg/m^3.
Zu berechnen sind:
a) Holzfeuchte in Prozent vor dem Nasswerden
b) Holzfeuchte in Prozent nach dem Nasswerden

7. Während einer technischen Holztrocknung wird eine Holzprobe im nassen Zustand mit 238 g gewogen. Die Darrprobe ergibt einen Wert von 203,4 g.
Zu berechnen ist die Holzfeuchte in Prozent.

8. Ein Brett hat eine Holzfeuchte von 18 % und eine Masse von 8,560 kg. In der Trockenkammer wird es auf 8 % Holzfeuchte heruntergetrocknet.
Zu berechnen ist die Masse in kg des getrockneten Bretts.

9. Mithilfe des Holzfeuchtediagramms sind die in der tabellarischen Aufstellung nicht angegebenen Werte zu ermitteln.

	a)	b)	c)	d)	e)	f)
Holzfeuchte in %	24	20	?	?	12	10
rel. Luftfeuchte in %	?	88	80	65	?	63
Lufttemperatur in °C	20	?	40	80	100	?

10. Bei lufttrockener Schnittware wird eine Holzfeuchte von 15 % gemessen. Das Holzfeuchtegleichgewicht beträgt 8 %.
Zu berechnen ist das Trocknungsgefälle.

11. Ein Rotbuchenbrett hat eine Holzfeuchte von 27 %. Die Trockenmaschine ist auf 65 °C aufgeheizt und die relative Luftfeuchte beläuft sich auf 85 %.
a) Zu berechnen ist das Trocknungsgefälle.
b) Stimmt der Wert mit der Tabelle überein? Wie lautet die Bezeichnung der Trocknung?

12. Eine Bohle mit einer Holzfeuchte von 35 % wird getrocknet. Das mittlere Trocknungsgefälle beträgt 2,4. Wie viel Prozent beträgt das Holzfeuchtegleichgewicht?

13. In der tabellarischen Aufstellung sind die fehlenden Werte zu bestimmen.
Lösung nach Tabelle und Berechnungsformel.

	a)	b)	c)	d)	e)	f)
u_m	18	12	9	16	?	28
u_{gl}	7	?	?	?	3,5	14,5
TG	?	3,1	3,9	2	5,2	?
Bezeichnung der Trocknung	?	?	?	?	?	?
Holzarten	?	?	?	?	?	?

Schwinden und Quellen des Holzes

Schwinden oder Quellen entsteht durch **Maßänderung β** in den Zellwänden bei Feuchtigkeitsabgabe oder Feuchtigkeitsaufnahme unterhalb des Fasersättigungsbereichs, der zwischen 25 % und 35 % Holzfeuchte liegt.

Diese Maßänderungen werden auch als **Schwindmaß** oder **Quellmaß** bezeichnet.

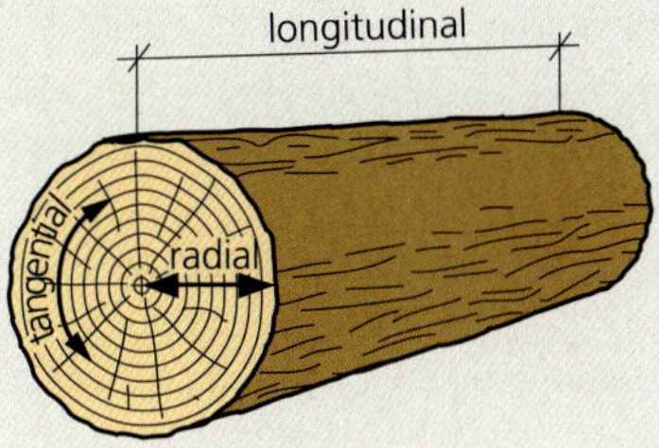

Drei Schwundrichtungen werden unterschieden:
- longitudinal (l) in Faserrichtung ≈ 0,3 %,
- radial (r) in Richtung der Holzstrahlen ≈ 4,0 %,
- tangential (t) in Richtung der Jahrringe ≈ 8,0 %.

Breiten- und Dickenschwund des Holzes hängen vom Verlauf der Jahrringe ab. Der Schwund in Faserrichtung bleibt wegen seiner geringen Bedeutung in der Praxis im Allgemeinen unberücksichtigt.

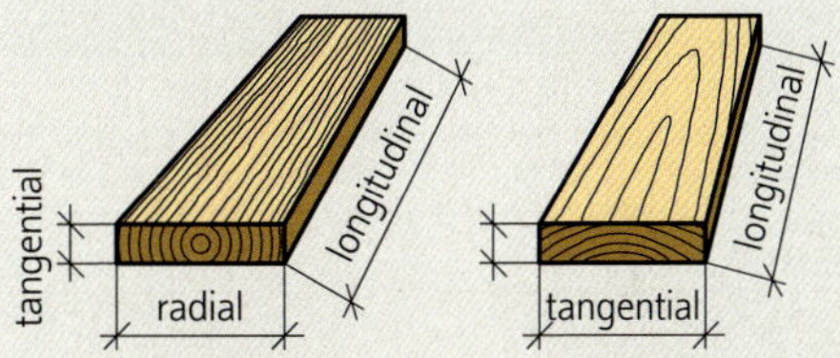

Mittelbrett (stehende Jahrringe) Seitenbrett (liegende Jahrringe)

Das **Schwindmaß β** ergibt sich aus der Differenz von **Feuchtemaß β_f**, auch **Grünmaß** genannt, und **Trockenmaß β_{tr}**.

$$\beta = \beta_f - \beta_{tr}$$

Daraus folgen für die Maße nach dem Schwinden oder Quellen:

$$\beta_{tr} = \beta_f - \beta \qquad \text{bzw.} \qquad \beta_f = \beta_{tr} + \beta$$

Der **Schwindverlust *SV*** oder der Zuwachs beim Quellen sind die Maßänderung β in Prozent:

$$SV = \frac{\beta}{\beta_f} \cdot 100\ \%$$

Maße	Prozent
Feuchtmaß β_f	100 %
Schwind-, Quellmaß β	Schwindverlust *SV*
Trockenmaß β_{tr}	100 % – *SV*

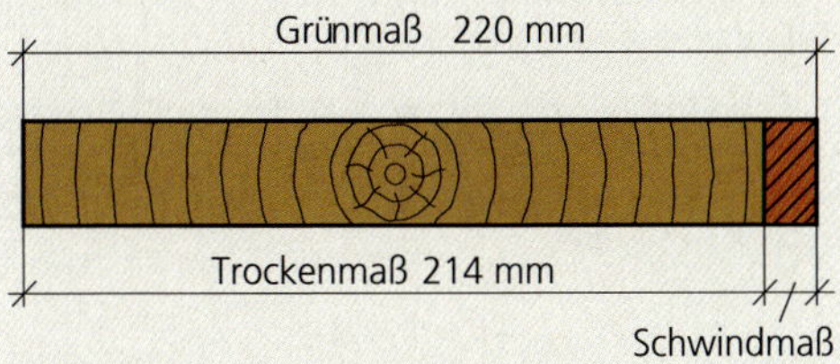

Ein Mittelbrett misst in radialer Richtung vor der Trocknung 220 mm, nach der Trocknung 214 mm.
Wie groß ist sein Schwindmaß β?

Gegeben: $\beta_f = 220$ mm
$\beta_{tr} = 214$ mm

Gesucht: $\beta = ?$ mm

Lösung:

$\beta = \beta_f - \beta_{tr} = 220\ \text{mm} - 214\ \text{mm} = \underline{\underline{6\ \text{mm}}}$

Wie groß ist der Schwindverlust im gegebenen Beispiel?

Lösung:

$SV = \frac{\beta}{\beta_f} \cdot 100\ \% = \frac{6\ \text{mm}}{220\ \text{mm}} \cdot 100\ \% = \underline{\underline{2{,}73\ \%}}$

Die **Holzfeuchtedifferenz Δu** ergibt sich aus der Holzfeuchte im feuchten Zustand u_f und der Holzfeuchte im getrockneten Zustand u_{tr}.

$$\Delta u = u_f - u_{tr}$$

Differenzielles Schwind- und Quellmaß V

Das differenzielle Schwind- oder Quellmaß gibt die prozentuale Maßänderung im Quell- und Schwindbereich des Holzes bei 1 % Holzfeuchteänderung an.

Differenzielle Schwind- und Quellmaße V in %/%

Holzart	radial	tangential
Fichte	0,19	0,39
Tanne	0,14	0,28
Douglasie	0,15	0,37
Rotbuche	0,20	0,41
Eiche	0,16	0,36
Makoré	0,22	0,27

Zusammen mit der **Holzfeuchtedifferenz Δu** wird das differenzielle Quell- und Schwindmaß für Berechnungen von Maßänderungen beim Quellen oder Schwinden des Holzes benötigt.

Der **Schwindverlust SV** in % oder Zuwachs beim Quellen ergibt sich aus dem Produkt des differenziellen Quell- oder Schwindmaßes V mit der Holzfeuchtedifferenz Δu.

$$SV = V \cdot \Delta u$$

Es verhalten sich zueinander:

$$\frac{\text{Feuchtemaß}}{100\,\%} = \frac{\text{Trockenmaß}}{100\,\% - \text{Schwindverlust}} = \frac{\text{Schwindmaß, Quellmaß}}{\text{Schwindverlust, Quellzuwachs}}$$

Für Berechnungen zum Schwinden und Quellen des Holzes können deshalb die benötigten Teile folgender Proportionen jeweils paarweise verwendet werden:

$$\frac{\beta_f}{100\,\%} = \frac{\beta_{tr}}{100\,\% - SV} = \frac{\beta}{SV}$$

An einem Schnittholzstapel wurden folgende Holzfeuchten gemessen.

1. Messung $u_1 = 32\,\%$, 2. Messung $u_2 = 18\,\%$,
3. Messung $u_3 = 22\,\%$

Wie groß sind die Holzfeuchtedifferenzen?

Lösung:

$\Delta u = u_f - u_{tr}$

$\Delta u_1 = 32\,\% - 18\,\% = 14\,\%$

$\Delta u_2 = 22\,\% - 18\,\% = \underline{\underline{4\,\%}}$

Ein 280 mm breites Eichenbrett ist in radialer Richtung von 20 % auf 12 % Holzfeuchte getrocknet.
Wie viel Millimeter Breitenmaß hat das Brett nach dem Schwinden?

Gegeben: $\beta_f = 280$ mm
$\Delta u = u_f - u_{tr} = 20\,\% - 12\,\% = 8\,\%$
$V = 0{,}16\,\%/\%$ (nach Tabelle)
Gesucht: Breitenmaß β_{tr} in mm

Lösung:

$SV = V \cdot \Delta u = 0{,}16\,\%/\% \cdot 8\,\% = 1{,}28\,\%$

$$\frac{\beta_f}{100\,\%} = \frac{\beta_{tr}}{100\,\% - SV}$$

$$\beta_{tr} = \frac{\beta_f \cdot (100\,\% \cdot SV)}{100\,\%} = \frac{280\text{ mm} \cdot 98{,}72\,\%}{100\,\%}$$

$$= \underline{\underline{276{,}4\text{ mm}}}$$

Ein 276,4 mm breites Eichenbrett ändert in radialer Richtung seine Holzfeuchte von 12 % auf 20 %.
Wie viel Millimeter quillt es?

Gegeben: $\beta_{tr} = 276{,}4$ mm
$\Delta u = u_f - u_{tr} = 20\,\% - 12\,\% = 8\,\%$
Gesucht: Quellmaß β in mm

Lösung:

$SV = V \cdot \Delta u = 0{,}16\,\%/\% \cdot 8\,\% = 1{,}28\,\%$

$$\frac{\beta_{tr}}{100\,\% \cdot SV} = \frac{\beta}{SV}$$

$$\beta = \frac{\beta_{tr} \cdot SV}{100\,\% \cdot SV} = \frac{276{,}4\text{ mm} \cdot 1{,}28\,\%}{98{,}72\,\%} = \underline{\underline{3{,}6\text{ mm}}}$$

Schwindmaße

Holzart	Kurz-zeichen alt DIN 4076	Kurz-zeichen neu DIN EN 13556	maximales Schwindmaß β_{max} in % fällfrisch bis darrtrocken			differenzielles Schwindmaß V in % Schwund je 1 % Holzfeuchteänderung	
			longitud.	radial	tangential	radial	tangential
Abachi	ABA	TRSC, AF*	–	3,3	5,4	0,11	0,19
Ahorn	AH	ACCM, EU	0,4	3,0	8,0	0,21	0,30
Balsa	BAL	OHLG, AM	–	2,4	4,4	–	–
Birke	BI	BEPU, EU	0,5	5,3	7,8	0,29	0,41
Birnbaum	BB	PYCM, EU	0,4	4,6	9,1	0,15	0,33
Buche (Rot-)	BU	FASY, EU	0,3	5,8	11,8	0,20	0,41
Eiche	EI	QCXE, EU	0,4	4,3	8,9	0,16	0,36
Erle	ER	ALIN, EU	0,4	4,4	7,3	0,16	0,27
Esche, gemeine	ES	FXEX, EU	0,26	4,7	7,5	0,21	0,38
Fichte	FI	PCAB, EU	0,3	3,6	7,8	0,19	0,39
Hemlock	HEM	TSHT, AM	–	4,3	7,9	–	–
Kiefer	KI	PNSY, EU	0,4	4,0	7,7	0,19	0,36
Kirschbaum	KB	PRAV, EU	–	5,0	8,7	–	–
Lärche	LÄ	LADC, EU	0,3	3,3	7,8	0,14	0,30
Limba	LMB	TMSP, AF	–	3,5	6,3	0,17	0,22
Linde	LI	TIXX, EU	0,3	5,5	9,1	0,20	0,30
Mahagoni, echtes	MAE	SWMC, AM	–	3,2	4,6	0,15	0,20
Makoré	MAC	TGHC, AF	0,11	4,7	6,3	0,22	0,27
Meranti, Dark red	MER	SHDR, AS	–	4,1	9,7	0,11	0,25
Nussbaum	NB	JGRG, EU	0,5	5,4	7,5	0,18	0,28
Okoume, Gabun	OKU	PTXX, AF	–	4,1	6,6	0,16	0,24
Pappel	PA	POAL, EU	0,35	5,2	8,3	0,13	0,31
Pockholz	POH	GCXX, AM	–	5,6	9,3	–	–
Ramin	RAM	GYBN, AS	–	4,0	9,4	0,19	0,39
Redwood, Sequoia	RWK	SESM, AM	–	2,3	4,8	–	–
Rüster, Ulme	RU	ULMI, EU	0,3	4,6	8,3	0,20	0,43
Sapelli, Mahagoni	MAS	ENCY, AF	–	5,4	7,0	0,24	0,32
Sipo, Mahagoni	MAU	ENUT, AF	0,11	5,0	7,9	0,20	0,25
Tanne	TA	ABAL, EU	0,10	3,8	7,6	0,14	0,28
Teak	TEK	TEGR, AS	–	2,7	5,0	0,16	0,26
Weiß-, Hainbuche	HB	CPBT, EU	0,5	6,8	11,5	0,23	0,39
Weymouth-Kiefer	KIW	PNST, EU	0,2	2,3	6,0	0,10	0,21

Bezeichnungsbeispiel:

Gattung botanisch
Name botanisch
PNST, EU
Herkunftsland

Herkunftsländer:

EU = Europa
AF = Afrika
AM = Amerika
AS = Asien

Aufgaben

14. Aus einer 65 mm dicken Kernbohle werden zwei Friese mit je 170 mm Breite zugeschnitten. Diese werden technisch getrocknet und haben einen Querschnitt von 163 mm/61 mm.
Wie viel Prozent beträgt das Schwindmaß für
a) Friesbreite und
b) Friesdicke?

15. 8 fällfrische, konisch besäumte und ungehobelte Kiefernbretter mit einem Dickenmaß von je 35 mm und einer mittleren Breite von je 42,0 cm werden luftgetrocknet. Die getrocknete Ware hat eine mittlere Dicke von 33,2 mm und eine mittlere Breite von 39,6 cm.
Wie viel Prozent betrug das Schwindmaß beim Dicken- und Breitenmaß?

16. Ein parallel besäumtes, fällfrisches Rotbuchenmittelbrett hatte ein Breitenmaß von 325 mm und ein Dickenmaß von 24 mm.
Es wurde auf eine Holzfeuchte von 0 % getrocknet und ist dabei radial um 5,8 % und tangential um 11,8 % geschwunden.
Welchen Querschnitt hatte es nach Beendigung des Trocknungsprozesses?

17. Für eine Wandbekleidung, die 6,20 m breit ist, wurden 120 mm breite Lärchenriemen verwendet. Nach dem Einbau sind die Riemen um 3,3 % geschwunden.
a) Wie viel Millimeter beträgt die entstandene Schwindfuge zwischen den Riemen?
b) Wie viel Riemen hätte man noch zusätzlich anbringen können?

18. Eine dekorative Schichtpressstoffplatte schwindet in Schleifrichtung (in der Länge) um 0,4 %, quer zur Schleifrichtung um doppelt so viel.
Wie viel Millimeter betragen die Schwindmaße in Länge und Breite bei den Plattenmaßen von 2,80 m/1,25 m?

19. Zur Herstellung eines Fensters wird aus einer 65 mm dicken Seitenbohle ein 90 mm breites Blendrahmenholz herausgeschnitten. Nach Ende der Trocknung beträgt der Querschnitt des Blendrahmenholzes 63,0 mm/84,5 mm.
Um wie viel Prozent ist das Holz in Dicke und Breite geschwunden?

20. In den Rahmen einer Möbelseite wird eine Vollholzfüllung in Lärchenholz eingesetzt. Die Füllung besteht wegen der Holzstruktur aus Seitenbrettern, die in der Breite verleimt sind. Das Breitenmaß der Füllung beträgt 527 mm, die gemessene Holzfeuchte beläuft sich auf 13 %. Durch die warme Raumluft trocknet das Lärchenholz auf 7 % Holzfeuchte nach (Schwindmaß für Lärchenholz s. Tabelle S. 150).
Zu berechnen ist die Breite der Füllung in mm.

21. Ein Buchenseitenbrett mit dem Breitenmaß von 265 mm und dem Dickenmaß von 24 mm hat eine Holzfeuchte von 22 %. Für eine Innenausbauarbeit wird es auf 6,5 % heruntergetrocknet. Nach dem Trocknen erhält man für die Breite ein Schwindmaß von 16,8 mm und für die Dicke von 0,75 mm.
a) Wie groß ist das differenzielle Schwindmaß in tangentialer und radialer Schwindrichtung?
b) Wie viel Millimeter beträgt das Breiten- und Dickenmaß nach dem Schwinden?

22. Ein Konstruktionsteil hatte beim Einbau die nach Zeichnung vorgegebenen Maße: Breite = 215 mm, Dicke = 27 mm.
Bei der Bauabnahme wurde die Passung dieses Teiles beanstandet. Das Breitenmaß betrug nur noch 207 mm, das Dickenmaß 25,5 mm.
Zu berechnen sind:
a) Schwindmaß in % in der Breite
b) Schwindmaß in % in der Dicke

23. Eine 300 mm breite und 60 mm dicke Eichenseitenbohle wiegt als Holzprobe im feuchten Zustand 337 g, im darrtrockenen Zustand 296 g. Die Holzprobe wird auf 8 % Holzfeuchte heruntergetrocknet.
Zu berechnen sind:
a) Holzfeuchte in %
b) Schwindmaße für Breite und Dicke in mm
c) Querschnittsmaße in mm

24. Ein 425 mm breites Birnbaumseitenbrett wird von 16 % Holzfeuchte auf 9 % heruntergetrocknet.
a) Wie breit ist das getrocknete Seitenbrett?
b) Wie breit wäre ein Birnbaumkernbrett?

25. Ein parallel besäumtes Kernbrett misst vor dem Trocknen in der Breite 0,257 m. Der maximale Schwindverlust beträgt radial 3,43 %.
Wie groß sind nach dem Trocknen
a) Schwindmaß in mm und
b) Breite des Kernbretts in mm?

6.2 Masse, Gewichtskraft, Dichte

Die **Masse *m*** ist eine physikalische Eigenschaft. Jeder Körper behält unabhängig vom Ort seine Masse.

Die Masse *m* ist eine Basisgröße.
Das Kilogramm (kg) ist die Einheit der Masse *m*.

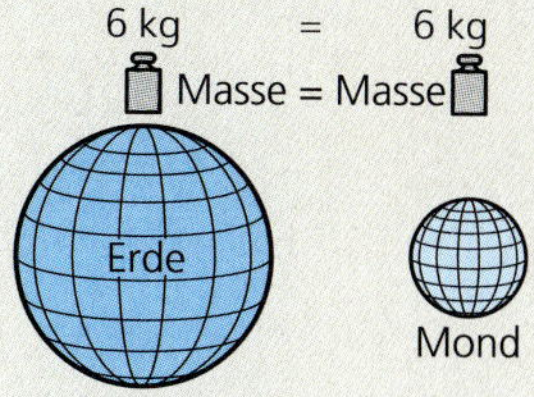

Die **Umrechnungszahl** von einer Einheit in die nächstgrößere oder -kleinere ist 1 000.

1 Tonne	= 1 t	= 1 000 kg	
1 Kilogramm	= 1 kg	= 1 000 g	= 0,001 t
1 Gramm	= 1 g	= 1 000 mg	= 0,001 kg
1 Milligramm	= 1 mg	= 0,001 g	

Wie viel Kilogramm sind 0,385 t?

Lösung:
1 t = 1 000 kg

$$0{,}385\ \text{t} = \frac{0{,}385\ \not{\text{t}} \cdot 1\,000\ \text{kg}}{\not{\text{t}}} = \underline{\underline{385\ \text{kg}}}$$

Werden Körper gewogen, wird eine unbekannte Masse mit einer bekannten Masse (Gewichts- oder Wägestücke) verglichen.

Wie viel kg sind 368 g?

Lösung:

$$1\ \text{g} = \frac{1}{1\,000}\ \text{kg} = \frac{\text{kg}}{\text{t}}$$

$$368\ \text{g} = \frac{1 \cdot 368}{1\,000}\ \text{kg} = \underline{\underline{0{,}368\ \text{kg}}}$$

Die **Gewichtskraft F_G** eines Körpers hängt von seiner Masse und von der Anziehungskraft (Gravitation) der Erde ab. Die Gewichtskraft ist ortsabhängig. Sie ist umso geringer, je größer der Abstand eines Körpers vom Erdmittelpunkt ist.

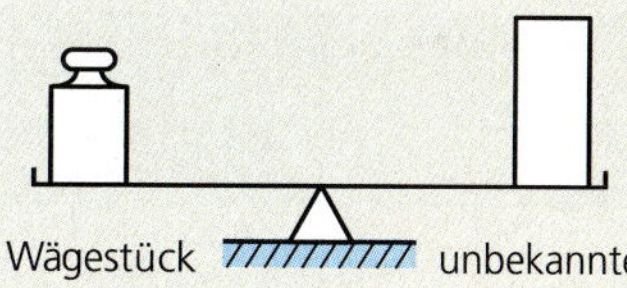

Ein fallender Körper erhöht seine Geschwindigkeit je Zeiteinheit. Die auf der Erde im luftleeren Raum messbare Geschwindigkeitszunahme beträgt im Mittel 9,81 m/s² und wird als Fallbeschleunigung *g* bezeichnet. Für Berechnungen ist in der Praxis der gerundete Wert $g \approx 10\ \text{m/s}^2$ ausreichend. Auf dem wesentlich kleineren Mond beträgt die Fallgeschwindigkeit nur 1,63 m/s². Die Gewichtskraft ist somit nur 1/6 der auf der Erde herrschenden Gewichtskraft.

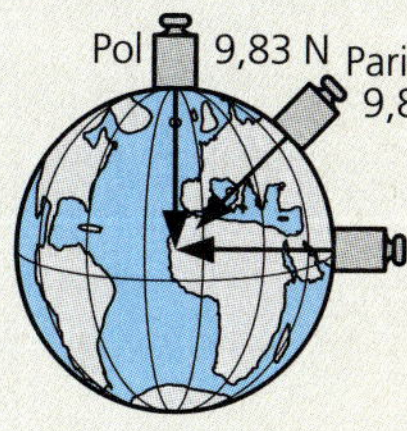

Die **Gewichtskraft F_G** ist das Produkt aus der Masse *m* und der Fallbeschleunigung *g*.

Gewichtskraft = Masse · Fallbeschleunigung

$$F_G = m \cdot g$$

Das Newton (N) ist die Einheit der Gewichtskraft F_G.

$$1\ \text{N} = 0{,}1\ \text{kg} \cdot \frac{10\ \text{m}}{\text{s}^2}$$

1 N = 1 kg · m/s²
1 daN = 10 N
1 kN = 1 000 N

Die Masse eines Körpers beträgt 2 kg. Wie groß ist die Gewichtskraft?

Gegeben: $m = 2\ \text{kg}$
$g = 10\ \text{m/s}^2$
Gesucht: $F_G = ?\ \text{N}$

Lösung:
$F_G = m \cdot g$
$F_G = 2\ \text{kg} \cdot 10\ \text{m/s}^2 = \underline{\underline{20\ \text{N}}}$

Die **Dichte ρ** (sprich: rho) ist eine Stoffeigenschaft und ortsunabhängig wie die Masse. Sie berechnet sich aus dem Quotienten von Masse und Volumen.

$$\text{Dichte} = \frac{\text{Masse}}{\text{Volumen}}$$

$$\rho = \frac{m}{V}$$

$$1\frac{\text{kg}}{\text{m}^3} = \frac{1\text{ kg}}{1\text{ m}^3}$$

Weitere Einheiten: $\frac{\text{g}}{\text{cm}^3}$; $\frac{\text{kg}}{\text{dm}^3}$; $\frac{\text{t}}{\text{m}^3}$

Man unterscheidet:

- Reindichte ρ → Stoffe ohne Hohlräume (Glas, Metall),
- Rohdichte ρ_u → Stoffe mit Hohlräumen (Holz, Holzwerkstoffe), die Feuchte aufnehmen können.

Multipliziert man die Dicke eines Stoffs d mit seiner Dichte ρ, so erhält man seine **Flächenmasse *g***, die für Lastannahmen und die Ermittlung von Transportlasten benötigt wird.

$$\text{Flächenmasse} = \text{Dicke} \cdot \text{Dichte}$$

$$g = d \cdot \rho$$

Eine 19 mm dicke, 3050 mm lange und 1 250 mm breite P2-Platte hat eine Dichte von 0,700 kg/dm³.
Zu berechnen sind:
a) Masse in kg
b) Gewichtskraft in N

Gegeben: $l = 3050$ mm; $b = 1\,250$ mm; $d = 19$ mm; $\rho = 0{,}700$ kg/dm³
Gesucht: a) $m = ?$ kg; b) $F_G = ?$ N

Lösung:
a) $m = V \cdot \rho = l \cdot b \cdot d \cdot \rho$
$m = 30{,}50\text{ dm} \cdot 12{,}50\text{ dm} \cdot 0{,}19\text{ dm} \cdot 0{,}700\text{ kg/dm}^3$
$m = \underline{\underline{50{,}706\text{ kg}}}$

b) $F_G = m \cdot g$
$F_G = 50{,}706\text{ kg} \cdot 10\text{ m/s}^2$
$F_G = 507{,}06\text{ kg m/s}^2 = \underline{\underline{507{,}06\text{ N}}}$

Welche Flächenmasse hat eine Glasscheibe mit einer Reindichte von 2700 kg/m³ und einer Dicke von 6 mm?

Gegeben: $\rho = 2{,}7$ g/m³; $d = 6$ mm
Gesucht: g in kg/m²

Lösung:
a) $g = d \cdot \rho$
$g = 6\text{ mm} \cdot 2{,}7\text{ g/cm}^3 = \underline{\underline{16{,}2\text{ kg/m}^2}}$

Berechnungsmittelwerte verschiedener Dichten ρ

Holzarten	Rohdichte in kg/m³ frisch ca. 50 % H_2O	Rohdichte in kg/m³ lufttrocken ca. 12 % H_2O
Ahorn	950	610
Balsaholz	–	150
Birke	960	650
Birnbaum	–	740
Buche	1 000	690
Eiche	1 040	670
Erle	820	530
Esche	900	690
Fichte	740	470
Kiefer	800	520
Lärche	810	590
Limba	–	580
Linde	740	490
Nussbaum	920	680
Pappel	850	450
Pockholz	–	1 250
Rüster (Ulme)	960	680
Tanne	950	470
Teak	–	690

Holzwerkstoffe	Rohdichte in kg/m³
Sperrholz ST, STAE	600
Holzspanplatte P2	700
Baustoffe	**Rohdichte in kg/m³**
Polyurethan-Hartschaum	30 ... 40
Faserdämmstoffe	8 ... 200
Holzwolleleichtbauplatten	360 ... 570
Gasbeton	600
Gipskartonplatte	900
Gipsputz	1 200
Leichtbeton, porig	1 200
Mauerwerk, Lochziegel	1 200
Mauerwerk, Vollklinker	2000
Normalbeton	2400
Stahlleichtbeton	1 400
Zementmörtel	2 100
weitere Werkstoffe	**Reindichte in kg/m³**
Acrylglas	1 200
Aluminium	2700
Kristallspiegelglas	2700
Stahl	7850
Kupfer	8930
Blei	11 300

Aufgaben

1. Ein Lkw mit 7,0 t Ladefähigkeit liefert einem Innenausbaubetrieb ungehobelte, parallel besäumte Brettware. Wie groß ist die Gesamtmasse in kg?

Holzart	Anzahl	Länge in m	Breite in cm	Dicke in mm	Volumen in m^3	Dichte in kg/dm^3	Masse in kg
Eiche	120	4,50	28,00	18	?	0,86	?
Fichte	55	4,00	18,00	35	?	0,47	?
Mahagoni	12	5,50	42,00	24	?	0,81	?
Rotbuche	56	4,70	22,00	28	?	0,74	?
						Gesamtmasse	?

2. Welche Gewichtskraft F_G in N hat Wasser mit der Masse von 1 kg?

3. Für die Lagerung von 87 Fußbodenverlegeplatten muss eine entsprechende Unterkonstruktion erstellt werden. Die Platten tragen den Stempelaufdruck „25/205/92,5". Die Dichte dieses Materials beträgt 650 kg/m^3.
Welche Masse in t hat die Gesamtlieferung?

4. Auf einem Pkw-Anhänger mit einer zulässigen Ladefähigkeit von 350 kg werden 15 halbschwere Spanplatten mit ρ = 600 kg/m^3 verladen. Die 19 mm dicken Platten sind 250 cm lang und 130 cm breit.
a) Die Masse der Ladung in kg ist zu berechnen.
b) Können die Platten mit einer Fahrt befördert werden?

5. In einem 7,30 m langen und 5,85 m breiten Raum wird eine abgehängte Decke eingebaut. Für die Wahl der Unterkonstruktion ist die Masse der Decke entscheidend. Verwendet wird 16 mm dicke Holzspanplatte mit Maserdekor, Flächengröße 260 cm/205 cm (ρ s. Tabelle S. 154).
Wie groß ist die Masse der Holzspanplatten in kg?

6. Eine Glaskiste enthält 42 m^2 Spiegelglas von 3,0 mm Dicke, ρ = 2,6 kg/dm^3.
Wie viel Kilogramm beträgt die Masse des Glases?

7. Eine Isolierglasscheibe ist 1,75 m breit und 1,62 m hoch; sie besteht aus 2 jeweils 4,0 mm dicken Spiegelglasscheiben.
Wie viel Kilogramm wiegt diese Isolierglasscheibe bei einer Dichte des Glases von 2,5 kg/dm^3, sofern der Leichtmetallrahmen einschließlich Versiegelungsmasse unberücksichtigt bleibt?

8. In einem Innenausbaubetrieb wird für die fachgerechte Lagerung von Schichtpressstoffplatten ein Regal mit 5 übereinanderliegenden Zwischenböden gefertigt. Jede Lagerfläche wird mit maximal 50 Platten von je 1,3 mm Dicke und mit einer Plattengröße von 2,80 m/1,30 m belegt. Die Dichte beträgt 1 400 kg/m^3.
Welche Gewichtskraft in N muss das Regal im Höchstfall aufnehmen?

9. In einem Laden wird eine Schaufensterscheibe mit einer Breite von 4,75 m und einer Höhe von 2,15 m eingebaut. Für den Einbau wird 15 mm dickes Kristallspiegelglas verwendet, dessen Dichte 2,7 kg/dm^3 beträgt.
Zu berechnen ist die Masse dieser eingebauten Scheibe in kg.

10. Für ein Aquarium wird eine Bodenscheibe aus Glas benötigt.
Zu berechnen sind die Wassermasse m_W und die Glasmasse m_G in kg, die von der Scheibe aufgenommen werden müssen, wenn das Aquarium 82 cm lang, 37 cm breit und 46 cm hoch ist. Der Wasserstand liegt 3 cm unterhalb der Seitenoberkante. Für die Mantelfläche des Aquariums wird 10 mm dickes Glas verwendet, das eine Dichte von ρ = 2,5 kg/dm^3 hat.

11. Ein Lkw kann 4,5 t Nutzlast befördern.
Wie viel Kubikmeter Kiefernholz in
a) fällfrischem,
b) lufttrockenem Zustand
dürfen höchstens geladen werden?

12. Für ein Konferenzzimmer wird eine schalldämmende Tür (Breite 1 040 mm, Höhe 2 230 mm) hergestellt, deren doppelschaliges Türblatt mit einer Fertigdicke von 85 mm aus 2 Schalen 19 mm dicker Holzspanplatte (Dichte ρ = 700 kg/m^3) besteht.
Auf den Innenseiten der Schalen ist zur Erhöhung der Masse je eine 1,5 mm dicke Bleiplatte (Dichte ρ = 11 300 kg/m^3) aufgeschraubt. Die Bleiplatten sind wegen des ringsherum laufenden Rahmens links und rechts sowie oben und unten 80 mm schmaler als das genannte Türmaß. Die Masse des Rahmens und der Mineralwollefüllung bleiben unberücksichtigt.
Für die Auswahl geeigneter Türbänder ist die Masse des Türblatts in kg zu berechnen.

6.3 Kraft, Hebel, Drehmoment

Kraft

Kräfte können bei Körpern Form, Lage und Bewegung ändern.

Die **Kraft *F*** (engl. *force* = Kraft) ist das Produkt aus Masse *m* und Beschleunigung *a*.

Kraft = Masse · Beschleunigung

$F = m \cdot a$

Das Newton (N) ist die Einheit der Kraft *F*.

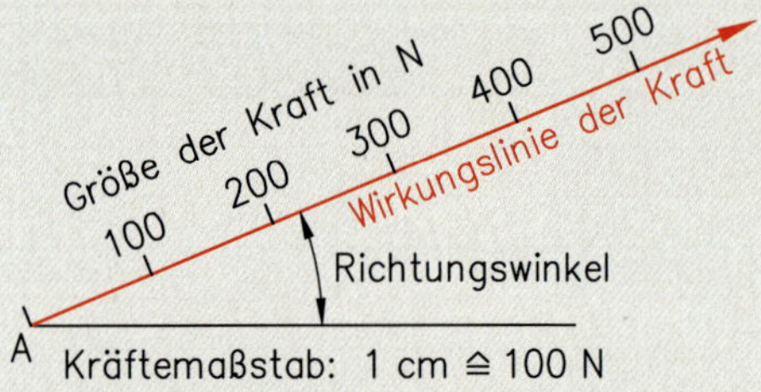

Kräfte können durch Pfeile dargestellt werden:

- Größe der Kraft → Pfeillänge in einem bestimmten Kräftemaßstab,
- Richtung der Kraft → Wirkungslinie,
- Ort der Krafteinwirkung → Angriffspunkt *A*.

Für die zeichnerische Darstellung wird die Pfeillänge *l* aus der Kraft *F* und dem Kräftemaßstab KM berechnet:

$$l = \frac{F}{\text{KM}} = \frac{500\ \text{N}}{100\ \text{N/cm}} = \underline{\underline{5\ \text{cm}}}$$

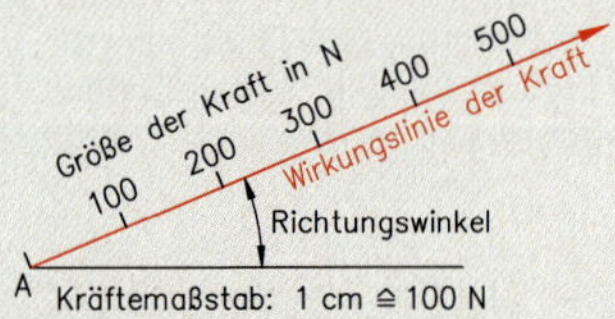

Die **resultierende Kraft F_R** kann zeichnerisch oder rechnerisch ermittelt werden.

Addition von Kräften ist möglich, wenn diese auf einer Wirkungslinie in gleicher Richtung wirken.

$F_R = F_1 + F_2$

Kräftemaßstab:
1 cm ≙ 200 N

$F_R = F_1 + F_2$
$F_R = 540\ \text{N} + 300\ \text{N} = \underline{\underline{840\ \text{N}}}$

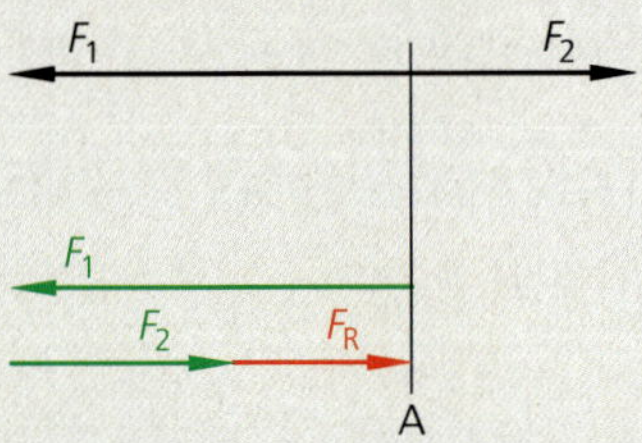

Subtraktion von Kräften ist möglich, wenn diese auf einer Wirkungslinie in entgegengesetzten Richtungen wirken. Kleinere Kräfte werden von größeren abgezogen.

$F_R = F_1 - F_2$

$F_R = F_1 - F_2$
$F_R = 540\ \text{N} - 300\ \text{N} = \underline{\underline{240\ \text{N}}}$

Mit dem **Kräfteparallelogramm** können 2 Kräfte und ihre Resultierende zeichnerisch dargestellt werden.
Damit läßt sich die Größe der resultierenden Kraft F_R ermitteln.

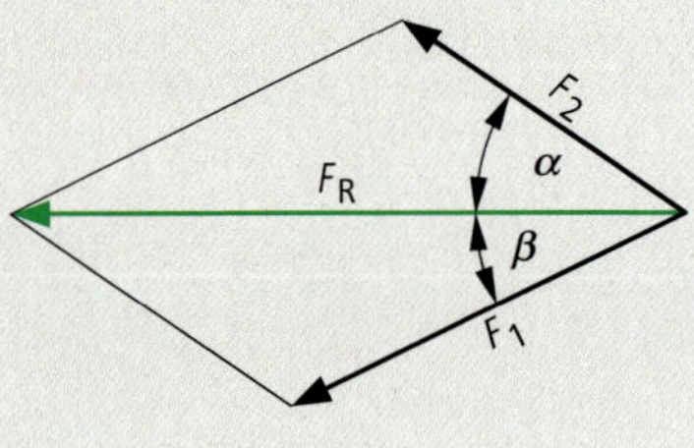

Werden zwei **Kräfte F_1 und F_2 zusammengefasst**, hat die resultierende Kraft F_R die gleiche Wirkung wie die beiden Einzelkräfte.

Vom Angriffspunkt aus wirkt die Kraft F_1 = 1125 N unter dem Winkel α = 15° und die Kraft F_2 = 575 N unter dem Winkel β = 30°. Die resultierende Kraft F_R ist mit dem Kräfteparallelogramm zu ermitteln. Kräftemaßstab: 1 cm ≙ 250 N.

Lösung:

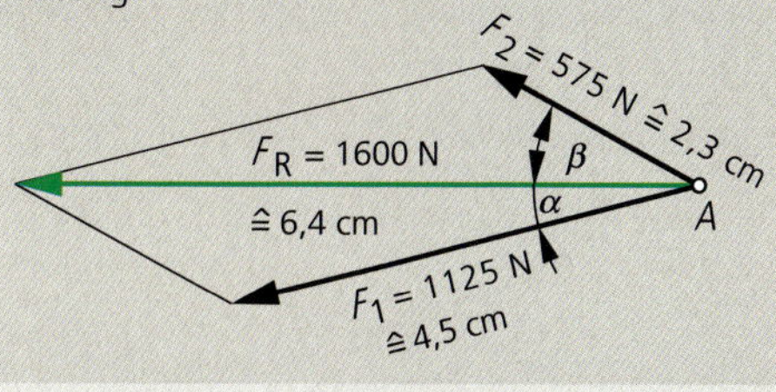

Die **resultierende Kraft F_R** kann in zwei Kräfte F_1 und F_2 **zerlegt** werden, die vom Angriffspunkt aus unter einem bestimmen Winkel wirken.

Die resultierene Kraft F_R = 2700 kN ist in die Kräfte F_1 und F_2 zu zerlegen. Winkel α bei F_1 = 30°, Winkel β bei F_2 = 45°. Kräftemaßstab: 1 cm ≙ 400 kN.

Lösung:

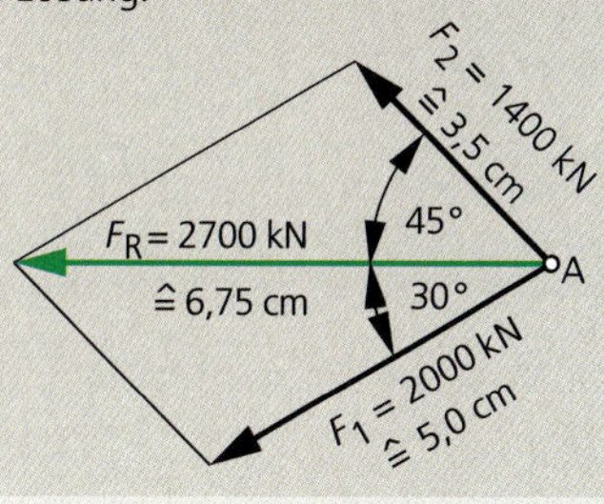

Aufgaben

1. Eine Kraft F ist a) 3800 N, b) 8280 N groß. Wie lang ist die Pfeillinie im Kräftemaßstab 1 cm ≙ 2000 N zu zeichnen?

2. Für eine Kraft F, dargestellt im Kräftemaßstab 1 cm ≙ 5000 N, ist die Pfeillinie a) 4,2 cm, b) 6,24 cm lang gezeichnet.
Zu ermitteln ist die Kraft F in kN.

3. Die Kräfte F_1 = 28,20 kN, F_2 = 51,80 kN und F_3 = 30,40 kN sind auf derselben Wirkungslinie in gleicher Richtung dargestellt.
Zu ermitteln ist die Gesamtkraft (resultierende Kraft) F_R in kN:
a) rechnerisch, b) zeichnerisch

4. Auf derselben Wirkungslinie wirken die Kräfte F_1 = 41,6 kN, F_2 = 24,1 kN und F_3 = 52,8 kN in gleicher Richtung.
Die resultiere Kraft F_R ist zeichnerisch zu ermitteln. Kräftemaßstab 1 cm ≙ 10 kN.

5. Die Kraft F = 1,22 kN (0,94 kN) ist unter einem Winkel von 60° (45°) gegen die Waagerechte im Kräftemaßstab 1 cm ≙ 0,25 kN zu zeichnen.

6. Zwei Kräfte, F_1 = 6800 N und F_2 = 8600 N, wirken rechtwinklig zueinander am gleichen Angriffspunkt. Das Kräfteparallelogramm mit der Resultierenden F_R ist im Kräftemaßstab 1 cm ≙ 2000 N zu zeichnen.

7. Von einem gemeinsamen Angriffspunkt aus wirken mit jeweils 650 N die Kräfte F_1 und F_2, die den Winkel α = 60° einschließen.
Mithilfe des Kräfteparallelogramms ist die resultierende Kraft F_R zu ermitteln. Kräftemaßstab: 1 cm ≙ 100 N

8. An 2 Seilen wirkt eine Gewichtskraft F_G = 3600 N. F_G ist in die Seitenkräfte F_1 und F_2 zu zerlegen:
a) zeichnerisch
b) rechnerisch

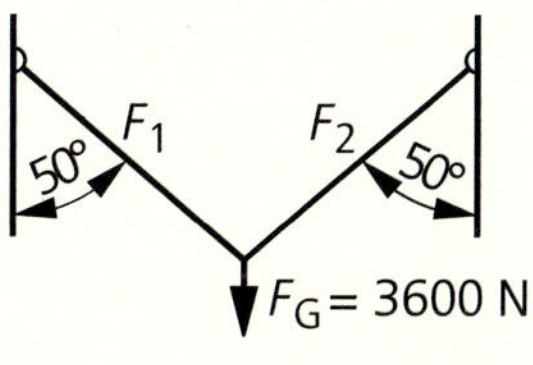

Hebel

Der Hebel ist eine starre Stange, die um eine feste Achse drehbar ist. Teile des Hebels sind vom Drehpunkt aus gesehen:

- Hebelarm l_1,
- Hebelarm l_2.

Kraft F_1 und Kraft F_2 wirken rechtwinklig auf die Hebelarme l_1 und l_2.

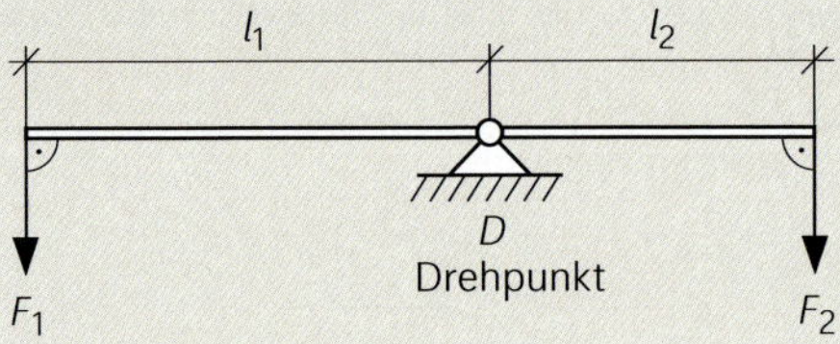

Das **Drehmoment *M*** entsteht, wenn an einem Hebel eine senkrecht wirkende Kraft *F* eine Drehbewegung verursacht. Die Größe des Drehmoments ist abhängig von der Größe der Kraft, der Wirkungsrichtung und der Länge des Hebelarms.

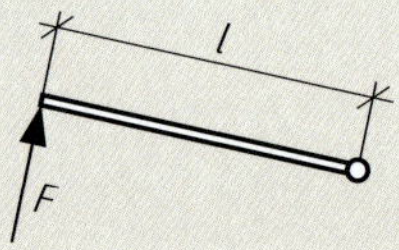

Drehmoment = Kraft · Hebelarm

$$M = F \cdot l$$

1 Nm = 1 N · 1 m

rechtsdrehendes Moment

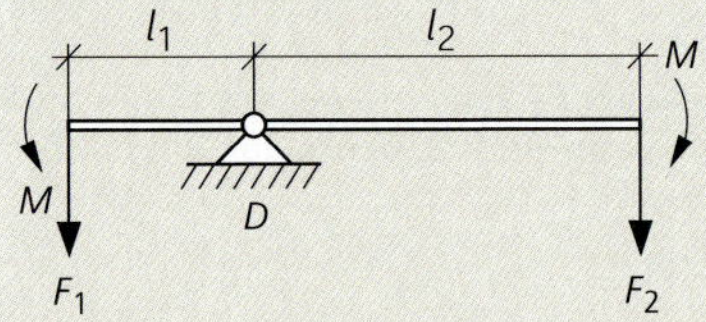

Vom Drehpunkt aus gesehen ist die Wirkung eines Drehmoments entweder rechts- (im Uhrzeigersinn) oder linksdrehend (gegen den Uhrzeigersinn).

Das **Hebelgesetz** gilt, wenn die Summe der rechtsdrehenden Momente gleich der Summe der linksdrehenden Momente ist. Dann ist das Produkt aus Kraft F_1 und Hebelarm l_1 so groß wie das Produkt aus Kraft F_2 und Hebelarm l_2.

Kraft F_1 · Hebelarm l_1 = Kraft F_2 · Hebelarm l_2

$$F_1 \cdot l_1 = F_2 \cdot l_2$$

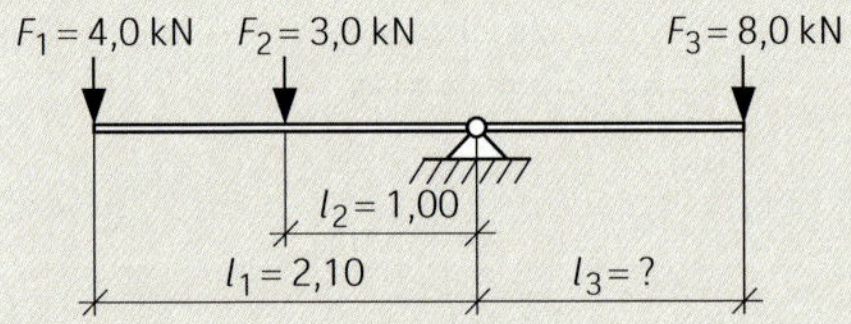

Wie lang ist l_3?

Lösung:

$$F_1 \cdot l_1 + F_2 \cdot l_2 = F_3 \cdot l_3$$

$$l_3 = \frac{F_1 \cdot l_1 + F_2 \cdot l_2}{F_3}$$

$$l_3 = \frac{4{,}0\ \text{kN} \cdot 2{,}10\ \text{m} + 3{,}0\ \text{kN} \cdot 1{,}00\ \text{m}}{8{,}0\ \text{kN}} = \underline{\underline{1{,}425\ \text{m}}}$$

Bei einem **einseitigen Hebel** liegt der Drehpunkt am Anfang des Hebelarms.

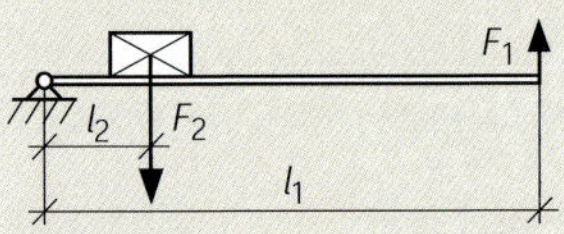

Bei einem **zweiseitigen Hebel** liegt der Drehpunkt zwischen den Kräften F_1 und F_2.

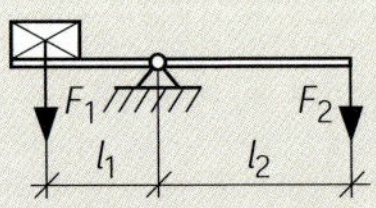

Von einem einseitigen Hebel sind gegeben:
F_2 = 1 400 N, l_1 = 0,60 m, l_2 = 2,20 m
Gesucht: F_1 = ? N

Lösung:

$$F_1 \cdot l_1 = F_2 \cdot l_2$$

$$F_2 = \frac{F_2 \cdot l_2}{1}$$

$$F_1 = \frac{1\,400\ \text{N} \cdot 2{,}10\ \text{m}}{0{,}60\ \text{m}} = 5\,133{,}33\ \text{N} \approx \underline{\underline{5133\ \text{N}}}$$

Aufgaben

9. Am einseitigen Hebel betragen:

	Kraft F_1	Hebelarm l_1	Hebelarm l_2
a)	2 200 N	1,85 m	3,40 m
b)	1 680 N	2,10 m	3,05 m

Wie groß ist jeweils die Gleichgewichtskraft F_2?

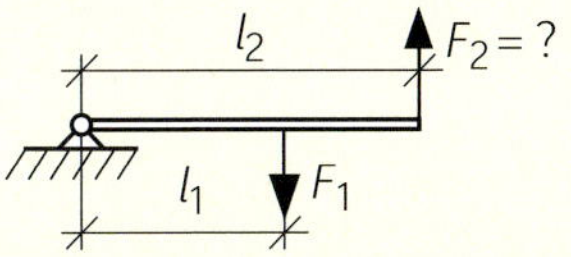

10. Am zweiseitigen Hebel betragen:

	Kraft F_1	Hebelarm l_1	Hebelarm l_2
a)	1 450 N	1,60 m	2,34 m
b)	2 700 N	1,25 m	1,85 m

Wie groß ist jeweils die Gleichgewichtskraft F_1?

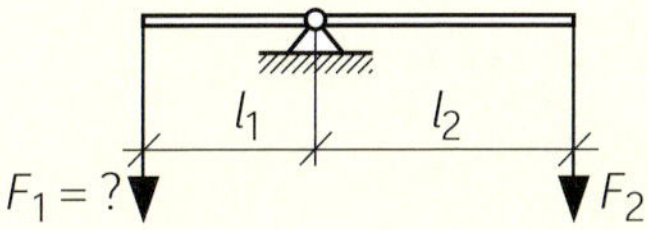

11. Am zweiseitigen Hebel betragen:

	Kraft F_1	Hebelarm l_1	Hebelarm l_2
a)	3 200 N	2 460 N	2,44 m
b)	2 840 N	1 900 N	3,12 m

Wie lang ist jeweils der Hebelarm l_1?

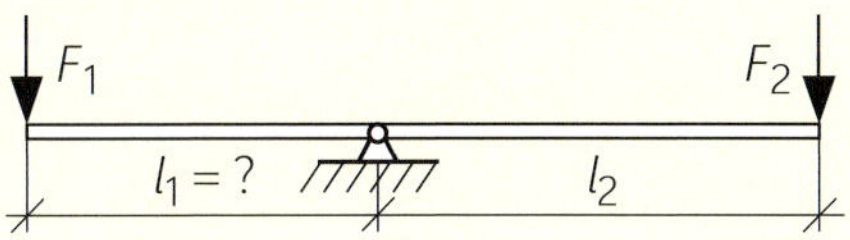

12. Am einseitigen Hebel betragen:

	F_1	F_2	l_1	l_2	l_3
a)	3,10 kN	1,96 kN	2,06 m	2,90 m	3,90 m
b)	2,25 kN	1,50 kN	1,06 m	1,54 m	2,14 m

Wie groß ist jeweils F_3?

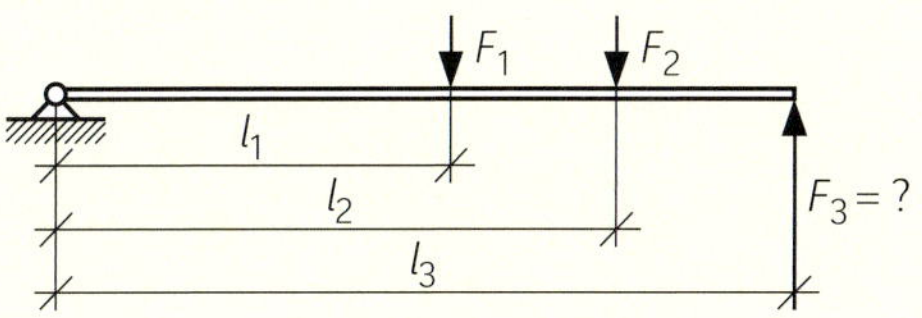

13. Beim Befestigen eines Blendrahmens im Maueranschlag wird eine Schraube mit einem 250 mm langen Schraubenschlüssel eingedreht. Der Kraftaufwand beträgt 210 N.
Zu berechnen ist das Drehmoment in Nm.

14. Beim Wechseln eines Kreissägeblatts wird zum Befestigen der Schraubenmutter auf der Sägeblattwelle ein Schraubenschlüssel mit einer Länge von 425 mm verwendet. Der zugelassene Schraubenschlüssel misst jedoch 280 mm. Das Drehmoment darf höchstens 55 Nm betragen.
Zu berechnen ist die Kraft F in N für beide Schlüssel.

15. Unter einer Tischkreissägemaschine mit der Gewichtskraft von 10 870 N werden Schalldämpfkörper angebracht. Mit einer Stahlrohrstange wird die Maschine angehoben.
Zu berechnen sind:
a) Hebelarm l_2 in m, b) Kraft F_2 in N

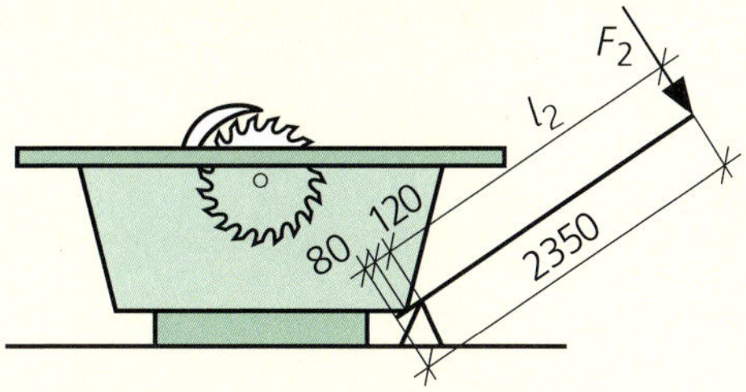

16. Mit einer Beißzange wird die Länge eines Drahtstiftes gekürzt. Dazu muss an der Schneide der Zange eine Kraft von 1 760 N aufgewendet werden.
Zu berechnen sind:
a) Kraft F in N an den Zangengriffen
b) Krafterhöhung in %, wenn die Länge an den Zangengriffen nur 120 mm beträgt

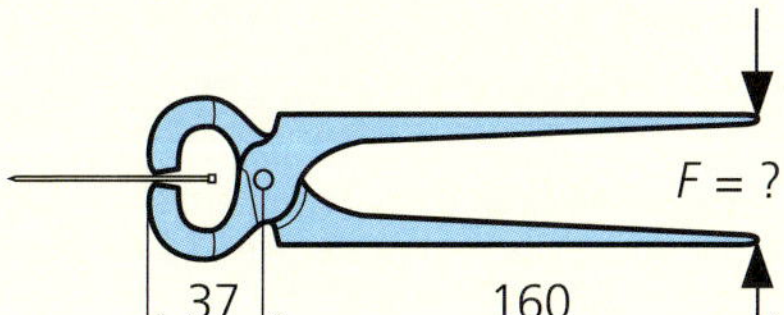

6.4 Arbeit, Leistung, Wirkungsgrad

Arbeit

Arbeit wird verrichtet, wenn ein Körper mit einer Kraft F

- entgegen seiner Gewichtskraft F_G um den Weg s angehoben wird (Hubkraft) oder
- um den Weg s in Gegenrichtung zur Reibungskraft F_R geschoben wird (Schubkraft).

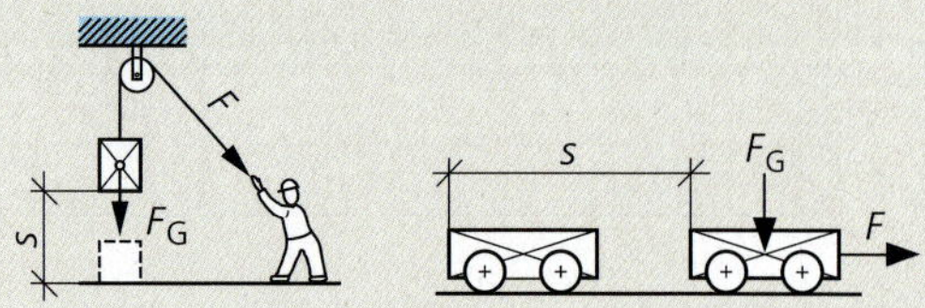

Mechanische Arbeit *W* (engl. *work*) ist bei Bewegung eines Körpers das Produkt aus der Kraft F und dem zurückgelegten Weg s.

Arbeit = Kraft · Weg

$W = F \cdot s$

Das Joule (J) ist die Einheit der mechanischen Arbeit W.

1 Joule = 1 Newton · 1 Meter (1 J = 1 Nm)
1 Kilojoule = 1 kJ = 1 000 J
1 Megajoule = 1 MJ = 1 000 000 J

Ein Fenster (F_G = 670 N) wird mit einem Aufzug 14 m hoch befördert. Wie viel Kilojoule beträgt die Arbeit?

Lösung:
$W = F \cdot s$
$W = 670\ \text{N} \cdot 14\ \text{m} = 9\,380\ \text{Nm}$
$W = 9\,380\ \text{J} = 9{,}380\ \text{kJ}$

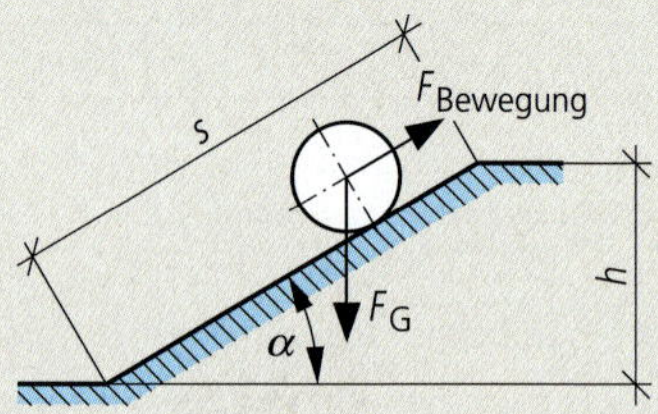

Die **goldene Regel der Mechanik** besagt: Was an Weg gewonnen wird, geht an Kraft verloren, und umgekehrt.

Mit der **schiefen Ebene** kann eine Last in eine bestimmte Höhe befördert werden. Je länger der zurückgelegte Weg und je kleiner der Neigungswinkel, desto geringer ist die Bewegungskraft.

Kraft · Kraftweg = Gewichtskraft · Höhe

$F \cdot s = F_G \cdot h$

Eine Last (F_G = 1 550 N) wird mithilfe einer schiefen Ebene von 3,80 m Länge 90 cm hochgeschoben. Wie viel Newton beträgt die Schiebekraft?

Lösung:

$F \cdot s = F_G \cdot h$

$F = \frac{F_G \cdot h}{s}$

$F = \frac{1\,550\ \text{N} \cdot 0{,}90\ \text{m}}{3{,}80\ \text{m}} = \underline{\underline{367{,}11\ \text{N}}}$

Der **Keil**, eine Sonderform der schiefen Ebene, dient zum Spalten und Spannen. Je kleiner der Keilwinkel und je länger die Keilseiten, desto größer sind die Kräfte, die übertragen werden können. Die Kraft F wird beim

- **einseitigen Keil** an der Keilfläche rechtwinklig übertragen,
- **gleichseitigen Keil** an beiden Keilflächen rechtwinklig in gleich große Kräfte F_s zerlegt.

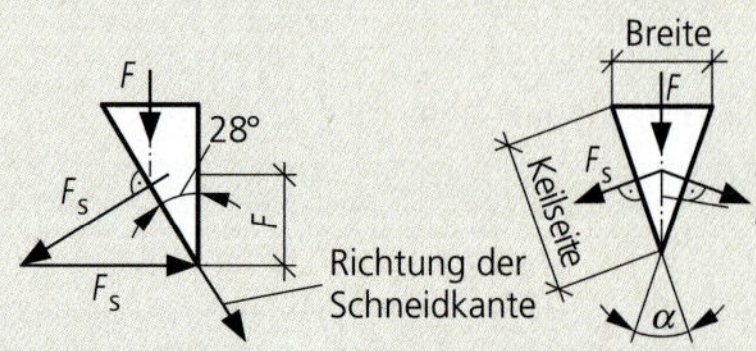

einseitiger Keil gleichseitiger Keil

Ein Schrank (F_G = 1 320 N) wird mit einem einseitigen Keil 12 mm angehoben. Der Keil wird 70 mm tief eingetrieben. Wie viel Kraft in N wird aufgebracht?

Lösung:

$F \cdot s = F_G \cdot h \qquad F = \frac{F_G \cdot h}{s}$

$F = \frac{1\,320\ \text{N} \cdot 12\ \text{mm}}{70\ \text{mm}} = \underline{\underline{226{,}29\ \text{N}}}$

Leistung

Mechanische Leistung *P* (engl. *power*) ist der Quotient aus Arbeit und Zeit.

$$\text{Mechanische Leistung} = \frac{\text{Arbeit}}{\text{Zeit}}$$

$$P = \frac{W}{t}$$

Das Watt (W) ist die Einheit für die mechanische Leistung *P*.

1 Joule pro Sekunde = 1 Watt (1 J/s = 1 W)
1 Newtonmeter pro Sekunde = 1 Watt (1 Nm/s = 1 W)

1 Kilowatt = 1 kW = 1 000 W
1 Megawatt = 1 MW = 1 000 000 W

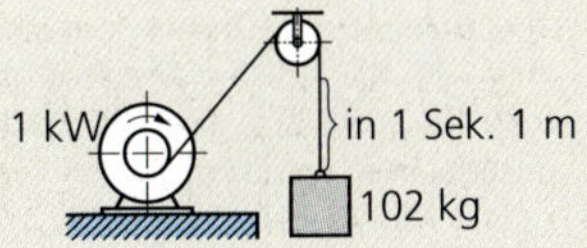

Ein Konstruktionsteil für eine abgehängte Decke mit einer Masse von 72 kg wird mit einem Seilzug an der Außenwand eines Gebäudes in 15 s 8,5 m hochgezogen. Wie groß ist die Leistung in kW?

Gegeben: $m = 72$ kg; $g = 10$ m/s^2
$s = 8,5$ m; $t = 15$ s
Gesucht: $F_G = ?$ N; $P = ?$ kW

Lösung:

$F = F_G$

$F_G = m \cdot g = 72\ \text{kg} \cdot 10\ \text{m/s}^2 = 720\ \text{N}$

$P = \frac{F \cdot s}{t} = \frac{720\ \text{N} \cdot 8,5\ \text{m}}{15\ \text{s}}$

$P = 408\ \frac{\text{Nm}}{\text{s}} = 408\ \text{W} = \underline{\underline{0,408\ \text{kW}}}$

Aufgaben

1. Zu berechnen ist für den senkrechten Kraftweg (Hubkraft gleich Belastungskraft) die Arbeit *W* in J.

		Hublast	Höhe	Arbeit
a)	Aufzug	4 Pers. à 75 kg	25 m	?
b)	Förderkorb	10 t Kohle	800 m	?
c)	Kran	Pkw 0,8 t	3 m	?
d)	Wagenheber	Lkw 6 t	40 cm	?

2. Die fehlenden Werte sind zu berechnen.

	Kraft *F*	Kraftweg *s*	Arbeit *W*
a)	300 kN	1,50 m	?
b)	720 N	2,00 m	?
c)	?	1,20 m	15 Nm
d)	420 kN	?	280 J

3. Auf einen gleichseitigen Keil wirkt eine Kraft F_R = 350 N. Die Kräfte F_1 und F_2, mit denen das Holz gespalten wird, sind zeichnerisch und rechnerisch zu ermitteln.

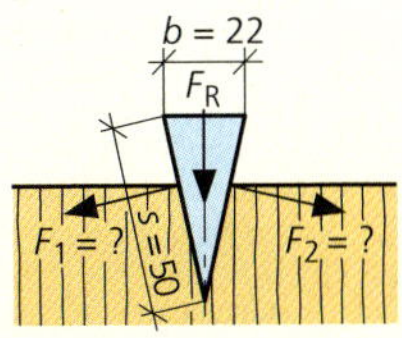

4. Verteilt man Arbeit über einen größeren Kraftweg, kommt man mit weniger Kraft aus.
Zu berechnen ist die jeweils benötigte Kraft *F*.

	Arbeit *W*	Kraftweg *s*	Kraft *F*
a)	120,0 Nm	6 cm	?
b)	120,0 Nm	12 cm	?
c)	120,0 Nm	40 cm	?
d)	120,0 Nm	1,5 m	?
e)	120,0 Nm	5 m	?

Wirkungsgrad

Der mechanische und elektrische Wirkungsgrad η (sprich: eta) ist bei der Übertragung von Leistung das Maß für die Wirtschaftlichkeit. Der Wirkungsgrad kann auf Kraft und Arbeit bezogen werden. Bei Maschinen und Anlagen entstehen Verluste durch Erwärmung, Riemenschlupf und Reibung, die den Wirkungsgrad mindern.

Der **mechanische Wirkungsgrad η** ist der Quotient von abgegebener Leistung und zugeführter Leistung.

$$\text{mechanischer Wirkungsgrad} = \frac{\text{abgegebene Leistung}}{\text{zugeführte Leistung}}$$

$$\eta = \frac{P_{ab}}{P_{zu}}$$

Der **elektrische Wirkungsgrad η** ist der Quotient von Nennleistung und Nutzleistung.

$$\text{elektrischer Wirkungsgrad} = \frac{\text{Nennleistung}}{\text{Nutzleistung}}$$

$$\eta = \frac{P_{ab}}{P_{zu}}$$

Der Wirkungsgrad wird jeweils angegeben in

- Zahlen < 1, z. B. 0,8 oder in
- Prozent, z. B. 80 %.

Der **Leistungsverlust P_v** ist maschinenbedingt (Energieumwandlung, Kraftübertragung). Er errechnet sich aus der Differenz von zugeführter Leistung und abgegebener Leistung.

$$\text{Leistungsverlust} = \text{zugeführte Leistung} - \text{abgeführte Leistung}$$

$$P_v = P_{zu} - P_{ab}$$

Wirkungsgrade verschiedener Kraftmaschinen (Beispiele)

Kraftmaschinen	Wirkungsgrad
Dampfmaschinen	0,1 ... 0,2
Benzinmotoren	0,2 ... 0,3
Elektromotoren	0,6 ... 0,9

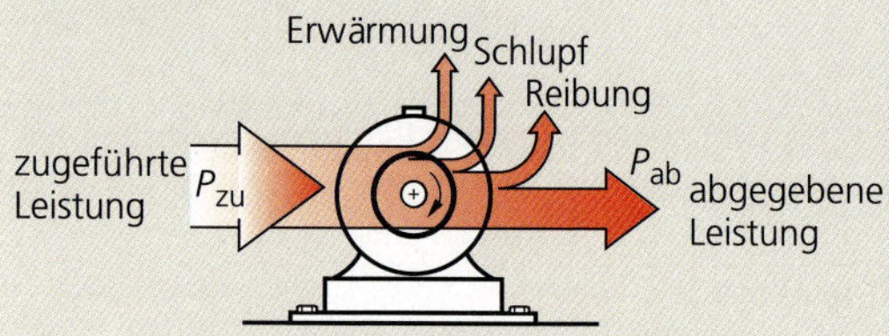

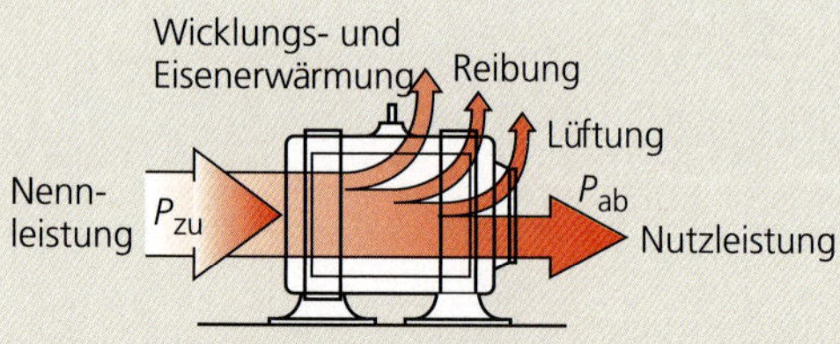

Wie groß ist der Wirkungsgrad eines E-Motors bei $P_{zu} = 5{,}5$ kW und $P_{ab} - 4{,}8$ kW?

Gegeben: $P_{zu} = 5{,}5$ kW
$P_{ab} = 4{,}8$ kW

Gesucht: $\eta = ?$ %

Lösung:

$$\eta = \frac{P_{ab}}{P_{zu}} = \frac{4{,}8\ \text{kW}}{5{,}5\ \text{kW}}$$

$\eta = \underline{\underline{0{,}87}}$ bzw. $\underline{\underline{87\ \%}}$

Aufgaben

6. Für die Motoranlagen sind die fehlenden Angaben zu berechnen.

	a)	b)	c)	d)
Nutzkraft *F*	0,30 kN	5,00 kN	?	0,80 kN
Kraftweg *s*	2,0 m	15 m	12 m	?
Arbeit *W*	?	?	?	40,0 Nm
Zeit *t*	1,5 s	?	3 min	8 s
P_{ab}	?	5,2 kW	3 000 W	?
P_{zu}	0,5 kW	?	?	?
Wirkungsgrad η	?	0,8	0,71	0,6

7. Für die Motoranlagen sind die fehlenden Angaben zu berechnen.

	a)	b)	c)	d)
Nutzkraft *F*	0,50 kN	6,00 kN	?	0,72 kN
Kraftweg *s*	1,50 m	14 m	12 m	?
Arbeit *W*	?	?	?	36,0 Nm
Zeit *t*	2 s	?	3 min	?
P_{ab} in W	?	?	2 944 W	4,5 W
P_{ab} in kW	?	5,5 kW	?	?
P_{v} in W	?	?	1 200 W	3 W
P_{zu} in kW	0,5 kW	6,25 kW	?	?

8. Einer Holzbearbeitungsmaschine wurden 2,36 kW zugeführt; die Getriebeverluste betragen 320 W.
Zu berechnen ist η in %.

9. Ein Getriebe gibt 8000 W an die Arbeitswelle ab. Zu berechnen ist die zugeführte Leistung in W bei η = 72 %.

10. Bei einer Leistungszufuhr von 3,69 kW gibt ein Getriebe 3,1 kW an die Arbeitswelle ab.
Zu berechnen ist der Wirkungsgrad in %.

11. Wie viel Watt überträgt ein Treibriemen mit 70 N Zugkraft auf eine Riemenscheibe von 220 mm Durchmesser bei 3600 1/min?

12. Wie groß ist die Hubleistung eines Aufzugs in kW, der bei *F* = 3,5 kN Bruttogewichtskraft mit 0,4 m/s hochfährt?

13. Die Hubleistung eines Aufzugs beträgt 6,3 kW, die Leistungszufuhr durch den Antriebsmotor 8,8 kW.
Zu berechnen ist η in %.

14. Zu berechnen sind die abgegebene Leistung in Nm/s und die zugeführte Leistung in kW eines 8,0-kW-Elektromotors mit η = 0,915. Zu beachten ist, dass Leistungsangaben bei Kraftmaschinen stets abgegebene Leistung bedeuten.

15. Ein alter 40-PS-Dieselmotor (1 PS = 736 W) soll durch einen gleich starken Elektromotor ersetzt werden.
Zu berechnen sind die Motorgröße in kW und die zugeführte elektrische Leistung bei η = 88 %.

16. Einem Elektromotor werden 17 kW elektrische Leistung am Klemmbrett zugeführt; er gibt 15 kW mechanische Leistung an der Welle ab.
Wie groß ist der Wirkungsgrad des Motors?

17. Ein Elektromotor gibt bei *n* = 1460 1/min mit einer Riemenscheibe von 315 mm Durchmesser 935 N Zugkraft an den Treibriemen ab.
Zu berechnen ist die zugeführte Leistung in kW bei η = 89 %.

18. An einem Bohrer von 20 mm Durchmesser beträgt die Schnittkraft je Schneide 400 N. Der Wirkungsgrad der Maschine ist 0,75. Die Schnittgeschwindigkeit wird mit 32 m/min gewählt.
Zu berechnen sind:
a) Drehzahl der Maschine in 1/min
b) Antriebsleistung der Maschine in kW

19. Auf einem Leistungsschild sind angegeben: Wirkungsgrad η = 0,82, Leistung *P* = 5,6 kW.
Zu berechnen ist die zugeführte Leistung in kW.

20. Der Wirkungsgrad eines Wechselstrommotors beträgt η = 0,80, der eines Drehstrommotors η = 0,90.
a) Um wie viel Prozent liegt der Wirkungsgrad des Drehstrommotors höher?
b) Wie groß ist die jeweils zugeführte Leistung in kW, wenn die abgegebene Leistung bei beiden Motoren 3,9 kW beträgt?

6.5 Druck, Hydraulik,

Druck

Der **Druck *p*** ist die Kraft *F* eines Körpers, die senkrecht auf die Auflagefläche *A* einwirkt. Druck ist der Quotient von Kraft und Fläche.

$$\text{Druck} = \frac{\text{Kraft}}{\text{Fläche}}$$

$$p = \frac{F}{A}$$

Das Pascal (Pa) ist die Einheit für den Druck p. In der Praxis wird auch die Einheit Bar (bar) verwendet.

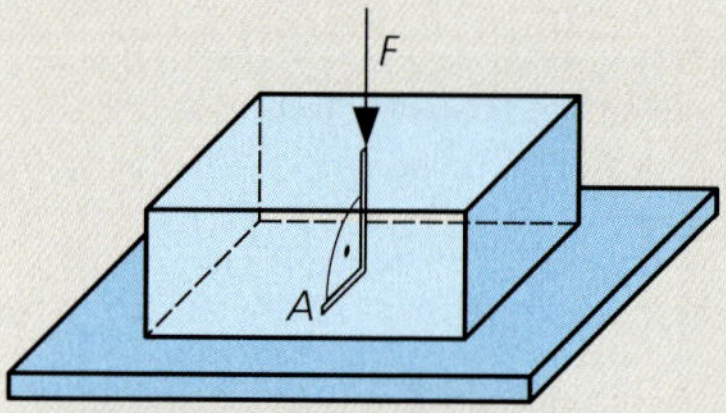

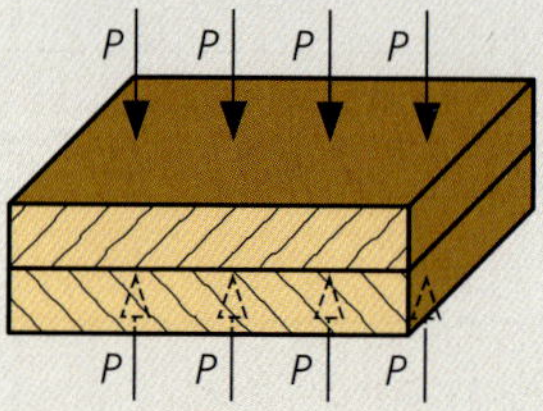

Bei einer Flächenpressung wirkt eine Kraft von 2500 N auf eine Fläche von 790 cm².
Wie groß ist der Druck in N/cm² und in bar?

Gegeben: $F = 2500\ \text{N}$; $A = 790\ \text{cm}^2$
Gesucht: $p = ?\ \text{N/cm}^2$; $p = ?\ \text{bar}$

Lösung:

$$p = \frac{F}{A} = \frac{2500\ \text{N}}{790\ \text{cm}^2} = 3{,}16\ \frac{\text{N}}{\text{cm}^2}$$

$$p = \frac{3{,}16\ \cancel{\text{N}} \cdot 0{,}1\ \text{bar} \cdot \cancel{\text{cm}^2}}{\cancel{\text{cm}^2} \cdot \cancel{\text{N}}} = \underline{\underline{0{,}316\ \text{bar}}}$$

Beziehungen zwischen Druck-, Kraft- und Flächeneinheiten

	Druck p	Kraft F	Fläche A	Umrechnung
Einheit	$1\ \frac{\text{N}}{\text{m}^2}$	1 N	1 m²	$1\ \text{Pa} = 1\ \frac{\text{N}}{\text{m}^2}$
	$10\ \frac{\text{N}}{\text{cm}^2}$	10 N	1 cm²	$1\ \text{bar} = 10\ \frac{\text{N}}{\text{cm}^2}$
	$1\ \frac{\text{N}}{\text{cm}^2}$	1 N	1 cm²	$0{,}1\ \text{bar} = 1\ \frac{\text{N}}{\text{cm}^2}$

Weitere Umrechnungen:

$$1\ \text{Pa} = \frac{1}{100\,000}\ \text{bar}$$

1 bar = 100 000 Pa

1 bar = 1 000 hPa

1 bar = 1 000 mbar

Als **Flächenpressung** wird der Druck auf mindestens zwei Berührungsflächen bezeichnet. Je größer eine Fläche ist, desto kleiner wird bei gleicher Kraft der Druck.

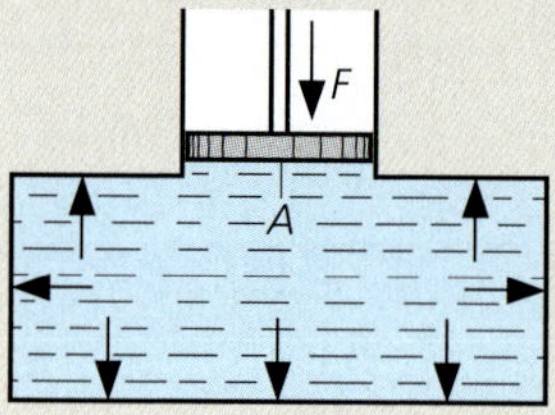

Hydraulik

Bei der Hydraulik wird Druck durch Flüssigkeiten (meistens Öl) in einem geschlossenen Gefäßsystem übertragen. Flüssigkeiten lassen sich nicht zusammendrücken. Der Druck ist an allen Stellen des Systems gleich groß.

Der **hydraulische Druck** ist der Quotient von Kolbenkraft und Kolbenfläche.

$$\text{Druck} = \frac{\text{Kolbenkraft}}{\text{Kolbenfläche}}$$

$$p = \frac{F}{A}$$

Auf einen Kolben mit 45 cm² Kolbenfläche wirkt eine Kraft von 2 700 N.
Wie groß ist der Flüssigkeitsdruck in bar?

Gegeben: $A = 45\ \text{cm}^2$; $F = 2\,700\ \text{N}$
Gesucht: $p = ?\ \text{bar}$

Lösung:

$$p = \frac{F}{A} = \frac{2\,700\ \text{N}}{45\ \text{cm}^2} = 60\ \frac{\text{N}}{\text{cm}^2}$$

$$p = \frac{60\ \cancel{\text{N}} \cdot 0{,}1\ \text{bar} \cdot \cancel{\text{cm}^2}}{\cancel{\text{cm}^2} \cdot \cancel{\text{N}}} = \underline{\underline{6{,}0\ \text{bar}}}$$

Bei der **hydraulischen Kraftübertragung** wirkt am Druckkolben eine kleine Kraft F_1 auf die kleine Fläche A_1 (Durchmesser: d_1) ein. Dadurch wird an der großen Fläche A_2 (Durchmesser: d_2) des Arbeitskolbens die große Kraft F_2 erzeugt.
Für den dabei vorhandenen Druck gilt:

$$p_1 = \frac{F_1}{A_1} \qquad p_2 = \frac{F_2}{A_2}$$

$$p_1 = p_2$$

und somit sind:

$$\frac{F_1}{A_1} = \frac{F_2}{A_2}$$

Die Kraft des Druckkolbens verhält sich zur Kraft des Arbeitskolbens wie die dazugehörigen Kolbenflächen.

$$\frac{\text{kleine Kraft Druckkolben}}{\text{große Kraft Arbeitskolben}} = \frac{\text{kleine Fläche Druckkolben}}{\text{große Fläche Arbeitskolben}}$$

$$\frac{F_1}{F_2} = \frac{A_1}{A_2}$$

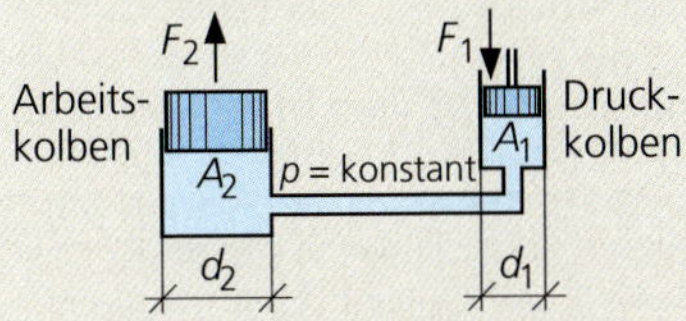

An einem Druckkolben mit 50 mm Durchmesser wird eine Kraft von 25 N aufgewendet. Der Durchmesser des großen Kolbens beträgt 70 mm.
Wie viel Newton beträgt die Kraft des großen Kolbens?

Gegeben: $F_1 = 25$ N
$d_1 = 50$ mm; $d_2 = 70$ mm
Gesucht: $A_1 = ?\ \text{mm}^2$; $A_2 = ?\ \text{mm}^2$
$F_2 = ?$ N

Lösung:

$$\frac{F_1}{F_2} = \frac{A_1}{A_2}$$

$$F_2 = \frac{F_1 \cdot A_2}{A_1}$$

$$F_2 = \frac{25\ \text{N} \cdot (70\ \text{mm})^2 \cdot 0{,}785}{(50\ \text{mm})^2 \cdot 0{,}785}$$

$$F_2 = \underline{\underline{49\ \text{N}}}$$

Hydraulische Pressen übertragen Druckkräfte auf Werkstückflächen. Der Quotient aus dem Druck in der Hydraulikflüssigkeit (Manometerdruck) p_M und dem Pressdruck (am Werkstück) p_W ist gleich dem Quotienten aus der Werkstückfläche (Pressfläche) A_W und der Kolbenfläche A_K.

$$\frac{\text{Manometerdruck}}{\text{Pressdruck}} = \frac{\text{Werkstückfläche}}{\text{Kolbenfläche}}$$

$$\frac{p_M}{p_W} = \frac{A_W}{A_K}$$

Arbeitet eine hydraulische Presse mit mehreren Zylindern, so ist als Kolbenfläche die Summe der Teilflächen in die Formel einzusetzen.

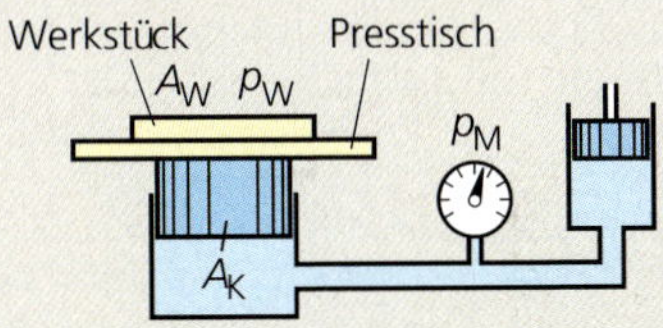

In einer Furnierpresse mit 2 Zylindern von je 45 cm² Kolbenfläche wird eine 2800 cm² große Werkstückfläche mit einem Pressdruck von 18 N/cm² gepresst.
Wie groß ist der Manometerdruck p_M in bar?

Gegeben: $A_K = 45\ \text{cm}^2$; $A_W = 2800\ \text{cm}^2$
$p_W = 18\ \text{N/cm}^2$
Zylinderanzahl = 2
Gesucht: $p_M = ?$ bar

Lösung:

$$p_M = \frac{p_W \cdot A_W}{A_K} = \frac{18\ \text{N} \cdot 2800\ \text{cm}^2}{\text{cm}^2 \cdot 2 \cdot 45\ \text{cm}^2} = 560\ \text{N/cm}^2$$

$$p_M = \frac{560\ \text{N} \cdot 0{,}1\ \text{bar} \cdot \text{cm}^2}{\text{cm}^2 \cdot \text{N}} = 56{,}0\ \text{bar}$$

Aufgaben

1. Bei einer Furnierpresse ist die maximale Presskraft mit 920 kN angegeben. Der Presstisch ist 2100 mm lang und 1250 mm breit. Für das Pressgut werden aber nur 80 % der Presstischfläche benötigt.
Zu berechnen ist der maximale Pressdruck in bar.

2. In einer hydraulischen Furnierpresse wird eine Schrankseite mit den Maßen 1834 mm/576 mm furniert. Die maximale Presskraft der Presse beträgt 220 kN.
Zu berechnen ist der maximale Pressdruck in bar.

3. Eine hydraulische Furnierpresse hat eine Presstischfläche von 2200 mm/1100 mm. Der Pressdruck bei einer Verleimung beträgt bei Ausnutzung der gesamten Presstischfläche maximal 27 N/cm^2 und wird von 4 Zylindern mit je 80 mm Durchmesser auf die Pressfläche übertragen.
Zu berechnen ist der Manometerdruck in bar.

4. An einer hydraulischen Presse wird ein Manometerdruck von 45 bar abgelesen. Die zu pressende Werkstückfläche beträgt 0,81 m^2 und die Kolbenfläche 50 cm^2.
Zu berechnen ist der Pressdruck in N/cm^2.

5. Eine Furnierpresse besitzt eine Pressfläche von 2400 mm/1600 mm. 4 Kolben mit einem Durchmesser von je 70 mm halten die Presse bei einem Betriebsdruck von 260 bar.
In der Presse wird eine Schrankseite mit den Maßen 1820 mm/610 mm mit 1,8 bar gepresst.
Zu berechnen ist der Manometerdruck in bar.

6. Das Türblatt für eine Zimmertür mit 2040 mm/910 mm wird beidseitig furniert. Der Anpressdruck beim Verleimvorgang soll 32 N/cm^2 betragen. Es steht eine hydraulische Furnierpresse mit einer Presstischfläche von 2500 mm/1250 mm und 4 Presszylindern von je 95 mm Durchmesser zur Verfügung.
Zu berechnen ist der erforderliche Manometerdruck in bar.

7. 2 Schrankseiten mit je 1790 mm/581 mm und einer 19 mm dicken P2-Platte als Trägermaterial werden mit Nussbaum-Furnier beidseitig belegt. Gewählt wird als Pressdruck 28 N/cm^2. Die hydraulische Furnierpresse verfügt über 6 Zylinder mit je 80 mm Durchmesser. Für Reibungsverluste werden 8 % berücksichtigt.
Zu berechnen ist der Manometerdruck in bar.

8. In einer hydraulischen Furnierpresse mit den Presstischmaßen 2500 mm/1250 mm wird bei einem Manometerduck von 387 bar ein Pressdruck von 39 N/cm^2 erreicht, wenn die gesamte Presstischfläche beschickt wird. In die Presse werden 4 gleich große Werkstücke mit je 927 mm/588 mm zum Pressen eingelegt. Der Manometerdruck beträgt hierbei 172 bar.
Zu berechnen ist der Pressdruck in N/cm^2.

9. In einem Innenausbaubetrieb wird eine Furnierpresse mit einer Presstischfläche von 2200 mm/1100 mm mit jeweils 2 Küchenschrankseiten von je 1620 mm/515 mm beschickt. Der Pressdruck für die aufzuklebenden dekorativen Schichtpressstoffplatten soll 43 N/cm^2 betragen. Die 4 Zylinder der Furnierpresse besitzen einen Durchmesser von je 85 mm.
a) Wie groß muss der Manometerdruck gewählt werden?
b) Wie groß ist der Pressdruck, wenn beim darauffolgenden Furnieren einer Fläche mit den Maßen 1200 mm/770 mm vergessen wurde, den Manometerdruck neu einzustellen?

10. Bei serienmäßiger Herstellung von Möbelteilen – Einzelmaße 487 mm/612 mm – lässt sich der Manometerdruck an der hydraulischen Presse nicht mehr regulieren, er steht auf 280 bar. Die Furnierarbeit muss fortgesetzt werden.
Die Presse hat 4 Kolben mit je 80 mm Durchmesser. Der Pressdruck soll 0,6 N/mm^2 betragen.
Zu berechnen ist, wie viele Möbelteile gleichzeitig in die Presse gegeben werden können.

11. Eine hydraulische Furnierpresse misst 2200 mm/1100 mm Pressfläche. Eine Tischplatte mit 1250 mm/775 mm wird furniert, wobei ein Pressdruck von 25 N/cm^2 eingestellt wird. Jeder der 4 Kolben hat einen Durchmesser von 75 mm.
Zu berechnen sind:
a) Manometerdruck in bar
b) Reduzierung des Manometerdrucks in %, wenn eine kleinere Platte mit jeweils den halben Maßen für Länge und Breite bei gleichem Pressdruck eingelegt wird

12. 2 kreisrunde Tischplatten mit einem Durchmesser von je 850 mm werden beidseitig furniert. Der Pressdruck wird auf 30 N/cm^2 eingestellt.
a) Auf dem Diagramm ist der Manometerdruck abzulesen.
b) Zu berechnen ist die Kolbenfläche in cm^2.
c) Zu berechnen ist der Durchmesser der 4 Kolben.

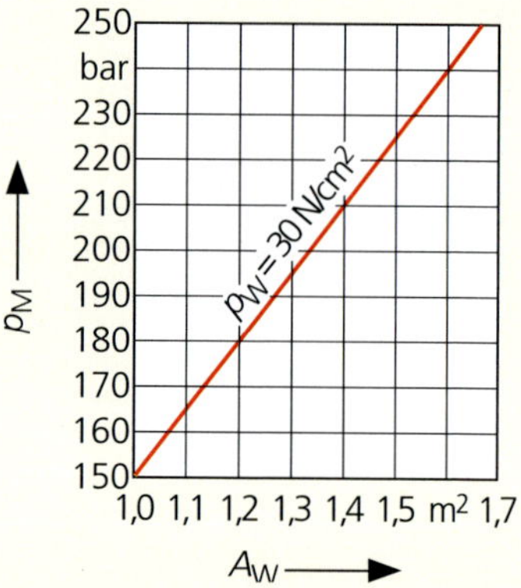

Pneumatik

Bei der Pneumatik wird Druck durch Gase (meistens Luft) in einem geschlossenen Gefäßsystem übertragen. Gase lassen sich zusammendrücken, da ihre Moleküle weit voneinander entfernt sind. Sie füllen den ihnen zur Verfügung stehenden Raum bis zu seinen Begrenzungsflächen vollkommen aus. Der Gasdruck ist in einem geschlossenen Gefäßsystem nach allen Seiten gleich groß.

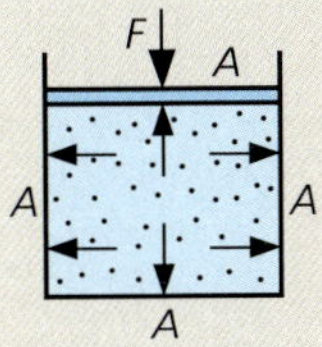

Der **pneumatische Druck** ist der Quotient von Kraft und Fläche.

$$\text{Druck} = \frac{\text{Kraft}}{\text{Fläche}}$$

$$p = \frac{F}{A}$$

Übliche Einheit: bar

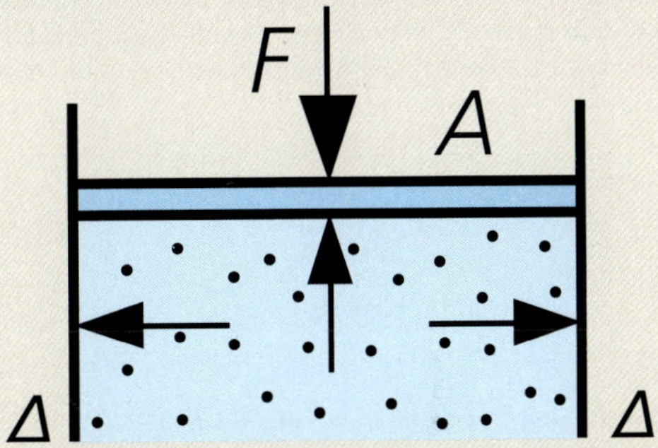

Überdruck, positiv → $p_{abs} > p_{amb}$
Überdruck 0 → $p_{abs} = p_{amb} = 0$ bar
Überdruck, negativ → $p_{abs} < p_{amb}$

Beim Druck in Gasen werden unterschieden:

- Atmosphärendruck p_{amb} → Druck der Lufthülle auf die Erde in Meereshöhe (0 bar),
- absoluter Druck p_{abs} → Druck eines Gases gegenüber dem Druck Null im Vakuum (luftleerer Raum),
- Überdruck p_e (Manometerdruck) = absoluter Druck – Atmosphärendruck

$$p_e = p_{abs} - p_{amb}$$

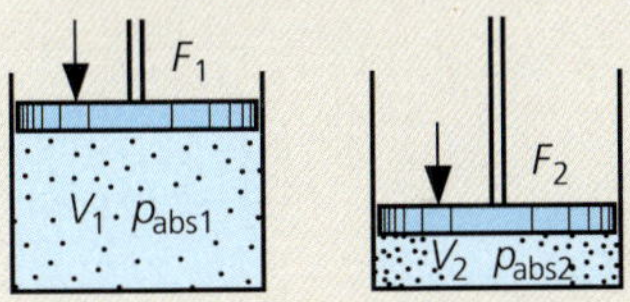

Nach dem **Gesetz von Boyle-Mariotte** ist bei gleichbleibender Temperatur das Produkt aus absolutem Druck und Volumen im geschlossenen Gefäßsystem immer konstant.

$$p_{abs} \cdot V = \text{konstant}$$

Der Druck p_{abs} ist umgekehrt proportional zum Volumen, d. h. je kleiner der Druck, umso größer das Volumen. Das Produkt aus dem absoluten Gasdruck p_{abs1} und dem Volumen V_1 ist gleich dem Produkt aus dem Gasdruck p_{abs2} und dem Volumen V_2.

$$p_{abs1} \cdot V_1 = p_{abs2} \cdot V_2$$

Ein Verdichter (Kompressor) hat 350 l Kesselinhalt. Nach der Verdichtung beträgt der Luftdruck p_e im Kessel 12 bar.
Welches Volumen nahm die Druckluft bei Atmosphärendruck ein?

Gegeben: $V_2 = 350$ l
$p_{amb} = 1$ bar; $p_e = 12$ bar
Gesucht: $V_1 = ?$ l

Lösung:

$$p_{abs1} \cdot V_1 = p_{abs2} \cdot V_2$$

$$V_1 = \frac{p_{abs2} \cdot V_2}{p_{abs1}}$$

$$p_{abs2} = p_e + p_{amb} = 12\text{ bar} + 1\text{ bar} = 13\text{ bar}$$

$$p_{abs1} = p_{amb} = 1\text{ bar}$$

$$V_1 = \frac{13\text{ bar} \cdot 350\text{ l}}{1\text{ bar}} = \underline{\underline{4550\text{ l}}}$$

Druckluftzylinder besitzen in ihrem Gehäuse verschiebbare Kolben, die durch Ventile gesteuert werden. Die Kolbenkräfte werden durch im Kompressor verdichtete Luft erzeugt. Mit der Kolbenstange wird Arbeit in geradliniger Bewegung verrichtet: Die Werkstücke werden gespannt oder durch Vorhub bzw. Rückhub bewegt.

Beim **einfachwirkenden Zylinder** wird der Kolben beim Vorhub durch Druckluft, beim Rückhub durch Federkraft bewegt. Der Hub beträgt maximal 100 mm. Federkraft und Reibungskraft vermindern die volle Zylinderkraft um 10 % bis 15 %. Der Wirkungsgrad η des Zylinders beträgt 0,85 bis 0,90.

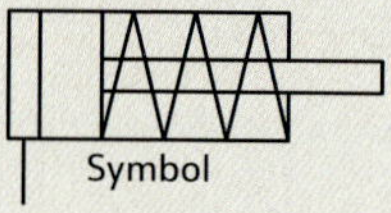

einfachwirkender Zylinder

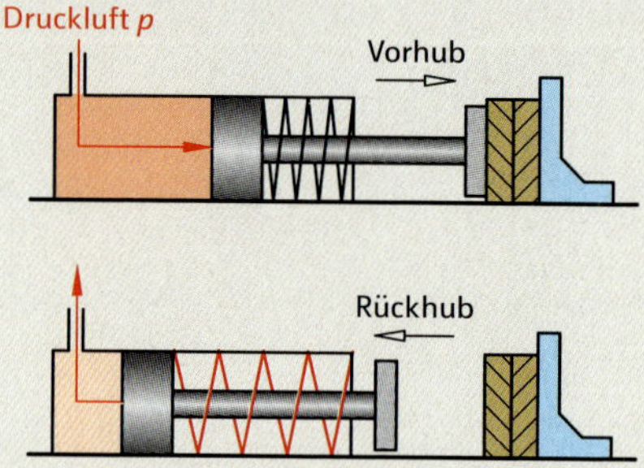

Die **Zylinderkraft** ist die Differenz aus dem Produkt von Kolbenfläche und Betriebsdruck abzüglich der Kräfte für Feder und Reibung.

Zylinderkraft = Kolbenfläche · Betriebsdruck – (Federkraft + Reibungskraft)

$$F = A \cdot p_e - (F_F + F_R)$$

Zylinderkraft = Kolbenfläche · Betriebsdruck · Wirkungsgrad

$$F = A \cdot p_e \cdot \eta$$

Ein einfachwirkender Zylinder hat einen Kolbendurchmesser von 70 mm. Der Kompressordruck beträgt 8 bar. 10 % der Zylinderkraft gehen für Federkraft und Reibung verloren.
Wie groß ist die Zylinderkraft in N?

Gegeben: $d = 70$ mm; $\eta = 0{,}90$
$p_e = 8$ bar $= 80$ N/cm^2
Gesucht: $F = ?$ N

Lösung:
$F = A \cdot p_e \cdot \eta$
$F = 7\text{ cm} \cdot 7\text{ cm} \cdot 0{,}785 \cdot 80\text{ N/cm}^2 \cdot 0{,}9$
$F = \underline{\underline{2769{,}5\text{ N}}}$

Beim **doppeltwirkenden Zylinder** wird der Kolben in beiden Richtungen durch Druckluft bewegt. Die Reibungskraft vermindert die volle Zylinderkraft um 3 % bis 7 %. Der Wirkungsgrad η des doppeltwirkenden Zylinders beträgt 0,93 bis 0,97.

Bei Berechnungen der Zylinderkraft für den Rückhub eines doppeltwirkenden Zylinders muss die Kolbenstangenfläche A_{KS} von der Kolbenfläche A abgezogen werden.

Vorhub

$$F = A \cdot p_e \cdot \eta$$

Rückhub

$$F = (A - A_{KS}) \cdot p_e \cdot \eta$$

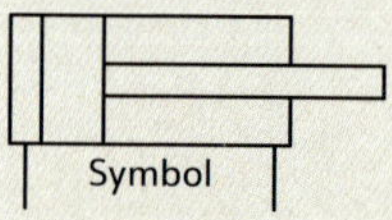

doppeltwirkender Zylinder

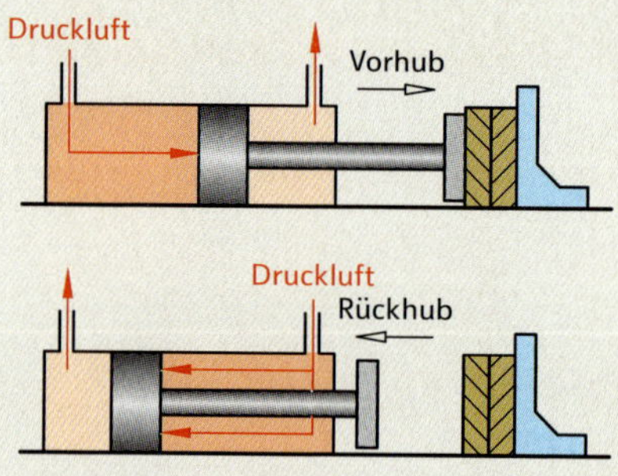

Aufgaben

13. Ein einfachwirkender Zylinder an einer Haltevorrichtung hat einen Kolbendurchmesser von 25 mm.
Wie groß ist die Zylinderkraft in N, wenn der Betriebsdruck 6,0 bar beträgt und für Reibung und Federkraft 12 % Kraftverlust anzusetzen sind?

14. Bei einer Rahmenpresse zur Verleimung von Fenstern wird ein Betriebsdruck von 6,0 bar abgelesen. Die Zylinderdurchmesser betragen 30 mm. Zu berechnen ist die Presskraft eines Zylinders in N. Der Wirkungsgrad beträgt $\eta = 0{,}9$.

15. An einer Zinkenfräse werden die Werkstücke pneumatisch gespannt. Zum Spannen steht ein einfachwirkender Zylinder mit 35 mm Kolbendurchmesser zur Verfügung, der an einen Verdichter mit 3,5 bar Betriebsdruck angeschlossen ist. Der Luftverbrauch beläuft sich auf 80 l/min. Der Wirkungsgrad beträgt $\eta = 0{,}9$.
Zu berechnen sind:
a) Kolbenkraft in N
b) Luftverbrauch in l/h

16. Welcher Betriebsdruck in bar muss bei einem Druckluftzylinder mit einem Durchmesser von 80 mm eingestellt werden, wenn eine Kraft von 2000 N benötigt wird. Der Wirkungsgrad ist $\eta = 0{,}92$.

17. Welche Kraft in N ist erforderlich, um einen Anleimer auf die Schmalfläche einer Platte mit einer Länge von 1 800 mm und einer Breite von 18 mm aufzukleben? Der Pressdruck soll 4 bar betragen.

18. Werkstücke werden mit dem Forstnerbohrer 37 mm tief gebohrt. Sie werden deshalb mit 6,5 bar Betriebsdruck pneumatisch gespannt.
Der einfachwirkende Zylinder besitzt einen Kolbendurchmesser von 22 mm und weist für die Rückholfeder ohne Berücksichtigung der Reibung einen Kraftverlust von 16 N auf.
Zu berechnen ist die Kolbenkraft in N.

19. Zum Ablängen werden Werkstücke an der Tischkreissägemaschine mit einem einfachwirkenden Zylinder bei einem Betriebsdruck von 7,2 bar gespannt. Der Kolbendurchmesser beträgt 32 mm. Die Rückholfeder bewirkt einen Kraftverlust von 21 N. Die Verluste für die Reibung bleiben unberücksichtigt.
Wie groß ist die Kolbenkraft in N?

20. Ein Verleimständer besteht aus 6 einfachwirkenden Zylindern, die jeweils einen Kolbendurchmesser von 5,0 cm haben. Der Kraftverlust der Feder im Zylinder misst für jeden Zylinder 85 N. Beim Spannen der 28 mm dicken und 1 230 mm langen Bretter zeigt das Manometer 13,3 bar an.
Zu berechnen sind:
a) Kolbenkraft eines Zylinders in kN
b) Gesamtkraft aller 6 Zylinder in kN
c) Pressdruck auf die Leimfläche in N/cm^2

21. Berechnen Sie die Schubkraft beim Vorhub und die Rückzugkraft beim Rückhub für einen doppelwirkenden Zylinder mit einem Kolbendurchmesser von 20 mm und einem Kolbenstangendurchmesser von 8 mm. Der Betriebsdruck beträgt 8 bar, der Wirkungsgrad 0,97.

22. Für die pneumatische Spannvorrichtung an einer Tischfräsmaschine steht ein einfachwirkender Zylinder mit einem Kolbendurchmesser von 45 mm zur Verfügung. Der Betriebsdruck beträgt 4,1 bar. Für die Federkraft ebenso wie für die Reibungskraft wird ein Verlust in Höhe von 12 % angenommen.
Zu berechnen ist die Kolbenkraft in N.

23. Eine Bandschleifmaschine hat als Spannvorrichtung 12 ringförmige Saugflächen mit je 65 mm Durchmesser. Der Wirkungsgrad der Vakuumpumpe wird mit $\eta = 0{,}75$ angenommen.
Zu berechnen ist die Haltekraft der gesamten Saugfläche bei einem Luftdruck von 1 bar.

24. Welcher Betriebsdruck in bar muss bei einer Kantenpresse eingestellt werden, wenn ein Anleimer auf die Schmalfläche einer Platte mit einer Länge von 1 500 mm und einer Breite von 22 mm aufgeklebt werden soll.
Der Pressdruck soll 5 bar betragen.
Es werden 8 Druckluftzylinder mit einem Durchmesser von 80 mm verwendet.
Der Wirkungsgrad beträgt 0,91.

6.6 Elektrotechnik

Elektrischer Stromkreis

Im **geschlossenen Stromkreis** ist die Stromquelle mit dem Energiewandler durch elektrische Leiter verbunden.

Beim **Gleichstrom** bewegen sich Elektronen vom Minuspol mit Elektronenüberschuss zum Pluspol mit Elektronenmangel.

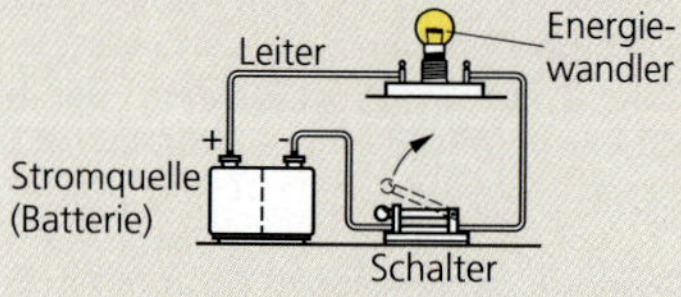

symbolisch:

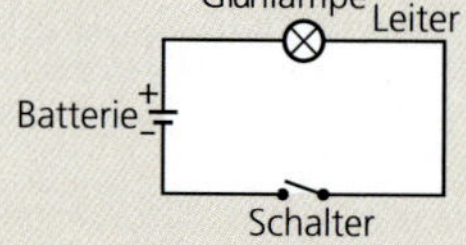

Größen und Einheiten des elektrischen Stromes

Die **Spannung *U*** gibt die Differenz zwischen dem Elektronenüberschuss (Minuspol) und dem Elektronenmangel (Pluspol) an. Die gesetzlich festgelegte Stromrichtung verläuft vom Pluspol zum Minuspol.

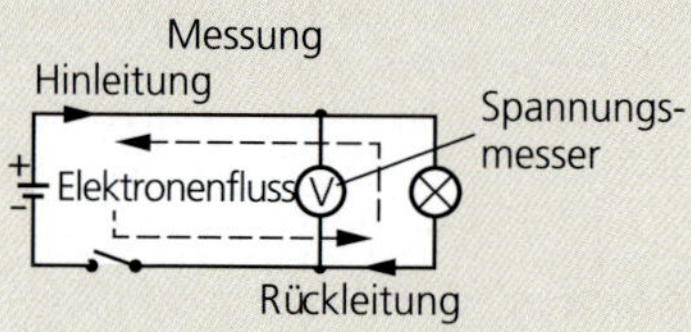

Das Volt (V) ist die Einheit der Spannung *U*.

1 Kilovolt	= 1 kV	= 1 000 V
1 Millivolt	= 1 mV	$= \frac{1}{1\,000}$ V

Wie viel Volt sind 22,3 kV?

Lösung:
22,3 kV = 22,3 · 1 000 V = <u>22 300 V</u>

Die **Stromstärke *I*** gibt an, wie viele Elektronen sich in 1 Sekunde im Leiterquerschnitt bewegen ($6{,}3 \cdot 10^{18}$ Elektronen ≙ 1 A).

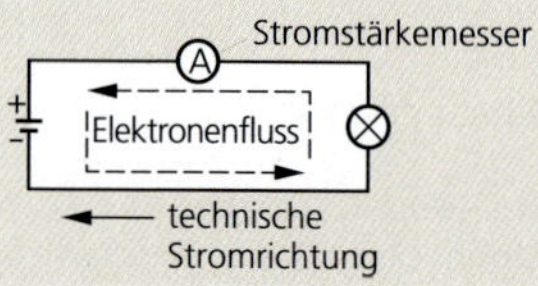

$$\text{Stromstärke} = \frac{\text{Anzahl der bewegten Elektronen}}{\text{Zeit}}$$

Die Stromstärke *I* ist eine Basiseinheit.
Das Ampere (A) ist die Einheit der Stromstärke *I*.

1 Milliampere = 1 mA = 1/1 000 A

Wie viel Ampere sind 150 mA?

Lösung:
$150 \text{ mA} = 150 \frac{1}{1\,000} \text{ A} = \underline{\underline{0{,}15 \text{ A}}}$

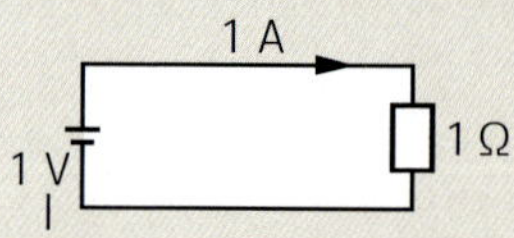

Der **Widerstand *R*** gibt an, wie stark ein Leiter den Elektronenfluss behindert.

Das Ohm (Ω) ist die Einheit des Widerstands *R*.

1 Kiloohm	= 1 kΩ	= 1 000 Ω
1 Megaohm	= 1 MΩ	= 1 000 kΩ

Wie viel Kiloohm sind 85 Ω?

Lösung:
$85\ \Omega = \frac{85\ \Omega}{1\,000} = \underline{\underline{0{,}085\ \text{k}\Omega}}$

Das **ohmsche Gesetz** stellt den mathematischen Zusammenhang zwischen Spannung, Stromstärke und Widerstand dar. Die Stromstärke-Spannungs-Kennlinie zeigt, dass bei konstantem Widerstand *R* die Stromstärke *I* mit steigender Spannung *U* linear zunimmt.

Die **Spannung *U*** ist das Produkt aus Stromstärke *I* und Widerstand *R*.

Spannung = Stromstärke · Widerstand

$$U = I \cdot R$$

1 V = 1 A · 1 W

Spannungsquellen, Elektrogeräte, Messgeräte und Leitungen werden beschädigt oder zerstört, wenn die zulässige Stromspannung überschritten wird.

Die **Stromstärke *I*** ist der Quotient aus Spannung *U* und Widerstand *R*.

$$\text{Stromstärke} = \frac{\text{Spannung}}{\text{Widerstand}}$$

$$I = \frac{U}{R}$$

$$1\,\text{A} = \frac{1\,\text{V}}{1\,\Omega}$$

Berechnet man die Stromstärke, kann die Überlastung des Stromkreises vermieden werden.

Der **Widerstand *R*** ist der Quotient aus Spannung *U* und Stromstärke *I*.

$$\text{Widerstand} = \frac{\text{Spannung}}{\text{Stromstärke}}$$

$$R = \frac{U}{I}$$

$$1\,\Omega = \frac{1\,\text{V}}{1\,\text{A}}$$

Unbekannte Widerstände können errechnet werden, wenn Spannung und Stromstärke bekannt sind.

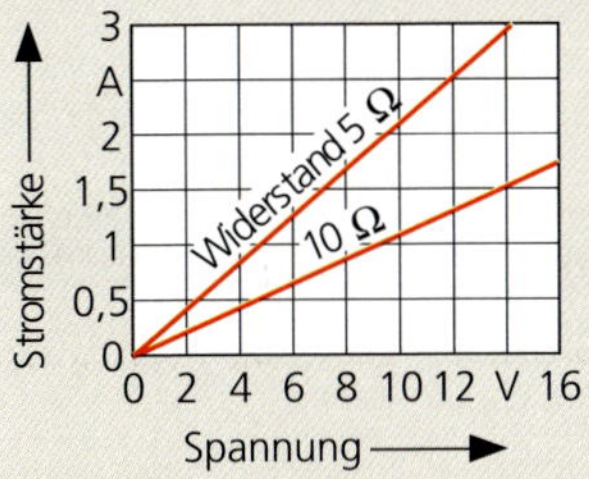

Messreihe zum ohmschen Gesetz

Messung	*U* in V	*I* in A	*R* in Ω
1	6	0,6	10
2	12	1,2	10
3	6	1,2	5
4	12	2,4	5

Die Heizwicklung eines Lötkolbens hat 200 Ω Widerstand. Sie ist für die Stromstärke 0,55 A bemessen. Wie hoch ist die Spannung in V, an die man den Lötkolben anschließen darf?

Gegeben: $R = 200\,\Omega$

$I = 0{,}55\,\text{A}$

Gesucht: $U = ?\,\text{V}$

Lösung:

$U = I \cdot R = 0{,}55\,\text{A} \cdot 200\,\Omega$

$U = \underline{\underline{110\,\text{V}}}$

Ein Elektrogerät hat 50 Ω Widerstand und ist an 230 V Netzspannung angeschlossen. Wie groß ist die Stromstärke *I* in A?

Gegeben: $R = 50\,\Omega$

$U = 230\,\text{V}$

Gesucht: $I = ?\,\text{A}$

Lösung:

$$I = \frac{U}{R}$$

$$I = \frac{230\,\text{V}}{50\,\Omega} = \underline{\underline{4{,}6\,\text{A}}}$$

Eine 100-W-Lampe nimmt bei 230 V einen Strom von 0,46 A auf.
Zu berechnen ist der Widerstand *R* in Ω.

Gegeben: $U = 230\,\text{V}$

$I = 0{,}46\,\text{A}$

Gesucht: $R = ?\,\Omega$

Lösung:

$$R = \frac{U}{I}$$

$$R = \frac{230\,\text{V}}{0{,}46\,\text{A}} = \underline{\underline{500\,\Omega}}$$

Aufgaben

1. Die folgenden Werte sind in die angegebenen Einheiten umzurechnen:

a)	b)	c)	Einheiten
42 mV	10 kV	332 mV	V
0,25 kA	115 mA	950 µA	A
2,5 MΩ	50 kΩ	285 mΩ	Ω

2. Spannungen ab 65 V gelten als gefährliche Berührungsspannungen. Den Körperwiderstand des Menschen schätzt man auf 3 kΩ.
Welche Stromstärke in mA ist deshalb für den Menschen als gefährlich anzusehen?

3. Zu berechnen sind nach dem ohmschen Gesetz die fehlenden Messgrößen im Stromkreis.

	Spannung	Stromstärke	Widerstand
a)	?	5 A	60 Ω
b)	?	10 A	16 Ω
c)	100 V	?	25 Ω
d)	200 V	?	40 Ω
e)	42 V	6 A	?
f)	6 V	0,5 A	?

4. Eine Hausklingel (6 Ω) darf mit 1,5 A belastet werden. Welche Spannung ist zulässig?

5. Die Heizwicklung (55 Ω) eines elektrischen Zimmerofens wird an 230 V angeschlossen.
Zu berechnen ist die Stromstärke für:
a) Hinleitung
b) Rückleitung

6. Wie groß muss der Widerstand im Stromkreis sein, damit bei 230 V die vorgeschaltete 10-A-Sicherung nicht anspricht?

7. Ein Heizdraht mit 18 Ω ist bei 16 A durchgebrannt. Welche Spannung hat den Heizdraht zum Schmelzen gebracht?

8. Ein Kurzschluss am Motorklemmbrett überbrückt die Motorwicklungen, sodass nur noch der Kabelwiderstand von 0,4 Ω im Stromkreis liegt.
Zu berechnen ist der Kurzschlussstrom für 440 V Netzspannung.

9. An der schadhaften Anschlussschnur eines Bügeleisens entsteht ein Kurzschluss.
Welcher Strom fließt bei 225 V und 0,3 Ω Leitungswiderstand?

10. Der Betriebswiderstand einer Kochplatte für 230 V ändert sich mit der Schaltstufe.

Schaltstufe	0	1	2	3
Widerstand	∞	230 Ω	60,5 Ω	32,2 Ω

Zu berechnen sind die Stromstärken für die jeweiligen Werte.

11. Welchen Strom nimmt ein Heizstrahler mit einem Widerstandswert von 18 Ω auf, der an 110 V angeschlossen ist?

12. Eine Heizwicklung 60 V/0,5 A wird irrtümlich an 230 V angeschlossen.
a) Zu berechnen ist der Wicklungswiderstand.
b) Welcher Strom fließt an 230 V?
c) Welche Folgen hat das für die Wicklung?

Elektrische Leistung

Die **elektrische Leistung *P*** ist das Produkt aus Spannung *U* und Stromstärke *I*.

Elektrische Leistung = Spannung · Stromstärke

$$P = U \cdot I$$

Das Watt (W) ist die Einheit der elektrischen Leistung *P*.

1 W = 1 V · 1 A = 1 VA = 1 Nm/s
1 kW = 1000 W

Die **Wirkleistung P_{zu}** (zugeführte Leistung) wird vom Verbraucher (z. B. Motor) in eine andere Energieform (Wärme, Bewegung) umgewandelt.

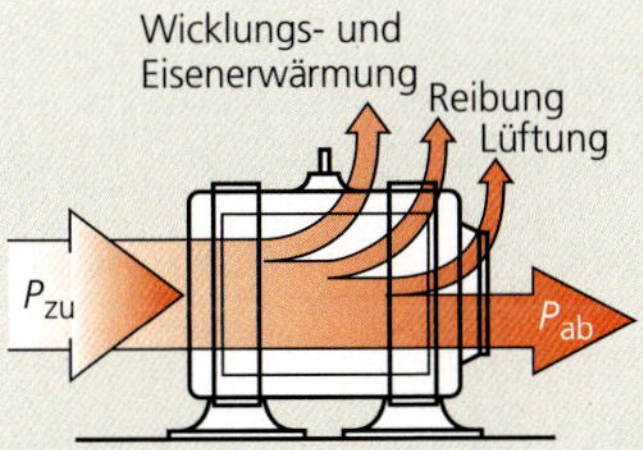

Die **Nennleistung P_{ab}** (abgegebene Leistung) ist das Produkt aus der zugeführten Leistung P_{zu} und dem Wirkungsgrad η.

Nennleistung = zugeführte Leistung · Wirkungsgrad

$$P_{ab} = P_{zu} \cdot \eta$$

Gleichstrom (–) fließt stets mit gleicher Stromstärke in gleicher Richtung. Die zugeführte Leistung entspricht der elektrischen Leistung, d. h. dem Produkt von Spannung *U* und Stromstärke *I*.

zugeführte Leistung = Spannung · Stromstärke

$$P_{zu} = U \cdot I$$

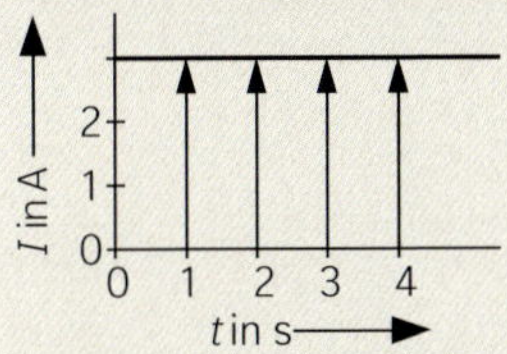

Mit wie viel Kilowatt kann ein Lichtstromkreis bei 230 V Netzspannung belastet werden, wenn er mit 6 A abgesichert ist?

Gegeben: $U = 230$ V; $I = 6$ A
Gesucht: $P_{zu} = ?$ kW

Lösung:
$P_{zu} = U \cdot I$
$P_{zu} = 230 \text{ V} \cdot 6 \text{ A} = 1\,380 \text{ W} = \underline{\underline{1{,}38 \text{ kW}}}$

Beim **Wechselstrom (~)** pendeln die Elektronen im Leiter ständig hin und her, ohne sich nennenswert vom Ort zu bewegen. Der Leistungsfaktor $\cos\phi$ (sprich: cosinus phi) berücksichtigt den induzierten Leistungsverlust. Die zugeführte Leistung entspricht dem Produkt aus Spannung *U*, Stromstärke *I* und dem Leistungsfaktor $\cos\phi$. Sein Wert liegt zwischen 0,5 und 0,9, ist also < 1.

zugeführte Leistung = Spannung · Stromstärke · $\cos\phi$

$$P_{zu} = U \cdot I \cdot \cos\phi$$

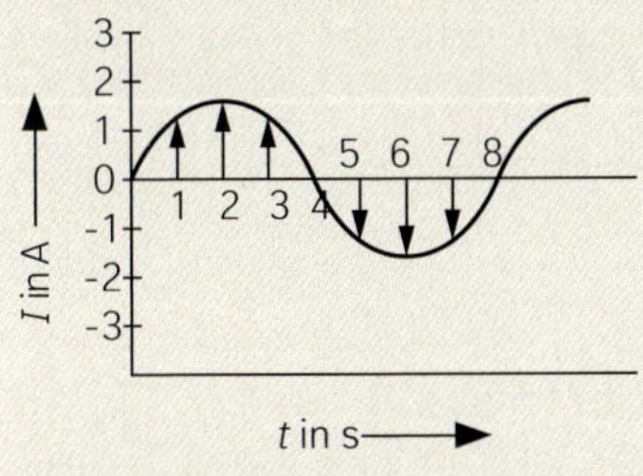

Das Leistungsschild eines Wechselstrommotors enthält folgende Angaben:
$U = 230$ V, $I = 7{,}3$ A, $\cos\phi = 0{,}70$.
Wie groß ist die zugeführte Wirkleistung P_{zu} in Watt?

Gegeben: $U = 230$ V; $I = 7{,}3$ A; $\cos\phi = 0{,}70$
Gesucht: $P_{zu} = ?$ W

Lösung:
$P_{zu} = U \cdot I \cdot \cos\phi$
$P_{zu} = 230 \text{ V} \cdot 7{,}3 \text{ A} \cdot 0{,}70 = \underline{\underline{1\,175{,}3 \text{ W}}}$

Dreiphasenwechselstrom (3 ~) (Drehstrom) wird durch ein magnetisches Drehfeld erzeugt, das um 120°, also um ein Drittel der Periode von 360°, versetzt ist. Dadurch ergibt sich der Verkettungsfaktor 1,73 (= $\sqrt{3}$), der Verschiebungen und Überschneidungen der drei Phasen berücksichtigt.
Die zugeführte Leistung entspricht dem Produkt aus Spannung U, Stromstärke I, dem Leistungsfaktor cos ϕ und dem Verkettungsfaktor 1,73.

zugeführte Leistung = Spannung · Stromstärke · cos ϕ · 1,73

$$P_{zu} = U \cdot I \cdot \cos\phi \cdot 1{,}73$$

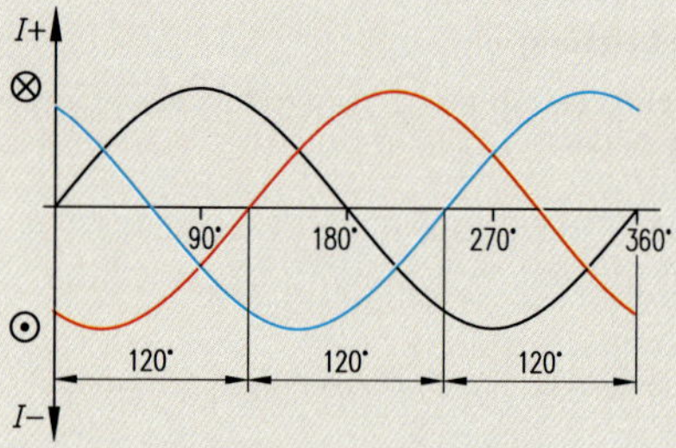

Welche Spannung benötigt ein Drehstrommotor mit einer Nennleistung von 4 kW bei einer Stromstärke von 8,4 A, cos ϕ = 0,87 und η = 0,83?

Gegeben: P_{ab} = 4000 W
I = 8,4 A
cos ϕ = 0,87
h = 0,83
Gesucht: U = ? V

Lösung:

$$P_{ab} = U \cdot I \cdot \cos\phi \cdot 1{,}73 \cdot \eta$$

$$U = \frac{P_{ab}}{I \cdot \cos\phi \cdot 1{,}73 \cdot \eta}$$

$$U = \frac{4000\ \text{W}}{8{,}4\ \text{A} \cdot 0{,}87 \cdot 1{,}73 \cdot 0{,}83} \approx 380\ \text{V}$$

Aufgaben

13. Ein Gleichstrommotor ist für 230 V und 4 kW Nennleistung bemessen.
Zu berechnen sind:
a) Leistungsaufnahme in kW bei η = 0,8
b) Stromaufnahme in A

14. a) Wie viel Kilowatt elektrische Leistung nimmt ein 440-V-Gleichstrommotor am Klemmbrett auf, wenn er bei η = 0,88 an der Welle 10 kW abgibt?
b) Wie groß ist der Motorstrom?

15. Beim Betrieb eines Wechselstrommotors zeigten die Messgeräte folgende Werte an:
U = 230 V, I = 6,5 A, P = 1,05 kW.
Wie groß war der Leistungsfaktor?

16. Dem Leistungsschild eines Drehstrommotors werden die folgenden Angaben entnommen:
U = 400 V, I = 4,8 A, cos ϕ = 0,8.
Zu berechnen ist die Leistungsaufnahme in Watt.

17. Das Leistungsschild einer Tischkreissägemaschine enthält folgende Angaben: P_{ab} = 7,5 kW, U = 400 V, cos ϕ = 0,87 und η = 0,85.
Zu berechnen sind:
a) Wirkleistung P_{zu}, b) Stromstärke I
c) Welche Sicherung ist ausreichend?

18. Dem Leistungsschild eines Wechselstrommotors sind folgende Angaben zu entnehmen:
U = 400 V, I = 8,7 A, cos ϕ = 0,9 und η = 0,8.
Zu berechnen sind:
a) Nennleistung P_{ab}
b) Wirkleistung P_{zu}

19. Das Leistungsschild des Drehstrommotors an einer Abrichthobelmaschine weist folgende Angaben auf: 400 V, cos ϕ = 0,87, ϕ = 0,84.
Die Nennleistung des Motors beträgt 3,8 kW.
Zu berechnen ist die Stromstärke in A zur Kontrolle der Belastung der Anschlussleitung.

20. Eine Holzbearbeitungsmaschine besitzt einen Drehstrommotor, der an das Kraftstromnetz von 400 V angeschlossen ist.
Dem Leistungsschild des Motors ist zu entnehmen: Nennleistung P_{ab} = 4 kW, Leistungsfaktor cos ϕ = 0,82 und Wirkungsgrad η = 0,75.
Zu berechnen sind:
a) Wirkleistung P_{zu} in W
b) Stromstärke I in A

Elektrische Arbeit

Elektrische Arbeit *W* ist das Produkt aus elektrischer Leistung und Zeit (Einschaltdauer).

Elektrische Arbeit = Leistung · Zeit
$W = P \cdot t$

Das Joule (J) ist die Einheit der elektrischen Arbeit *W*.

1 Joule = 1 J = 1 V · 1 A = 1 Ws = 1 Nm
1 Wattstunde = 1 Wh = 3600 Ws
1 Kilowattstunde = 1 kWh = 1000 Wh

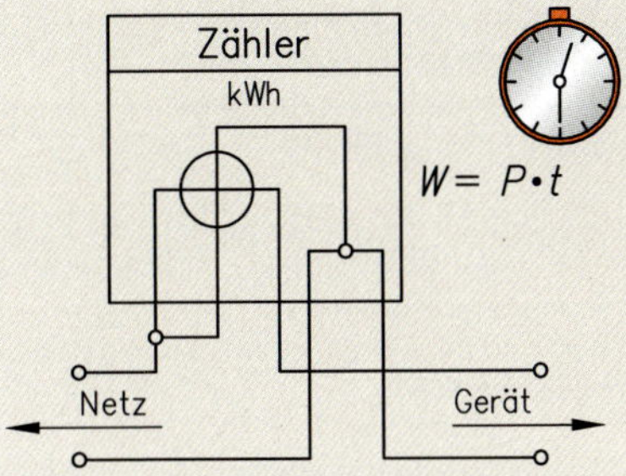

Der Elektrizitätszähler registriert die dem Netz entnommene elektrische Arbeit in kWh. Diese muss dem Energieversorgungsunternehmen (EVU) bezahlt werden.

Die **Energiekosten** (Stromkosten) setzen sich wie folgt zusammen:

- Arbeitspreis in €/kWh,
- monatlicher Grundpreis in € → besteht aus
  - Bereitstellungspreis (nach Art und Umfang der Anlage),
  - Verrechnungspreis für die Zählermiete.

Der Abrechnungszeitraum beträgt 1 Jahr.

jährliche Energiekosten
= Grundpreis · 12 + bezogene Energie · Arbeitspreis + MwSt.

Für die verschiedenen Abnehmergruppen – Haushalt, Gewerbe, Landwirtschaft – gelten jeweils besondere Tarife.

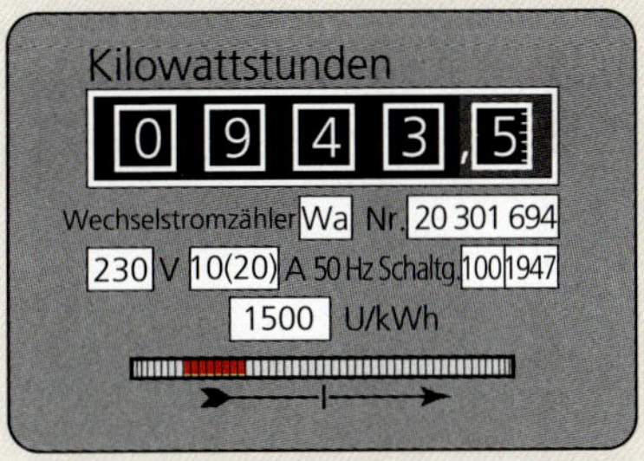

Ein Nachtstromspeichergerät mit einer Leistung von 6 kW wurde zum Aufheizen 9 Stunden lang eingeschaltet. Der Arbeitspreis beträgt 0,24 €/kWh.
Wie teuer ist das Aufheizen?

Gegeben: $P = 6$ kW
$t = 9$ h
Arbeitspreis = 0,24 €/h
Gesucht: Kosten = ? €

Lösung:
Kosten = $P \cdot t \cdot$ Arbeitspreis
Kosten = 6 kW · 9 h · 0,24 €/h = <u>12,96 €</u>

Aufgaben

21. a) Wie viele Stunden kann man eine 40-Watt-Glühlampe mit 1 kWh betreiben?
b) Wie viel kostet hierbei 1 Stunde bei einem Energiepreis von 31 ct/kWh?

22. In einer Wohnung mit einem Grundpreis von 13,00 € je Monat und einem Arbeitspreis von 31 ct/kWh ergab sich ein Monatsverbrauch von 32 kWh.
Zu berechnen sind die monatlichen Stromkosten und der Strompreis in €/kWh.

23. In einem Innenausbaubetrieb werden an 13 Arbeitstagen folgende elektrisch betriebene Handmaschinen eingesetzt:
- Handhobel mit 800-Watt-Motor täglich 3,6 Stunden,
- Handpendelstichsäge mit 550-Watt-Motor täglich 2,2 Stunden,
- Handkreissäge mit 1600-Watt-Motor täglich 1,7 Stunden.

Der Arbeitspreis beläuft sich auf 31 ct/kWh.
Die Gesamtbetriebskosten in € sind
a) zu schätzen,
b) zu berechnen.

24. Die beiden Platten einer hydraulischen Furnierpresse mit einer Pressfläche von 2,20 m × 1,10 m werden elektrisch beheizt. Die Heizleistung pro Platte beträgt 5,30 kW. Nach Tarif beläuft sich der Arbeitspreis auf 31 ct/kWh.
Zu berechnen sind:
a) Betriebskosten in € bei 4,7 Stunden Arbeitszeit
b) die Anzahl der Glühlampen zu je 60 W
c) die Anzahl der Halogenlampen zu je 45 W
d) die Anzahl der LED-Lampen zu je 8 W, die man in der gleichen Zeit für die gleichen Kosten hätte betreiben können

25. Für einen Auftrag werden an einer Dickenhobelmaschine 4,20 Stunden lang Bretter bearbeitet. Die Nennleistung des E-Motors beträgt 3,54 kW, der Wirkungsgrad laut Typenschild $\eta = 0{,}86$.
Zu berechnen sind die Stromkosten in €, wenn für den Arbeitspreis 34 ct/kWh anzusetzen sind.

26. Der Drehstrommotor einer Dickenhobelmaschine hat eine Nennleistung $P_{ab} = 6{,}8$ kW. Gemäß Typenschild ist der Wirkungsgrad 0,85. Die Maschine ist an 18 Arbeitstagen täglich 4,2 Stunden eingesetzt. Der Arbeitspreis beträgt 34 ct/kWh.
Zu berechnen sind:
a) aufgenommene Motorleistung in kW
b) Stromkosten in € für die gesamte Arbeitszeit

27. Ein Unternehmen bezahlt monatlich 115,00 € Stromgrundgebühr. Im gleichen Zeitraum betragen die Stromkosten 712,00 €. Der Arbeitspreis beläuft sich auf 34 ct/kWh.
In der Werkstatt sind eingeschaltet: 8 Leuchtstofflampen mit 60 Watt jeweils 67 Stunden im Monat und 3 Leuchtstofflampen mit 40 Watt jeweils 85 Stunden monatlich sowie 24 LED-Lampen mit 8 W jeweils 96 Stunden im Monat.
Zu berechnen sind:
a) Stromkosten für die Beleuchtung in €
b) Stromkosten für die Maschinen in €
c) Energieaufwand für die Maschinen in kWh

28. 4 Elektromotoren an einer kombinierten Holzbearbeitungsmaschine nehmen eine elektrische Leistung von 15,350 kW auf. Die Maschine ist bei einem 8-stündigen Arbeitstag nur zu 45 % ausgelastet. Der Arbeitspreis beträgt 34 ct/kWh.
Zu berechnen sind pro Arbeitstag:
a) elektrische Arbeit in kWh
b) Betriebskosten in €

29. Eine Tischkreissägemaschine ist mit einem 400-V-Drehstrommotor ausgerüstet, dessen Nennleistung laut Leistungsschild $P_{ab} = 5{,}8$ kW beträgt. Der Wirkungsgrad ist 0,85.
Die Maschine läuft an 16 Arbeitstagen täglich 5,4 Stunden. Der Arbeitspreis beträgt 34 ct/kWh.
Zu berechnen sind:
a) Leistungsaufnahme des Motors
b) Stromverbrauch an den Arbeitstagen
c) Stromkosten für die Arbeitstage einschließlich 19 % Mehrwertsteuer

6.7 Holzbearbeitungsmaschinen

Geradlinige und gleichförmige Geschwindigkeit

Die **Geschwindigkeit *v*** ist bei **geradliniger, gleichförmiger Bewegung** der Quotient aus Weg *s* und Zeit *t*.

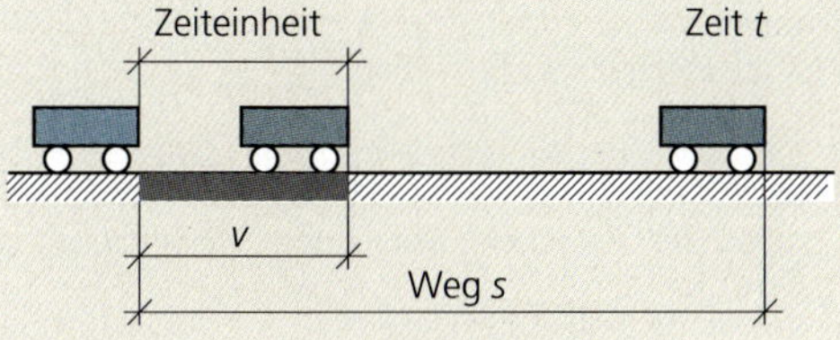

Die Formelzeichen bedeuten:
- *v*: lat. *velocitas* = Geschwindigkeit,
- *s*: lat. *spatium* = Weg,
- *t*: lat. *tempus* = Zeit.

$$\text{Geschwindigkeit} = \frac{\text{Weg}}{\text{Zeit}}$$

$$v = \frac{s}{t}$$

Ein Pkw fährt in 1,3 Stunden 82,3 km.
Wie groß ist seine Geschwindigkeit?

Gegeben: $s = 82{,}3$ km
$t = 1{,}3$ h
Gesucht: $v = ?$ km/h

Lösung:

$$v = \frac{s}{t}$$

$$v = \frac{82{,}3\ \text{km}}{1{,}3\ \text{h}} = \underline{\underline{63{,}3\ \text{km/h}}}$$

Übliche Einheiten:
- 1 m/s → Physik,
- 1 km/h → Verkehr.

1 m/s = 3600 m/h = 3,6 km/h
1 km/h = 1000 m/h = 1/3,6 m/s

Die **Vorschubgeschwindigkeit v_f** ist der Quotient aus Werkstücklänge *s* und Vorschubzeit *t*.

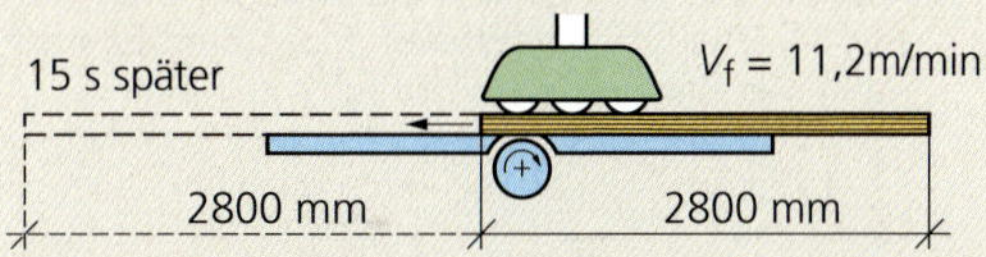

$$\text{Vorschubgeschwindigkeit} = \frac{\text{Werkstücklänge}}{\text{Vorschubzeit}}$$

$$v_f = \frac{s}{t}$$

Übliche Einheit: m/min

Ein Werkstück bewegt sich auf der Tischkreissägemaschine, der Tischfräsmaschine oder der Abrichthobelmaschine geradlinig und gleichförmig vorwärts.

Die Vorschubgeschwindigkeit gibt an, wie schnell ein Werkstück gegen ein Werkzeug (Tischkreissägemaschine) oder das Werkzeug gegen ein Werkstück (Handkreissägemaschine) bewegt wird. Als Vorschubzeit gilt nur die Zeit, während der ein Werkzeug das Werkstück bearbeitet.

Auf einer Abrichthobelmaschine wurden in 12 Minuten 96 m Passleisten gefügt.
Wie groß war die Vorschubgeschwindigkeit?

Gegeben: $s = 96$ m
$t = 12$ min
Gesucht: $v_f = ?$ m/min

Lösung:

$$v_f = \frac{s}{t}$$

$$v_f = \frac{96\ \text{m}}{12\ \text{min}} = \underline{\underline{8\ \text{m/min}}}$$

Aufgaben

1. Mit einer Dickenhobelmaschine wurden in 4,38 Stunden 3040 m Bretter mit einmaligem Durchgang bearbeitet.
   Zu berechnen ist v_f in m/min.

2. Eine furnierte Zimmertür mit den Maßen 203 cm/98 cm wird gefälzt. Der Vorschubapparat an der Fräsmaschine bewirkt eine Vorschubgeschwindigkeit von 9 m/min.
   Wie lange dauert das Fälzen?

3. Auf einer Tischkreissägemaschine werden 24 Bohlen von je 4,20 m Länge an beiden Seiten besäumt. Die Vorschubgeschwindigkeit beträgt 9,5 m/min, der Zeitzuschlag für Nebenarbeiten 20 %.
   Zu berechnen ist die gesamte Bearbeitungszeit in min.

4. An der Bandsägemaschine wird ein Halbkreisbogen mit dem Durchmesser von 138,00 cm aus einer STAE-Platte herausgeschnitten. Der Handvorschub beträgt 0,80 m/min. Für Nebenzeiten werden 25 % Zuschlag berücksichtigt.
   Zu berechnen ist die gesamte Bearbeitungszeit als Dezimalzahl:
   a) in min, b) in h

5. Auf einer Kreissägemaschine werden 18 Bretter in der Mitte einmal aufgetrennt. Jedes Brett ist 4,20 m lang. Der Handvorschub beträgt 5,2 m/min.
   Zu berechnen ist die Arbeitszeit, wenn für Auf- und Abnahme je Brett 18 Sekunden dazugerechnet werden.

6. Eine Tischplatte (Ellipse) mit den Achsenmaßen 1450 mm/860 mm und eine kreisrunde Tischplatte mit 785 mm Durchmesser erhalten zum Einlegen einer PVC-Kante eine Nut. Die Fräsarbeit erfolgt am Anlaufring, weshalb nur ein Handvorschub mit 1,2 m/min möglich ist.
   Zu berechnen ist die Zeitvorgabe für beide Platten in min.

7. Für 23 Fenster werden die Rahmen- und Flügelhölzer mit 12,62 m je Fenster mit zweimaligem Durchgang auf Dicke gehobelt. Der Einzug der Dickenhobelmaschine läuft mit einer Geschwindigkeit von 9,5 m/min.
   Wie groß ist der Zeitaufwand in min, wenn bei jedem Durchgang 3 Hölzer gleichzeitig eingeschoben werden und mit einem Zeitverlust von 25 % gerechnet werden muss?

8. Auf einer Tischfräsmaschine werden an 83 Bretter mit einer Länge von je 4,24 m und einer Breite von je 27,00 cm ringsum beidseitig Hohlkehlen angefräst. Die Vorschubgeschwindigkeit für die Längs- und Querfräsung beträgt 2,3 m/min. Für das Aufnehmen und Ablegen jedes Bretts wird je Brett mit 24 Sekunden gerechnet.
   Zu berechnen ist die Bearbeitungszeit in min.

9. Für das beidseitige Nuten von 210 Korpusseiten mit einer Seitenlänge von je 1523 mm wurden 77 Minuten benötigt, einschließlich einer Nebenzeit von 10 Sekunden je Korpusseite für deren Aufnehmen und Ablegen.
   Zu berechnen ist als reine Maschinenzeit die Vorschubgeschwindigkeit in m/min.

10. An einer Tischfräsmaschine ist der Vorschubapparat auf 8 m/min eingestellt. Es werden 97 Teile mit einer Länge von jeweils 1870 mm einseitig gefräst. Zwischen den Teilen läuft der Vorschub 230 mm leer.
    Zu berechnen sind:
    a) Leerlaufzeit in h
    b) reine Maschinenzeit in h
    c) gesamte Bearbeitungszeit in h

11. 52 Bretter mit einer jeweiligen Länge von 2470 mm erhalten einseitig eine Profilierung.
    Der Vorschubapparat an der Tischfräsmaschine ist auf 5 m/min eingestellt. Beim Aufnehmen und Ablegen jedes Bretts entsteht ein Zeitverlust von 27 Sekunden.
    Zu berechnen sind:
    a) gesamte Bearbeitungszeit in min
    b) Vorschubgeschwindigkeit in m/min, wenn die Vorgabezeit auf 35 Minuten festgelegt wird und sich die Nebenzeit durch rationelleres Arbeiten um 40 % verringert

12. An einer automatischen Format-Plattensägemaschine mit einer Vorschubgeschwindigkeit von 11,5 m/min werden 19 mm dicke Spanplatten mit den Maßen 5,20 m/1,80 m zu Schrankseiten von 1600 mm Länge und 550 mm Breite zugeschnitten.
    Zu berechnen sind:
    a) die benötigten Meter Sägeschnitt für den Zuschnitt des Werkstücks aus 5 Spanplatten mit angegebener Größe, wobei jede Platte zum Zuschnitt einzeln aufgelegt wird
    b) die gesamte Arbeitszeit in min, wenn für das Auflegen einer Spanplatte 1,8 min und für das Abnehmen der zugeschnittenen Schrankteile je Teil 15 s benötigt werden

13. Eine Kleinserie umfasst 35 Hängesideboards mit den folgenden Außenmaßen:
    Länge 2 120 mm, Höhe 560 mm und Tiefe 440 mm.
    Die Rückwandfälze an den oberen und unteren Böden sowie an den Seiten werden an der Tischfräsmaschine mit einem Universalkopf hergestellt.
    Für das Auf- und Abnehmen je Boden und je Seite wird mit 12 Sekunden Zeitverlust gerechnet. Der Vorschubapparat läuft mit 8 m/min.
    Zu berechnen ist die Gesamtarbeitszeit in h für die Fälzung sämtlicher Teile.

Schnittgeschwindigkeit

Kreisförmige, gleichförmige Bewegungen kommen z. B. bei rotierenden Werkzeugen vor: Die Schneidenspitze (auch bei Fräs- oder Hobelmessern) bewegt sich mit gleichbleibender Geschwindigkeit auf dem Schneidenflugkreis (= Kreisumfang).

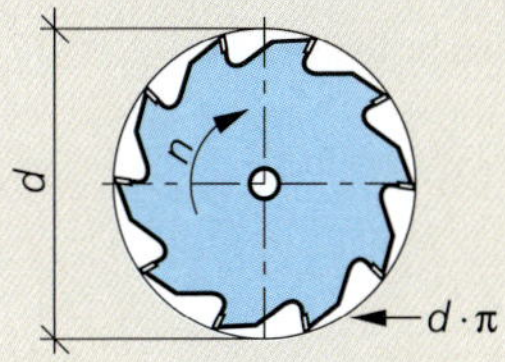

Die Drehzahl n = 3000 1/min ist in der Einheit 1/s anzugeben.

$n = 3000\ 1/\text{min}$

$$n = \frac{3000 \cdot 1 \cdot \text{min}}{\text{min} \cdot 60\ \text{s}} = 50\ \frac{1}{\text{s}}$$

Die **Schnittgeschwindigkeit *v*** ist das Produkt aus Schneidenflugkreis ($d \cdot \pi$) und Drehzahl n (= Umdrehungen je Zeiteinheit) des rotierenden Werkzeugs.

Schnittgeschwindigkeit = Schneidenflugkreis · Drehzahl

$$v_c = d \cdot \pi \cdot n$$

Übliche Einheit: m/s

Bei Holzbearbeitungsmaschinen mit schnell laufenden, rotierenden Werkzeugen wird die Schnittgeschwindigkeit in m/s angegeben. Die Drehzahl wird jedoch in 1/min gemessen. Die Umdrehungen pro Minute müssen in Umdrehungen pro Sekunde umgerechnet werden:

$$\frac{1}{\text{min}} = \frac{1}{60\ \text{s}}$$

Vereinfacht wird die **Schnittgeschwindigkeit** nach folgender Formel berechnet:

$$v_c \text{ in m/s} = \frac{d \text{ in cm} \cdot n \text{ in } 1/\text{min}}{2 \cdot 1000}$$

Ein Kreissägeblatt mit 250 mm Schneidenflugkreisdurchmesser läuft mit einer Drehzahl von 4500 1/min. Wie hoch ist die Schnittgeschwindigkeit in m/s?

Gegeben: $d = 250\ \text{mm} = 0{,}25\ \text{m}$

$n = 4500\ 1/\text{min} = 4500 \cdot \frac{1}{60\ \text{s}}$

Gesucht: $v_c = ?\ \text{m/s}$

Lösung:

$v_c = d \cdot \pi \cdot n$

$$v_c = \frac{0{,}25\ \text{m} \cdot \pi \cdot 4500}{60\ \text{s}}$$

$v_c = \underline{\underline{58{,}91\ \text{m/s}}}$

Drehzahl *n*, Schnittgeschwindigkeit v_c und Vorschubgeschwindigkeit v_f von Holzbearbeitungsmaschinen

Holzbearbeitungsmaschinen	Drehzahl n in 1/min	Schnittgeschwindigkeit v_c in m/s	Vorschubgeschwindigkeit v_f in m/min
Bandsägemaschine	je nach Rollendurchmesser	20 ... 50	von Hand: ca. 4 ... 6
Kreissägemaschine	3000 ... 8000	50 ... 70 spezial ... 120	von Hand: ca. 3 ... 10 maschinell: 5 ... 45
Hobelmaschine – Abrichte – Dickenhobel – Kehlhobel	3000 ... 6000	30 ... 50	 von Hand: ca. 1 ... 3 maschinell: 6 ... 20 maschinell: 5 ... 33 maschinell: 10 ... 30
Tischfräsmaschine	2800 ... 12000	30 ... 60	von Hand: 2 ... 7 maschinell: 10 ... 30

Mithilfe des **Drehzahldiagramms** lassen sich Schnittgeschwindigkeit, Werkzeugdurchmesser (Schneidenflugkreisdurchmesser) und Drehzahl bestimmen.

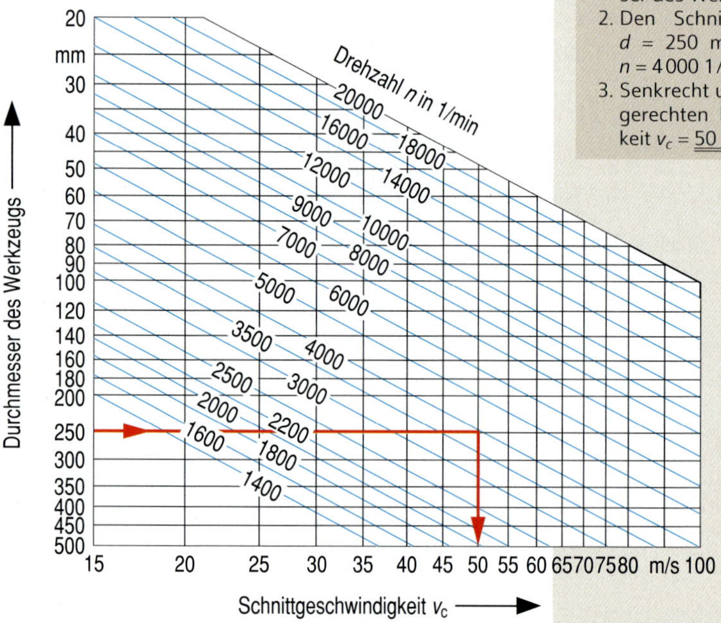

Ein Kreissägeblatt hat einen Durchmesser von $d = 250$ mm und soll mit einer Drehzahl von $n = 4000$ 1/min laufen. Mit welcher Schnittgeschwindigkeit kann nach dem Drehzahldiagramm gearbeitet werden?

Lösung:
1. Auf der senkrechten Koordinate den Durchmesser des Werkzeugs $d = 250$ mm festlegen.
2. Den Schnittpunkt der Waagerechten durch $d = 250$ mm mit der schrägen Drehzahllinie $n = 4000$ 1/min bestimmen.
3. Senkrecht unter dem Schnittpunkt auf der waagerechten Koordinate die Schnittgeschwindigkeit $v_c = \underline{\underline{50 \text{ m/s}}}$ ablesen.

Aufgaben

14. Der Schneidenflugkreis einer Hobelwelle hat 122 mm Durchmesser. Die Drehzahl beträgt 4500 1/min. Wie groß ist die Schnittgeschwindigkeit in m/s?

15. Die Drehzahl einer Tischkreissägemaschine beträgt 3500 1/min. Welchen Durchmesser muss ein Sägeblatt haben, wenn eine Schnittgeschwindigkeit von 55 m/s verlangt wird?

16. Wie viel Millimeter darf der Durchmesser des Schneidenflugkreises eines Fräswerkzeugs betragen, das bei einer Drehzahl von 8000 1/min eine Schnittgeschwindigkeit von 60 m/s erreichen soll? Lösung mit dem Drehzahldiagramm.

17. Ein Maschinenwerkzeug soll bei einer Drehzahl von 4500 1/min eine Schnittgeschwindigkeit von 40 m/s erreichen. Welchen Durchmesser muss es haben? Lösung mit dem Drehzahldiagramm.

18. Ein spandickenbegrenztes Verbundkreissägeblatt (HM-bestückt) trägt die Kennzeichnung „BG-Test n_{max} 6000“. Im Drehzahldiagramm ist abzulesen, mit welcher Schnittgeschwindigkeit dieses Sägeblatt mit einem Schneidenflugkreisdurchmesser von 220 mm laufen darf.

19. Verbundfräswerkzeuge mit Hartmetallschneideplatten sollen mit der wirtschaftlichen Schnittgeschwindigkeit von 70 m/s laufen. Anhand des Drehzahldiagramms ist die Drehzahl (Annäherungswerte) für folgende Schneidenflugkreisdurchmesser abzulesen:
a) 105 mm
b) 120 mm
c) 125 mm
d) 140 mm

20. Der MK-5-Dorn (Ø 40 mm) einer Tischfräsmaschine läuft mit $n = 9000$ 1/min. Die Schnittgeschwindigkeit des Fräsers muss 45 m/s betragen.
Wie groß darf der Schneidenflugkreisdurchmesser des Fräsers sein?

21. Zur Herstellung von Schlitz- und Zapfenverbindungen wird auf den 40er-Dorn einer Tischfräsmaschine eine Schlitzscheibe mit 280 mm Durchmesser aufgelegt. Die Scheibe soll mit einer Schnittgeschwindigkeit von 60 m/s laufen.
Wie groß muss die Drehzahl sein?

22. Mit welcher Drehzahl darf eine Schleifscheibe von 250 mm Durchmesser höchstens laufen, wenn die Umfangsgeschwindigkeit von 18 m/s nicht überschritten werden soll?

23. Ein verstellbarer Fasemesserkopf mit Hartmetallwendeplatten hat einen Durchmesser von 150 mm. Die maximale Drehzahl beträgt 8000 1/min.
Welche Schnittgeschwindigkeit in m/s kann höchstens erreicht werden?

24. An einer Oberfräse werden Bohrungen mit einem Durchmesser von 15 mm und einer Tiefe von 65 mm gefertigt. Die Drehzahl wurde auf 12000 1/min eingestellt.
Beim Bohrvorgang soll eine Schnittgeschwindigkeit von 5,5 m/s nicht überschritten werden.
Zu berechnen sind:
a) Schnittgeschwindigkeit in m/s bei eingestellter Drehzahl
b) einzustellende Drehzahl

25. An einer stufenlos regelbaren Tischfräsmaschine sollen Fräswerkzeuge mit folgenden Durchmessern eingesetzt werden:
a) 100 mm
b) 145 mm
c) 350 mm
Welche Drehzahlen sind jeweils einzustellen, wenn die Schnittgeschwindigkeit 35 m/s betragen soll?

26. Bei einer Kreissägemaschine liegt die kritische Schnittgeschwindigkeit bei ca. 55 m/s. Die Stufeneinstellung der Drehzahl ermöglicht für n die Werte:
a) 2500 1/min
b) 3500 1/min
c) 4200 1/min
d) 5000 1/min
Zu berechnen sind die größtmöglichen Durchmesser der Kreissägeblätter, die man bei der angegebenen Schnittgeschwindigkeit einsetzen kann.

27. Beim Auftrennen von Kiefernbrettware wurde ein Stück Holz vom aufsteigenden Kreissägeblatt zurückgeschleudert. Unglücklicherweise wurde ein Arbeiter von diesem Holzstück getroffen.
Das Sägeblatt hatte einen Durchmesser von 210 mm und lief mit einer Drehzahl von 4500 1/min.
Mit welcher Geschwindigkeit in km/h flog das Stück Holz auf den Mitarbeiter zu?

28. In einem Satz verschiedener Fräswerkzeuge befinden sich 2 Verleimfräser mit dem Durchmesser von 120 mm und 140 mm.
Das Fräswerkzeug soll mit max. 12000 1/min laufen und dabei eine Schnittgeschwindigkeit von 88 m/s erreichen.
Zu berechnen ist, welcher Verleimfräser verwendet werden muss.

29. Die Schnittgeschwindigkeit eines Sägeblattes soll nach Gebrauchsanweisung nicht unter 75 m/s liegen. Die Drehzahl des Antriebsmotors beträgt 2880 1/min.
Zu berechnen sind:
a) Durchmesser des Sägeblattes in mm
b) Verringerung der Schnittgeschwindigkeit in %, wenn ein Sägeblatt mit einem um 17,0 mm kleineren Durchmesser verwendet würde

30. Ein Kreissägeblatt mit HM-Bestückung besitzt einen Durchmesser von 280 mm und läuft mit einer Drehzahl von 5000 1/min.
Zu berechnen sind:
a) Schnittgeschwindigkeit in m/s
b) einzustellende Drehzahl, wenn die Schnittgeschwindigkeit um 20 % erhöht wird

31. An einer Tischfräsmaschine ist die Drehzahl mit 8000 1/min eingestellt. Gearbeitet wird mit einem Fräskopf, der 120 mm Durchmesser hat und dessen beide Fräsmesser jeweils 1,5 mm über den Körper vorstehen.
Die Schnittgeschwindigkeit soll 58 m/s erreichen.
Der Vorschubapparat läuft mit 9 m/min.
Zu berechnen sind:
a) die einzustellende Drehzahl in 1/min
b) die Anzahl der 1650 mm langen Werkstücke, die in 45 Minuten einschließlich der Nebenzeit von 11,5 Minuten gefräst werden können

Schneidenvorschub und Schnittgüte beim Umfangsfräsen

Der **Schneidenvorschub f_z** (oft als Zahnvorschub bezeichnet) ist beim Umfangsfräsen der Abstand von zwei nacheinander eingreifenden Schneiden, gemessen in der Vorschubrichtung. Er beeinflusst die Dicke des abgenommenen Spans und somit die Schnittgüte und die erforderliche Spanungskraft. Über ihn lassen sich vor allem die erforderliche **Vorschubgeschwindigkeit v_f**, **Schneidenanzahl z** für die Werkzeugwahl oder die **Drehzahl n** festlegen.

Kennwerte für Schneidenvorschübe f_z in mm sind:

Feinschlichtspan	0,3 ... 0,8	
Schlichtspan	0,8 ... 2,5	Günstiger Bereich 0,3 ... 1,5
Schruppspan	2,5 ... 5,0	

Der Schneidenvorschub f_z berechnet sich nach der Formel

$$\text{Schneidenvorschub} = \frac{\text{Vorschubgeschwindigkeit}}{\text{Drehzahl} \cdot \text{Zähnezahl}}$$

$$f_z = \frac{v_f}{n \cdot z}$$

Messerschlaglänge $f_{z\,eff}$ und **Messerschlagtiefe R_z**

Die Messerschlaglänge und Messerschlagtiefe sind Kriterien für die Schnittgüte der Arbeitsläche.

	hohe Güte	mittlere Güte	geringe Güte
$f_{z\,eff}$	0,3 ... 0,5 mm	0,5 ... 1,0 mm	1,0 ... 1,5 mm
R_z	0,03 ... 0,3 µm	0,3 ... 1,2 µm	1,2 ... 10,0 µm

Je mehr Schneiden für die Oberflächengüte der Arbeitsfläche wirksam sind und je langsamer die Vorschubgeschwindigkeit ist, umso kleiner wird die Messerschlaglänge.

Bewegen sich alle Schneiden auf dem gleichen Flugkreis oder hat das Werkzeug nur eine Schneide, ist der Schneidenvorschub f_z genau so groß wie die Länge des Messerschlags $f_{z\,eff}$.

In der Praxis ist das aber nur bei speziellen Maschinen und Werkzeugen der Fall. Bei ihnen kann bei Berechnungen zur Schnittgüte $z_w = z$ gesetzt werden. Für konventionelle Holzbearbeitungsmaschinen gilt der ungünstigste Fall für die wirksame Schneidenzahl z_w, nämlich $z_w = 1$.

Die Messerschlaglänge $f_{z\,eff}$ errechnet sich aus der Vorschubgeschwindigkeit v_f, der Drehzahl n und der wirksamen Schneidenanzahl z_w.

$$\text{Messerschlaglänge} = \frac{\text{Vorschubgeschwindigkeit}}{\text{Drehzahl} \cdot \text{wirksame Schneidenzahl}}$$

$$f_{z\,eff} = \frac{v_f}{n \cdot z_w}$$

Die Messerschlagtiefe (Rautiefe) R_z ist ein wichtiges Kriterium für die Oberflächengüte, da sie den Schleifaufwand bestimmt.
Sie kann hinreichend genau berechnet werden mit

$$\text{Rautiefe} = \frac{\text{Messerschlaglänge}^2}{4 \cdot \text{Werkzeugdurchmesser}}$$

$$R_z = \frac{f_{z\,eff}^2}{4 \cdot d}$$

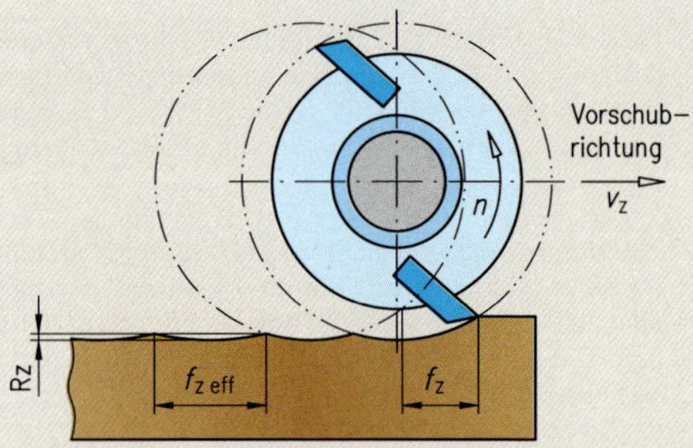

Ein Werkzeughersteller gibt für das Nuten von Massivhölzern mit Handvorschub als Verarbeitungsempfehlung ein Werkzeug mit vier Schneiden und eine Drehzahl von 4500 1/min an.
Von welchem Schneidenvorschub geht die Firma bei einer Vorschubgeschwindigkeit von 5 m/min aus?

Gegeben: $v_f = 5000$ mm/min; $n = 4500$ 1/min; $z = 4$
Gesucht: $f_z = ?$ mm

Lösung:

$$f_z = \frac{v_f}{n \cdot z} = \frac{5000 \text{ mm/min}}{4500 \text{ 1/min} \cdot 4} = \underline{\underline{0{,}27 \text{ mm}}}$$

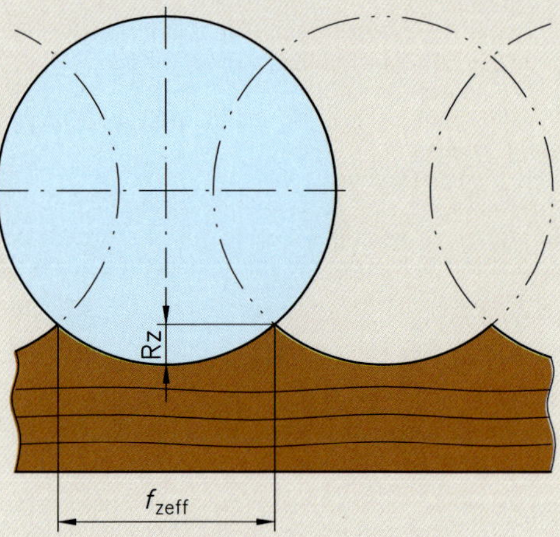

Ein Werkstück wird auf einer „Abrichte", deren Welle zwei Streifenmesser hat, bearbeitet.
Die Drehzahl der Messerwelle beträgt 6000 1/min, ihr Durchmesser 120 mm und die Vorschubgeschwindigkeit 5 m/min.
Wie groß sind die Messerschlaglänge und die Rautiefe?

Gegeben: $v_f = 5000$ mm/min; $n = 6000$ 1/min;
$d = 120$ mm; $z_w = 1$
Gesucht: $f_{z\,eff} = ?$ mm; $R_z = ?$ mm

Lösungen:

$$f_{z\,eff} = \frac{v_f}{n \cdot z_w} = \frac{5000 \text{ mm/min}}{6000 \text{ 1/min} \cdot 1} = \underline{\underline{0{,}83 \text{ mm}}}$$

$$R_z = \frac{f_{zeff}^2}{4 \cdot d} = \frac{(0{,}83 \text{ mm})^2}{4 \cdot 120 \text{ mm}} = \underline{\underline{0{,}0014 \text{ mm}}}$$

Beim Umfangsfräsen entsteht ein kommaförmiger Span mit zunehmender Dicke, von der zwei Werte eine technische Bedeutung haben.
Es sind die **maximale Spandicke h_{max}** und deren halber Wert, die **mittlere Spandicke h_m**. Beide werden radial zum Werkzeugmittelpunkt gemessen.

Ist die mittlere Spandicke kleiner als 0,04 mm, schabt die Werkzeugschneide nur am Werkstück und es entstehen Brandspuren an der Arbeitsfläche.

Mittlere Spandicken, Kenngrößen

Mindestwert	Arbeitsbereich	Größtwert
0,04 mm	0,1 mm ... 0,35 mm	0,35 mm ... 0,8 mm

Eine zu große mittlere Spandicke erfordert einen hohen Schnittkraftaufwand mit Ausrissen, Rückschlaggefahren und Leistungsüberforderungen.

$$\text{mittlere Spandicke} = \frac{\text{Vorschubgeschwindigkeit} \cdot \sqrt{\text{Eingriffsgröße}}}{\text{Drehzahl} \cdot \text{Schneidenzahl} \cdot \sqrt{\text{Durchmesser}}}$$

$$h_m = \frac{v_f \cdot \sqrt{a_e}}{n \cdot z \cdot \sqrt{d}}$$

Der Vorteil dieser Formel ist, dass sie alle veränderlichen Einstellgrößen enthält, die quantitative Auswirkungen auf einen Fräsvorgang haben.

Die Rechenergebnisse sind hinreichend genau für $\frac{a_e}{d} \leq \frac{1}{8}$ bei Messerwellen bzw. Ebenfräsern.

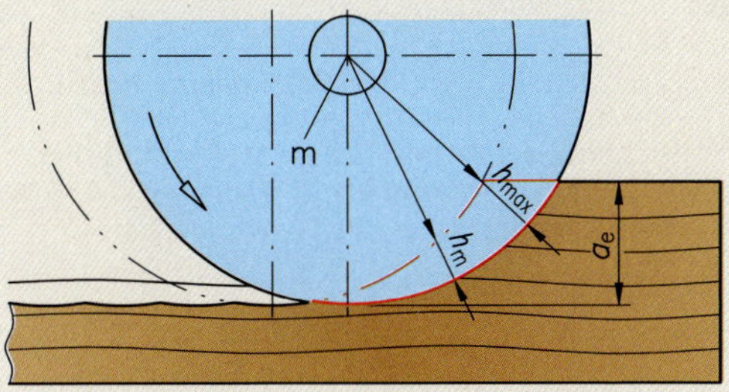

Ein zweischneidiger Ebenfräser hat einen Flugkreisdurchmesser von 135 mm. Seine Schnitttiefe beträgt 1,5 mm. Wie groß ist die mittlere Spandicke, wenn mit einer Vorschubgeschwindigkeit von 12 m/min und einer Drehzahl von 6000 1/min gearbeitet wird?

Gegeben: v_f = 12000 mm/min; a_e = 1,5 mm
n = 6000 1/min; z = 2; d = 135 mm
Gesucht: h_m = ? mm

Lösung:

$$h_m = \frac{12000 \text{ mm/min} \cdot \sqrt{1{,}5 \text{ mm}}}{6000 \text{ 1/min} \cdot 2 \cdot \sqrt{135 \text{ mm}}}$$

$$h_m = \underline{\underline{0{,}1 \text{ mm}}}$$

Aufgaben

32. Ein Werkzeughersteller gibt folgende Verarbeitungsempfehlungen an: Nuten von Massivhölzern (Handvorschub) d = 300 mm, z = 6, n = 4500 1/min.
Welche mittlere Spandicke ergibt sich, wenn die Nuttiefe 25 mm beträgt? Die Vorschubgeschwindigkeit beträgt 6 m/min.

33. Für das Nuten von Schubkastenseiten wird ein einteiliger Nutfräser mit 4 Schneiden eingesetzt, z_w = 1. Wegen des Schneidenüberstands von 8 mm erfolgt der Handvorschub mit einem Vorschubapparat, der die Werkstücke mit 9 m/min vorwärts schiebt.
Mit welcher Drehzahl soll das Werkzeug laufen, wenn ein Messerschlagbogen von 1,5 mm erwünscht ist?

34. Ein Werkzeughersteller gibt für Fräsarbeiten eines bestimmten Werkstoffs folgende Verarbeitungsempfehlung an:
Mittenspandicke = 0,15 mm.
Berechnen Sie die zu wählende Zähnezahl für ein Fräswerkzeug mit einem Durchmesser von 200 mm, die Drehzahl beträgt 6000 1/min, die Vorschubgeschwindigkeit 15 m/min, die Eingriffstiefe 3 mm.

35. Berechnen Sie für das abgebildete Werkzeug die jeweils größten und kleinsten Werte für die Schnittgeschwindigkeit, den Schneidenvorschub, die Messerschlaglänge, die Rautiefe und die mittlere Spandicke. Wenn es keine größten und kleinsten Werte gibt, berechnen Sie nur einen Wert.
Drehzahl = 12000 1/min,
Vorschubgeschwindigkeit = 10 m/min,
Eingriffsgröße am Punkt 2 = 3 mm,
2 Schneiden, davon eine Schneide für die Oberflächengüte „wirksam".

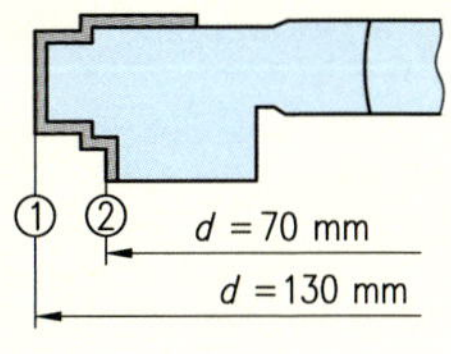

36. Berechnen Sie die maximal mögliche Vorschubgeschwindigkeit, die an einer Maschine einzustellen ist. Eingriffsgröße = 12 mm. Die Drehzahl beträgt 6000 1/min. Zur Verfügung stehen zwei Fräswerkzeuge, Durchmesser 135 mm und 180 mm, jeweils mit 4 Schneiden. Die mittlere Spandicke soll 0,15 mm betragen.

37. Eine Handhobelmaschine mit 155 mm Wellendurchmesser und 2 Messern, z_w = 1, wird bei einer Drehzahl von 2800 1/min mit 6,5 m/min von Hand geschoben.
Zu berechnen sind:
a) Schnittgeschwindigkeit in m/s
b) Entfernung der Hobelschläge in mm

38. In einem modernen Bearbeitungszentrum mit spielfreiem, zentrisch gespanntem und gejointetem Werkzeug sollen 5400 m Vollhölzer gefräst werden. Zum Einsatz kommt ein Werkzeug mit zehn Schneiden, das mit einer Drehzahl von 6000 1/min arbeitet. Wie groß ist die reine Durchlaufzeit, wenn eine Messerschlaglänge von 1 mm erreicht werden soll?

39. Zur Verfügung stehen zwei Fräswerkzeuge mit jeweils vier oder zwei Schneiden. Beide haben einen Durchmesser von 140 mm. Gearbeitet wird mit einer konventionellen Holzbearbeitungsmaschine. Die Vorschubgeschwindigkeit beträgt 12 m/min, die Drehzahl 6000 1/min und die Eingriffsgröße 1,2 mm. Zu berechnen sind die entstehende Messerschlaglänge, Messerschlagtiefe und die jeweiligen mittleren Spandicken. Welches der beiden Fräswerkzeuge sollte gewählt werden? Warum?

Zahnvorschub und Schnittgüte bei Kreissägen

Der **Zahnvorschub f_z** beim Sägen ist mit dem Schneidenvorschub beim Fräsen vergleichbar.
Seine Größe ist beim Schneideneintritt und Schneidenaustritt identisch.
Auch für ihn gibt es Kennwerte, die Verfahrens- und materialabhängig sind und mit deren Hilfe man mittels Diagrammen der Berechnungen die erforderliche Vorschubgeschwindigkeit v_f, Schneidenanzahl z für die Werkzeugwahl oder die Drehzahl n festlegen kann.
Er beeinflusst mit der Dicke des abgenommenen Spans die Schnittgüte und die erforderliche Spanungskraft.
Für die Ermittlung von erforderlichen Einstellgrößen an der Maschine oder die Werkzeugwahl ist der Zahnvorschub eine praktikable Größe.

Der Zahnvorschub berechnet sich nach der Formel

$$\text{Zahnvorschub} = \frac{\text{Vorschubgeschwindigkeit}}{\text{Drehzahl} \cdot \text{Zähnezahl}}$$

$$f_z = \frac{v_f}{n \cdot z}$$

Empfohlene Zahnvorschubwerte f_z in mm sind:

Weichholz Langsschnitt	0,20 ... 0,90
Weichholz Querschnitt	0,10 ... 0,20
Hartholz	0,05 ... 0,15
Spanplatten	0,10 ... 0,25
Hartfaserplatten	0,05 ... 0,12
furnierte Platten	0,05 ... 0,10
beplankte Platten mit Leichtmetall	0,02 ... 0,05
kunststoffbeschichtete Platten	0,02 ... 0,05

Die Abstände der am Werkstück verbleibenden bogenförmigen Sägespuren $f_{z\,eff}$, die von den Nebenschneiden erzeugt werden, sind ein Schnittgütekennzeichen.
Die dabei wirksame Schneidenzahl z_w entspricht der Anzahl der Nebenschneiden, die auf gleicher Flugkreisebene wirken.
Sie ist durch Schränkung und Schwingungen werkzeug- und maschinenabhängig und kann durch Messung der Abstände $f_{z\,eff}$ und Rückrechnung ermittelt werden.

$$f_{z\,eff} = \frac{v_f}{n \cdot z_w}$$

Das Formelzeichen $f_{z\,eff}$ für die Schnittgüte beim Sägen wird hier in Anlehnung an die Messerschlaglänge verwendet.

Allgemein gelten für folgende Abstände $f_{z\,eff}$ folgende Interpretationen:

verleimfähig	geringe Nacharbeit	Bauholz
< 0,2 mm	0,2 mm ... 0,4 mm	> 0,4 mm

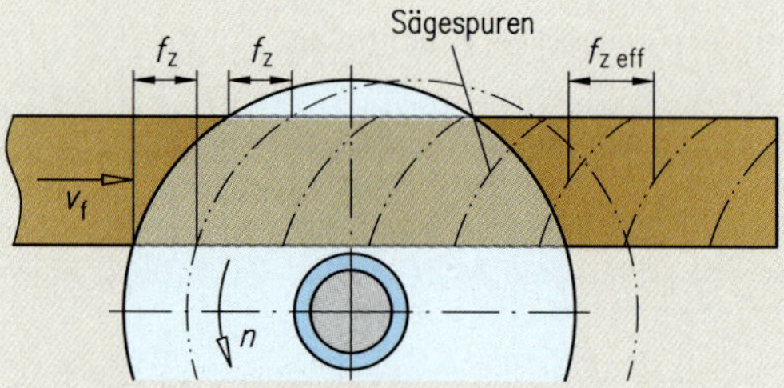

Furnierte Platten sollen auf der Tischkreissägemaschine zugeschnitten werden. Die Drehzahl der Maschine beträgt 3000 1/min. Die Vorschubgeschwindigkeit beträgt 15 m/min.
Es stehen Sägeblätter mit den Zähnezahlen 28, 36, 64 und 120 zur Auswahl.
Welches Sägeblatt kann gewählt werden und wie groß ist der Zahnvorschub bei dem gewählten Sägeblatt?

Gegeben: $v_f = 15000$ mm/min; $n = 3000$ 1/min
gewählt $f_z = 0{,}1$ mm
Gesucht: Z

Lösung:

$$Z = \frac{v_f}{n \cdot f_z} = \frac{15000 \text{ mm}}{\text{min}/3000 \frac{1}{\text{min}} \cdot 0{,}1 \text{ mm}} = 50$$

Gewählt wird $Z = 64$

Kontrolle:

$$f_z = \frac{v_f}{n \cdot Z} = \frac{15000 \text{ mm}}{\text{min}/3000 \frac{1}{\text{min}} \cdot 64} = 0{,}08 \text{ mm}$$

Das gewählte Sägeblatt erfüllt seine Anforderungen.

Zum Auftrennen von Harthölzern wurde ein Kreissägeblatt mit 48 Zähnen verwendet. Die Vorschubgeschwindigkeit betrug 7 m/min und die Drehzahl 3000 1/min. Ein Vermessen der Sägespuren an der Schnittfläche ergab einen Abstand $f_{z\,eff} = 0{,}2$ mm. Wie groß war die wirksame Schneidenzahl?

Gegeben: $v_f = 7000$ mm/min; $n = 3000$ 1/min; $z = 48$;
$f_{z\,eff} = 0{,}2$ mm
Gesucht: z_w

Lösung:

$$z_w = \frac{v_f}{n \cdot f_{z\,eff}} = \frac{7000 \text{ mm}}{\text{min}/3000 \frac{1}{\text{min}} \cdot 0{,}2 \text{ mm}} = 11{,}7 \approx 12$$

Die für die Schnittgüte wirksame Schneidenzahl beträgt 12.

Riementriebe

Riementriebe übertragen Kraft und Bewegung von der treibenden Scheibe (Antriebswelle) auf die getriebene Scheibe (Abtriebswelle). Die treibende Scheibe erhält immer die niedrigere Indexzahl.

Die Riemengeschwindigkeit v ist bei beiden Scheiben gleich groß. Somit ist die Umfangsgeschwindigkeit der treibenden Scheibe 1 gleich der Umfangsgeschwindigkeit der getriebenen Scheibe 2.

$$v_1 = v_2$$
$$d_1 \cdot \pi \cdot n_1 = d_2 \cdot \pi \cdot n_2$$

Das **Verhältnis von Durchmesser und Drehzahl** der Scheiben ist umgekehrt proportional:
- je kleiner der Durchmesser, desto größer die Drehzahl,
- je größer der Durchmesser, desto kleiner die Drehzahl.

$$\text{Durchmesser}_1 \cdot \text{Drehzahl}_1 = \text{Durchmesser}_2 \cdot \text{Drehzahl}_2$$
$$d_1 \cdot n_1 = d_2 \cdot n_2$$

Flachriementriebe haben eine leicht gewölbte Auflagefläche und haften auf den Riemenscheiben nur mäßig.

Keilriementriebe haben wegen der Keilwirkung ein besseres Reib- und damit ein etwa dreimal größeres Haftvermögen als Flachriementriebe. Mehrere Keilriemen auf mehrrilligen Scheiben erhöhen die Leistung.

Die **Scheibendurchmesser** müssen zweimal um den Korrekturwert c verkleinert werden, weil die Reibwirkung erst in etwa halber Riemenhöhe wirksam wird.

Korrekturwerte für Keilriementriebe

Korrekturwert c in mm	1,3	1,5	1,6	2,8	3,5
Riemenbreite b in mm	6	8	10	13	17
Riemenhöhe h in mm	4	5	6	8	11

Der **Wirkdurchmesser d_w** ergibt sich aus der Differenz von Scheibendurchmesser und zweimal dem Korrekturwert.

$$d_w = d - 2\,c$$

Das Verhältnis der Durchmesser und Drehzahlen beim Keilriementrieb ist somit:

$$d_{w1} \cdot n_1 = d_{w2} \cdot n_2$$

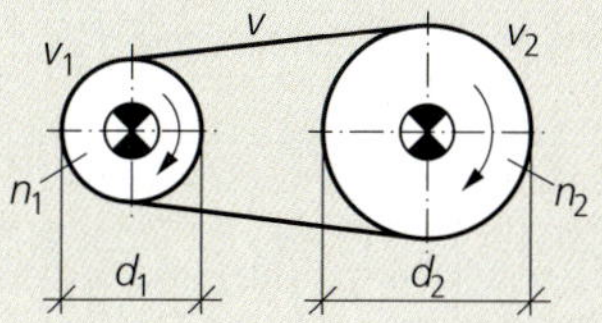

treibende Scheibe: Index 1

getriebene Scheibe: Index 2

Gegeben: $d_1 = 110$ mm
$n_1 = 2800$ 1/min; $n_2 = 4000$ 1/min
Gesucht: $d_2 = ?$ mm

Lösung:

$$d_1 \cdot n_1 = d_2 \cdot n_2$$

$$d_2 = \frac{d_1 \cdot n_1}{n_2} = \frac{110\text{ mm} \cdot 2800\text{ 1/min}}{4000\text{ 1/min}} = \underline{\underline{77{,}0\text{ mm}}}$$

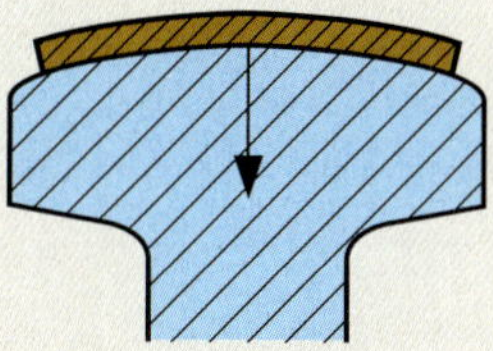

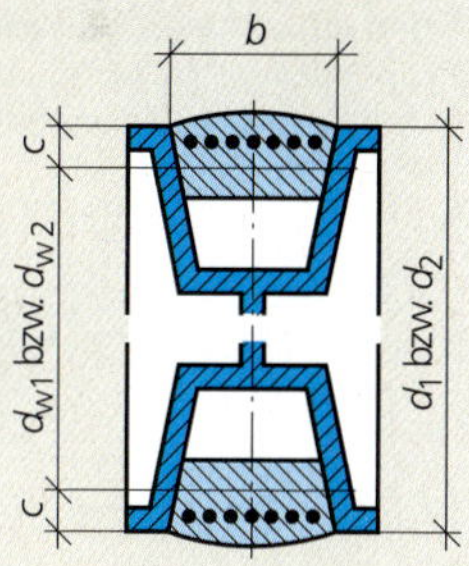

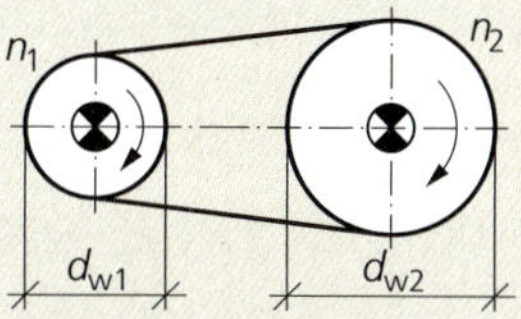

Der Durchmesser einer treibenden Keilriemenscheibe beträgt 185 mm. Sie läuft mit einer Drehzahl von 2470 1/min. Die getriebene Keilriemenscheibe soll $n_2 =$ 4500 1/min erreichen.
Die Keilriemenbreite misst 13 mm. Die Wirkdurchmesser der Scheiben 1 und 2 sind zu berechnen.

Gegeben: $d_1 = 185$ mm
$n_1 = 2470$ 1/min; $n_2 = 4500$ 1/min
Gesucht: d_{w1} und d_{w2}

Lösung:

c nach Tabelle = 2,8 mm

$$d_{w1} = d_1 - 2\,c$$

$$d_{w1} = 185\text{ mm} - 2 \cdot 2{,}8\text{ mm} = \underline{\underline{179{,}4\text{ mm}}}$$

$$d_{w1} \cdot n_1 = d_{w2} \cdot n_2$$

$$d_{w2} = \frac{179{,}4\text{ mm} \cdot 2470\text{ 1/min}}{4500\text{ 1/min}}$$

$$d_{w2} = \underline{\underline{98{,}47\text{ mm}}}$$

Übersetzungsverhältnisse bei Riementrieben

Bei Übersetzungen werden Drehzahlen oder Scheibendurchmesser verglichen. Übersetzungen ins Schnelle geben an, wie viel mal die Drehzahl der angetriebenen Scheibe größer als die Drehzahl der treibenden Scheibe ist. Übersetzungen ins Langsame geben an, wie viel mal die Drehzahl der angetriebenen Scheibe kleiner als die Drehzahl der treibenden Scheibe ist.

Das **einfache Übersetzungsverhältnis** ist als **direkte Proportion** der Quotient der Drehzahl der treibenden Scheibe und der getriebenen Scheibe.

$$\text{Einfaches Übersetzungsverhältnis} = \frac{\text{Drehzahl treibende Scheibe}}{\text{Drehzahl getriebene Scheibe}}$$

$$i = \frac{n_1}{n_2}$$

Beim **einfachen Übersetzungsverhältnis** in **indirekter Proportion** steht der Durchmesser der treibenden Scheibe im umgekehrten Verhältnis zum Durchmesser der getriebenen Scheibe.

$$\text{Einfaches Übersetzungsverhältnis} = \frac{\text{Durchmesser getriebene Scheibe}}{\text{Durchmesser treibende Scheibe}}$$

$$i = \frac{d_2}{d_1}$$

Schlupf

Durch ein Rutschen des Riemens auf der Riemenscheibe während der Kraftübertragung, auch Gleitschlupf oder Dehnschlupf genannt, entstehen Drehzahlverluste, die bei genaueren Berechnungen zu berücksichtigen sind.

Der Schlupf beträgt ca. 1,5 % bis 3 %.

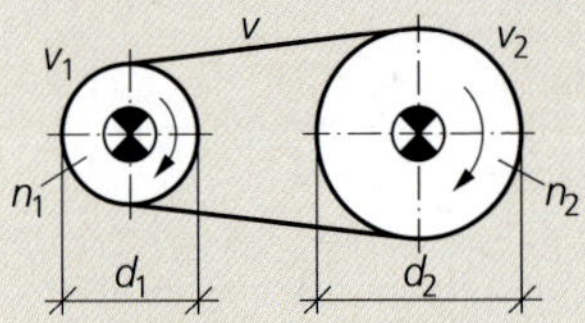

Bei einer Tischfräsmaschine läuft die Antriebsscheibe mit 2800 1/min.
Wie groß ist das Verhältnis ins Schnelle, wenn die Arbeitsscheibe 7000 1/min macht?

Gegeben: n_1 = 2800 1/min; n_2 = 7000 1/min
Gesucht: i = ?

Lösung:

$$i = \frac{n_1}{n_2}$$

$$i = \frac{2800\ 1/\text{min}}{7000\ 1/\text{min}}$$

$$i = \frac{1}{2{,}5} = \underline{\underline{1 : 2{,}5}}$$

Die Drehzahl eines Motors beträgt 2880 1/min. Bei der Kraftübertragung wird ein Schlupf von 3 % berücksichtigt. Welche effektive Motordrehzahl gilt bei der Berechnung einer Kraftübertragung?

Gegeben: n_1 = 288 1/min; Schlupf = 3 %
Gesucht: $n_{1\,\text{eff}}$

Lösung:
$n_{1\,\text{eff}} = 2880\ 1/\text{min} \cdot 0{,}97 = \underline{\underline{2793{,}6\ 1/\text{min}}}$

Aufgaben

40. Die Drehzahl des E-Motors einer Bandsägemaschine ist n = 2840 1/min, der Durchmesser der Riemenscheibe des Motors beträgt d = 120 mm. Die Riemenscheibe auf der unteren Rolle der Bandsägemaschine misst d = 370 mm.
Zu berechnen ist die Drehzahl der Bandsägenrollen.

41. Die Drehzahl eines Motors beträgt n = 2800 1/min, die motorseitige Riemenscheibe misst d = 180 mm. Welchen Durchmesser in mm muss die getriebene Riemenscheibe haben, wenn die Drehzahl der Welle n = 2100 1/min betragen soll?

42. Der Motor einer Tischfräsmaschine läuft mit einer Drehzahl von 2750 1/min. Die Kraftübertragung erfolgt durch Riementrieb. Motorseitig beträgt der Durchmesser der Riemenscheibe 145 mm, arbeitsmaschinenseitig 60 mm. Zum Herstellen von Rahmeneckverbindungen wird eine Schlitzscheibe mit 320 mm Flugkreisdurchmesser verwendet.
Zu berechnen ist die Schnittgeschwindigkeit der Schlitzscheibe in m/s.

43. Bei einem Riementrieb hat die treibende Scheibe einen Durchmesser von 170 mm und eine Drehzahl von 28001/min. Bei der getriebenen Scheibe misst der Durchmesser 120 mm; die Riemenbreite beträgt 17 mm.
Zu berechnen sind:
a) Korrekturwert c in mm
b) Wirkdurchmesser der Scheiben 1 und 2
c) Drehzahl der treibenden Scheibe

44. Ein 10 mm breiter Keilriemen treibt eine Riemenscheibe mit 145 mm Durchmesser bei einer Drehzahl

von 2800 1/min. Die getriebene Scheibe läuft mit einer Drehzahl von 5000 1/min.
Zu berechnen sind:
a) Korrekturwert c (s. Tabelle oben)
b) Wirkdurchmesser d_{w1} in mm
c) Wirkdurchmesser der getriebenen Scheibe in mm

45. Der Dorn einer Tischfräsmaschine hat eine Drehzahl von 6500 1/min. Die am Dorn befestigte Riemenscheibe für Keilriemen besitzt einen Durchmesser von d_w = 92 mm. Der Motor erreicht eine Drehzahl von 2850 1/min.
a) Welchen Durchmesser d muss die motorseitige Keilriemenscheibe haben?
b) Wie groß ist das Übersetzungsverhältnis i?

46. Die Messerwelle einer Hobelmaschine wird mit Flachriemen angetrieben.
Der Motor hat die Drehzahl n = 2880 1/min. Die Messerwelle mit einem Riemenscheibendurchmesser von 72 mm muss eine Drehzahl n = 5600 1/min aufweisen.
Zu berechnen sind:
a) Durchmesser der motorseitigen Riemenscheibe
b) Übersetzungsverhältnis i

47. Die Drehzahl eines Motors beträgt n = 1500 1/min, der Durchmesser seiner Riemenscheibe liegt bei 100 mm.
a) Wie groß muss der Durchmesser der getriebenen Scheibe sein, wenn die Drehzahl n = 750 1/min betragen soll?
b) Zu berechnen ist das Übersetzungsverhältnis ins Langsame.

48. Damit beim Profilieren von 830 m Anleimer eine zufriedenstellende Schnittgüte zustande kommt, muss mit einer Schnittgeschwindigkeit von 70 m/s gearbeitet werden.
Der Flugkreisdurchmesser des Fräskopfs beträgt 136 mm. An der Tischfräsmaschine können folgende Drehzahlen eingestellt werden: 5000, 6000, 7000, 8000, 10000 und 12000 1/min.
Zu berechnen sind:
a) zu wählende Drehzahl
b) Übersetzungsverhältnis bei einer Drehzahl der motorseitigen Riemenscheibe von 2800 1/min

49. An einer Oberfräse beträgt die Drehzahl 18000 1/min. Die Riemenscheibe an der Frässpindel hat einen Durchmesser von 65 mm. Die Motordrehzahl erreicht durch Drehzahlumformung 5700 1/min.
Zu berechnen sind:
a) Durchmesser der motorseitigen Riemenscheibe in mm
b) Übersetzungsverhältnis

50. Bei Abrichthobelmaschinen erfolgt die Kraftübertragung zwischen Motorwelle und Messerwelle durch Keilriementrieb.
Die Drehzahl des Motors beträgt 2750 1/min. Die Hobelwelle hat einen Flugkreisdurchmesser von 134,2 mm.
Zu berechnen sind:
a) Übersetzungsverhältnis bei einer erforderlichen Schnittgeschwindigkeit von 60 m/s
b) Durchmesser der Motorriemenscheibe, wenn der Durchmesser der Riemenscheibe an der Hobelwelle 93 mm beträgt

51. Eine Bandschleifmaschine besitzt einen E-Motor mit einer Drehzahl von 2750 1/min. Das Schleifband läuft auf einem Zylinder mit dem Durchmesser von 480 mm.
Für den optimalen Schliff muss das Band mit einer Umlaufgeschwindigkeit von 25 m/s laufen.
Zu berechnen ist das Übersetzungsverhältnis.

52. Ein Profilfräskopf hat einen Flugkreisdurchmesser von 118 mm und soll mit einer Schnittgeschwindigkeit von 45 m/s arbeiten. Die motorseitige Riemenscheibe läuft mit einer Drehzahl von 2800 1/min und hat einen Durchmesser von 230 mm.
Zu berechnen sind:
a) Drehzahl des Profilkopfs
b) Übersetzungsverhältnis
c) Durchmesser der maschinenseitigen Riemenscheibe in mm

53. Eine Tischfräsmaschine ist mit einem Stufenscheibenantrieb ausgerüstet. Die Drehzahl des Motors beträgt 2880 1/min.
Die Riemenscheiben motorseitig haben Durchmesser von 90 mm, 150 mm und 180 mm.
Die benötigten Werkzeugwellendrehzahlen sind 2250 1/min, 4500 1/min und 6000 1/min.
Berechnen Sie die erforderlichen Durchmesser der Riemenscheiben an der Werkzeugwelle.
Es sind 3 % Schlupf zu berücksichtigen.

54. Gegeben: L = 1560 mm
d_R = 800 mm
d_2 = 155 mm
d_1 = 100 mm
n_1 = 1480 1/min
Berechnen Sie:
a) Drehzahl der Sägerollen
b) Schnittgeschwindigkeit
c) Länge des Bandsägeblatts
d) Durchmesser der Riemenscheibe an der Bandsägenrolle für eine Schnittgeschwindigkeit von 25 m/s
Der Schlupf ist zu vernachlässigen.

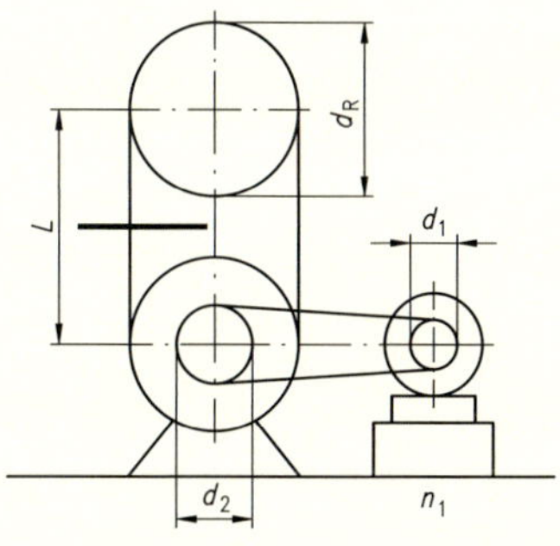

Umschlingungswinkel und Treibriemenlänge bei Riementrieben

Ein großer **Umschlingungswinkel *α*** schränkt den Riemenschlupf durch eine größere Reibungsfläche ein. Bei Flachriementrieben dürfen durch Schlupf nur 1,5 % bis 2 % der übertragenen Kraft verloren gehen. Der Umschlingungswinkel soll deshalb nicht kleiner als 150° sein. Spannrollen vergrößern den Umschlingungswinkel.

$$\alpha \approx 180° - \frac{60° \cdot (d_2 - d_1)}{e}$$

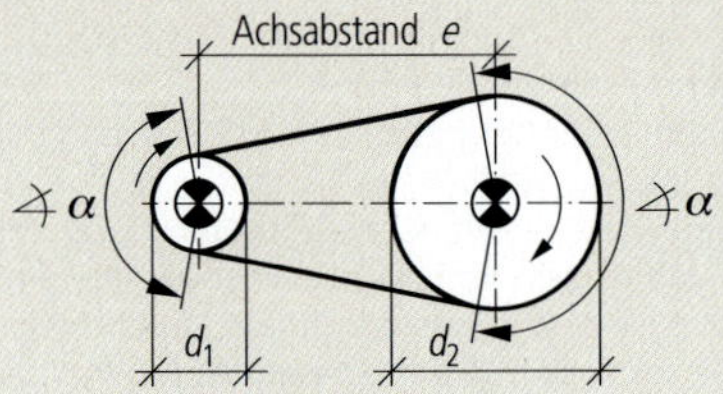

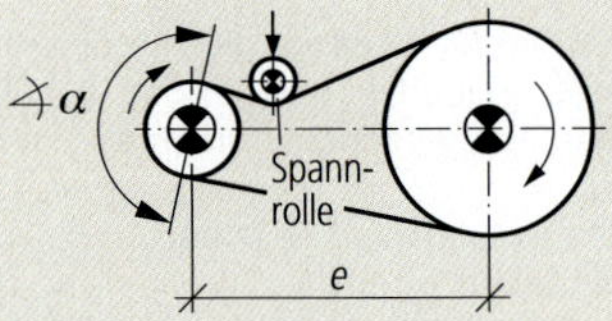

Eine Antriebsscheibe (Durchmesser 190 mm) treibt im Abstand von 460 mm eine Scheibe mit 245 mm Durchmesser an.
Wie groß ist der Umschlingungswinkel α?

Gegeben: d_1 = 190 mm; d_2 = 245 mm
e = 460 mm
Gesucht: α = ? °

Lösung:

$$a \approx 180° - \frac{60° \cdot (d_2 - d_1)}{e}$$

$$a \approx 180° - \frac{60° \cdot (245\text{ mm} - 190\text{ mm})}{460\text{ mm}}$$

$$a \approx \underline{\underline{172{,}83°}}$$

Die **Treibriemenlänge *L*** kann berechnet werden.

Für **offene Treibriemen** gilt:

$$L \approx 2\,e + 1{,}57 \cdot (d_2 + d_1) + \frac{(d_1 - d_2)^2}{4\,e}$$

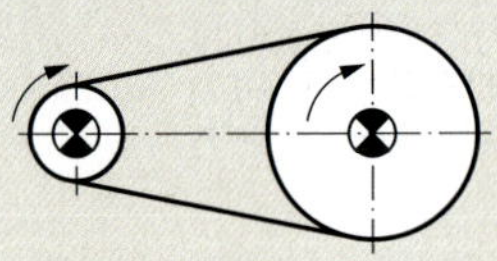

Für **gekreuzte Treibriemen** gilt:

$$L \approx 2\,e + 1{,}57 \cdot (d_2 + d_1) + \frac{(d_2 + d_1)^2}{4\,e}$$

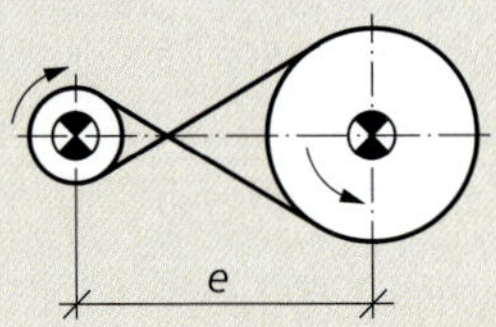

Zahnradtriebe

Zahnradtriebe übertragen mit unterschiedlichen Drehzahlen große Kräfte schlupflos. Statt mit den Durchmessern wie bei Riementrieben wird mit der Zähnezahl *z* der Zahnräder gerechnet.

Das Produkt von Zähnezahl z_1 und Drehzahl n_1 des treibenden Zahnrads ist gleich dem Produkt von Zähnezahl z_2 und Drehzahl n_2 des getriebenen Zahnrads. Die Zähnezahl verhält sich zur Drehzahl umgekehrt proportional.

$$z_1 \cdot n_1 = z_2 \cdot n_2$$

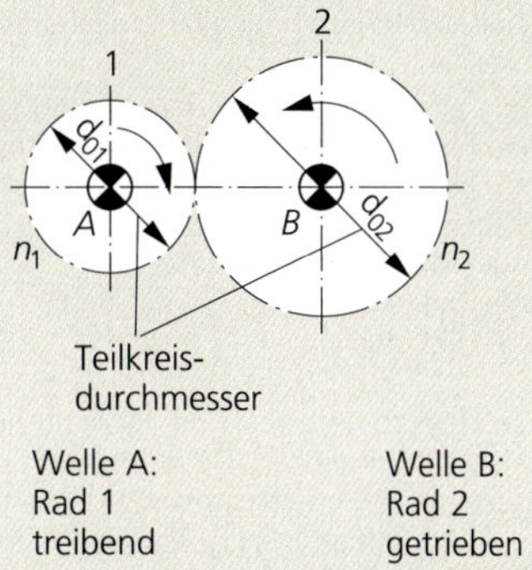

Die **Drehrichtung** des getriebenen Rads wird beim Zahnradtrieb

- ohne Zwischenrad → umgekehrt,
- mit Zwischenrad → beibehalten.

Das **einfache Übersetzungsverhältnis** ist wie bei den Riementrieben der Quotient der Drehzahl des treibenden Rads und der Drehzahl des getriebenen Rads. Anstelle der Durchmesser stehen die Zähnezahlen im umgekehrten Verhältnis.

$$i_1 = \frac{n_1}{n_2}; \qquad i_1 = \frac{z_2}{z_1}$$

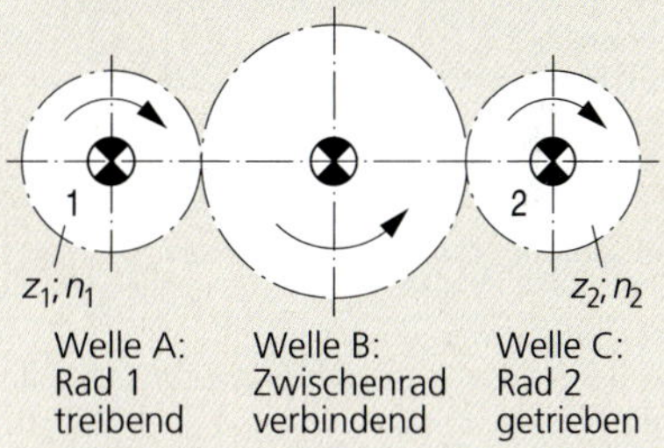

Beim **doppelten Zahnradtrieb** sind die beiden Zahnräder 2 und 3 auf der gleichen Welle fest verbunden. Sie sind gleichzeitig getriebenes und treibendes Zahnrad und haben die gleiche Drehzahl ($n_2 = n_3$). Antriebsrad 1 mit der Anfangsdrehzahl n_A und Austriebsrad 4 mit der Enddrehzahl n_E haben die gleiche Drehrichtung.

$$i_1 = \frac{n_1}{n_2} = \frac{z_2}{z_1}$$

$$i_2 = \frac{n_3}{n_4} = \frac{z_4}{z_3}$$

$$i_2 = \frac{n_A}{n_E}$$

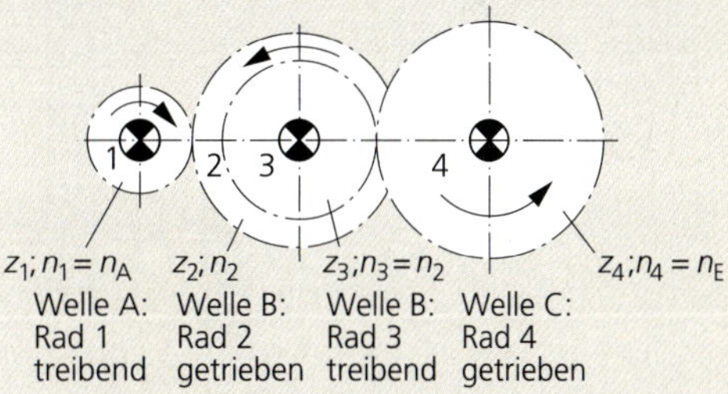

Die **Gesamtübersetzung *i*** ist das Produkt der Einzelübersetzungen i_1 und i_2.

$$i = i_1 \cdot i_2 = \frac{n_1}{n_2} \cdot \frac{n_3}{n_4}$$

$$i = i_1 \cdot i_2 = \frac{z_2}{z_1} \cdot \frac{z_4}{z_3}$$

Aufgaben

55. Bei einem Keilriementrieb haben die Riemenscheiben folgende Durchmesser:
d_{w1} der treibenden Scheibe = 160 mm, d_{w2} der getriebenen Scheibe = 235 mm. Der Achsabstand beträgt 410 mm.
Zu berechnen sind:
a) Keilriemenlänge bei offenem Riementrieb
b) Keilriemenlänge bei gekreuztem Riementrieb
c) Umschlingungswinkel α

56. Bei einer Kreissägemaschine erfolgt der Antrieb der Welle über einen Flachriementrieb. Die Riemenspannung ist gewährleistet, da der E-Motor auf einer Wippe steht. Die motorseitige Riemenscheibe hat 185 mm Durchmesser, die Riemenscheibe auf der Antriebswelle 55 mm. Achsabstand = 680 mm.
Zu berechnen sind:
a) Riemenlänge bei offenem Riementrieb
b) Übersetzungsverhältnis i
c) Umschlingungswinkel α

57. Bei einem Rädertrieb ohne Zwischenrad sind zu ermitteln:
a) Übersetzungsverhältnis i
b) ob die Übersetzung ins Schnelle oder Langsame erfolgt

Rädertrieb 1: $n_1 = 500 \frac{1}{\text{min}}$; $n_2 = 250 \frac{1}{\text{min}}$

Rädertrieb 2: $z_1 = 80$; $z_2 = 40$

58. Zu berechnen sind die Drehzahl n_2 und die Gesamtübersetzung i des Zahnradtriebs.

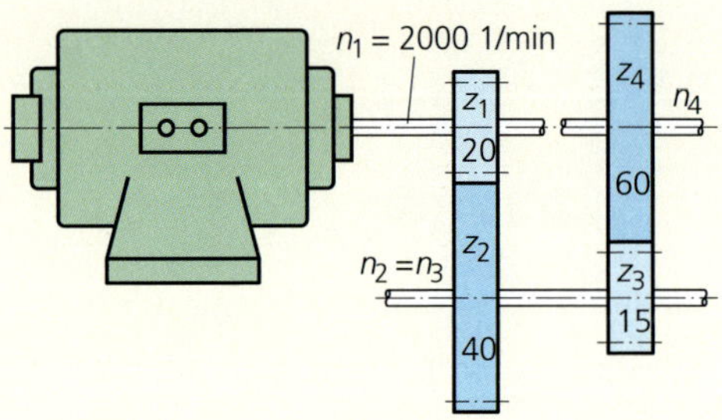

59. Von einem doppelten Rädertrieb sind bekannt:
$n_1 = 80$ 1/min; $z_1 = 120$; $i_1 = 1 : 2{,}5$; $i = 1 : 6$; $z_3 = 48$.
Zu berechnen sind: n_2, z_2, z_4 und $n_4 = n_E$.

60. Die fehlenden Werte der einfachen Rädertriebe sind zu berechnen:

Aufgabe	a)	b)	c)	d)	e)
z_1	?	25	45	?	15
n_1 in $\frac{1}{\text{min}}$	?	?	120	150	?
z_2	60	?	?	90	?
n_2 in $\frac{1}{\text{min}}$	200	500	?	?	250
i	3 : 4	4 : 5	2 : 3	6 : 1	12 : 5

61. Zu einem doppelten Rädertrieb mit
$n_1 = 630$ 1/min; $z_2 = 90$; $z_4 = 135$; $n_E = 70$ 1/min; $i_2 = 2{,}5 : 1$
sind folgende Werte zu berechnen: i, z_3, n_3, n_2, z_1.

6.8 Wärmeschutz im Innenausbau

Das neue **Gebäudeenergiegesetz (GEG 2022)** fasst die bestehenden Gesetze „Energieeinspargesetz“, „Energieeinsparverordnung“ und das „Erneuerbare-Energien-Wärmegesetz“ zusammen. Es ist ein Bestandteil des deutschen Baurechts und enthält Rahmenbedingungen zu energiesparenden Maßnahmen im Zusammenhang mit deren Wirtschaftlichkeit und den verpflichtenden Nachweisen der fachgerechten Ausführung gegenüber dem Bauherrn/Auftraggeber.
Für die Beheizung von Gebäuden werden Innentemperaturen für folgende Gebäudearten unterschieden:

- Wohngebäude und Nichtwohngebäude mit Innentemperaturen von ≥ 19 °C,
- Nichtwohngebäude mit Innentemperaturen von ≥ 12 °C bis < 19 °C.

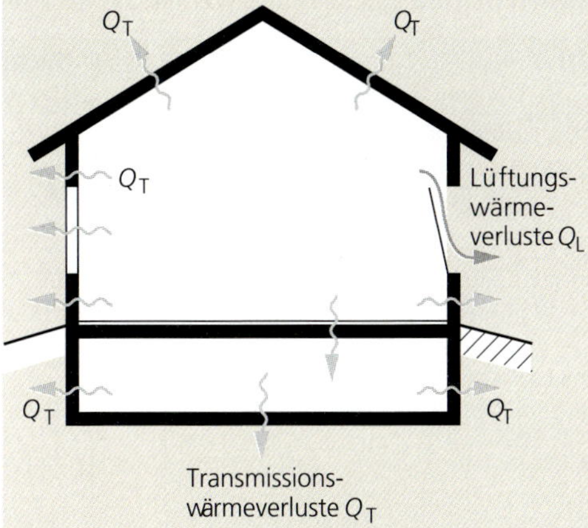

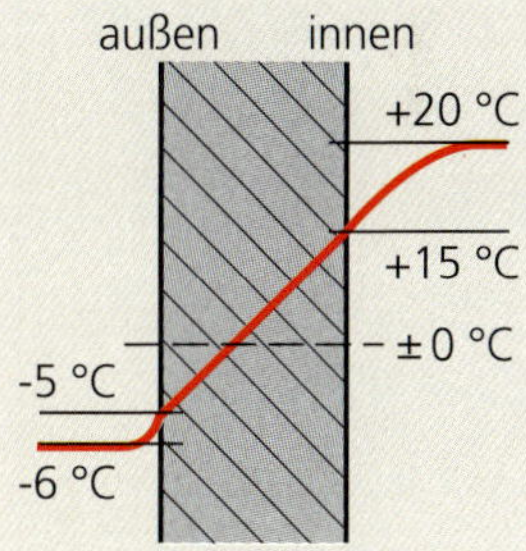

Wärmeverluste, Wärmegewinne, Energiebilanz
Innerhalb eines Stoffs wandert die Wärmeenergie von Bereichen der höheren Temperatur zu Bereichen der niederen Temperatur. Die Wärmedämmung wirkt diesem Vorgang entgegen. Die Qualität der Wärmedämmung wird über den *U*-Wert, den Wärmedurchgangskoeffizienten, definiert. Er gibt den Wärmeverlust durch einen Quadratmeter einer Fläche in 1 Stunde bei einem Temperaturunterschied zwischen Innenseite und Außenseite von 1 Kelvin an. Weitere Wärmeverluste entstehen durch die Lüftung oder die Trinkwassererwärmung. Zur Verringerung der Heizenergie werden Wärmegewinne durch Sonnenenergie, Beleuchtungs-, Maschinenwärme und die Wärmeabgabe von Personen genutzt. Das Ziel ist eine ausgewogene Energiebilanz zwischen Verlust und Gewinn.

Für wärmetechnische Berechnungen gelten folgende physikalische Größen, Formelzeichen und Einheiten.

Physikalische Größe	Formelzeichen neu	Einheit
Dicke	s	m
Fläche	A	m^2
Volumen	V	m^3
Dichte	ρ	kg/m^3
Zeit	t	s
Temperatur	T	°C
Temperaturdifferenz	ΔT	K
Wärmemenge	Q	W · s
Wärmeleitfähigkeit	λ	W/m · K
Wärmedurchlasskoeffizient	Λ	$W/m^2 \cdot K$
Wärmeübergangskoeffizient	h	$W/m^2 \cdot K$
Wärmeübergangskoeffizient, innen	h_{si}	$W/m^2 \cdot K$
Wärmeübergangskoeffizient, außen	h_{se}	$W/m^2 \cdot K$
Wärmedurchlasswiderstand	R	$m^2 \cdot K/W$
Wärmeübergangswiderstand, innen	R_{si}	$W/m^2 \cdot K$
Wärmeübergangswiderstand, außen	R_{se}	$W/m^2 \cdot K$
Wärmedurchgangswiderstand	R_T	$m^2 \cdot K/W$
Wärmedurchgangskoeffizient	U	$W/m^2 \cdot K$
Indizes für bauphysikalische Größen	**neu**	**englische Herleitung**
innen	i	interior
außen	e	exterior
Oberfläche	s	surface
innere Oberfläche	si	surface interior
äußere Oberfläche	se	surface exterior

Wärmeleitfähigkeit von Bau- und Wärmedämmstoffen nach DIN 4108-4 – Auswahl

Stoffe	Rohdichte ρ in kg/m³	Bemessungswert der Wärmeleitfähigkeit λ in W/(mK)
Holz u. Holzwerkstoffe (lufttrocken)		
Eiche, Rotbuche	800	0,200
Kiefer, Fichte, Tanne	600	0,130
Sperrholz	800	0,150
Holzspanplatte	700	0,130
Holzfaserplatte	1 000	0,170
Holzfaserplatte	300	0,045
		0,056
Wärmedämmstoffe		
Faserdämmstoffe	8 ... 500	
– WLG 035		0,035
– WLG 040		0,040
– WLG 045		0,045
Korkplatten	80 ... 500	0,045; 0,055
Schaumkunststoffplatten	≥ 15	0,040
Polystyrol(PS)-Hartschaum	15 ... 30	
– WLG 030		0,030
– WLG 035		0,035
– WLG 040		0,040
Polyurethan(PUR)-Hartschaum	≥ 30	
– WLG 025		0,025
– WLG 030		0,030
– WLG 035		0,035
Phenolharz(PF)-Hartschaum	30	0,035; 0,040
Polyurethan(PUR)-Hartschaum	37 ... 50	0,030; 0,045
Harnstoff-Formaldehydharz(UF)-Ortschaum	≥ 10	0,041
Schaumglas	100 ... 150	0,045; 0,060
Holzwolle-Leichtbauplatten		
– 15 mm dick	570	0,150
– 25 mm ... 35 mm dick	360 ... 480	0,093
Mehrschicht-Leichtbauplatten	460 ... 650	0,150
Mauerwerk		
Kalksandvollstein	2 200	1,300
Kalksandlochstein	1 400	0,700
Mauerziegel Vollklinker	1 000	0,500
Mauerziegel Vollziegel	2 000	0,960
– Hochlochziegel	1 800	0,810
Mauerziegel Leichthochlochziegel	1 400	0,580
	800	0,390
Vollstein aus Leichtbeton	1 000	0,450
	1 600	0,740
	1 000	0,460
	800	0,400
Hohlblockstein aus Leichtbeton		
– 365 mm breit	1 400	0,730
– 365 mm breit	1 000	0,490
– 365 mm breit	800	0,390
– 300 mm breit	600	0,320
Gasbetonblockstein	800	0,290
	700	0,270
	600	0,240

Fortsetzung: Wärmeleitfähigkeit von Bau- und Wärmedämmstoffen nach DIN 4108-4 – Auswahl

Stoffe	Rohdichte ρ in kg/m³	Bemessungswert der Wärmeleitfähigkeit λ in W/(mK)
Fußbodenbeläge		
Linoleum	1 000	0,170
Korklinoleum	700	0,081
PVC-Belag	1 500	0,230
Bauplatten		
Wandbauplatten aus Leichtbeton	800	0,290
	1 000	0,350
	1 200	0,470
	1 400	0,580
Gasbetonbauplatten	500	0,200
	700	0,270
Wandbauplatten aus Gips	600	0,290
	900	0,410
	1 200	0,580
Gipskartonplatten bis 15 mm dick	900	0,210
Asbestzementplatte	2 000	0,580
Putze, Estriche		
Kalkmörtel, Kalkzementmörtel	1 800	0,870
Zementmörtel	2 000	1,400
Kalkgipsmörtel, Gipsmörtel	1 400	0,700
Gipsputz ohne Zuschlag	1 200	0,350
Magnesiaestrich	1 400	0,470
Gussasphaltestrich	2 300	0,900
wärmedämmender Putz	600	0,200
Großformatige Bauteile		
Normalbeton	2 400	2,100
Leichtbeton mit geschlossenem Gefüge	2 000	1,600
	1 600	1,000
	1 400	0,790
	1 200	0,620
	1 000	0,490
Gasbeton, dampfgehärtet	800	0,230
Gasbeton, gehärtet	400	0,140
Sonstige Stoffe		
Fliesen	2 000	1,000
Glas	2 500	0,800
Keramik, Glasmosaik	2 000	1,200
Granit, Basalt, Marmor	2 800	3,500
Sandstein, Kalkstein	2 600	2,300
lose Schüttungen aus porigen Stoffen	1 500	0,270
	1 000	0,190
	600	0,130
	400	0,160
	200	0,050
	100	0,070
Unterschichten von zweilagigen Böden	1 400	0,470
Industrieböden	2 300	0,700
Stahl	7 500	60,000
Kupfer	8 900	380,000
Aluminium	2 700	200,000
Gummi (kompakt)	1 000	0,200
Wärmedämmstoffe mit einer Wärmeleitfähigkeit zwischen 0,025 W/(mK) und 0,045 W/(mK) werden in Wärmeleitfähigkeitsgruppen (WLG) zwischen 025 und 045 eingeteilt.		

Die **Wärmeleitfähigkeit λ** (sprich: Klein-Lambda) ist eine Stoffeigenschaft. Der Zahlenwert für λ ist eine Materialkonstante, die von der Rohdichte, Porigkeit und Feuchte eines Stoffs abhängt. Die Wärmeleitfähigkeit λ gibt an, welche Wärmemenge Q in W · h (≈ 3600 J) in 1 Stunde durch einen Probewürfel von 1 m^2 Fläche und 1 m Dicke bei einer Temperaturdifferenz von 1 K hindurchgeht.

Die Wärmeleitfähigkeit (λ) hat die Einheit $\frac{W}{m \cdot K}$

Je kleiner die Wärmeleitfähigkeit eines Stoffs ist (z. B. $0{,}04 \frac{W}{mK}$), desto größer ist seine Dämmfähigkeit.

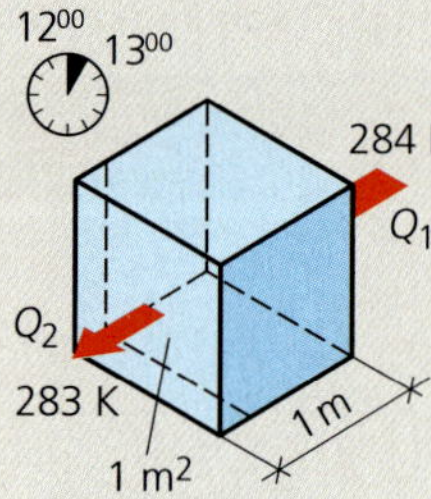

Der **Wärmedurchlasskoeffizient Λ** (sprich: Groß-Lambda) ist von der Schichtdicke d des Baustoffs abhängig. Diese beträgt allgemein weniger als 1 m. Der Wärmedurchlass ist somit größer als beim Probewürfel. Der Wärmedurchlasskoeffizient Λ ist der Quotient von Wärmeleitfähigkeit λ und Schichtdicke d. Er gibt an, welche Wärmemenge Q in 1 Stunde durch 1 m^2 eines plattenförmigen Bauteils mit der Schichtdicke d in m bei einer Temperaturdifferenz von 1 K hindurchgeht.

$$\text{Wärmedurchlasskoeffizient} = \frac{\text{Wärmeleitfähigkeit}}{\text{Schichtdicke des Baustoffs}}$$

$$\Lambda = \frac{\lambda}{d}$$

Einheit: $\frac{W}{m^2 \cdot K}$

Je größer der Zahlenwert des Wärmedurchlasskoeffizienten ist, desto geringer ist die Dämmfähigkeit des Bauteils.

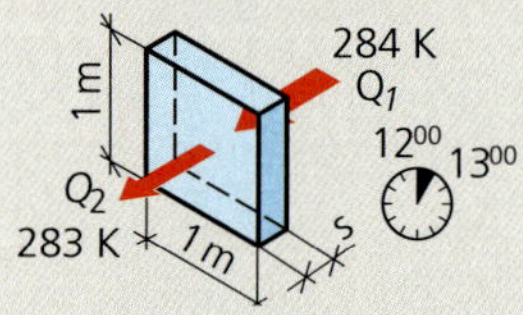

Wie groß ist der Wärmedurchlasskoeffizient bei einer 25 mm dicken P2-Platte, wenn der Rechenwert der Wärmeleitfähigkeit $\frac{0{,}130\ W}{mK}$ K (s. Tabelle) beträgt?

Gegeben: $d = 0{,}025$ m; $\lambda = \frac{0{,}130\ W}{mK}$

Gesucht: $\Lambda = \frac{W}{m^2K}$

Lösung:

$$\Lambda = \frac{\lambda}{d}$$

$$\Lambda = \frac{0{,}130\ W}{0{,}025\ (m^2 \cdot K)} = \frac{5{,}2\ W}{(m^2 \cdot K)}$$

Der **Wärmedurchlasswiderstand *R*** gibt an, wie groß der Widerstand eines Bauteils gegen den Wärmedurchlass einzelner Materialschichten (Mauerwerk, Beton, Holzwerkstoffe, Vollholz, Glas) ist. Er ist der Kehrwert des Wärmedurchlasskoeffizienten Λ.

$$\text{Wärmedurchlasswiderstand} = \frac{\text{Schichtdicke}}{\text{Wärmeleitfähigkeit}}$$

$$R = \frac{d}{\lambda}$$

Einheit: $\frac{W}{m^2 \cdot K}$

Wie groß ist der Wärmedurchlasswiderstand einer 24 cm dicken Wand aus Beton-Hohlbocksteinen (Rohdichte 1000 kg/m^3)?

Gegeben: $d = 0{,}24$ m

$\lambda = \frac{0{,}490\ W}{(mK)}$ (nach Tabelle)

Gesucht: $R = ?\ \frac{(m^2K)}{W}$

Lösung: $R = \frac{d}{\lambda}$

$$R = \frac{0{,}24\ m \cdot m \cdot K}{0{,}490\ W} = 0{,}49\ \frac{(m^2K)}{W}$$

Je größer der Wärmedurchlasswiderstand ist, desto besser ist die Wärmedämmwirkung. Je dicker der Baustoff, desto größer ist der Wärmedurchlasswiderstand. Der Wärmedurchlasswiderstand wird auch als **Wärmedämmwert** bezeichnet und ist eine der wichtigsten Größen zur Berechnung von Wärmeschutzkonstruktionen.

Bei **einschichtigen Bauteilen** reicht meistens die Wärmedämmwirkung nicht aus.

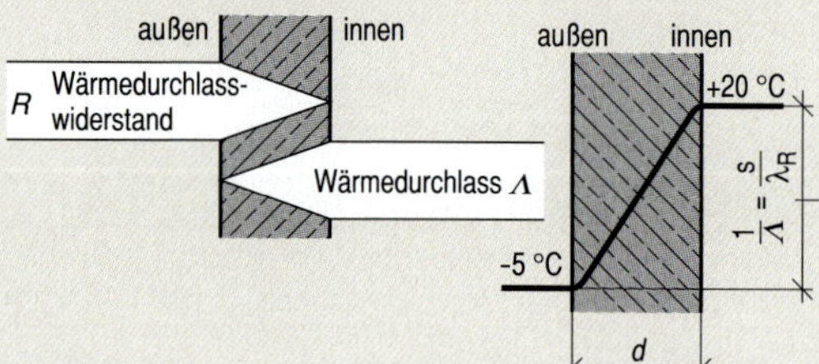

Temperaturabfall entspricht $R = \frac{d}{\lambda}$

Bei **mehrschichtigen Bauteilen** ist der gesamte Wärmedurchlasswiderstand die Summe der Wärmedurchlasswiderstände der einzelnen Schichtdicken.

$$R = \frac{d_1}{\lambda_1} + \frac{d_2}{\lambda_2} + \frac{d_3}{\lambda_3}$$

Einheit: $\frac{\text{m} \cdot \text{K}}{\text{W}}$

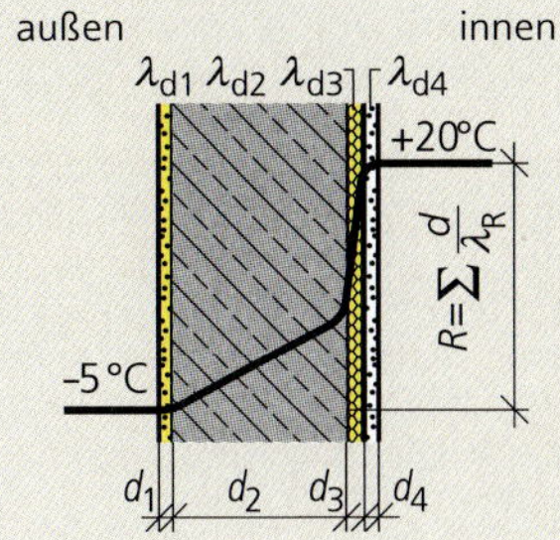

Die 24 cm dicke Wand $\lambda = 0{,}490$ W/(m · K) erhält außen einen 20 mm dicken Kalkzementmörtelputz, innen eine 25 mm dicke Holzwolle-Leichtbauplatte und wird mit 15 mm dickem Kalkgipsmörtel verputzt. Zahlenwerte λ nach Tabelle.
Wie groß ist der Wärmedurchlasswiderstand?

$$R = \frac{d_1}{\lambda_1} + \frac{d_2}{\lambda_2} + \frac{d_3}{\lambda_3} + \frac{d_4}{\lambda_4}$$

Lösung:

$$R = \frac{0{,}02\ \text{m}}{0{,}870\ \text{W/m} \cdot \text{K}} + \frac{0{,}24\ \text{m}}{0{,}490\ \text{W/m} \cdot \text{K}} + \frac{0{,}025\ \text{m}}{0{,}093\ \text{W/m} \cdot \text{K}} + \frac{0{,}015\ \text{m}}{0{,}700\ \text{W/m} \cdot \text{K}}$$

$$R = 0{,}803\ \frac{\text{m}^2 \cdot \text{K}}{\text{W}}$$

Der **Wärmedurchlasswiderstand von Luftschichten** innerhalb eines Bauteils ohne Verbindung zur Außenluft vergrößert sich bei zunehmender Dicke der Luftschicht nur wenig.

Wärmedurchlasswiderstand von Luftschichten nach DIN EN ISO 6946

Lage der Luftschicht	Dicke der Luftschicht in mm	Wärmedurchlasswiderstand R in $\frac{\text{m}^2 \cdot \text{K}}{\text{W}}$
aufwärts	0 ... 10 10 ... 25 25 ... 300	0,00 ... 0,15 0,15 ... 0,16 0,16
horizontal*	0 ... 10 10 ... 25 25 ... 300	0,00 ... 0,15 0,15 ... 0,18 0,18
abwärts	0 ... 10 10 ... 25 25 ... 300	0,00 ... 0,15 0,15 ... 0,19 0,19 ... 0,23

* über± 30° zur horizontalen Ebene

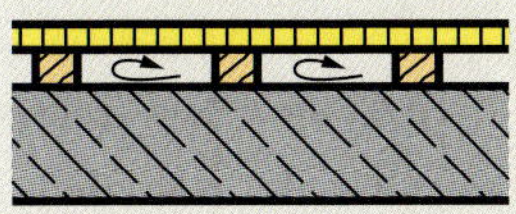

Auf einer 17 cm dicken Normalbetondecke liegt eine 50 mm dicke Lattenunterkonstruktion mit waagerechter Luftschicht. Die Fußbodenverlegeplatten P2 sind 28 mm dick. Zahlenwerte nach Tabelle.
Zu berechnen ist der Wärmedurchlasswiderstand.

Lösung:

$$R = \frac{d_1}{\lambda_1} + \frac{d_2}{\lambda_2} + \frac{d_3}{\lambda_3}$$

$$R = \frac{0{,}17\ \text{m}}{2{,}1\ \text{W/m} \cdot \text{K}} + 0{,}17\ \text{m}^2\ \frac{\text{K}}{\text{W}} + \frac{0{,}028\ \text{m}}{0{,}013\ \text{W/m} \cdot \text{K}}$$

$$R = 0{,}081\ \text{m}^2 \cdot \frac{\text{K}}{\text{W}} + 0{,}18\ \text{m}^2 \cdot \frac{\text{K}}{\text{W}} + 0{,}215\ \text{m}^2 \cdot \frac{\text{K}}{\text{W}}$$

$$R = 0{,}476\ \frac{\text{K}}{\text{W}}$$

Der **Wärmeübergangskoeffizient *h*** berücksichtigt die Wärmeübertragung zwischen der Oberfläche eines Bauteils und der angrenzenden Luft. Die Oberflächentemperatur ist auf der Bauteilinnenseite meistens niedriger als die Raumlufttemperatur und auf der Bauteilaußenseite höher als die Außenluft.
Der Wärmeübergangskoeffizient h gibt an, welche Wärmemenge Q in 1 Stunde zwischen 1 m^2 der Oberfläche eines Bauteils und der angrenzenden Luft übertragen wird, wenn zwischen Bauteiloberfläche und angrenzender Luft eine Temperaturdifferenz von 1 K herrscht.

Nach DIN 4108 ist der Wärmeübergangskoeffizient im:
- Innenbereich h_{si} = 8,1 W/(m^2K),
- Außenbereich h_{se} = 23,2 W/(m^2K).

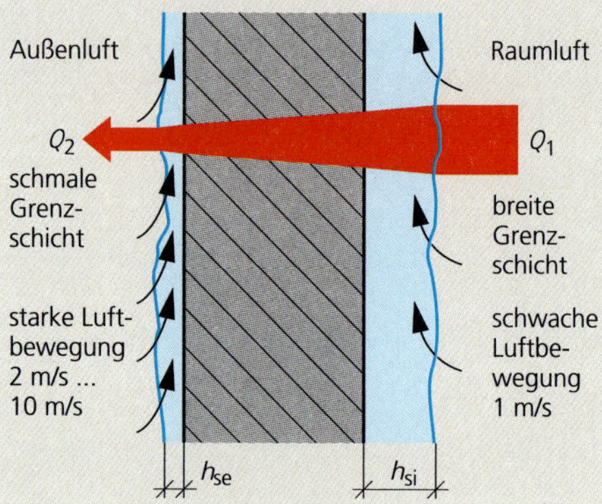

Der **Wärmeübergangswiderstand *R*$_s$** ist der Kehrwert des Wärmeübergangskoeffizienten h.

Nach DIN 4108 ergeben sich für:
- Innenbereich: $\frac{1}{h_{si}} = \frac{1\ m^2K}{8{,}1\ W} \approx 0{,}13\ \frac{m^2K}{W}$,
- Außenbereich: $\frac{1}{h_{se}} = \frac{1\ m^2K}{23{,}2\ W} \approx 0{,}04\ \frac{m^2K}{W}$.

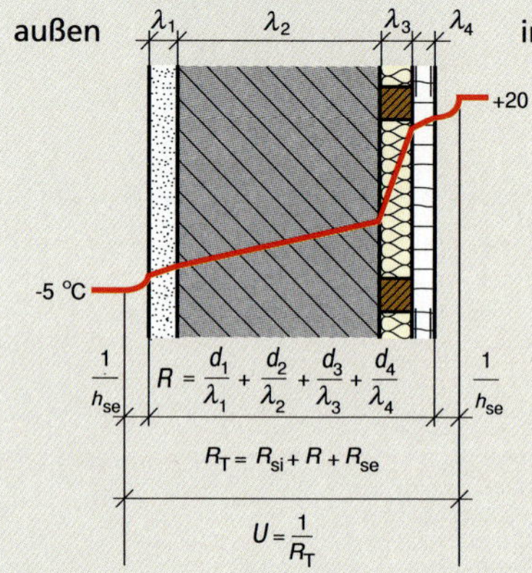

Der gesamte **Wärmedurchgangswiderstand *R*$_T$** ist die Summe von Wärmedurchlasswiderstand R und den beiden Wärmeübergangswiderständen R_{si} und R_{se}.

$$R_T = R_{si} + R + R_{se}$$

Der **Wärmedurchgangskoeffizient *U*** wird als U-Wert bezeichnet und ist der Kehrwert des Wärmedurchgangswiderstands R_T.

$$U = \frac{1}{R_T}$$

Einheit: $\frac{W}{m^2 \cdot K}$

Ein möglichst niedriger U-Wert bedeutet eine gute Wärmedämmfähigkeit eines Bauteils. Der U-Wert ist die Grundlage zur Berechnung des Transmissionswärmeverlustes.

Wie groß sind
a) der Wärmedurchgangswiderstand
b) der Wärmedurchgangskoeffizient
der mehrschichtigen Wand?

Gegeben: $R_{si} = 0{,}13\ \frac{m^2 \cdot K}{W}$; $R = 0{,}803\ \frac{m^2 \cdot K}{W}$

$R_{se} = 0{,}04\ \frac{m^2 \cdot K}{W}$

Gesucht: a) $R_T = ?\ \frac{m^2 \cdot K}{W}$

b) $U = ?\ \frac{m^2 \cdot K}{W}$

Lösung:
a) $R_T = R_{si} + R + R_{se}$

$$R_T = 0{,}13\ \frac{m^2K}{W} + 0{,}803\ \frac{m^2K}{W} + 0{,}04\ \frac{m^2K}{W}$$

$$= 0{,}97\ \frac{m^2K}{W}$$

b) $U = \frac{1}{R_T} = \frac{1\ W}{0{,}97\ m^2} \cdot K$

$$U = 1{,}03\ \frac{W}{m^2K}$$

Maximale Wärmedurchgangskoeffizienten U_{max} bei Bauteilen nach GEG

Höchstwerte im Sanierungsfall gemäß GEG

Bauteil	U in W/m² · K
Außenwände	0,24
Dach, oberste Decke, Kellerdecke	0,24
Fenster, Fenstertüren	1,30
Verglasungen	2,0
Dachflächenfenster	1,40

Referenzwerte für Neubauten gemäß GEG

Bauteil	U in W/m² · K
Außenwand gegen Außenluft	0,24
Außenwand gegen Erdreich	0,30
Dach, oberste Geschossdecke	0,24
Fenster, Fenstertüren	1,30
Dachflächenfenster	1,40
Lichtkuppeln	2,70
Außentüren	1,80

Berechnungsgrößen für den baulichen Wärmeschutz: Zusammenhänge

Größe	Wärmeleitfähigkeit	Wärmedurchlasskoeffizient	Wärmedurchlasswiderstand	Wärmeübergangskoeffizient	Wärmeübergangswiderstand	Wärmedurchgangswiderstand	Wärmedurchgangskoeffizient
Formelzeichen	λ	Λ	R	h_{si}; h_{se}	R_{si}; R_{se}	R_T	U
Fläche A in m²	1	1	1	1	1	1	1
Dicke d in m	1	je nach Konstruktion und Material		–	–	je nach Konstruktion und Material	
Zeit t in h	1	1	1	1	1	1	1
Temp.-differenz in K	1	1	1	1	1	1	1
Einheit	W/(mK)	W/(m²K)	(m²K)/W	(W)/m²K)	(m²K)/W	(m²K)/W	W/(m²K)
Formel	–	$\Lambda = \frac{\lambda}{d}$	einschichtiges Bauteil: $R = \frac{d_1}{\lambda_1}$ mehrschichtiges Bauteil: $R = \frac{d_1}{\lambda_1} + \frac{d_2}{\lambda_2} + \ldots + \frac{d_n}{1\,n}$	–	–	$R_T = R_{si} + R + R_{se}$	$U = \frac{1}{R_T}$

Aufgaben

1. Wie groß ist der Wärmedurchlasswiderstand R bei einer P2-Platte mit der Dicke a) 19 mm, b) 32 mm? Rechenwerte für λ s. Tabelle S. 192 f.

2. Zu berechnen ist der Wärmedurchlasswiderstand R folgender Baustoffe:
a) Eichenbrett, 28 mm dick, b) HFH-Platte, 8 mm dick, c) Korklinoleum, 12 mm dick, d) Schaumkunststoffplatte, 20 mm dick, e) Kalksandsteinmauerwerk, 365 mm dick, Rohdichte 2200 kg/m³, f) Glas, 8 mm dick.
Die Rechenwerte für die Wärmeleitfähigkeit sind den Tabellen auf S. 192 f. zu entnehmen.

3. Zu berechnen ist die Dicke einer Schaumkunststoffplatte in mm, wenn der Wärmedurchlasswiderstand 0,55 (m²K)/W beträgt. Der λ-Wert ist der Tabelle auf S. 192 f. zu entnehmen.

4. Welche Gesamtdicke in cm muss für eine Wärmedämmkonstruktion aus P2-Platten gewählt werden, wenn ein Wärmedurchlasswiderstand von 0,60 (m²K)/W vorgesehen ist? Die Platten werden ohne Abstand miteinander verschraubt (Rechenwert der Wärmeleitfähigkeit s. Tabelle S. 192 f.).

5. Folgende Baustoffe stehen für eine Wärmedämmung zur Auswahl: Holzwolle-Leichtbauplatte, Rohdichte 480 kg/m³, Wandbauplatte aus Gips, Rohdichte 600 kg/m³, Gasbetonblockstein, Rohdichte 500 kg/m³. Zu berechnen sind die Dicken in mm, wenn deren Wärmedurchlasswiderstand R so groß sein soll wie der einer 50 mm dicken Steinwolleplatte, Rohdichte 500 kg/m³ (R-Werte s. S. 192 ff.).

6. Eine Außenwand weist einen Wärmedurchlasswiderstand von 0,43 (m²K)/W auf. Erreicht werden soll aber ein Wert von 0,65 (m²K)/W. Mit einer 16 mm dicken Spanplattenbekleidung und zusätzlicher Schaumkunststoffplatte soll der fehlende Wert ausgeglichen werden. Zu berechnen ist die Dicke der Schaumkunststoffplatte in mm. Die Rechenwerte für die Wärmeleitfähigkeit enthält die Tabelle auf S. 192 f.

7. Die Außenwand eines Wohnraumes ist wegen der gewünschten Wärmespeicherung des 240 mm dicken Kalksandvollsteinmauerwerks (Rohdichte 2200 kg/m³) außen mit einer verputzten, 35 mm dicken Holzwolle-Leichtbauplatte (Rohdichte 440 kg/m³) bekleidet. Der Außenputz ist mit 20 mm dickem Kalkzementmörtel (Rohdichte 1800 kg/m³), der Innenputz mit 15 mm dickem Kalkgipsmörtel (Rohdichte 1400 kg/m³) ausgeführt.
a) Der Rechenwert der Wärmeleitfähigkeit λ ist anhand der Tabelle (s. S. 192 f.) zu ermitteln.
b) Der U-Wert des Bauteils ist zu berechnen.

8. Eine Isolierglasscheibe ist besser wärmedämmend als eine einfache Scheibe. Diese Feststellung ist anhand des folgenden Beispiels zu beweisen: Isolierglasscheibe: 2 × 4 mm Glas, 1 × 12 mm SZR; Lage der Luftschicht: senkrecht. Einfache Scheibe: 1 × 8 mm Glas. Zu berechnen sind: a) Wärmedurchlasswiderstand, b) Wärmedurchgangswiderstand, c) Wärmedurchgangskoeffizient.

9. Für ein Verbundfenster System DV 35/38 nach DIN 68121 ist der U-Wert zu berechnen: a) für Blendrahmen und Flügelrahmenholz, b) für Verglasung.
Material- und Konstruktionsangaben: Blendrahmenaußenmaß = 1,10 m/1,50 m; mittlere Holzdicke = 67 mm; Holzart Kl., Verglasung: 2 × 4 mm Floatglas, 1 × 30 mm SZR; Lage der Luftschicht: senkrecht. Annahme: Holzfläche = 15 % der Fensterfläche, Glasfläche = 85 % der Fensterfläche.
Entspricht der errechnete U-Wert dem U_F-Wert von 1,8 W/(m²K)?

10. Ein Innenausbaubetrieb hat an einer Außenwand nachträglich eine Wärmedämmkonstruktion angebracht.
Zu berechnen ist, ob der verlangte Wärmedurchgangskoeffizient U = 0,35 W/(m²K) erreicht wird (λ_R-Werte s. Tabelle S. 192 f.; h_{si}- und h_{se}-Werte s. S. 197).

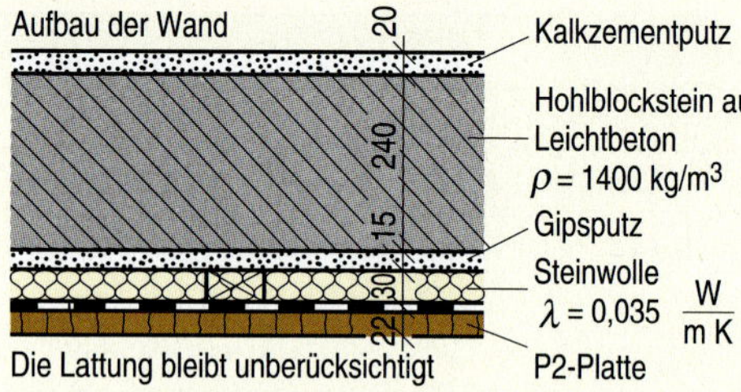

11. An das Werkstattgebäude eines Innenausbaubetriebs wird eine Büroerweiterung angebaut. Der Wärmedurchgangskoeffizient der Außenwand soll U = 0,30 W/(m²K) betragen. Der U-Wert der Wärmedämmkonstruktion ist zu berechnen und mit den Anforderungen zu vergleichen (λ-Werte s. Tabelle S. 192 f. und h_{si}- und h_{se}-Werte s. S. 197).

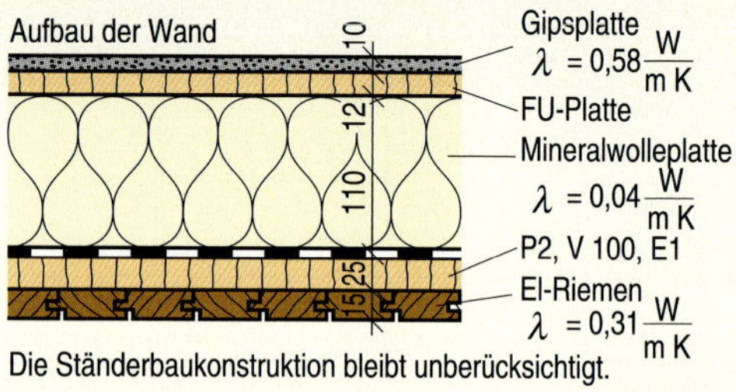

12. Eine Kellerdecke wird wärmegedämmt. Die Wärmeübergangskoeffizienten betragen h_{si} = 5,88 W/(m²K) und h_{se} = 23,2 W/(m²K). Die waagerechte Luftschicht wird zur Dämmung herangezogen (s. Tabelle S. 195).
a) Der maximale U-Wert für Kellerdecken ist aus der Tabelle auf S. 197 zu ermitteln.
b) Zu berechnen ist, ob die gewählte 28 mm dicke Fußbodenverlegeplatte wärmetechnisch ausreicht.
c) Zu berechnen ist die wärmetechnische Verbesserung, wenn das Luftpolster durch mineralische Wärmedämmstoffe ersetzt wird.

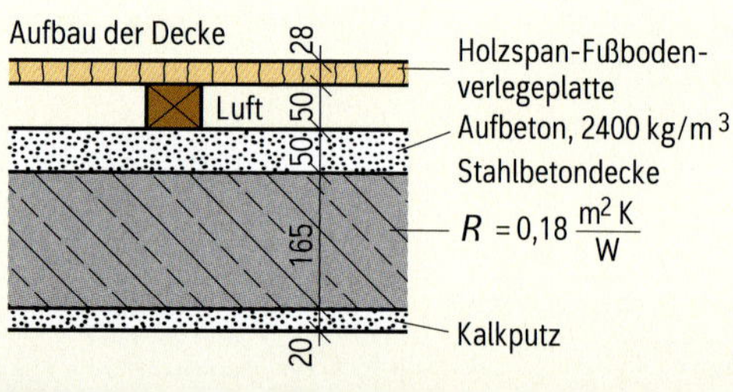

6.9 Treppen

Treppen sind in DIN 18065 genormt.

Die **Treppensteigung *s*** ist das lotrechte Maß von der Trittfläche einer Stufe zur Trittfläche der folgenden Stufe.

Die **Treppenauftritt *a*** ist das waagerechte Maß von der Vorderkante einer Treppenstufe bis zur Vorderkante der folgenden Treppenstufe in Laufrichtung.

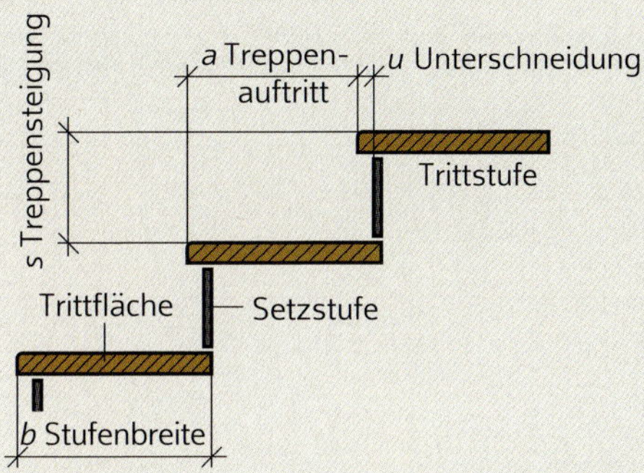

Das **Steigungsverhältnis *SV*** ist der Quotient aus Treppensteigung *s* und Treppenauftritt *a*.

$$\text{Steigungsverhältnis} = \frac{\text{Treppensteigung}}{\text{Treppenauftritt}}$$

$$SV = \frac{s}{a}$$

Das Steigungsverhältnis SV muss mit Hilfe der Schrittmaßregel SM geplant werden.

Wie groß ist das Steigungsverhältnis bei einer Treppensteigung von 17,5 cm und einem Treppenauftritt von 28,5 cm?

Gegeben: $s = 17{,}5$ cm; $a = 28{,}5$ cm
Gesucht: $SV = ?$ cm

Lösung:

$$SV = \frac{s}{a}$$

$$SV = \frac{17{,}5\ \text{cm}}{28{,}5\ \text{cm}} = \underline{\underline{0{,}61}}$$

Der **Schrittmaßregel SM** ist die Summe aus zwei Steigungen *s* und einem Treppenauftritt *a*. Sie beruht auf der Schrittlänge. Die Schrittlänge für einen erwachsenen Menschen beträgt 59 bis 65 cm.
Die mittlere Schrittlänge kann mit 63 cm angenommen werden.

$$\text{Schrittmaßregel} = 2 \cdot \text{Treppensteigung} + \text{Treppenauftritt}$$

$$SM = 2 \cdot s + a = 63\ \text{cm}$$

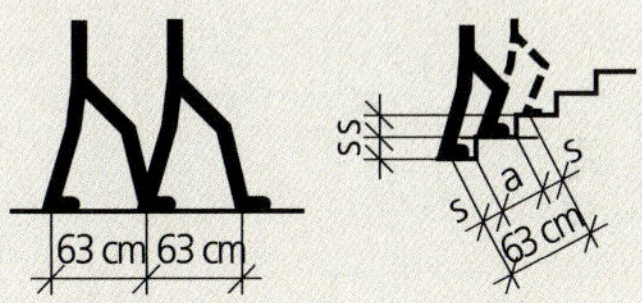

Die Treppensteigung beträgt 16,5 cm.
Wie viel Zentimeter misst die Auftrittsbreite nach der Schrittmaßregel?

Gegeben: $s = 16{,}5$ cm
Gesucht: $a = ?$ cm

Lösung:
$2 \cdot s + a = 63$ cm
$a = 63\ \text{cm} - 2\,s$
$a = 63\ \text{cm} - 2 \cdot 16{,}5\ \text{cm} = \underline{\underline{30\ \text{cm}}}$

Die **Bequemlichkeitsregel** besagt, dass Treppen bequem zu begehen sind, wenn der Treppenauftritt *a* etwa 12 cm breiter als die Treppensteigung *s* ist.

$$\text{Treppenauftritt} - \text{Treppensteigung} \approx 12\ \text{cm}$$

$$a - s \approx 12\ \text{cm}$$

Eine Treppe mit einer Auftrittsbreite von 28 cm soll bequem zu begehen sein.
Wie viel Zentimeter beträgt die Steigungshöhe?

Gegeben: $a = 28$ cm
Gesucht: $s = ?$ cm

Lösung:
$a - s = 12$ cm
$s = a - 12\ \text{cm} = 28\ \text{cm} - 12\ \text{cm} = \underline{\underline{16\ \text{cm}}}$

Bewertung von Treppen für Wohnhäuser

Treppe	normal	flach	steil	sehr steil
Steigungs-höhe in cm	17	< 17	> 18	> 20
Auftritts-breite in cm	29	29	29	25
Steigungs-verhältnis	0,60	0,56	0,62	0,7
mittlere Schrittlänge in cm	63	61	65	65
Begehbar-keit	gut	bequem	möglich	schlecht

Ein Wohnhaus erhält eine flache Treppe mit einer Steigungshöhe von 16,5 cm.

a) Steigungsverhältnis und Begehbarkeit sind nach Tabelle festzulegen.

b) Die Auftrittsbreite ist zu berechnen.

a) Gegeben: $s = 16{,}5$ cm
Gesucht: $SV = ?$
Begehbarkeit = ?

Lösung:
$SV = 0{,}56$; bequem

b) Gegeben: $s = 16{,}5$ cm
Gesucht: $a = ?$

Lösung:

$$SV = \frac{s}{a}$$

$$a = \frac{s}{SV} = \frac{16{,}5\text{ cm}}{0{,}56} = \underline{\underline{29{,}46\text{ cm}}}$$

Die **Anzahl der Steigungen *n*** ist der Quotient aus Geschosshöhe *h* und Steigungshöhe *s*.

$$\text{Anzahl der Steigungen} = \frac{\text{Geschosshöhe}}{\text{Steigungshöhe}}$$

$$n = \frac{h}{s}$$

Wie groß ist die Anzahl der Steigungen bei einer Geschosshöhe von 265,0 cm, wenn die Steigungshöhe 17 cm beträgt?

Gegeben: $h = 265{,}0$ cm; $s = 17$ cm
Gesucht: $n = ?$

Lösung:

$$n = \frac{h}{s} = \frac{265{,}0\text{ cm}}{17\text{ cm}} = \underline{\underline{15}}$$

Die **Steigungshöhe *s*** ist der Quotient aus Geschosshöhe *h* und Anzahl der Steigungen *n*.

$$\text{Steigungshöhe} = \frac{\text{Geschosshöhe}}{\text{Anzahl der Steigungen}}$$

$$s = \frac{h}{n}$$

In einen Raum mit einer Geschosshöhe von 275,0 cm wird eine Treppe mit 14 Steigungen eingebaut.
Wie viel Zentimeter beträgt die Steigungshöhe?

Gegeben: $h = 275{,}0$ cm; $n = 14$
Gesucht: $s = ?$ cm

Lösung:

$$s = \frac{h}{n} = \frac{265{,}0\text{ cm}}{14} = \underline{\underline{19{,}6\text{ cm}}}$$

Die **Lauflänge *l*** ist das Maß von der Vorderkante der Antrittsstufe bis zur Vorderkante der Austrittsstufe. Die oberste Stufe gehört nicht zur Lauflänge. Die Lauflänge *l* ist das Produkt aus der Anzahl der Steigungen *n* minus 1 und der Auftrittsbreite.

Lauflänge = (Anzahl der Steigungen – 1) · Auftrittsbreite

$$l = (n - 1) \cdot a$$

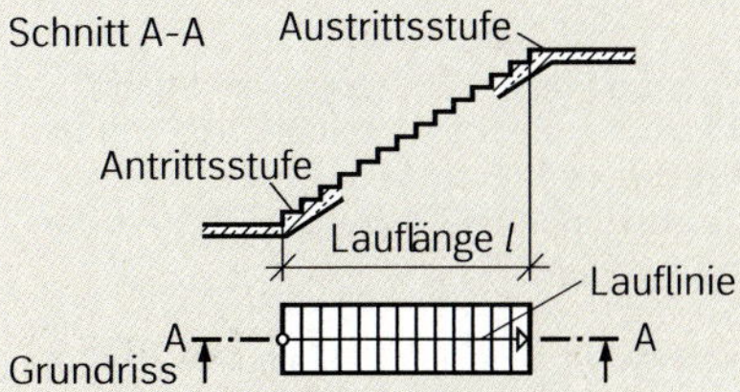

Zu berechnen ist die Lauflänge *l* einer Treppe in m, wenn die Auftrittsbreite 28 cm und die Anzahl der Steigungen 15 beträgt.

Gegeben: $a = 28$ cm; $n = 15$
Gesucht: $l = ?$

Lösung:
$l = (n - 1) \cdot a = (15 - 1) \cdot 28 \text{ cm} = 392 \text{ cm} = \underline{\underline{3{,}92 \text{ m}}}$

Die **Auftrittsbreite *a*** berechnet sich aus dem Quotienten von Lauflänge *l* und Anzahl der Steigungen *n* minus 1.

$$\text{Auftrittsbreite} = \frac{\text{Lauflänge}}{\text{Anzahl der Steigungen} - 1}$$

$$a = \frac{l}{n - 1}$$

Eine Treppe hat bei einer Lauflänge *l* von 427,5 cm 16 Steigungen.
Wie viel Zentimeter beträgt die Auftrittsbreite?

Gegeben: $l = 427{,}5$ cm; $n = 16$
Gesucht: $a = ?$ cm

Lösung:

$$a = \frac{l}{n - 1} = \frac{427{,}5 \text{ cm}}{16 - 1} = \underline{\underline{28{,}5 \text{ cm}}}$$

Bei **geraden einläufigen Treppen** werden im Allgemeinen berechnet:

- Steigungshöhe *s*,
- Anzahl der Steigungen *n*,
- Auftrittsbreite *a*,
- Lauflänge *l*.

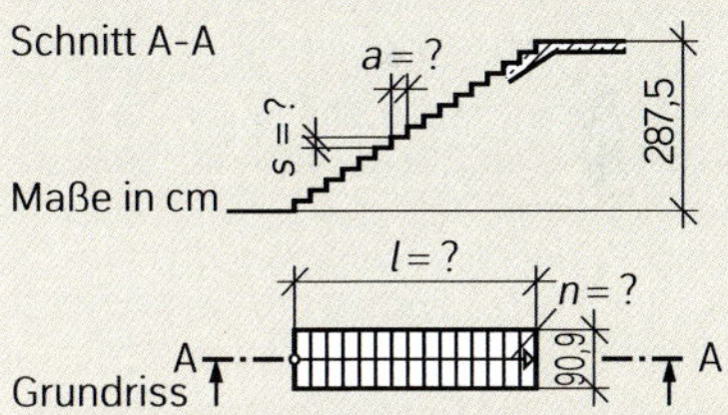

Ein Einfamilienhaus mit 2,875 m Geschosshöhe soll eine einläufige, gerade Treppe erhalten. Zu berechnen sind:

a) Anzahl *n* der Steigungen bei einer Steigungshöhe von 18 cm
b) Steigungshöhe *s*, Auftrittsbreite *a* und Lauflänge *l* in cm

Gegeben: $h = 2{,}875 = 287{,}5$ cm; $s = 18$ cm
Gesucht: $n = ?$ cm

Lösung:

a) $n = \frac{h}{s}$; $n = \frac{287{,}5 \text{ cm}}{18 \text{ cm}} = 15{,}97 \rightarrow \underline{\underline{16 \text{ Steigungen}}}$

b) $h = \frac{n}{s} = \frac{287{,}5 \text{ cm}}{16} = \underline{\underline{17{,}97 \text{ cm}}}$

Ausführungsmaß $h_s = 18$ cm

$a = 63 \text{ cm} - 2 \cdot s = 63 \text{ cm} - 2 \cdot 18 \text{ cm} = \underline{\underline{27 \text{ cm}}}$

$l = (n - 1) \cdot a = (16 - 1) \cdot 27 \text{ cm} = \underline{\underline{405 \text{ cm}}}$

Aufgaben

1. a) Wie groß ist bei einer Treppe das Steigungsverhältnis, wenn die Steigungshöhe 16,0 cm und die Auftrittsbreite 28,0 cm betragen?
b) Wie sind Treppe und Begehbarkeit nach der Tabelle einzustufen?

2. Die Steigungshöhe einer Treppe beträgt 16,7 cm, die Schrittlänge 61 cm.
Wie viel Zentimeter soll nach Tabelle die Auftrittsbreite sein?

3. Das Steigungsverhältnis einer Treppe wird mit 0,6 angegeben.
a) Welche Auftrittsbreite benötigt man bei einer Steigungshöhe von 17,3 cm?
b) Welche Schrittlänge wird zugrunde gelegt?

4. Bei einer mittleren Schrittlänge von 63 cm beträgt die Steigungshöhe 17,7 cm.
Zu berechnen ist nach der Schrittmaßregel die Auftrittsbreite in cm.

5. Wie groß wird nach der Schrittmaßregel die Steigungshöhe einer Treppe, wenn die Auftrittsbreite
a) 30,2 cm,
b) 28,5 cm,
c) 24,0 cm
beträgt?

6. Wie viel Zentimeter soll nach der Bequemlichkeitsregel die Auftrittsbreite bei einer Steigungshöhe von 16,5 cm betragen?

7. Eine Treppe für eine Geschosshöhe von 2,62 m soll aus Stufen mit einer angenommenen Steigungshöhe von 17,3 cm bestehen.
a) Wie viele Steigungen sind erforderlich?
b) Wie viel Zentimeter beträgt die wirkliche Steigungshöhe?

8. Zu berechnen ist die Lauflänge l für eine einläufige, gerade Treppe mit 16 Steigungen bei einem Steigungsverhältnis *SV* von:
a) 17,8 cm/27,4 cm
b) 18,2 cm/26,6 cm
c) 19,4 cm/24,2 cm

9. Die Lauflänge einer einläufigen, geraden Treppe beträgt bei 15 Steigungen 3,43 m (3,78 m).
Wie groß ist die Auftrittsbreite in cm?

10. Für eine Geschosstreppe sind bei 2,85 m Geschosshöhe und 3,30 m Lauflänge 15 Steigungen mit einem Steigungsverhältnis von 17,8 cm/22 cm angegeben.
Stimmen die errechneten Maße mit dem Steigungsverhältnis überein?

11. Ein Kellergeschoss hat eine Höhe von 2,25 m. Die Treppe dafür soll einläufig, gerade und mit einer Steigungshöhe von 19 cm ausgeführt werden.
Zu berechnen sind:
a) Anzahl der Steigungen
b) Steigungshöhe in cm
c) Auftrittsbreite in cm
d) Treppenlauflänge in cm
e) Grundrissskizze im Maßstab 1 : 50 (lichte Treppenbreite = 85 cm)

12. Die Auftrittsbreite für eine Treppe beträgt 28 cm.
Zu berechnen sind die Maße l_1, l_2 und l_3.

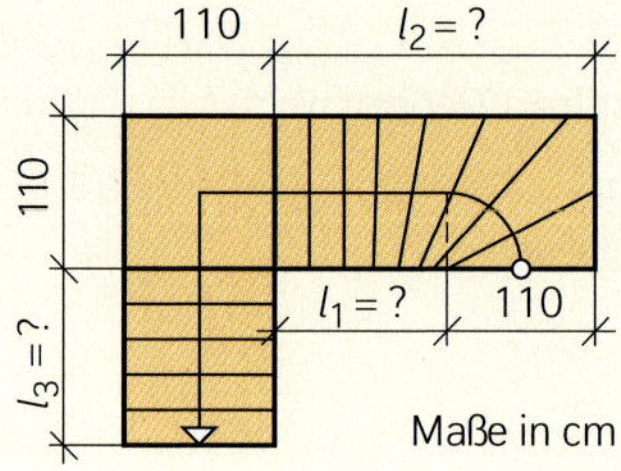

7 Materialmengen und Materialpreise

7.1 Holzwerkstoffplatten

Materialmengen berechnen sich vorwiegend nach Flächen (s. S. 97). Bei Bestellungen werden die Maße in folgender Reihenfolge in mm angegeben:

- Dicke,
- Länge und
- Breite.

Der **Materialpreis*** als Einzelpreis setzt sich zusammen aus dem Einstandspreis (Einkaufspreis) und prozentualen Zuschlägen für:

- Verschnitt,
- Materialgemeinkosten,
- Gewinn.

	Einstandspreis (Einkaufspreis)
+	Verschnittzuschlag V_Z
	Materialverbrauchskosten
+	Materialgemeinkostenzuschlag GKZ
	Materialkosten
+	Gewinnzuschlag
	Materialpreis

Lagenholz ist Sperrholz. Es besteht aus einer ungeraden Zahl, mindestens aber drei gleich dicken, miteinander verklebten Furnier- bzw. Vollholzlagen. Die Faserrichtungen verlaufen im Allgemeinen parallel zur Plattenebene und kreuzen sich rechtwinklig.

Einteilungen erfolgen nach Verwendungsbereichen
1 – Trockenbereich
2 – Feuchtbereich
3 – Außenbereich
und nach Festigkeit
G – Allgemeine Verwendung
S – Tragende Verwendung

Eine Furnierplatte 20/2000/1250 hat einen Einstandspreis von 35,00 €/m².
Bei der Verarbeitung entstehen 30 % Verschnittzuschlag. Die Materialgemeinkosten betragen 20 %, der Gewinn 10 %.
Wie hoch ist der Materialpreis in €/m²?

Lösung:

	Einstandspreis	= 35,00 €/m²
+	Verschnittzuschlag	
	= 35,00 €/m² · 0,3	= 10,50 €/m²
	Materialverbrauchskosten	= 45,50 €/m²
+	Materialgemeinkostenzuschlag	
	= 45,50 €/m² · 0,2	= 9,10 €/m²
	Materialkosten	= 54,60 €/m²
+	Gewinnzuschlag	
	= 54,60 €/m² · 0,1	= 5,46 €/m²
	Materialpreis	= 60,06 €/m²

Maße von Lagenholz – Auswahl

Lagenholz	Dicke in mm	Länge in mm *	Breite in mm
Furniersperrholz für allgemeine Zwecke	4; 5; 6; 8; 10; 12; 15; 16; 19; 22; 25; 30	1520; 2000; 2200; 3100; 3500	1250; 1550; 1720; 1830
Bau-Furniersperrholz, Buche	10; 12; 15; 20; 25; 30; 35; 40; 50	2200; 2500	1250; 1500
Bau-Furniersperrholz, Birke	4; 5; 6; 9; 10; 12; 15; 18; 21; 24; 30; 35; 40; 45; 50	1250; 1500; 2v500	1250; 2500; 3000
Kunstharzpressholz	30; 35; 40; 50	1220; 1550	1220; 1550
Dreischichtnaturholzplatten Fichte, Kiefer, Ahorn, Eiche, Erle	12; 19; 20; 21; 27	1250; 1400; 1750; 2050; 5000	1220; 2050
Leimholzplatten Möbelqualität, mit und ohne Lamellen	18; 20; 22; 24; 27; 40; 42; 52	2800; 4200; 4450; 5050; 6000	630; 930; 1220
* Faserrichtung parallel zum Deckfurnier			

* Aufgrund des dynamischen Marktgeschehens haben die hier verwendeten Materialpreise exemplarischen Charakter.

Verbundplatten sind Sperrholz. Sie sind mindestens dreilagig und unterschiedlich dick aufgebaut. Die Mittellage ist mit der oberen und unteren Decklage verklebt.

Maße von Verbundplatten – Auswahl

Verbundplatten	Dicke in mm	Länge in mm *	Breite in mm
Stabsperrholz	13; 16; 19; 22; 25; 28; 30; 32; 38	850; 1 220;	2 100; 2 440; 2 600; 3 500
Stäbchensperrholz	13 ... 38; 40; 42; 44; 55	1 830; 2 050	5 200
Span-Stabsperrholz	16; 19; 22; 25; 28	2 050	5 200
MDF-Stabsperrholz	16; 19; 22; 25	2 050	5 200
* Faserrichtung parallel zum Deckfurnier			

Spanwerkstoffplatten nach DIN EN 312, DIN EN 14755 und DIN EN 13986 bestehen aus Spänen, die durch Klebstoffe verbunden sind. Im Möbel- und Innenausbau dürfen nur E1-Platten (geringer Formaldehydemissionswert, max. 0,124 mg/m^3) verwendet werden.

Maße von Spanwerkstoffplatten – Auswahl

Spanwerkstoffplatten	Dicke in mm	Länge in mm	Breite in mm
Flachpressplatten – für allgemeine Zwecke P2 – mit feiner Oberfläche FPO	3; 4; 6; 8; 10; 13; 16; 19; 22; 25; 28; 30; 32; 38	2 820; 3 500; 4 100; 5 200	1 550; 1 850; 2 050; 2 100
– furniert	9; 13; 16; 19; 22	2 530	1 830
– beschichtet KF-Dekor	5; 8; 10; 13; 16; 19; 20; 25	2 020; 2 800; 4 020	2 050
Strangpressplatten – Vollspanplatten – Röhrenspanplatten	8; 10; 13; 16; 19; 22; 25; 28; 32; 38; 50 ... 100	2 500	1 250; 1 850
Brandschutzplatten A_1, A_2, B, C, D, E, F	10; 13; 16; 19; 22; 25; 28; 38	3 450; 4 460	1 200; 2 050
OSB-Platten (Oriented Structured Board)	6; 8; 9; 10; 11; 12; 15; 18; 22; 25	2 500	1 250

Holzwerkstoffe – Arten – Abkürzungen (Auszug)

Sperrhölzer	Spanplatten
Furniersperrholz	Flachpressplatten DIN EN 312
DIN EN 636-G allg. Verwendung DIN EN 636-S tragende Verwendung	P1 (leichtbau, nicht tragend, trockenbereich) P2 (Möbel, nicht tragend, trockenbereich) P3 (nicht tragend, feuchtbereich)
Tischlerplatten	P4 (tragend, trockenbereich)
DIN EN 636 Stabsperrholz Stäbchensperrholz	P5 (tragend, feuchtbereich) P6 (hochbelastbar, trockenbereich) P7 (hochbelastbar, feuchtbereich)

Holzfaserplatten HF nach DIN EN 316 bestehen aus verholzten Fasern, die mit oder ohne Füllstoffe und mit oder ohne Bindemittel verpresst werden.

Maße von Holzfaserplatten – Auswahl

Holzfaserplatten	Dicke in mm	Länge in mm	Breite in mm
mittelharte Holzfaserplatten MBL	3,2; 4; 5; 6	2500; 2600	1220; 1600
mitteldichte Holzfaserplatten MDF (Medium Density Fiberboard)	2,5; 3,2; 4; 5; 6 8; 10; 12; 14; 16; 19; 22; 25; 28; 30; 32; 35; 38; 40; 45; 50; 60	2750; 2820 2870; 3660; 4100; 5200	2050; 2070 1870; 2050
– grundiert – beschichtet	8; 10; 12; 16; 19; 22; 25 10; 12; 16; 19; 22; 25; 28	3660 2800	1870 2070
harte Holzfaserplatten HB	1,6; 2; 2,5; 3	2800	2050
extra harte Holzfaserplatten HB.I	3,2; 3,5; 4; 5; 6; 8	2800	2050
kunststoffbeschichtete Holzfaserplatten MFB	3,2; 4; 5	2800	2050
Holzfaserdämmplatten SB, Akustikplatten	10; 12; 15; 18	622; 2500	622; 1200

Aufgaben

1. Für einen Einbauschrank werden aus 5 mm dickem Furniersperrholz, edelfurniert, 15 Schubkastenböden mit den Maßen 42,3 cm (Faserrichtung) / 54,5 cm zugeschnitten. Zur Verfügung stehen 2 Furniersperrholzplatten: Länge 2200 mm, Breite 1220 mm.
   a) Zu bestimmen ist anhand einer maßstäblichen Skizze der Zuschnitt.
   b) Wie viele Schubkastenböden lassen sich aus einer Platte zuschneiden?
   c) Zu berechnen ist der Materialpreis in €/m², wenn der Einstandspreis 14,50 €/m² und die Zuschläge für Verschnitt 8 %, für Materialgemeinkosten 20 % und für Gewinn 6 % betragen.

2. Auf die Betonrohdecke in Arbeits-, Wohn- und Esszimmer sowie Flur und Küche werden zur Erhöhung der Wärmedämmung 19 mm dicke Verlegeplatten P3 aufgebracht.
   a) Zu berechnen ist der Nettobedarf an Platten in m².
   b) Wie viel Euro beträgt der Gesamtmaterialpreis beim Einstandspreis von 9,50 €/m² mit Zuschlägen für Verschnitt = 20 %, Gemeinkosten = 15 % und Gewinn = 12 %?

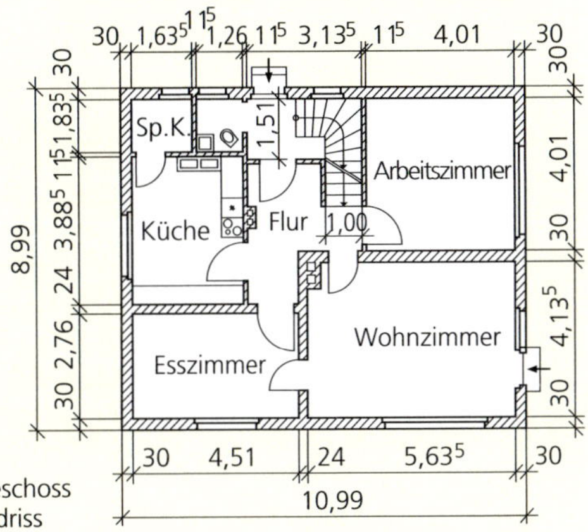

Erdgeschoss
Grundriss

3. Eine 35 mm dicke Arbeitsplatte für jeweils 3 Experimentiertische, 2 260 mm lang und 1 100 mm breit, wird aus Multiplex Buche hergestellt.
a) Welches Plattenmaß eignet sich für den Zuschnitt?
b) Wie viele Platten werden benötigt? (Die Platten dürfen in der Fläche keine Klebfugen haben.)
c) Wie hoch ist der Verschnittzuschlag in %?
d) Wie viel Euro beträgt der Gesamtmaterialpreis, wenn mit einem Einstandspreis von 72,60 €/m² und mit Zuschlägen für Materialgemeinkosten = 20 % und Gewinn = 15 % gerechnet wird?

4. Ein Innenausbaubetrieb soll in einem Dachgeschossraum Decke, Dachschräge und Kniestockwand mit Paneelen bekleiden. Da der Raum nur 3,30 m breit ist, sollen die Paneele (3 250 mm/625 mm) parallel zu dieser Seite verlaufen.
a) Wie viele Paneeltafeln müssen bestellt werden?
b) Wie teuer ist das Material bei einem Einstandspreis von 52,60 €/m² zuzüglich der Zuschläge für Verschnitt (25 %), Materialgemeinkosten (20 %) und Gewinn (15 %)?

5. In einem Schrank wird eine 8 mm dicke, edelfurnierte Rückwand aus Furnierplatten in den Falz eingepasst.
a) Zu berechnen sind Breite und Höhe der Rückwand.
b) Welches Plattenmaß mit senkrechtem Faserverlauf wäre für die Fertigung mehrerer Schränke günstig?

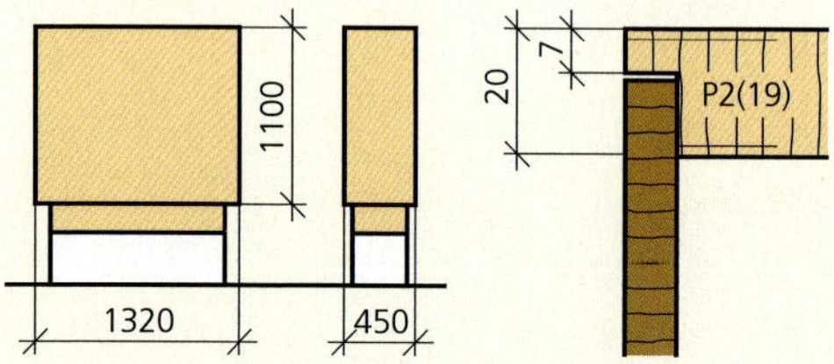

6. Von dem in der Aufgabe 5 dargestellten Schrank werden 6 Stück hergestellt. Verwendet werden: für Seiten, oberen und unteren Boden Stabsperrholz (Eckverbindungen auf Gehrung gedübelt); für aufschlagende Türen Stäbchensperrholz.
Zu berechnen sind für 6 Schränke bei 20 % Verschnitt:
a) Verbrauch an Stabsperrholz in m²
b) Verbrauch an Stäbchensperrholz in m²
c) Materialpreise in €/m² bei Einstandspreisen von 24,85 €/m² (Stabsperrholz) bzw. 30,20 €/m² (Stäbchensperrholz) zuzüglich 15 % Materialgemeinkostenzuschlag und 5 % Gewinn

7. Für einen Verwaltungsbau werden 25 Fensterelemente hergestellt. Die Brüstung dieser Elemente wird innen mit kunstharzbeschichteten, 12 mm dicken Furnierplatten verkleidet. Zuschnittmaße je Brüstung: 2,82 m/0,76 m.
a) Welche Plattenmaße eignen sich für den Zuschnitt?
b) Wie viel Prozent Verschnittzuschlag müssen berechnet werden?
c) Wie viel Euro werden für den Materialpreis bei einem Einstandspreis von 11,65 €/m² je Brüstungselement einschließlich Verschnittzuschlag und Zuschlägen für Materialgemeinkosten = 18 % und Gewinn = 13 % in Rechnung gestellt?

8. Ein Juweliergeschäft lässt 10 sechseckige Ausstellungsvitrinen anfertigen. Die beidseitig mit Palisander furnierte 5 mm dicke Furnierrückwand ist ringsum 6 mm tief eingenutet.
a) Zu berechnen ist die Länge in m (s. S. 113).
b) Wie viel Quadratmeter kunststoffbeschichtete Flachpressplatte, 16 mm dick, werden bei einem Verschnittzuschlag von 15 % benötigt?
c) Welche P2-Plattengröße ist für einen verschnittarmen Zuschnitt am günstigsten?
d) Welche Fläche in m² hat die Rückwand?

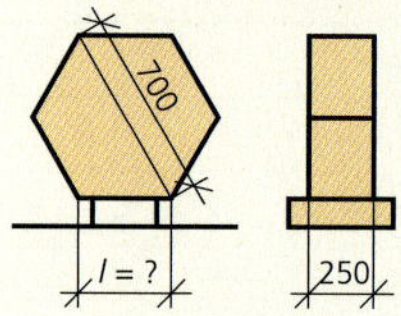

9. Für den Innenausbau eines Restaurants werden aus 22 mm dicker Stabsperrholz drei Bogenelemente hergestellt. Jedes Bogenelement besteht aus zwei Flächen mit einer Aussparung, die im oberen Teil ellipsenförmig ausgebildet ist.
Auf die Kanten der Aussparung wird ein 8 mm dicker, 645 mm breiter Furnierplattenstreifen aufgeleimt.
Zu berechnen sind:
a) Rohmenge in m² an Stabsperrholz, wenn ein Verschnittzuschlag von 45 % angenommen wird
b) Fertigmenge in m² an Furnierplatte für ein Bogenelement

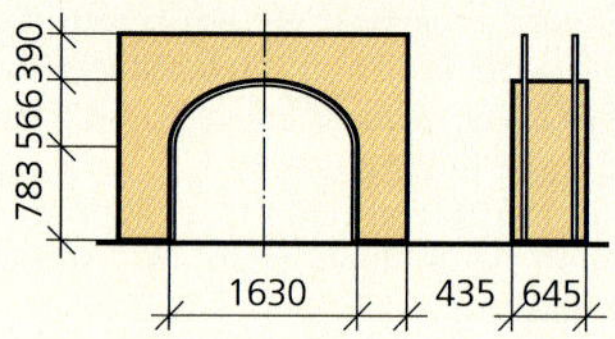

10. Ein Museum bestellt 16 Ausstellungsvitrinen aus MDF-Platten, die ohne Furnierung nur pigmentiert gespritzt werden und deren unterer und oberer Boden die Form der unten stehenden Skizze haben.
Für die Materialpreisermittlung ist die Rohmenge in m² unter Berücksichtigung eines Verschnittzuschlags von 35 % zu berechnen.

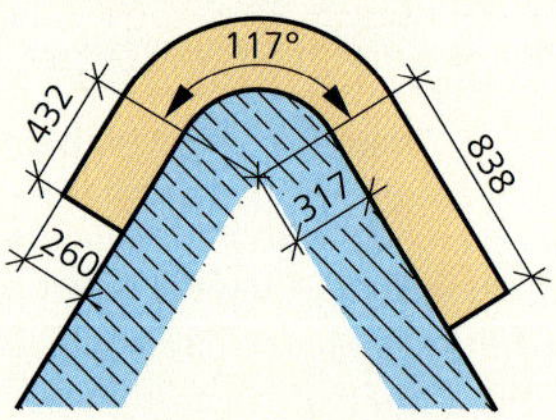

7.2 Furniere

Furniere sind dünne Blätter aus Holz, die durch Sägen, Messern oder Schälen vom Stamm oder Stammteil abgetrennt werden. Gehandelt werden Furniere in Paketen zu je 16, 24, 32 oder 40 Stück.

Deckfurniere als Langfurnier L nach DIN 4079 und DIN 68330 bilden Außenfurniere (Sichtseite) oder Innenfurniere (Innenfläche).

Kennzeichnung von Furnieren

Beispiel: L 0,55 DIN 4079 - KB
Erläuterung: Messerfurnier (Langfurnier), 0,55 mm dick, Holzart Kirschbaum

Holzarten und Furnierdicken nach DIN EN 13556

Holzart	Kurzzeichen alt DIN 4076	Kurzzeichen neu DIN EN 13556	Nenndicke* in mm	Holzart	Kurzzeichen alt DIN 4076	Kurzzeichen neu DIN EN 13556	Nenndicke* in mm
Nadelhölzer	**NH**						
Fichte	FI	PCAB, EU	1,00	Weymouth-Kiefer	KIW	PNST, EU	1,00
Kiefer	KI	PNSY, EU	0,90	Red Pine	PIR	PNRS, AM	0,85
Lärche	LA	LADC, EU	0,90	Tanne	TA	ABAL, EU	1,00
Laubhölzer	**LH**						
Abachi	ABA	TRSC, AF	0,70	Mahagoni, Sapelli	MAS	ENCY, AF	0,55
Afrormosia	AFR	PKEL, AF	0,55	Makoré	MAC	TGHC, AF	0,50
Ahorn	AH	ACCM, EU	0,60	Mansonia (Bete)	MAN	MAAL, AF	0,55
Birke	BI	BEPU, EU	0,55	Nussbaum	NB	JGRG, EU	0,50
Birnbaum	BB	PYCM, EU	0,55	Okoume, Gabun	OKU	PTXX, AF	0,60
Bubinga	BUB	GUXX, AF	0,55	Palisander, Rio-	PRO	DLNG, AM	0,50
Buche, Rot-	BU	FASY, EU	0,55	Palisander, ostind.	POS	DLLT, AS	0,55
Ebenholz	EBE	DSXX, AF	0,60	Pappel, Weiß-	PA	POAL, EU	0,60
Edelkastanie	EKA	CTST, EU	0,65	Rüster, Ulme Feld-	RU	ULMI, EU	0,60
Eiche	EI	QCXE, EU	0,65	Satin, ostind.	SAO	n.n.	0,55
Erle	ER	ALIN, EU	0,60	Sen	SEN	n.n.	0,60
Esche	ES	FXEX, EU	0,60	Teak	TEK	TEGR, AS	0,60
Kirschbaum	KB	PRAV, EU	0,55	Wenge	WEN	MTLR, AF	0,75
Limba	LMB	TMSP, AF	0,60	Weiß-, Hainbuche	HB	CPBT, EU	0,60
Linde	LI	TIXX, EU	0,65	Zebrano	ZIN	MBXX, EU	0,55
Mahagoni	MAE	SWMC, AM	0,55				

* Holzfeuchte $u = 12\ \%$

Bezeichnungsbeispiel:

Gattung botanisch — Name botanisch

PNST, EU

Herkunftsland

Herkunftsländer:

EU = Europa
AF = Afrika
AM = Amerika
AS = Asien

Aufgaben

1. Für die Ansichtsseite eines Einbauschranks wünschte eine Kundin schlichtes Lärchenfurnier. Für den Furnierzuschnitt wurde ein Paket mit 24 Blatt gekauft. Länge der Furniere: 3,15 m. Wie viel Prozent Verschnittzuschlag entstanden bei einem Fertigmaß des Schranks von 3,45 m/2,82 m?

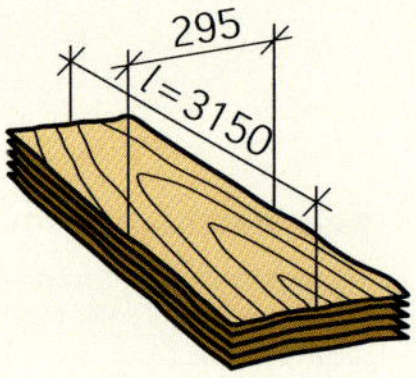

2. Für die Kostenrechnung eines Einbauschranks ist der Furnierverbrauch für jeweils 9 Türeinheiten zu ermitteln: Außenfurnier Lärche, Verschnittzuschlag 50 %, Innenfurnier Makoré, Verschnittzuschlag 30 %. Einstandspreis Lärche = 4,80 €/m², Makoré = 2,40 €/m².
Zu berechnen sind:
a) Rohmenge für Lärche in m²
b) Rohmenge für Makoré in m²
c) Materialverbrauchskosten in €

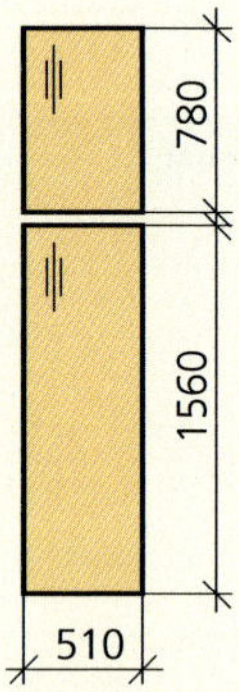

3. Ein Geschäftsinhaber bestellt für die Auslage in seinem Schaufenster 21 zylinderförmige Sockel: Außendurchmesser 365 mm und Höhe 783 mm.
Wie viel Quadratmeter Furnier müssen für die Mantelflächen der Sockel zur Verfügung gestellt werden, wenn mit einem Verschnittzuschlag von 35 % gerechnet wird?

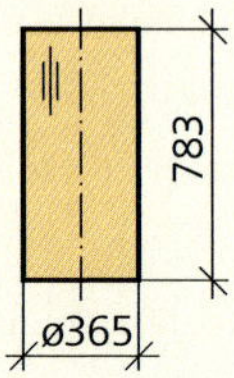

4. Eine Wandvertäfelung in Rahmenkonstruktion besteht aus 38 Füllungen mit den Maßen 510 mm/760 mm; Vorderseite Fichtenfurnier zu 4,93 € je m², Rückseite Gabunfurnier zu 1,75 € je m².
Zu berechnen sind die Materialverbrauchskosten in € für:
a) Fichtenfurnier bei 40 % Verschnittzuschlag
b) Gabunfurnier bei 30 % Verschnittzuschlag

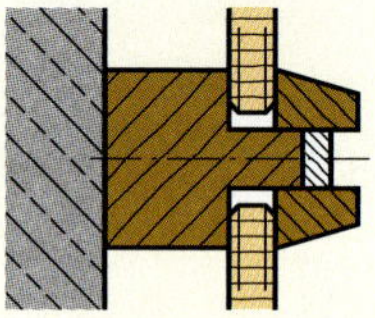

5. Für Anbaumöbel werden 23 Rückwände einseitig furniert. Es steht ein Paket Kirschbaumfurnier mit 32 Furnierblättern zur Verfügung. Paketmaße: Länge 2500 mm, mittlere Breite 320 mm. Es wird mit einem Verschnittzuschlag von 30 % gerechnet.
Zu berechnen ist, ob dieses Furnierpaket ausreicht.

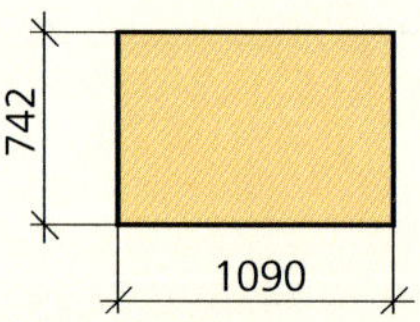

6. Es werden 5 Ausziehtische hergestellt. Die Platten werden beidseitig furniert. Alle Kanten erhalten einen 6 mm dicken, auf Gehrung gestoßenen Umleimer.
Zu berechnen sind:
a) Zuschnittmaß für Länge und Breite der rechteckigen Einlegeplatte in mm
b) Rohmenge an Deckfurnier in Esche in m² bei 45 % Verschnittzuschlag, 1. und 2. Wahl
c) Länge des Kantenumleimers in m bei 7 % Verschnittzuschlag

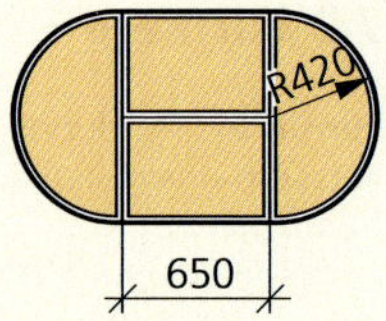

7. Bei 6 ovalen Tischplatten werden die Sichtseiten mit Kaukasisch-Nussbaum belegt. Zur Verfügung stehen 12 Furnierblätter mit je 150 cm/47 cm.
Zu berechnen sind:
a) Rohmenge an Deckfurnier in m²
b) Verschnittzuschlag in %
c) Länge der 8 mm dicken Umleimer in m bei einem Längenzuschlag von 10 %

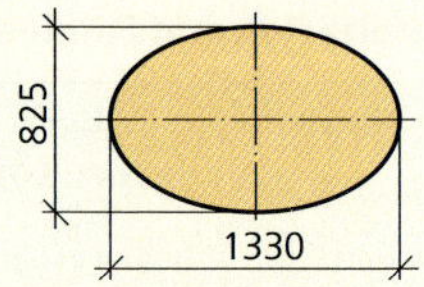

8. Die beiden 10 mm dicken Furniersperrholzfüllungen einer Rahmentür erhalten beidseitig ein Eichenholzdeckfurnier. Die Füllungen liegen in einem 15 mm breiten Falz und haben ringsum 2,0 mm Luft. Das Furnier wird so zugeschnitten, dass es jeweils 30 mm über die Füllungen vorsteht.
Zu berechnen sind:
a) Rohmenge an Eichenfurnier in m² für beide Füllungen
b) Preis des Deckfurniers in € bei einem Quadratmeterpreis von 12,35 €

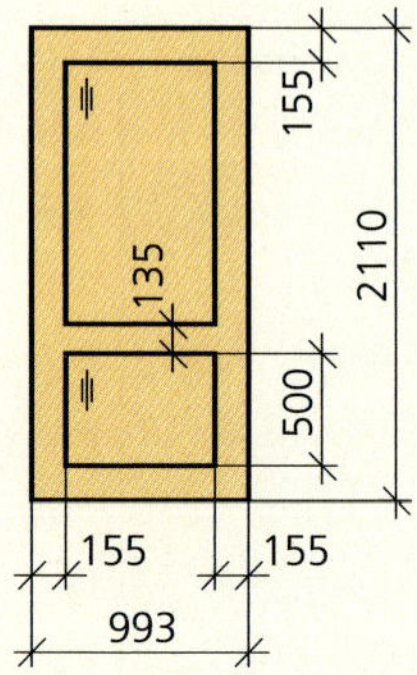

9. Das Futter eines Durchgangs mit Stichbogen erhält ein Deckfurnier in Wenge. Bestellung: Messerfurnier L 0,75 DIN 4079 – Wenge. Futterbreite = 360 mm; Verschnittzuschlag = 35 %.
a) Der Winkel α ist zeichnerisch zu ermitteln.
b) Die Rohmenge an Wengefurnier in m² ist zu berechnen.

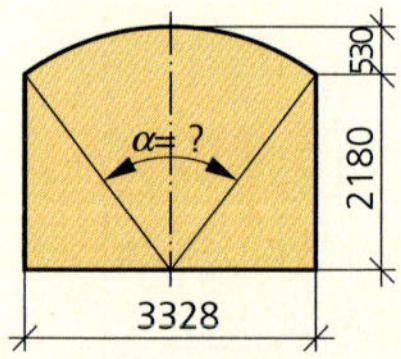

10. Beim Einkauf von Rüsternfurnier stehen zwei Qualitätsgruppen zur Verfügung. Furniere der besseren Qualität kosten je m² 14,18 € (Verschnittzuschlag = 35 %). Furniere der schlechteren Qualität kosten je m² 12,10 € (Verschnittzuschlag = 45 %). Die Fertigmenge an Rüsternfurnier beträgt 65,36 m².
Die Einkaufspreise der jeweiligen Rohmengen sind zu vergleichen.

7.3 Kunststoffe

Dekorative Hochdruck-Schichtpressstoffplatten HPL (high pressure laminat) nach DIN EN 437-7 bestehen aus geschichteten Faserstoffbahnen, die mit Reaktionsharzen (Deckschicht mit Melaminharz, Kernschicht mit Phenolplastharz) durchtränkt und zwischen glatten oder strukturierten Pressplatten bei hoher Temperatur und mit hohem Druck homogen verpresst werden.
Für die Deckschichten wird in der Regel Melaminharz und für die Kernschicht Phenolharz verwendet. Eine Deckschicht muss dekorativ sein.

Dekorative Hochdruck-Schichtpressstoffplatten

Typ	Qualität	Nenndicke in mm	handelsübliche Plattenmaße Länge in mm	Breite in mm
N	normal	0,5 ... 1,2	2 150	1 220
P	postforming (mit Temperatur nachformbar)		2 440 2 650	1 250 1 300
F	flammwiderstandsfähig	0,8 ... 1,2	2 800	
C CF	Vollplatte, doppelseitige Deckschicht, sehr stoßfest, erhöht flammwiderstandsfähig	2,0 ... 20,0	3 050 3 650 4 100 Türmaße: 2 130 2 150	Türmaße: 915 950 1 020 1 250

Dekorative Schichtpressstoffplatten bestehen in Deck- und Kernschicht aus polyesterdurchtränkten Faserstoffbahnen, die geschichtet und unter hoher Temperatur verpresst werden. Sie sind rollbar.

Dekorative Schichtpressstoffplatten

Typ	Nenndicke in mm	handelsübliche Rollenmaße Länge in mm	Breite in mm
1 und 2	0,8	50	1 260
Türformat	0,8	50	900
Kantenumleimer	0,5	50; 200	18; 19; 20; 22; 25; 30

Aufgaben

1. Für eine Ladeneinrichtung werden 12 Einbauteile doppelseitig mit dekorativer Hochdruck-Schichtpressstoffplatte belegt.
Zu berechnen sind:
a) Fertigmenge an HPL in m^2
b) Gesamtmaterialpreis in €, wenn der Einstandspreis für HPL 14,36 €/m^2, die Zuschläge für Verschnitt 55 %, für Werkstoffgemeinkosten 20 % und für Gewinn 15 % betragen

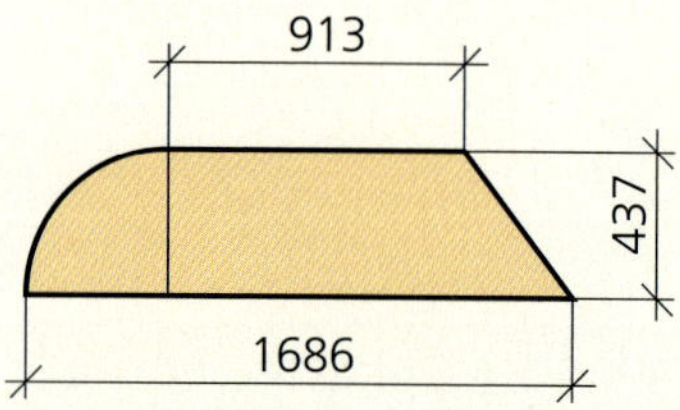

2. Ein Kaufhaus bestellt für sein Bistro 30 Tische, deren Flächen gleichseitige Dreiecke sind.
a) Welches Spanplattenformat ist für den Zuschnitt dieser Tische zu wählen, damit möglichst wenig Verschnitt entsteht?
b) Wie viel Quadratmeter HPL-Platten müssen bei beidseitiger Beschichtung in Rechnung gestellt werden?

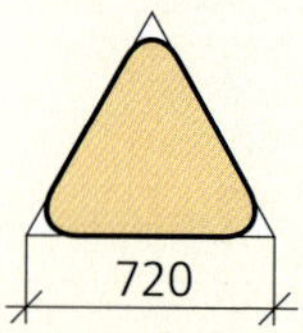

3. Die Theke einer Bar wird einseitig mit HPL-Platte, unidunkelrot, belegt und erhält ringsum einen 22 mm breiten PVC-Umleimer.
a) Welches HPL-Plattenmaß (s. Tabelle S. 209) ist am günstigsten?
Zu berechnen sind:
b) Rohmenge an HPL in m^2
c) Fertigmenge an HPL in m^2
d) Verschnittzuschlag in %
e) Länge des PVC-Umleimers in m, wenn nach dem Erwärmen eine 8%ige Längenausdehnung erfolgt

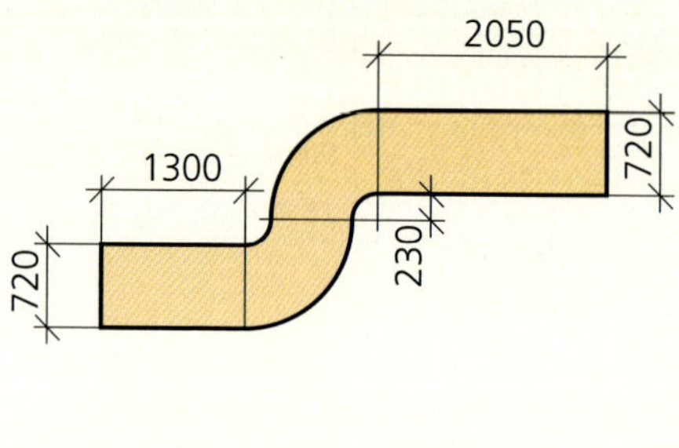

4. Ein Türrohling aus 40 mm dicker Stäbchensperrholz wird mit dekorativer Hochdruck-Schichtpressstoffplatte beidseitig belegt.
a) Welches HPL-Türformat ist am günstigsten?
b) Wie viel Quadratmeter beträgt die Fertigmenge an HPL?

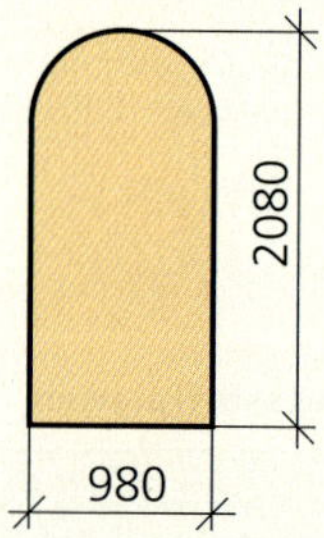

5. Die Außentür eines Verwaltungsgebäudes wird beidseitig mit 1,5 mm dicker Hochdruck-Schichtpressstoffplatte belegt.
a) Wie viel Quadratmeter Fertigmenge sind in die Materialliste einzutragen?
b) Wie viel Euro betragen die Materialverbrauchskosten bei einem Einstandspreis von 43,15 €/m^2 und einem Verschnittzuschlag von 35 %?

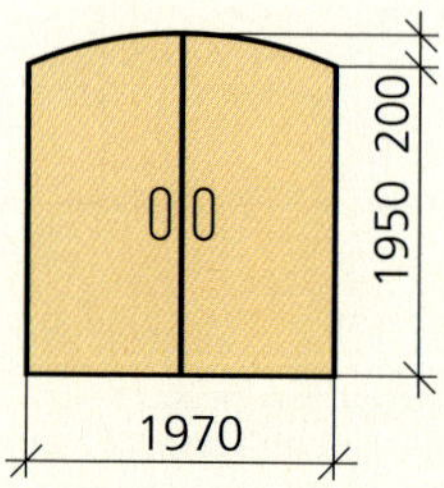

6. In einer Modeboutique werden für die Auslage von Textilien um eine regelmäßige Fünfecksäule 5 Podeste angebracht. 2 dieser mit dekorativer Hochdruck-Schichtpressstoffplatte belegten Podeste sind 37 cm, die restlichen 22 cm hoch.
Zu berechnen ist die Fertigmenge an HPL für Podestflächen und -zargen in m^2.

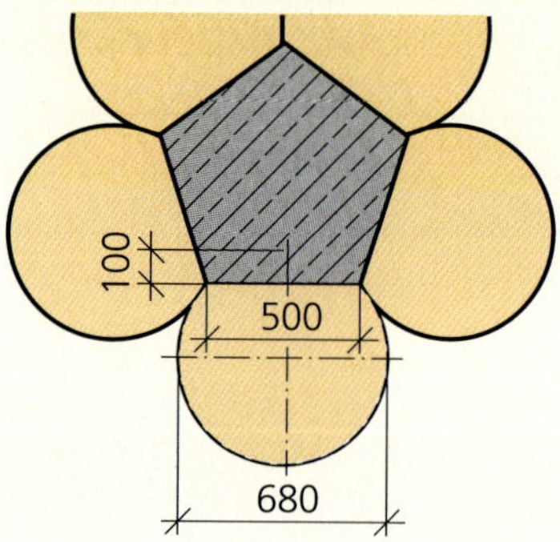

7. Für eine Arztpraxis werden 8 Zimmertüren mit 0,8 mm dicker dekorativer, rollbarer Schichtpressstoffplatte (polyesterharzgetränkt) beidseitig beschichtet.

a) Welche Rollenbreite soll gewählt werden, damit möglichst wenig Verschnitt entsteht (s. Tabelle S. 209)?
b) Reicht eine 31,80 m lange Rolle aus, wenn beim Zuschnitt im Längenmaß 50 mm je Türblatt zugegeben werden?
c) Zu berechnen sind für die dekorative Schichtpressstoffplatte die Rohmenge und die Fertigmenge in m^2.
d) Wie viel Meter Weich-PVC-Kantenprofil werden bei 10 % Verschnittzuschlag benötigt, wenn die untere Kante ausgespart bleibt?
e) Wie viel Meter Falzdichtungsprofil werden insgesamt bereitgestellt, wenn das Profil beim Eindrücken in die Nut wegen der satten Passung um 5 % gedehnt wird?

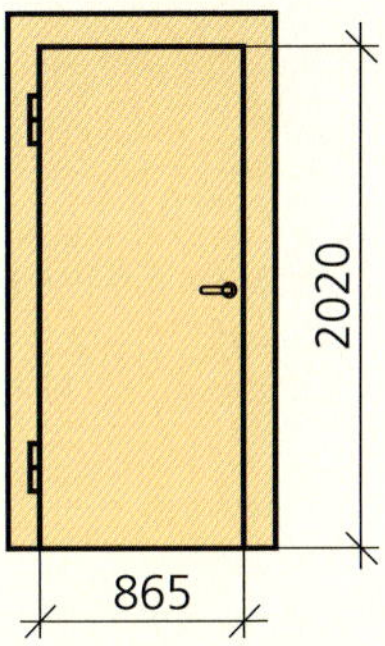

8. Im Zuge einer Altbausanierung werden 27 einflügelige, wärmedämmende Fenster gefertigt. Alle Fenster haben als Blendrahmenaußenmaße: Breite = 860 mm, Höhe = 1 900 mm. Die Falzdichtung ist im Flügel angebracht.
Zu berechnen ist die gesamte Länge der Falzdichtung in m, wenn für Zuschnitt und Verschweißen der Ecken mit einem Verschnittzuschlag von 5 % gerechnet wird.

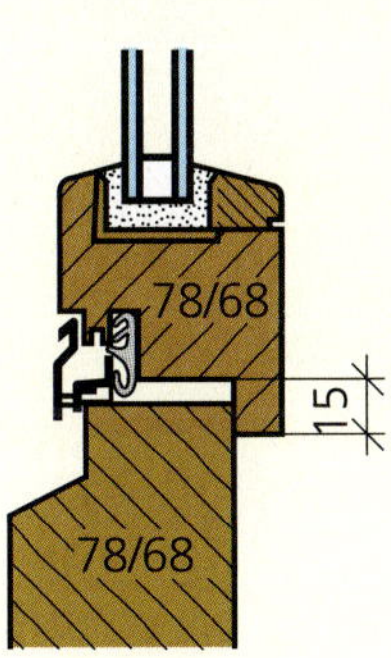

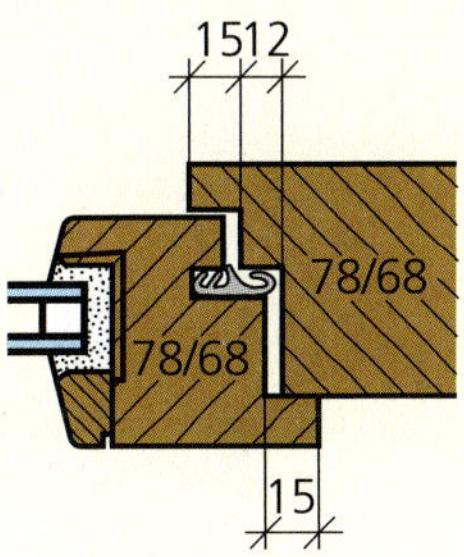

9. Eine Isolierglasscheibe liegt zwischen 2 jeweils 3 mm dicken Vorlegebändern im Glasfalz. Das einflügelige Fenster hat Blendrahmenaußenmaße von 715 mm/1 tt210 mm.
Zu berechnen ist die Länge des benötigten Vorlegebands in m.

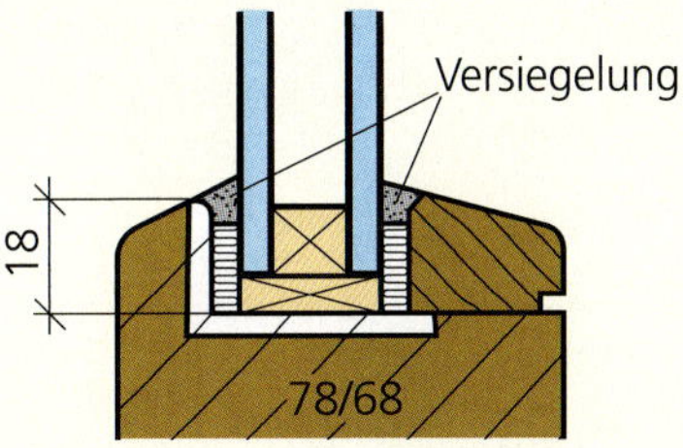

10. Beim gleichen Fenster wie in Aufgabe 9 wird die Isolierglasscheibe mit dauerelastischem Dichtungsmittel versiegelt. Der innere und der äußere Versiegelungsstrang haben jeweils eine Querschnittsfläche von 0,30 cm^2.
Zu berechnen sind:

a) benötigte Versiegelungsmasse in cm^3 für 5 gleich große Fenster bei einem Materialverlust von 5 %
b) Materialkosten für die 5 Fenster, wenn eine Kartusche mit einem Innendurchmesser von 53 mm und einer Innenlänge von 248 mm 9,27 € kostet

11. 18 Holzfenster mit Blendrahmenaußenmaßen von 873 mm/1 395 mm werden mit einem Einkomponenten-Dichtstoff gegen die Betonleibung abgedichtet. Der Inhalt der verwendeten Kartuschen beträgt 468 ml Dichtungsmasse.
Zu berechnen sind:

a) Volumen sämtlicher Fugen in cm^3
b) Anzahl der benötigten Kartuschen bei einem Verlustzuschlag von 3 %

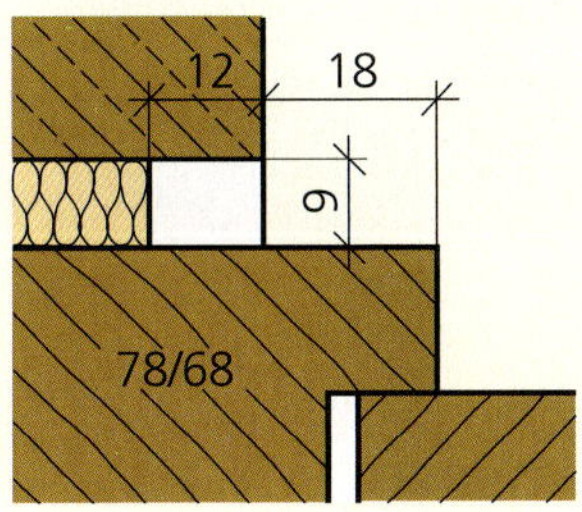

7.4 Klebstoffe

Mit der **Auftragsmenge m_n** in g/m² oder kg/m² wird angegeben, wie viel Klebstoff je Flächeneinheit aufzubringen ist. Sie ist abhängig von Klebstoffart, Trägermaterial (Vollholz, Holzwerkstoffe, Kunststoffe), Klebstoffviskosität, Presstemperatur und Pressdruck.

Die **Klebstoffflotte** ist ein Gemisch aus Kleber bzw. Leim und Zusatzstoffen wie Härter, Streckmittel, Füllmittel, Farbstoffe oder Wasser.

Der benötigte **Klebstoffbedarf m_K** lässt sich über die Auftragsmenge m_n und die Klebefläche A_K berechnen. Ein technologisch bedingter Verlust, der Verlustabschlag, in Form eines Materialausnutzungsgrads η_A ist einzubeziehen.
Handauftrag η_A = 0,94 ... 0,97
Walzenauftrag η_A = 0,9 ... 0,99

$$\text{Klebstoffbedarf} = \frac{\text{Auftragsmenge} \cdot \text{Klebfläche}}{\text{Materialausnutzungsgrad}}$$

$$m_K = \frac{m_n \cdot A_K}{\eta_A}$$

Eine Fläche von 2,73 m² soll furniert werden. Dazu werden 170 g/m² einer Klebstoffflotte aufgetragen. Der technologisch bedingte Verlust beträgt 5 %.

Wie viel Gramm Klebstoffflotte werden benötigt?

Der Verlust von 5 % entspricht einem Materialausnutzungsgrad von 0,95.

Gegeben: $m_n = 170\ \text{g/m}^2$; $A_K = 2{,}73\ \text{m}^2$; $\eta_A = 0{,}95$
Gesucht: $m_K = ?\ \text{g}$

Lösung:

$$m_K = \frac{170\ \text{g} \cdot 2{,}73\ \text{m}^2}{\text{m}^2 \cdot 0{,}95}$$

$$m_K = \underline{\underline{488{,}5\ \text{g}}}$$

Zum Ansetzen einer Klebstoffflotte in einem Mischgefäß sind die Massen ihrer Mischungsanteile zu ermitteln.

$$\Sigma MT = MT_K + MT_W + MT_S + \ldots + MT_X$$

ΣMT = Summe der Masseteile einer Klebstoffflotte
MT_K = Masseteile des Klebstoffs
$MT_{K...W...X}$ = Masseteile der Zusatzstoffe, wie. z. B. Wasser, Härter, Streckmittel, Farbstoffe usw.
Berechnungsgrundlagen finden Sie auf S. 47.

Kondensationsklebstoffe – Mischungsverhältnisse

Klebstoffansatz	Massenanteile in kg (Volumenanteile in l)			
	KUF/KMF	Wasser	Härterlösung	Streckmittel
ohne Härter und Streckmittel KUF	1,3 (2)	1 (1)		
mit Härter und Streckmittel KUF – flüssig	5	–	0,5	2
KUF – pulvrig	5	2,5	0,75	–

In einem Rührgefäß sollen 20 kg einer Klebstoffflotte gemischt werden.

Die Mischungsanteile betragen:
Klebstoff 5 MT; Wasser 4,5 MT;
Streckmittel 2,5 MT; Härterlösung 0,75 MT

Zu berechnen sind die Massen der Mischungsanteile.

Gegeben: $MT_K = 5$; $MT_W = 4{,}5$; $MT_S = 2{,}5$; $MT_{HL} = 0{,}75$
Gesucht: Massen der Mischungsanteile für den Ansatz der Klebstoffflotte

Lösung:

Gesamtanteile =
5 MT + 4,5 MT + 2,5 MT + 0,75 MT = $\underline{\underline{12{,}75\ \text{MT}}}$

Für ein Masseteil gilt $\frac{20\ \text{kg}}{12{,}75\ \text{MT}} = \underline{\underline{1{,}569\ \text{kg/MT}}}$

Klebstoffanteil
5 MT · 1,569 kg/MT = $\underline{\underline{7{,}843\ \text{kg}}}$

Wasseranteil
4,5 MT · 1,569 kg/MT = $\underline{\underline{7{,}095\ \text{kg}}}$

Streckmittelanteil
2,5 MT · 1,569kg/MT = $\underline{\underline{3{,}922\ \text{kg}}}$

Härterlösungsanteil
0,75 MT · 1,569kg/MT = $\underline{\underline{7{,}843\ \text{kg}}}$

Härterlösungen – Mischungsverhältnisse

Massenanteile in kg	
Härterpulver	Wasser
1	1
1,5	3,5
1,5	8,5

Kondensationsklebstoffe

Kondensationsprodukt aus:	Kurzzeichen	Leimfestsubstanz in der Leimflotte in %	Härterzugabe zur Leimsubstanz in %	Auftragsmenge in g/m²
– Harnstoff-Formaldehyd ohne Härter und Streckmittel	KUF	65 ... 72	–	120 ... 200 (Furniere)
– Harnstoff-Formaldehyd mit Härter, gegebenenfalls mit Streck- und Füllmittel			10	120 ... 200 (Furniere) 200 ... 250 (Vollholz)
– Melamin-Formaldehyd	KMF	57 ... 65	15	120 ... 250
– Phenol-Formaldehyd	KPF	48 ... 58	10	160 ... 220

Dispersionsklebstoffe

	Kurzzeichen	Leimfestsubstanz in der Leimflotte in %	Härterzugabe zur Leimsubstanz in %	Auftragsmenge in g/m²
Polyvinylacetat (Dispersions-Weißleim)	KPVAC	65 ... 70	teilweise	100 ... 150
Polychlorbutadien Kontaktkleber (Polychloropren)	KPCB	65 ... 70	5	150 ... 350
Schmelzklebstoff	KSCH	–	–	–

Glutinklebstoffe

	Kurzzeichen	Leimfestsubstanz in der Leimflotte in %	Härterzugabe zur Leimsubstanz in %	Auftragsmenge in g/m²
rein	KG	30 ... 50	–	150 ... 200
Glutinkaltleim mit Thioharnstoff	–	40 ... 55	mit/ohne	125 ... 175
Glutinwarmleim	–	30 ... 50	mit/ohne	150 ... 200

Aufgaben

1. Es werden 24 Korpusseiten mit den Maßen 525 mm/ 1 800 mm beidseitig furniert.
Zu berechnen ist die Klebstoffmenge in kg bei einer Auftragsmenge von 180 g/m^2.

2. Wie viel Kilogramm KPVAC-Leim werden benötigt, wenn 7 kreisrunde Tische mit einem Durchmesser von je 1,18 m beidseitig furniert werden und die Auftragsmenge je m^2 150 g beträgt?

3. In einem Innenausbaubetrieb werden 15 P2-Platten mit den Maßen 1 150 mm/915 mm beidseitig mit Absperrfurnier belegt. 1 kg Leimflotte reicht für 6,3 m^2 Auftragsfläche.
Zu berechnen ist die Klebstoffmenge in kg für das gesamte Absperren.

4. Zu berechnen sind die Klebstoffkosten für die beidseitige Furnierung von 57 Platten mit den Maßen 1675 mm/1 080 mm, wenn 100 g Leimflotte für 0,70 m^2 ausreichen und 1 kg Leim 14,95 € kostet.

5. Kreisrunde Tischplatten mit einem Durchmesser von 0,83 m werden auf Rundzargen geleimt und deshalb nur einseitig furniert. Die Auftragsmenge je m^2 beträgt 160 g. Der Auftrag umfasst 33 Tische.
Zu berechnen sind:

a) Masse der gesamten Leimflotte in kg
b) Masse des benötigten Leimpulvers in kg, wenn die Flotte im Mischungsverhältnis von 2,8 Massenanteilen Leim zu 1,0 Massenanteil Wasser angesetzt ist

6. Ein zylinderförmiges Klebstoffgebinde mit einem Durchmesser von 195 mm und einer Höhe von 350 mm ist zu 3/5 mit Leim gefüllt.

a) Zu berechnen ist die Leimflotte in l.
b) Wie groß ist die Masse der Leimflotte in kg, wenn die Dichte 0,87 kg/l beträgt?

7. Es werden 28 Tischplatten mit den Maßen 1 280 mm/ 795 mm beidseitig furniert. Die Auftragsmenge an KUF-Leim je m^2 beträgt 165 g. Das Mischungsverhältnis von Harnstoffharzleimpulver : Wasser beträgt 8,0 : 4,2.
Wie viel Euro betragen die Kosten für das Leimpulver bei einem Preis von 6,95 € je kg?

8. Für eine Wandbekleidung werden 45,00 m^2 Fläche furniert. Die Auftragsmenge je m^2 wird mit 180 g angenommen. Bei dem verwendeten KMF-Leim ist ein Mischungsverhältnis von Härter zu Wasser wie 3 : 7 erforderlich. Die Leimmischung setzt sich zusammen aus: 100 MT Leimpulver, 20 MT Streckmittel und 26 MT Wasser.
Wie viel Gramm Härter werden benötigt?

9. Zum Furnieren von Außentüren werden 24 kg Harnstoff-Harzleimflotte angesetzt. Das Mischungsverhältnis von Harnstoff-Harzleimpulver zu Wasser beträgt 2,2 MT : 1,0 MT. Für 1 m^2 Klebefläche wird mit einem Verbrauch von 90 g Leimpulver gerechnet.
Zu berechnen ist, ob die Leimmasse für 175 m^2 Furnierfläche ausreicht.

10. Ein zylindrisches Leimgebinde hat einen Innendurchmesser von 215 mm und eine Höhe von 375 mm. Das Gebinde ist zu 3/4 mit Leim, ρ = 1,3 kg/dm^3, gefüllt. Für die Auftragsmenge sind 140 g/m^2 vorgesehen.
Für wie viel Quadratmeter Klebefläche reicht der Inhalt aus?

11. Für eine Furnierarbeit wird eine Leimflotte angesetzt. Das Mischungsverhältnis von Leimpulver : Wasser : Streckmittel : Härter beträgt 8,5 : 6,8 : 3,7 : 1,3.
Es stehen 1,65 kg Leimpulver zur Verfügung.
Zu berechnen sind:

a) Massenanteile von Wasser, Streckmittel und Härter jeweils in kg
b) Masse der Leimflotte in kg

7.5 Mittel zur Oberflächenbehandlung

Die **Ergiebigkeit** eines Oberflächenmittels hängt von der Werkstoffoberfläche und der zu erzielenden Schichtdicke ab. Sie ist der Quotient aus der Auftragsfläche und der aufgetragenen Menge (als Volumen *V* bzw. Masse *m*).

$$\text{Ergiebigkeit} = \frac{\text{Auftragsfläche}}{\text{Volumen bzw. Masse}}$$

Um den **Materialbedarf m_L** pro Quadratmeter Fläche zu erhalten, dividiert man die **Auftragsmenge m_n** durch den verfahrensabhängigen **Materialnutzungsgrad η_A**.

$$m_L = \frac{m_n}{\eta_A}$$

Kennwerte für η_A

Handauftrag	0,94 ... 0,97
Lackwalzen	0,9 ... 0,99
Hochdruckspritzen	0,4 ... 0,65
Airless	0,7 ... 0,8

Die **Trockenfilmdicke d_{tr}** vom Lack berechnet man über die **Auftragsmenge m_n**, den **Festkörpergehalt *k***, die **Lackdichte ρ** und den **Schichtdickenverlust d_v**, der durch das Einziehen des Lacks in die Werkstückoberfläche sowie Schleifarbeiten entsteht.

$$d_{tr} = \frac{m_n \cdot k}{\eta_A} - d_v$$

Schichtdickenverluste d_v

Einziehen	5 ... 15 µm
Zwischenschliff	10 ... 20 µm
Lackschliff	20 ... 80 µm

Die erforderliche **Auftragsmenge m_n** beim Lackauftragen für eine gewünschte **Trockenfilmdicke d_{tr}** ergibt sich aus der umgestellten Formel der Trockenfilmdicke.

$$m_n = \frac{(d_{tr} + d_v) \cdot \rho}{k}$$

Furnierte Flächen werden mit CN-Grundierlack beschichtet und geschliffen. Es werden 120 g/m² aufgetragen. Der Lack hat einen Festkörperanteil von 35 %, seine Dichte beträgt 0,98 g/cm³. Durch Wegschlagen gehen 10 µm und durch den Zwischenschliff gehen 20 µm von der Trockenfilmdicke verloren.
Wie viel Mikrometer Trockenfilmdicke bleiben nach dem Schleifvorgang noch auf der Fläche?

Gegeben: $m_n = 120\ \text{g/m}^2$; $k = 35\ \% = 0{,}35$
$\rho = 0{,}98\ \text{g/cm}^3$; $d_v = 30\ \mu\text{m}$
Gesucht: $d_{tr} = ?\ \mu\text{m}$

Lösung:

$$d_{tr} = \frac{m_n \cdot k}{\rho} - d_v = \frac{120\ \text{g/m}^2 \cdot 0{,}35}{0{,}98\ \text{g/cm}^3} - 30\ \mu\text{m}$$

$$= 43\ \mu\text{m} - 30\ \mu\text{m} = \underline{\underline{13\ \mu\text{m}}}$$

Nach dem Zwischenschliff bleiben auf einer furnierten Fläche noch 13 µm Trockenfilmdicke. Welche Auftragsmenge für den Decklack ist erforderlich, wenn die gesamte Trockenfilmdicke des Lacks 50 µm betragen soll? Der Decklack hat einen Festkörperanteil von 30 %, seine Dichte beträgt 0,97 g/cm³.
Es entstehen keine Schichtdickenverluste mehr.
Zwischenrechnung: Der Decklack muss eine Trockenfilmdicke von 50 µm – 13 µm = 37 µm haben.

Gegeben: $d_{tr} = 37\ \mu\text{m}$; $k = 30\ \% = 0{,}3$
$\rho = 0{,}97\ \text{g/cm}^3$; $d_v = 0\ \mu\text{m}$
Gesucht: $m_n = ?\ \text{g/m}^2$

Lösung:

$$m_n = \frac{(d_{tr} + d_v) \cdot \rho}{k} = \frac{(37\ \mu\text{m} + 0\ \mu\text{m}) \cdot 0{,}97\ \text{g/cm}^3}{0{,}3}$$

$$= \underline{\underline{119\ \text{g/m}^2;\ \text{gewählt}\ 120\ \text{g/m}^2}}$$

Lacke und Lasuren

Arten	Festkörpergehalt in %	Auftragsmenge je Arbeitsgang in g/m²	Ergiebigkeit (abhängig von Holzart)
CN-Grundierungen	20 ... 35	100 ... 200	10 m²/l ... 12 m²/l
CN-Überzugslacke	22 ... 32	100 ... 200	8 m²/l ... 10 m²/l
CN-Einschichtlacke	35	≈ 300	3 m²/l
Wasserlacke	30 ... 35	150	6 m²/l
SH-Lacke	35 ... 50	80 ... 150	3,5 m²/kg ... 8 m²/kg
Alkydharzlacke	55	70	13 m²/l
PUR- bzw. DD-Lacke	50	100 ... 200	6 m²/l ... 8 m²/l
UP-Lacke			
– paraffinhaltig	95	≈ 500	1,3 m²/kg ... 2,2 m²/kg
– paraffinfrei	95	50 ... 80	
Imprägnierlasuren	22		12 m²/l ... 14 m²/l
deckende Lasuren	32 ... 38		10 m²/l ... 13 m²/l

Mittel zur Änderung von Holzfarbtönen

Behandlungsart	Mengen der Bestandteile	Ergiebigkeit in m^2/l (abhängig von Holzart)
Bleichen durch Oxidation		
30%iges Wasserstoffperoxid : Wasser	1 : 1; 1 : 3; 1 : 5	9 ... 12
Salmiak in 30%igem Wasserstoffperoxid	20 cm^3/l ... 30 cm^3/l	9 ... 12
Bleichen durch Reduktion		
Oxalsäure (Kleesalz) in 1,0 l Wasser (warm), nur für Eiche	25 g ... 50 g	9 ... 12
reine Salzsäure in 1,0 l Wasser (warm)	5 g	9 ... 12
Färben	je nach Farbstoff	5 ... 7
Beizen		
mit Teerfarbstoffen	je nach Farbstoff	
mit Metallsalzen (Angaben für 1,0 l Wasser)		
– Vorbeize (Gerbsäure)	je nach Farbton	7 ... 10
– Nachbeize auf Weichholz	1 g ... 3 g	7 ... 8
– Nachbeize auf Hartholz	1 g ... 3 g	7 ... 10

Aufgaben

1. Eine Deckenvertäfelung in nordischer Fichte mit den Maßen 12,15 m/8,07 m wird gefärbt. 1 l Farblösung enthält 80 Gramm Farbpulver und reicht für 8,5 m^2.
Wie viel Gramm Farbpulver werden benötigt?

2. Um einen kräftigen Farbeffekt zu erzielen, werden 1 l Wasser 60 g Teerfarbstoff in Pulverform zugegeben. Für eine Musterbeizung werden aber nur 80 cm^3 Beizlösung benötigt.
Wie viel Gramm Beizpulver müssen abgewogen werden, um die Musterlösung herzustellen?

3. Eichenholz wurde aus Versehen mit Stahlwolle geglättet, wodurch Oxidationsflecke entstanden sind, die wieder entfernt werden müssen. Als Bleichmittel wird 1 l Lösung angesetzt, in der 30%iges Wasserstoffperoxid zu Wasser im Verhältnis 1 : 5 enthalten sein muss.
Zu berechnen sind die benötigten Massen:
a) 30%iges Wasserstoffperoxid in l
b) Wasser in l

4. Teile eines Kirschbaumfurniers weisen Grünfärbungen auf, die gebleicht werden müssen. Im ersten Arbeitsgang werden die entsprechenden Stellen mit 0,5 l 15%iger Natronlauge befeuchtet, im zweiten Arbeitsgang mit 0,3 l 20%igem Wasserstoffperoxid nachgebleicht.
Zu berechnen ist der Verbrauch an:
a) 30%iger Natronlauge in l und cm^3
b) unverdünntem (30%igem) Wasserstoffperoxid in l und cm^3

5. Der Farbton zweier neuer Schreibtische in Eiche mit einer Oberfläche von je 3,70 m^2 muss dem Farbcharakter der vorhandenen älteren Eichenmöbel angepasst werden.
Wie viel Liter Metallsalzbeize benötigt man, wenn 1 l für 9,40 m^2 zu beizende Fläche ausreicht?

6. Eine 47,50 m^2 große Wandbekleidung wird gebeizt. 1 l Beize (je l Wasser 105 g Beizpulver) reicht für eine Fläche von 9,3 m^2.
Zu berechnen sind:
a) Masse des Beizpulvers in g
b) Preis des Beizpulvers, wenn 1 kg des Pulvers 251,30 € kostet

7. Bei der Beschichtung von grobporigen und feinporigen Holzoberflächen mit UP-Lack benötigt man für die grobporigen 800 g/m^2, für die feinporigen 400 g/m^2.
Wie viel Quadratmeter lassen sich jeweils mit 1 kg Lack behandeln?

8. In einem Lackgebinde sind noch 23,3 kg SH-Lack enthalten, dem vor der Bearbeitung 10 % Härter zugegeben werden müssen.
Wie viel Quadratmeter Fläche kann man mit dem Lack behandeln, wenn je m^2 350 g benötigt werden?

9. In einer Möbelfabrik werden 2150 m^2 Oberflächen mit UP-Lack beschichtet. Die fertige Trockenfilmdicke soll 60 µm betragen. Der Grundierlack hat eine Dichte von 1,0 g/cm^3. Sein Festkörpergehalt beträgt 52 %. Der Decklack hat eine Dichte von 0,89 g/cm^3 und 35 % Festkörpergehalt. Die Verluste, bezogen auf die Trockenfilmdicke, betragen durch Einziehen 5 µm und durch den Zwischenschliff 10 µm. Die Beschichtung erfolgt in zwei Arbeitsgängen. Beim Grundieren werden 60 g/m^2 aufgetragen. Die technologisch bedingten Materialverluste betragen beim Grundieren 5 % und beim Decklackieren 40 %.
a) Wie groß ist die Trockenfilmdicke nach dem Grundieren vor dem Zwischenschliff?
b) Wie groß ist die Trockenfilmdicke nach dem Grundieren nach dem Zwischenschliff?
c) Welche Schichtdicke in µm verbleibt noch für die Trockenfilmdicke des Decklacks?
d) Welche Auftragsmenge in g/m^2 ist für den Decklack erforderlich?
e) Wie hoch ist der gesamte Lackverbrauch für den Grundlack?
f) Wie hoch ist der gesamte Lackverbrauch für den Decklack?

7.6 Flachglas

Glas ist ein anorganisches Schmelzprodukt, das beim Abkühlen erstarrt, dabei aber keine Kristalle bildet. Es ist also eine erstarrte Flüssigkeit. Flachglas ist der Oberbegriff für ebene und gebogene Scheiben.

Für die **Berechnung des Zuschnitts** von **nicht rechtwinkligen Glasflächen** müssen diese von einem rechtwinkligen Viereck eingeschlossen sein. Breite und Höhe müssen den Größtmaßen entsprechen.

Zur **Berechnung rechtwinkliger Glasflächen** werden die Zentimetermaße von Breite und Höhe so aufgerundet, dass die Zahlen durch 3 teilbar sind.

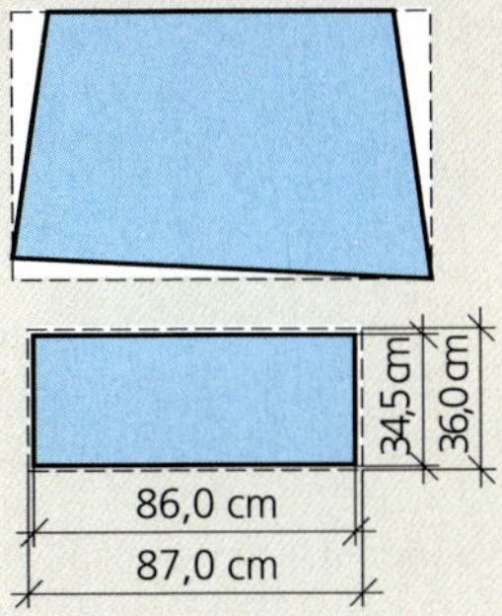

Maße von Flachglas – Auswahl

Glasarten	Nenndicke in mm	max. Länge in mm	max. Breite in mm
Floatglas	3 4; 5; 6 8 10; 12 15 19	4500 6000 7500 9000 6000 4500	3180 3180 3180 3180 3180 2820
Drahtspiegelglas	7; 9	4500	2520
Fensterglas	3; 4; 5; 6; 8; 10; 12; 15; 19	3600	2820 ... 3180
Gussglas – Ornamentglas – Drahtornamentglas	 4; 6; 8 7; 9	 2800 4500	 1800 ... 2520 2520
Sicherheitsglas – Einscheibensicherheitsglas ESG – Verbundsicherheitsglas VSG	 8; 10; 12 5 6	 vom Format abhängig 2210 3210	 1200 2250
Mehrscheibenisolierglas	3/10/3 4/8/4 4/10/4 5/10/5 5/12/5	Länge und Breite je nach Bestellung	

Die **Scheibendicke** hängt von der Scheibenbreite und der Scheibenhöhe ab und kann im Glasdickengrundwertdiagramm abgelesen werden.

Korrekturfaktoren berücksichtigen:

- Glasart,
- Windlast,
- Gebäudehöhe.

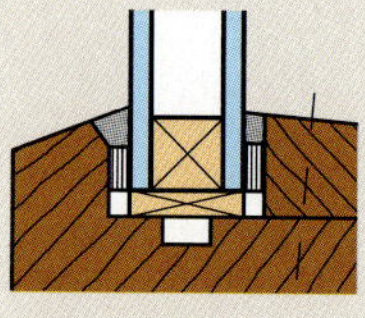

Für eine Fensterglasscheibe (1 400 mm × 2 000 mm) ist der Glasdickengrundwert zu bestimmen.

Lösung:

1. Kurve „kurze Seite 1 400" schneidet die senkrechte Koordinate „lange Seite 2 000".
2. Vom Schnittpunkt nach links bis zur Linie Glasdicke → 4,3 mm.

Im **Glasdickengrundwertdiagramm** kann für Spiegel- und Fensterglas die Glasdicke bei einer Windlast bis 0,6 kN/m² und einer Gebäudehöhe bis 8 m direkt als Glasdickengrundwert abgelesen werden. Bei höheren Werten sowie bei anderen Glasarten wird der Diagrammwert mit dem entsprechenden Korrekturfaktor multipliziert.

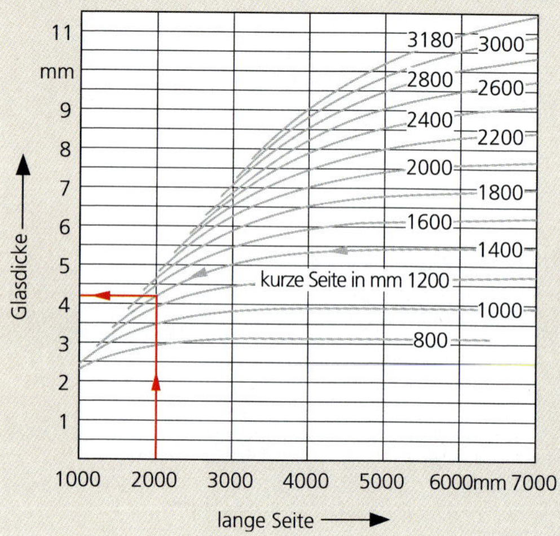

Korrekturfaktoren für Windlasten und Gebäudehöhen bei Glaserzeugnissen

Gebäudehöhe in m	Windlast w in kN/m²	Fensterglas, Spiegelglas	VSG 2-scheibig (gleiche Scheibendicke)	VSG 3-scheibig (gleiche Scheibendicke)	VSG 4-scheibig (gleiche Scheibendicke)	Drahtspiegelglas, Gussglas ohne Drahtnetzeinlage, Spiegelrohglas	ESG
0 ... 8	0,60	1,00	1,42	1,73	2,00	1,23	0,78
8 ... 20	0,80	1,16	1,64	2,01	2,32	1,43	0,90
	0,96	1,27	1,80	2,20	2,54	1,56	0,99
20 ... 100	1,28	1,46	2,08	2,53	2,92	1,80	1,14
	1,32	1,48	2,11	2,56	2,96	1,82	1,16
über 100	1,56	1,61	2,29	2,79	3,22	1,98	1,26

Aufgaben

1. Eine Scheibe ist 800 mm breit und 1 600 mm lang. Zu ermitteln ist die Glasdicke nach dem Glasdickengrundwertdiagramm und den Korrekturfaktoren für:
a) Spiegelglas, Gebäudehöhe 7,50 m
b) Fensterglas, Gebäudehöhe 22,00 m
c) Spiegelglas bei 12,8 kN/m² Windlast
d) VSG 2-scheibig, Gebäudehöhe 100 m
e) ESG, Gebäudehöhe 18 m
f) VSG 3-scheibig, Gebäudehöhe 18 m
g) ESG bei 0,8 kN/m² Windlast

2. Ein Treppenhausfenster in 62 m Gebäudehöhe ist mit Fensterglas verglast.
a) Welche Glasdicke muss nach dem Glasdickengrundwertdiagramm gewählt werden?
b) Welche Berechnungsmaße ergeben sich, wenn auf die nächsthöhere ganze Zahl, die durch 3 teilbar ist, aufgerundet wird?

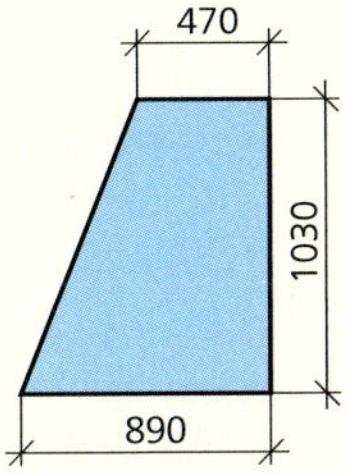

3. Für 2 Verbundfenster werden je 2 Scheiben aus Fensterglas zugeschnitten. Die Gebäudehöhe beträgt 27 m.
a) Welche Glasdicke muss gewählt werden?
b) Welche Breiten- und Längenmaße werden zur Verrechnung eingesetzt?
c) Wie viel Quadratmeter werden für jedes Fenster bei der Preisermittlung zugrunde gelegt?

4. Für das Giebelfenster in einem Neubau bestellt ein Fensterbaubetrieb eine Isolierglasscheibe aus 2 mm × 4 mm Glasdicke mit 12 mm Scheibenzwischenraum (SZR).
Wie teuer ist diese Isolierglasscheibe, wenn nach der Preisliste eine Scheibe mit den Maßen 1 200 mm/2 100 mm 478,00 € kostet und vom Hersteller für die Anfertigung dieser Modellglasscheibe ein Aufschlag von 45 % berechnet wird?

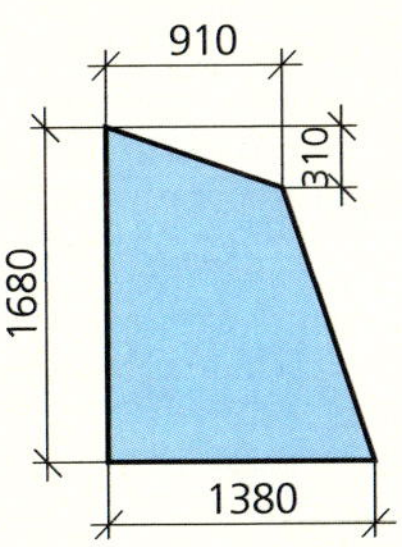

5. Ein Isolierglashersteller bietet Mehrscheibenisolierglas mit einer Breite von 1 140 mm und einer Höhe von 1 710 mm zu folgenden Preisen an: Scheibenaufbau 6-12-6 zu 283,20 € und 8-12-8 zu 338,60 €.
Zu berechnen sind:
a) Länge der gefasten Glashalteleisten in m bei 5,0 mm Glasabstand vom Falz
b) Dicke jeder Scheibe bei einem Scheibenzwischenraum von 12,0 mm
c) Mindestglasfalzbreite jeder Scheibe, wenn diese sich jeweils aus der Dicke der Isolierglasscheibe zuzüglich der beiden Vorlegebänder von je 4,0 mm errechnet
d) prozentuale Preisdifferenz der Scheiben, bezogen auf die günstigere Isolierglasscheibe

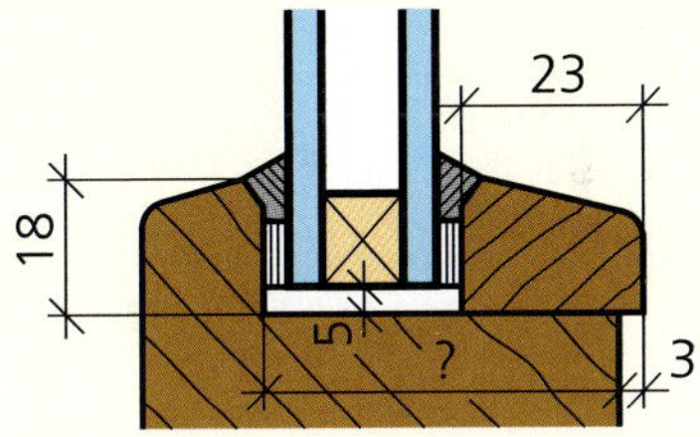

6. 5 einflügelige Drehkippfenster mit Isolierverglasung erhalten zur besseren Falzdichtung ein Dichtungsprofil aus Weich-PVC, das in den Fälzen des oberen waagerechten Rahmenholzes und der beiden senkrechten Rahmenhölzer eingenutet ist.
Zu berechnen sind:
a) Bestellmaß der Isolierglasscheiben (Breite und Höhe in cm)
b) Länge des Dichtungsprofils in m, das an den Ecken auf Gehrung verschweißt ist

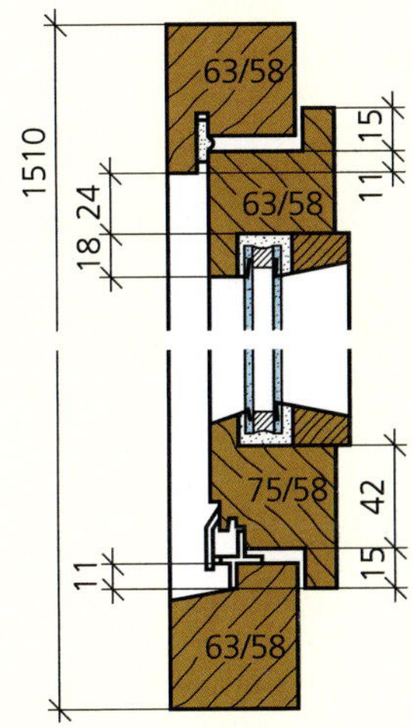

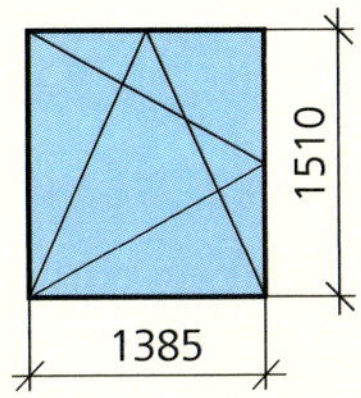

7. In einem Geschäft sind zwischen Schaufensterbereich und Verkaufsraum 12 Rahmentüren aus STAE-Platten, beidseitig furniert, mit Glasfüllungen, angebracht. Das Ornamentglas liegt in einem 10 mm breiten Falz und hat ringsum 2 mm Luft.
Zu berechnen sind:
a) Rohmenge in m² an Deckfurnier bei 45 % Verschnittzuschlag
b) Glashalteleiste aus PVC in m
c) Zuschnittmaße in mm

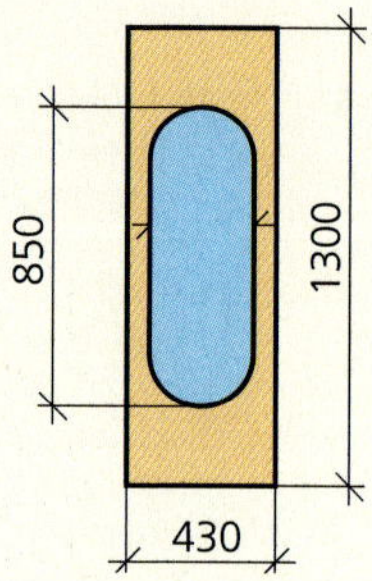

8. Für einen Neubau werden 4 halbkreisförmige Rahmentüren mit 8 mm dicken Drahtornamentglasscheiben gefertigt.
Zu berechnen sind:
a) Breite und Höhe einer Scheibe in mm
b) Fertigmenge der Scheiben in m²
c) Preis der Scheiben bei einem Verschnittzuschlag in Höhe von 30 % und einem Preis von 42,85 € je m²
d) Länge und Breite in m der für den Zuschnitt benötigten Drahtornamentglasscheibe (Maße s. Tabelle S. 217)

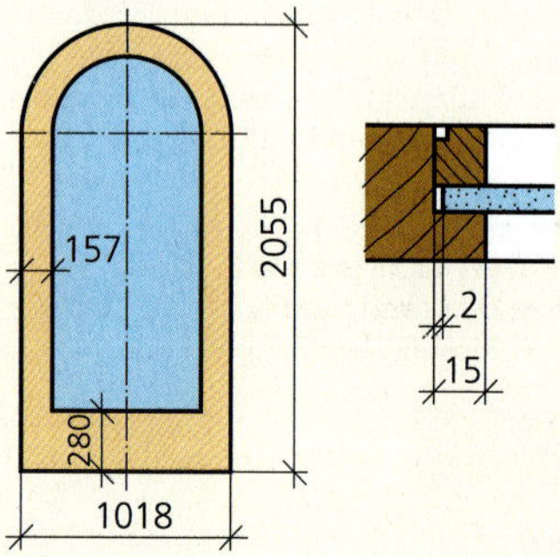

9. In einer Boutique wird ein Spiegel in Form einer Ellipse eingebaut.
Zu berechnen sind:
a) Spiegelfläche in m²
b) Länge der Flachfacette in m
c) Durchmesser eines Spiegels in kreisrunder Form in m mit dem Flächeninhalt des ellipsenförmigen Spiegels

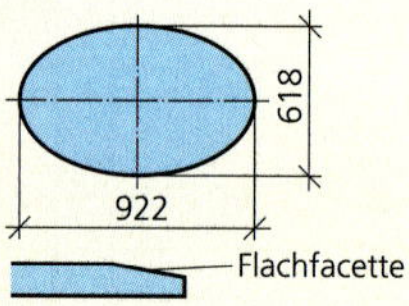

10. 12 verglaste Innentüren in Rahmenkonstruktion sollen auf die Baustelle gefahren werden. Für den Transport ist auf dem Lkw noch eine Zuladung von 500 kg möglich. Konstruktion der Türblätter: Die Querfriese sind zwischen die Längsfriese gedübelt, das Spiegelglas ist 6 mm dick.
Angaben zur Berechnung der Massen der Werkstoffe: Vollholz Kiefer: r = 540 kg/m³; Glas: r = 2500 kg/m³; Beschläge: m = 2,7 kg je Türblatt. Zu berechnen ist, ob alle 12 Türen zugeladen werden können.

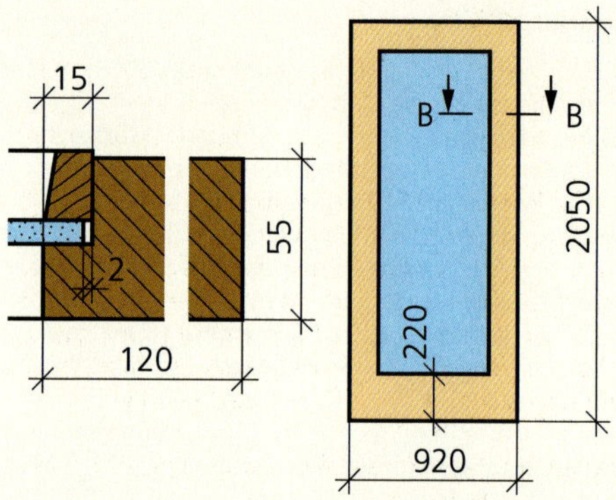

11. Eine Ausstellungsvitrine wird mit einer 10 mm dicken, zweiteiligen Spiegelglasplatte abgedeckt. Die Kanten werden allseitig geschliffen und poliert. Für den Zuschnitt steht eine Spiegelglasscheibe mit einer Breite von 3180 mm zur Verfügung.
a) Mithilfe einer Zuschnittskizze im Maßstab 1 : 10 ist die Länge der Spiegelglasscheibe in mm zu bestimmen.
b) Wie viel Quadratmeter beträgt die Fertigfläche?
c) Wie viel Prozent Verschnittzuschlag müssten bei weiteren gleichen Größenverhältnissen eingesetzt werden?
d) Wie viel Meter Kanten müssen geschliffen und poliert werden?

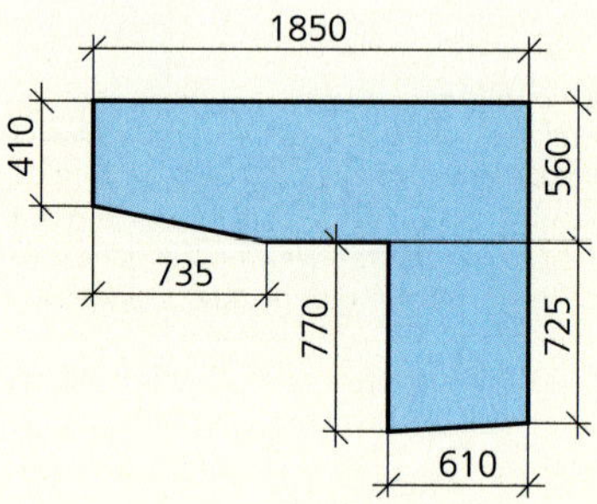

12. Ein Einzelhandelsgeschäft benötigt für die Auslage seiner Waren 4 Glasfachböden. Für diese Böden aus jeweils einem Stück stehen 12 mm dicke Glastafeln zur Verfügung.
a) Zu zeichnen sind Breite und Länge der Glastafeln für den Zuschnitt jedes Fachbodens.
b) Zu berechnen sind die gesamte Rohmenge in m² und die Fertigmenge in m² sowie der sich daraus ergebende Verschnittzuschlag in Prozent.

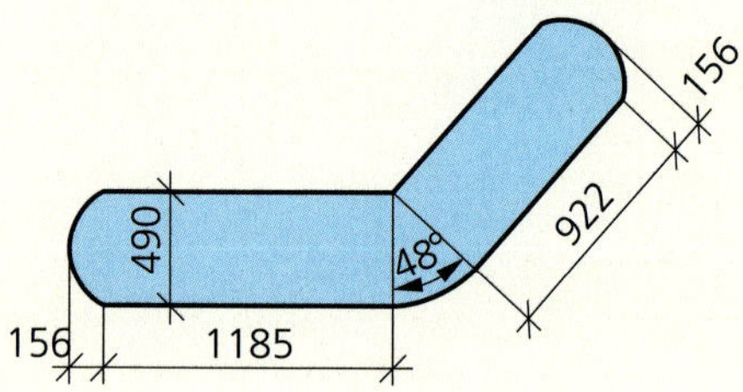

8 Kalkulatorische Grundlagen

8.1 Materialliste

Erstellung von Materiallisten

Materiallisten enthalten Angaben über Art und Abmessungen von Materialien für die Herstellung von Möbeln, Innenausbauteilen, Fenstern und Türen. Sie ergänzen technische Zeichnungen oder sind deren Bestandteil. Ihre Form ist nicht genormt. In der Praxis hat sich ein allgemein anerkanntes Schema entwickelt, das auch bei Tabellenkalkulationen mit dem Computer angewendet wird.

Genau erfassbare Materialien werden direkt in die Materialliste eingetragen.

Bei **nicht genau erfassbaren Materialien** werden wegen Bearbeitungsverlusten verschieden hohe Zugaben gemacht, z. B. bei Klebstoffen ca. 10 %, bei Beizen und Lacken ca. 50 %. Zur rechnerischen Vereinfachung bleiben Kantenflächen unberücksichtigt.

Kleinteile wie Schauben, Drahtstifte, Klammern, Dübel oder Federn werden nur dann erfasst, wenn sie in berechenbaren Mengen, z. B. in Päckchen, verwendet werden.

Kleinmengen werden den Materialgemeinkosten (s. S. 233) prozentual zugeschlagen.

Arten von Materiallisten

Je nachdem, wie die Fertigung im Betrieb organisiert ist, stehen zur Ermittlung der gesamten Werkstoffmenge
- alle Angaben auf einer Materialliste oder
- die Einzelangaben für Vollholz, Plattenwerkstoffe und Beschläge sowie Zubehör auf getrennten Listen.

Richtlinien für Materiallisten

Inhalte	laufende Positionsnummer, Verwendung der Materialien, z. B. Türen, Stückzahl der Einzelteile, Holz- oder Materialart, Länge, Breite, Dicke (Fertigdicken → Platten, Fertig- und Rohdicken → Vollholz), eventuell Angaben für die Bearbeitung
Darstellung/ Gliederung	getrennte Erfassung von Vollholz (auch je nach Holzart und Dicke), Plattenwerkstoffen und Furnieren, gut lesbare Einträge, mm als Maßeinheit, m^2-Preise bei Vollholz, da der Verschnittzuschlag auf m^2 bezogen wird
Mehrfachausführung für	Zuschnitt, Bereitstellung der Materialien, Kontrolle des Fertigungsablaufs, Preisberechnung

Werkstoffgruppen

Hauptwerkstoffe	Vollholz, Plattenwerkstoffe, Furniere
Hilfswerkstoffe	Verbindungsmittel (Klebstoffe, Dübel, Federn, Drahtstifte, Schrauben, Montageschaum), Oberflächenbehandlungsmittel (Beizen, Lacke, Schleifpapier), Beschläge (Bänder, Schlösser, Griffe, Führungen für Schubkasten und Türen)
Halbfabrikate	Profile (aus Holz, Metall, Kunststoff), Kunststoffplatten, Folien, Glas, Leder, Polster

Materialliste für die gesamte Werkstoffmenge

Pos./ Lfd. Nr.	Verwendung	Material	Stück	Fertigmaß			Rohdicke in mm	Menge			Preis je Einheit in €	Errechneter Preis in €
				Länge in mm	Breite in mm	Dicke in mm		m^2 m^3	Zuschlagfaktor	Materialeinsatz		

Materialliste – Vollholz

Pos./ Lfd. Nr.	Bezeichnung	Holzart	Stück	Fertigmaß			Rohdicke in mm	Zuschnittmaß		Bemerkungen erhaltene Stückzahl
				Länge in mm	Breite in mm	Dicke in mm		Länge in mm	Breite in mm	

Die **Zuschnittliste** enthält die Maßangaben, nach denen das erforderliche Material im Maschinenraum zugeschnitten wird. Plattenförmige Holzwerkstoffe erhalten meistens genaue Zuschnittmaße, während bei Vollholz wegen der nachfolgenden Bearbeitung auf Format beim Flächenmaß entsprechende Zugaben gemacht werden.

Die **Materialliste für die Kalkulation** enthält Preisangaben für die Ermittlung des Preises einer auszuführenden Arbeit.

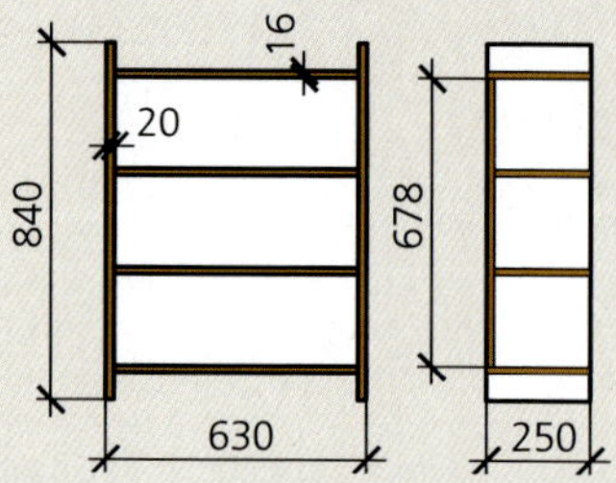

Für ein Hängeregal ist zu erstellen:

a) Zuschnittliste. Material: Vollholz Kiefer, Rückwand Furniersperrholz Kiefer, KI, 5 mm; Eckverbindung: gedübelt.

b) Materialliste für die Kalkulation. Preisangaben: VH, KI = 413,00 €/m³ (Einstandspreis); Furniersperrholz Kiefer, KI, 5 mm = 8,80 €/m², CN-Lack = 2,25 €/l.

Materialliste für den Zuschnitt

Datum: .. Sept. 20.. — Auftrags-Nr.: 31328
Objekt/Auftraggeber: Herr Holzer — Tel. Nr. 17521 — Arbeitsbeginn: .. Sept 20.. — Liefertermin: .. Okt. 20..
Gegenstand/Bezeichnung/Ausführung: Hängeregal — Pos. Nr. 3 — Zeichnungs-Nr. 1 — Blatt-Nr. 1 von insges. -
Oberfläche: CN-Lack, grundiert, decklackiert

Pos./Lfd. Nr.	Verwendung	Holzart Güteklasse Material	Stück	Fertigmaß Länge in mm	Fertigmaß Breite in mm	Fertigmaß Dicke in mm	Rohdicke in mm	Zuschnittmaß Länge in mm	Zuschnittmaß Breite in mm	Menge in m²	Bemerkungen erhaltene Stückzahl
1	Seiten	Kiefer	2	840	250	20	24	860	260	0,45	maschinen-
2	Zwischenböden	Kiefer	4	590	245	16	20	600	250	0,60	gehobelt
3	Rückwand	Furniersperrholz I/II	1	678	600	5	5	-	-	0,41	

Materialliste für die Kalkulation

Datum: .. Sept. 20.. — Auftrags-Nr.: 31328
Objekt/Auftraggeber: Herr Holzer — Tel. Nr. 17521 — Arbeitsbeginn: .. Sept. 20.. — Liefertermin: .. Okt. 20..
Gegenstand/Bezeichnung/Ausführung: Hängeregal — Pos. Nr. 3 — Zeichnungs-Nr. 1 — Blatt-Nr. 1 von insges. -
Oberfläche: CN-Lack, grundiert, decklackiert

Pos./Lfd. Nr.	Bezeichnung/Verwendung	Holzart Güteklasse Material	Stück	Fertigmaß Länge in mm	Fertigmaß Breite in mm	Fertigmaß Dicke in mm	Rohdicke in mm	Fertigmenge in m² / in m	Fertigmenge Zuschlagfaktor	Rohmenge in m² / in m	Preis je Einheit in €/m² / in €/m	Errechneter Preis in €
1	Seiten	Kiefer	2	840	250	20	24	0,420	1,3	0,546	9,90	5,41
2	Zwischenböden	Kiefer	4	590	245	16	20	0,580	1,3	0,754	8,25	6,21
3	Rückwand	Furniersperrholz I/II	1	678	600	5	5	0,407	1,1	0,448	8,80	3,94
4	CN-Lack							0,420	1,5 x 3 x 2	3,780		
								0,580	1,5 x 3 x 2	5,220	10 m²/l	2,44
											2,25	
								0,407	1,5 x 3 x 1	1,830		
										10,830		18,00

	A	B	C	D	E	F	G	H	I	J	K	L	M
1			**Mit dem Computer erstellte Tabellenkalkulation**										
2	**Die Spalten werden mit der**				**Materialliste**							Datum:	....
3	**Tabulatortaste angefahren!**		mit Verschnitt- und Preisberechnung									Zeichnung:	**CAD-123**
4												Blatt Nr.:	**1 von 1**
5													
6	Gegenstand:		**Hängeregal**						Auftraggeber:		**Holzer**		
7	Holzart:		**Kiefer**						Blatt Nr.		**1**		
8	Oberfläche:		**CN-Lack**						bearbeitet		**kei/lä**		
9													
10	A	B	C	D	E	F	G	H	I	J	K	L	M
11	1	2	3	4	5	6	7	8	9	10	11	13	14
12			Ma-	An-	Fertigmaße			roh	Menge	Ver-	Menge	Einzel-	Preis
13	Lfd.	Bezeichnung	terial	zahl	Länge	Breite	Dicke		fertig	schnitt	roh	preis	
14	Nr.		Holzart	Stck.	mm	mm	mm	mm	m^2/m^3	Z-Faktor	m^2/m^3	€	€
15	1	Seiten	Kl	2	840	250	20	24	0,420	1,3	0,546	9,90	5,40
16													
17													
18													
19													
20		Die Berechnung der Mengen und Preise wird nach											
21		Formeln, die sich hier auf die Zeilen **15** bis **48** und											
22		auf die Spalten **A** bis **M** beziehen, durchgeführt.											
23		In Spalte **I** (Menge fertig) erfolgt die Berechnung											
24		aus Anzahl (**D**), Länge (**E**) und Breite (**F**).											
25													
26				D	E	F			"= (E15*F15*G15/1000000)"				
27													
28													
29		Spalte **K** (Menge roh) zeigt das Ergebnis											
30		aus Menge fertig (**I**) und Verschnittfaktor (**J**).											
31													
32									I	J	"=(J15*K15)"		
33													
34													
35		In Spalte **M** (Preis) erfolgt die Berechnung aus											
36		Menge roh (**K**) und Einzelpreis (**L**).											
37													
38													
39											K	L	"=L15*M15"
40													
41													
42													
43													
44													
45													
46		Die Gesamtsumme der Spalte **M** (Preis) wird in											
47		Zeile **49** ermittelt.										SUMME (M15:M49)	
48													
49												Summe	5,40

Aufgaben

1. Laut Auftrag sind 5 Telefonkonsolen herzustellen. Material: Seiten, unterer und oberer Boden aus Fichtenholz, Rohdicke 22 mm; Rückwand Furniersperrholzplatte 5 mm dick.
Konstruktion der Eckverbindungen: Seiten mit unterem Boden offen gezinkt, Seiten mit oberem Boden gedübelt.
Zu erstellen ist eine Materialliste für den Zuschnitt mit Fertigmaßen und Zuschnittmaßen.

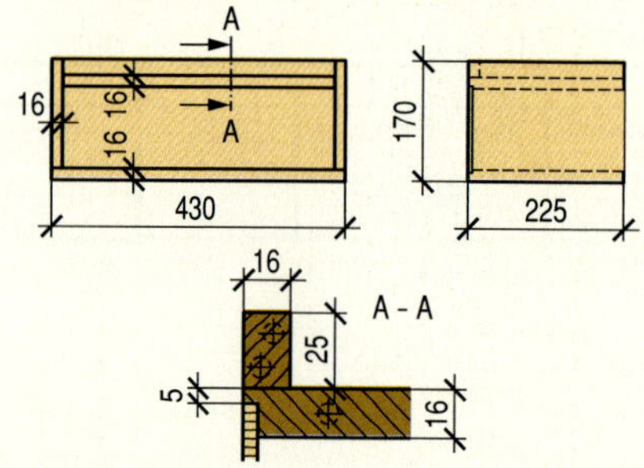

2. Für einen Tisch in Eiche mit furnierter Platte werden Füße und Zargen aus 35 mm dicken Eichenholzbrettern zugeschnitten, sämtliche Eckverbindungen werden gedübelt. Die Tischplatte besteht aus 19 mm dicker P2-Platte und ist beidseitig furniert. Der auf Gehrung angeschnittene Anleimer ist ebenfalls aus Eichenholz.
Zu erstellen ist eine Materialliste für den Zuschnitt mit Fertigmaßen und Zuschnittmaßen.

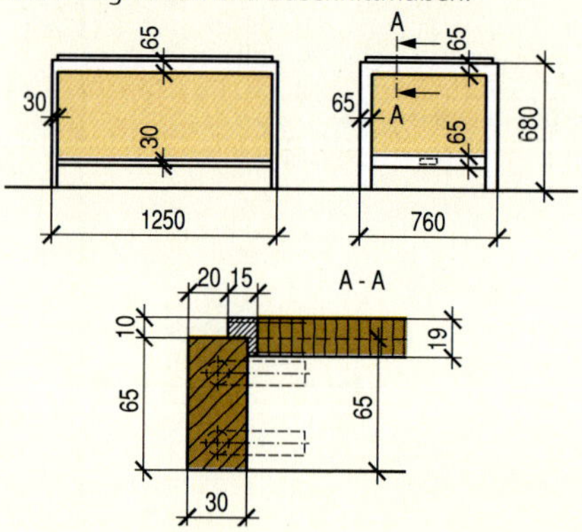

3. Für ein einflügeliges Einfachfenster (Dreh-Kipp) werden Flügel und Rahmenholz mit einem Querschnitt von je 78 mm/56 mm aus einer 65 mm dicken Kiefernbohle zugeschnitten. Eckverbindungen: Schlitz und Zapfen.
Zu erstellen ist eine Materialliste für den Zuschnitt mit Fertigmaßen und Zuschnittmaßen.

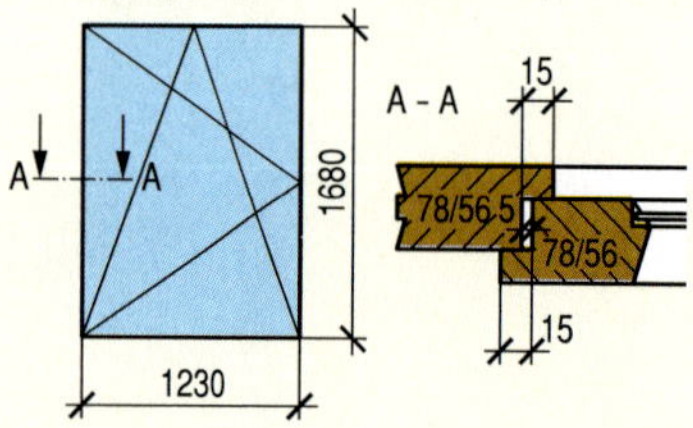

4. Es ist eine Materialliste für die Kalkulation zu erstellen. Dazu sind die Angaben der Zuschnittliste zu übernehmen. Die Summe der Materialkosten ist mit folgenden Angaben zu berechnen:
P2-Eiche, OCXE-furniert: 21,60 €/m², 18 % Verschnittzuschlag.
Furniersperrholz, OCXE-furniert: 19,60 €/m², 23 % Verschnittzuschlag.
Verschnittzuschlag als Faktor in die Materialliste (s. S. 101 f.).

Verwendung	Material	Stück	Fertigmaße		
			Länge in mm	Breite in mm	Dicke in mm
Seiten	P2, Eiche-furn.	2	1 650	530	19
Böden oben, unten	P2, Eiche-furn.	2	870	530	19
Türen	P2, Eiche-furn.	2	1 580	444	19
Sockel	P2, Eiche-furn.	1	870	70	19
Rückwand	Furniersperrholz, Eiche-furn.	1	900	1 550	8

5. Für eine Zimmertür in Rahmenkonstruktion ist die Materialliste für die Kalkulation mit den Angaben der Zuschnittliste zu erstellen.
Die Summe der Materialkosten ist mit folgenden Angaben zu berechnen: ES, Vollholz: 1 300,00 €/m³; Umrechnung in €/m², 43 % Verschnittzuschlag.
Esche, Furnier: 5,17 €/m², 56 % Verschnittzuschlag.
P2, V 20, E 1: 10,60 €/m², 15 % Verschnittzuschlag.

Verwendung	Material	Stück	Fertigmaße			Rohdicke
			Länge in mm	Breite in mm	Dicke in mm	in mm
Fries, aufrecht	Esche	2	2 040	125	46	60
Fries, waagerecht – oben	Esche	1	980	125	46	60
– unten	Esche	1	980	180	46	60
Füllung	P2	1	1 765	760	13	–
Furnier	Esche	2	1 765	760	1,0	–

6. Zu erstellen ist für ein ein flügeliges Verbundfenstersystem DV 44/44 die Materialliste für:
a) Zuschnitt, b) Kalkulation
Konstruktion: Blendrahmen 92 mm/88 mm, äußerer Flügel 57 mm/44 mm, innerer Flügel 78 mm/44 mm.

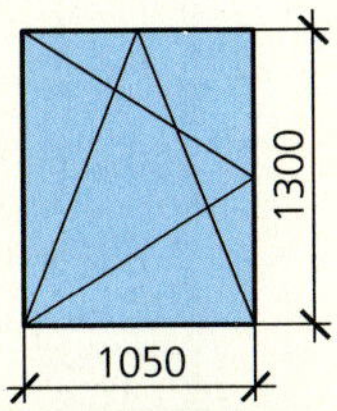

Material	Verschnittzuschlag in %	Preis
Kiefer	40	1 100,00 €/m³ in €/m² umrechnen für benötigte Rohholzdicke
Floatglas, 5 mm	20	63,25 €/m²
Verbundbeschlag	–	9,52 €/Paar
Wetterschutzschiene	–	9,85 €/m
Einhanddrehkippbeschlag	–	65,00 €/Stück

7. Es ist für ein Zweifüllungstürblatt mit Keilzapfen die Materialliste für die Kalkulation aufzustellen. Konstruktion: Rahmenfriese 36 mm dick; 12 mm dicke Füllung aus Furniersperrholz, 15 mm tief eingenutet; Eckverbindungen Schlitz und Zapfen.

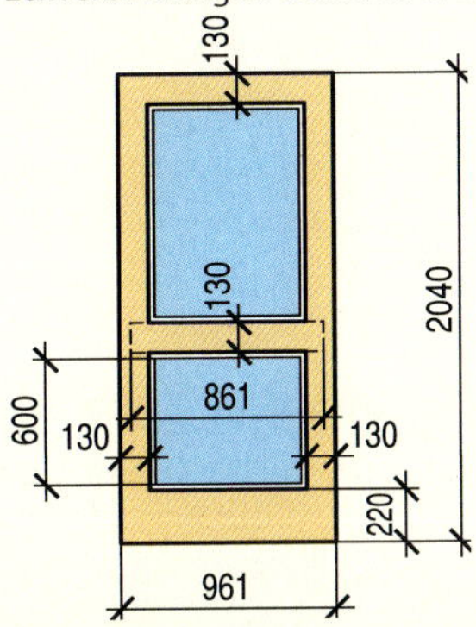

Material	Verschnittzuschlag in %	Preis
Fichte	30	1 050,00 €/m³ in €/m² umrechnen für Holzdicke 40 mm
12 mm, Okume	15	19,25 €/m²
Zimmertürband für Falztür, CuZn	–	20,88 €/Stück
Zimmertürdrückergarnitur, CuZn	–	58,60 €/Stück

8. Für eine Haustür in Lärche mit Sprossen und einfacher Verglasung ist die Materialliste für die Kalkulation zu erstellen.
Konstruktion: Blockrahmen 100 mm/70 mm; Türblatt Rahmenfriese 140 mm/45 mm, Sockelfries 180 mm/45 mm, Mittelfries 120 mm/45 mm; Wetterschenkel 55 mm/65 mm und Sprossen 30 mm/45 mm; Eckverbindungen Schlitz und Zapfen.

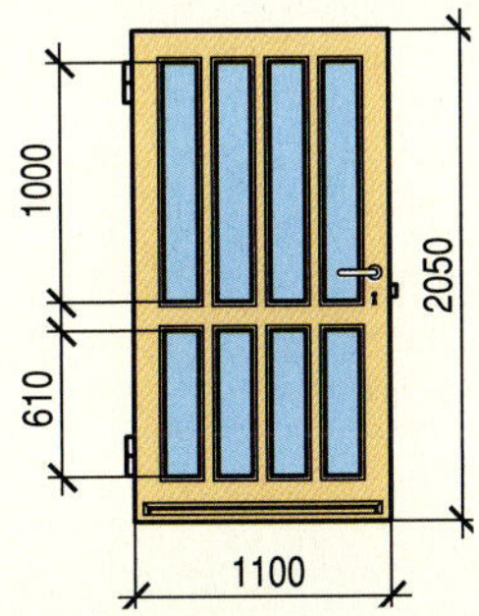

Material	Verschnittzuschlag in %	Preis
Lärche	55	1 200,00 €/m³ in €/m² umrechnen für die benötigten Rohdicken
Rohglas, 7 mm, weiß	30	53,40 €/m²
Haustürband für Falztür	–	24,25 €/Stück
Haustürwechselgarnitur	–	92,50 €/Stück

9. Es soll ein Schränkchen in Nussbaum mit Drehtüren hergestellt werden.
Material: Korpus 19 mm P2-Plattte; Drehtüren 16 mm STAE-Platte; Zargen, Füße von außen sichtbarer Anleimer und Außenfurnier Nussbaum; Aufdopplung, Innenfurnier und Furnier für die 6 mm dicke Rückwand aus Furniersperrholz Sapelli-Mahagoni.
Beschläge: Möbelband Kröpfung D 7,5 mm.
Konstruktion: Korpus mit eingeschobener Furniersperrholzfeder auf Gehrung gefedert, Türüberschlag als Haarfuge ausgebildet, Füße und Zargen gedübelt.
Zu erstellen ist die Materialliste für die Kalkulation bei folgenden Verschnittzuschlägen: Furnier 50 %, Platten 15 %, Vollholz 40 %.
Den Berechnungen liegen folgende Materialpreise zugrunde:
Nussbaum: Furnier 18,70 €/m²
Vollholz 4 023,00 €/m³
Sapelli-Mahagoni: Furnier 6,26 €/m²
Vollholz 1 500,00 €/m³
P2-Platte 19 mm: 9,12 €/m²
STAE-Platte 16 mm: 24,60 €/m²
Furniersperrholz-Platte 6 mm: 14,20 €/m²
Möbelband Kröpfung D 7,5: 7,60 €/Stück
Drehstangenschloss mit Zylinder: 24,85 €/Stück

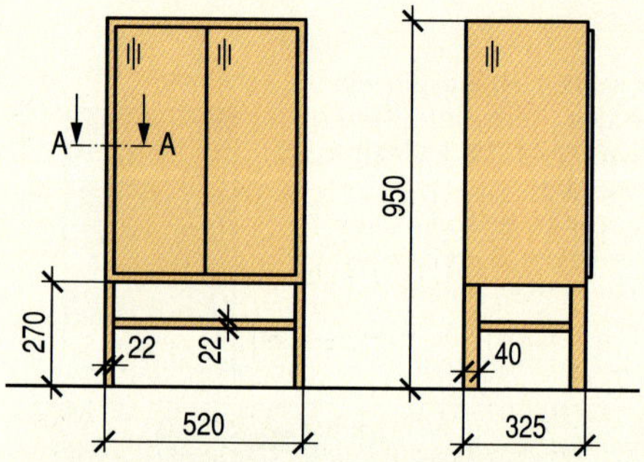

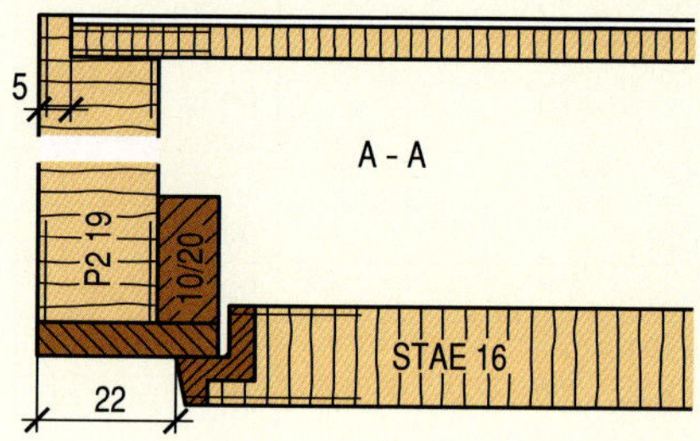

8.2 Lohnberechnungen

Zeitlohn

Zeitlohn ist die Vergütung der Zeit, die ein/-e Arbeitnehmer/-in am Arbeitsplatz verbringt. Er ist das Produkt aus der Arbeitszeit in Stunden (üblich), Tagen, Wochen oder Monaten und dem Lohn je Zeiteinheit (Tariflohn).

Zeitlohn = Arbeitszeit · Tariflohn/Zeiteinheit

Eine Arbeitnehmerin arbeitet 37,5 Stunden für einen Tariflohn von 15,35 €/h.
Wie viel Euro beträgt der gesamte Zeitlohn?

Lösung:
Zeitlohn = Arbeitszeit · Tariflohn
= 37,5 h · 15,35 €/h = 575,63 €

Tariflohn ist die von den Tarifpartnern ausgehandelte, vertraglich festgelegte und gestaffelte Höhe des Lohns. Er beträgt als Grund- oder Ecklohn 100 %. In Lohngruppen eingeteilt (z. B. 1 ... 7) kann die Lohnhöhe zwischen 85 % und 125 % liegen.

Einem Arbeitnehmer wird 115 % des Ecklohns von 15,35 €/h bezahlt.
Wie viel €/h beträgt der Zeitlohn?

Lösung:
Zeitlohn = Ecklohn · 1,15
= 15,35 €/h · 1,15 = 17,65 €/h

Leistungslohn (Akkordlohn)

Leistungslohn wird für messbare Leistungen bezahlt, die über dem normalen Standard liegen.

Der **Zeitakkordlohn** hängt ab von:
- Vorgabezeit,
- Geld-(Minuten-)faktor,
- Stückzahl.

Die Vorgabezeit ist der Quotient aus 60 Minuten und der in dieser Zeit erarbeiteten Stückzahl.

$$\text{Vorgabezeit} = \frac{60\ \text{Minuten}}{\text{Stückzahl}}$$

Der **Geld-(Minuten-)faktor** ist von den Tarifpartnern im Manteltarifvertrag festgelegt und wird in ct/min angegeben. Er ist der 60. Teil des Akkordrichtsatzes, der mit 15 % Akkordzuschlag über dem Tariflohn liegt.

$$\text{Geldfaktor} = \frac{\text{Tariflohn} + 15\ \%\ \text{Zuschlag}}{60\ \text{Minuten}} \cdot 100\ \text{ct/€}$$

Der **Zeitakkordlohn** ist das Produkt aus Vorgabezeit, Geldfaktor und Stückzahl.

Zeitakkordlohn = Vorgabezeit · Geldfaktor · Stückzahl

Der Tariflohn beträgt 15,35 €/h. In 1 h werden 16 Stück gefertigt.
Zu berechnen ist der Zeitakkordlohn in €/h.

Lösung:
Vorgabezeit

$$= \frac{60\ \text{min}}{16\ \text{Stück}} = \underline{\underline{3{,}75\ \text{min/Stück}}}$$

Geldfaktor

$$= \frac{15{,}35\ \text{€/h} + 15\ \%\ \text{von}\ 15{,}35\ \text{€/h}}{60\ \text{min}} \cdot 100\ \text{ct/€}$$

$$= \frac{15{,}35\ \text{€} + 2{,}30\ \text{€}}{60\ \text{min}} \cdot 100\ \text{ct/€}$$

$$= \underline{\underline{29{,}42\ \text{ct/min}}}$$

Zeitakkordlohn

$$= \frac{3{,}75\ \text{min} \cdot 29{,}42\ \text{ct} \cdot 16\ \text{Stück}}{\text{Stück} \cdot \text{min}}$$

$$= 1\,765{,}2\ \text{ct} = \underline{\underline{17{,}65\ \text{€}}}$$

Der **Geldakkordlohn** hängt ab von:
- Geldakkordsatz,
- Produktionsmenge.

Der **Geldakkordsatz** ist der Tariflohn einschließlich Zuschlag dividiert durch die pro Stunde zu erzielende Produktionsmenge.

$$\text{Geldakkordsatz} = \frac{\text{Tariflohn/Std.} + \text{Zuschlag}}{\text{Produktionsmenge/Std.}}$$

Der **Geldakkordlohn** ist das Produkt aus dem Geldakkordsatz und der Produktionsmenge.

$$\text{Geldakkordlohn} = \text{Geldakkordsatz} \cdot \text{Produktionsmenge}$$

Bei einem Tariflohn von 15,35 €/h werden in einem Konstruktionsteil 7 Beschläge in 1 Stunde eingelassen.
a) Wie viel Euro beträgt der Geldakkordsatz?
b) Wie hoch ist der Geldakkordlohn bei einer Produktionsmenge von 52 Stück?

Lösung:

a) $$\text{Geldakkord} = \frac{\text{Tariflohn/Std.} \cdot 1{,}15}{7/\text{Std.}} = \frac{15{,}35\ €/\text{h} \cdot 1{,}15}{7/\text{Std.}} = \underline{\underline{2{,}52\ €}}$$

b) $$\text{Geldakkordlohn} = \text{Geldakkordsatz} \cdot \text{Produktionsmenge} = 2{,}52\ € \cdot 52 = \underline{\underline{131{,}04\ €}}$$

Lohnzuschläge

Lohnzuschläge werden prozentual vom Tariflohn berechnet und diesem zugeschlagen für:
- Mehrarbeitsstunden → 25 % bis 60 %,
- Nachtarbeit → 25 %,
- Samstagsarbeit → 25 %, 50 % oder 100 %,
- Sonntags- und Feiertagsarbeit → 50 % bis 100 %.

Der **Lohnzuschlag** ist das Produkt aus Tariflohn und Zuschlag in %, bezogen auf 100 %.

$$\text{Lohnzuschlag} = \frac{\text{Tariflohn} \cdot \text{Zuschlagsatz in \%}}{100\ \%}$$

Zulagen sind einmalige Zuwendungen für bestimmte Zeitabschnitte und werden mit dem Lohn ausbezahlt als:
- Weihnachtsgratifikation,
- Urlaubsgeld,
- Erschwerniszulage,
- Jubiläumszulage.

Eine Arbeitnehmerin verdient im Zeitlohn 2108,40 €. Als Weihnachtsgratifikation erhält sie 70 % ihres Zeitlohns. Wie viel Euro betrug die Gratifikation?

Lösung:

$$\text{Lohnzuschlag} = \frac{\text{Tariflohn} \cdot \text{Zuschlagssatz in \%}}{100\ \%} = \frac{2108{,}40\ € \cdot 70\ \%}{100\ \%} = \underline{\underline{1475{,}88\ €}}$$

Lohnabzüge

Bruttolohn ist der verdiente Lohn ohne Abzüge. Mit ihm wird in der Kalkulation gerechnet.

Nettolohn ist der vom Arbeitgeber an den Arbeitnehmer ausbezahlte Lohn mit Abzügen für:

- Lohn- und Kirchensteuer,
- Sozialversicherung =
  Arbeitslosenversicherung +
  Krankenversicherung +
  Pflegeversicherung +
  Rentenversicherung +
  Unfallversicherung.

Nettolohn = Bruttolohn – gesetzliche Abzüge

Abzüge vom Bruttolohn

Abzüge	Berechnung/Ermittlung
Lohnsteuer (Klassen I, II, III, IV, V)	nach Lohnsteuertabelle (s. S. 230)
Kirchensteuer	9 % der Lohnsteuer (in Baden-Württemberg und Bayern 8 %)
Krankenversicherung*	14,6 % vom Bruttolohn
Pflegeversicherung*	3,05 % vom Bruttolohn (bei Kinderlosen zwischen 23 und 65 Jahren 3,4 %)
Rentenversicherung*	18,6 % vom Bruttolohn
Arbeitslosenversicherung*	2,4 % vom Bruttolohn
*Arbeitnehmeranteile	

Prämienlohn

Prämien als Sonderzulage werden bezahlt für:

- Materialersparnis (geringer Verschnitt),
- gute Qualität (keine Nacharbeit),
- Einhalten von Terminen (zufriedene Kundschaft),
- Ausnutzung der Betriebsmittel und Maschinen (Stillstand bringt Verluste).

Prämienlohn = Zeit- oder Akkordlohn + Prämie

Ein Arbeitnehmer hat in 52 Stunden gute Qualitätsarbeit geleistet und keine Nacharbeit verursacht. Sein Zeitlohn beträgt 13,44 €/h. Als Prämie wurden 1,73 €/h festgelegt.
Wie hoch ist der Prämienlohn?

Lösung:
Prämienlohn = Arbeitszeit · (Tariflohn + Prämie)
= 52 h · (13,44 €/h + 1,73 €/h)
= <u>788,84 €</u>

Arbeitswertlohn

Werden an Arbeitnehmer/-innen höhere Anforderungen gestellt (besseres fachliches Können, höhere geistige und körperliche Arbeitsleistungen) oder sollen schädliche Umwelteinflüsse (Staub, Lärm) ausgeglichen werden, können zum Lohn prozentuale oder feste Zuschläge gezahlt werden. Dazu muss ergänzend zum Tariflohn ein System von Vergleichszahlen ausgewiesen werden.

Bruttolohn = Zeit- oder Akkordlohn +
prozentualer oder fester Zuschlag

Auszug aus einer Muster-Lohnsteuertabelle
Monatliche Lohnsteuer in € bei den üblichen Steuerklassen I/IV, III

Montatslohn bis	Steuerklasse I/IV	III	Montatslohn bis	Steuerklasse I/IV	III	Montatslohn bis	Steuerklasse I/IV	III	Montatslohn bis	Steuerklasse I/IV	III
1757,99	79,08	–	1940,99	115,25	–	2123,99	152,50	–	2306,99	190,66	–
1760,99	79,66	–	1943,99	115,91	–	2126,99	153,08	–	2309,99	191,33	–
1763,99	80,25	–	1946,99	116,50	–	2129,99	153,75	–	2312,99	192,00	–
1766,99	80,83	–	1949,99	117,08	–	2132,99	154,33	–	2315,99	192,58	–
1769,99	81,50	–	1952,99	117,66	–	2135,99	154,91	–	2318,99	193,25	–
1772,99	82,00	–	1955,99	118,33	–	2138,99	155,58	–	2321,99	193,83	–
1775,99	82,58	–	1958,99	118,91	–	2141,99	156,16	–	2324,99	194,50	–
1778,99	83,16	–	1961,99	119,50	–	2144,99	156,83	–	2327,99	195,16	–
1781,99	83,83	–	1964,99	120,08	–	2147,99	157,41	–	2330,99	195,75	–
1764,99	84,41	–	1967,99	120,66	–	2150,99	158,08	–	2333,99	196,41	–
1787,99	85,00	–	1970,99	121,33	–	2153,99	158,66	–	2336,99	197,08	–
1790,99	85,58	–	1973,99	121,91	–	2156,99	159,33	–	2339,99	197,66	–
1793,99	86,16	–	1976,99	122,50	–	2159,99	159,91	–	2342,99	198,33	–
1796,99	86,75	–	1979,99	123,08	–	2162,99	160,50	–	2345,99	199,00	–
1799,99	87,33	–	1982,99	123,75	–	2165,99	161,16	–	2346,99	199,58	–
1802,99	87,91	–	1985,99	124,33	–	2168,99	161,75	–	2351,99	200,25	–
1805,99	88,50	–	1988,99	124,91	–	2171,99	162,41	–	2354,99	200,91	–
1808,99	89,08	–	1991,99	125,50	–	2174,99	163,00	–	2357,99	201,50	–
1811,99	89,66	–	1994,99	123,16	–	2177,99	163,66	–	2360,99	202,16	–
1814,99	126,75	–	1997,99	126,75	–	2180,99	164,25	–	2363,99	202,83	–
1817,99	90,83	–	2000,99	127,33	–	2183,99	164,91	–	2366,99	203,41	–
1820,99	91,41	–	2003,99	128,00	–	2186,99	165,50	–	2369,99	204,08	–
1823,99	92,00	–	2006,99	128,58	–	2189,99	166,16	–	2372,99	204,75	–
1826,99	92,66	–	2009,99	129,16	–	2192,99	166,75	–	2375,99	205,33	–
1829,99	93,25	–	2012,99	129,75	–	2195,99	167,41	–	2378,99	206,00	–
1832,99	93,83	–	2015,99	130,41	–	2198,99	168,00	–	2381,99	206,66	–
1835,99	94,41	–	2018,99	131,00	–	2201,99	168,66	–	2384,99	207,25	–
1838,99	95,00	–	2021,99	131,58	–	2204,99	169,25	–	2387,99	207,91	–
1841,99	95,58	–	2024,99	132,25	–	2207,99	169,91	–	2390,99	208,58	–
1844,99	96,16	–	2027,99	132,83	–	2210,99	170,50	–	2393,99	209,25	–
1847,99	96,75	–	2030,99	133,41	–	2213,99	171,16	–	2396,99	209,83	0,33
1850,99	97,33	–	2033,99	134,08	–	2216,99	171,75	–	2399,99	210,50	0,66
1853,99	98,00	–	2036,99	134,66	–	2219,99	172,41	–	2402,99	211,16	1,16
1856,99	98,58	–	2039,99	135,25	–	2222,99	173,00	–	2405,99	211,75	1,50
1859,99	99,16	–	2042,99	135,91	–	2225,99	173,66	–	2408,99	212,41	1,83
1862,99	99,75	–	2045,99	163,50	–	2228,99	174,25	–	2411,99	213,08	2,16
1865,99	100,33	–	2048,99	137,08	–	2231,99	174,91	–	2414,99	213,75	2,66
1868,99	100,91	–	2051,99	137,75	–	2234,99	175,50	–	2417,99	214,33	3,00
1871,99	101,50	–	2054,99	138,33	–	2237,99	176,16	–	2420,99	215,00	3,33
1874,99	102,08	–	2057,99	138,91	–	2240,99	176,83	–	2423,99	215,66	3,83
1877,99	102,75	–	2080,99	139,58	–	2243,99	177,41	–	2426,99	216,33	4,16
1880,99	103,33	–	2083,99	140,16	–	2246,99	178,00	–	2429,99	216,91	4,50
1883,99	103,91	–	2086,99	140,75	–	2249,99	178,66	–	2432,99	217,58	5,00
1886,99	104,50	–	2089,99	141,41	–	2252,99	179,33	–	2435,99	218,25	5,33
1889,99	105,08	–	2072,99	142,00	–	2255,99	179,91	–	2438,99	218,91	5,83
1892,99	105,66	–	2075,99	142,66	–	2259,99	180,58	–	2441,99	219,58	6,16
1895,99	106,33	–	2078,99	143,25	–	2261,99	181,16	–	2444,99	220,16	6,50
1898,99	106,91	–	2081,99	143,83	–	2264,99	181,83	–	2447,99	220,83	7,00
1901,99	107,50	–	2084,99	144,50	–	2267,99	182,50	–	2450,99	221,50	7,33
1904,99	108,08	–	2087,99	145,08	–	2270,99	183,08	–	2453,99	222,16	7,66
1907,99	108,66	–	2090,99	145,66	–	2273,99	183,75	–	2456,99	222,75	8,16
1910,99	109,25	–	2093,99	146,33	–	2276,99	184,33	–	2459,99	223,41	8,50
1913,99	109,91	–	2096,99	146,91	–	2279,99	185,00	–	2462,99	224,08	9,00
1916,99	110,50	–	2099,99	147,50	–	2282,99	185,58	–	2465,99	224,75	9,33
1919,99	111,08	–	2102,99	148,16	–	2265,99	186,25	–	2468,99	225,33	9,66
1922,99	111,66	–	2105,99	148,75	–	2266,99	186,91	–	2471,99	226,00	10,16
1925,99	112,25	–	2108,99	149,41	–	2291,99	187,50	–	2474,99	226,66	10,50
1928,99	112,83	–	2111,99	150,00	–	2294,99	188,16	–	2477,99	227,33	11,00
1931,99	113,50	–	2114,99	150,58	–	2297,99	188,75	–	2480,99	228,00	11,33
1934,99	114,08	–	2117,99	151,25	–	2300,99	189,41	–	2483,99	228,66	11,33
1937,99	114,66	–	2120,99	151,83	–	2303,99	190,08	–	2486,99	229,25	12,16

Quelle: Stollfuß Tabellen, Gesamtabzug 2023, Monat, Allgemeine Tabelle, 115. Auflage, Stollfuß Medien, Bonn 2023, S. T 22 – 36.

Aufgaben

1. Die Sozialpartner einigten sich, den Ecklohn von 14,90 € auf 15,42 € zu erhöhen.
Wie viel Prozent betrug die Lohnerhöhung?

2. Für hochwertige Facharbeit (Lohngruppe 7) werden 125 %, für Arbeiten mit geringer Belastung (Lohngruppe 2) 88 % des Ecklohns in Höhe von 15,68 € bezahlt.
Zu berechnen ist die Lohnhöhe in € für:
a) Lohngruppe 7
b) Lohngruppe 2

3. Nach der Lohntabelle werden für Zeitlohnarbeit (Tariflohn + 10 % Zeitlohnzuschlag) 17,25 € bezahlt, als Akkordrichtsatz (Tariflohn + 15 % Akkordzuschlag) gilt der Wert 18,03 €.
Zu berechnen ist die Lohndifferenz in %.

4. Der Tariflohn (Grundlohn) in Lohngruppe 5 beträgt für 18-jährige und ältere Arbeitnehmer/-innen 15,42 €. Für Arbeitnehmer/-innen unter 18 Jahren beträgt der Tariflohn in der gleichen Lohngruppe jedoch 14,32 €.
Um wie viel Prozent ist der Tariflohn der Arbeitnehmer/-innen unter 18 Jahren niedriger als der Tariflohn der Arbeitnehmer/-innen über 18 Jahren?

5. Gemäß Lohntabelle wird der Tariflohn der Lohngruppe 5 in Höhe von 16,00 € als Ecklohn mit 100 % angesetzt.
Zu berechnen ist die prozentuale Differenz im Verhältnis zum Ecklohn, wenn a) 15,42 €, b) 14,90 €, c) 14,35 €, d) 13,80 € verrechnet werden.

6. Wie hoch ist der Tariflohn eines 18-jährigen angelernten Arbeitnehmers, der in Lohngruppe 4 eingestuft ist und deshalb 4,46 % weniger verdient als seine gleichaltrige Kollegin, die nach Lohngruppe 5 16,00 € verdient?

7. Für einen jungen Arbeitnehmer, der schwierige und verantwortungsvolle Facharbeiten ausführt und deshalb in Lohngruppe 6 eingestuft ist, ist der Zeitlohn zu berechnen. Wegen der Einstufung in die höhere Lohngruppe werden dem Ecklohn von 16,00 € 15 % zugeschlagen; außerdem wird dem Arbeitnehmer ein 10%iger Zuschlag als Zeitlohnzulage zuerkannt.

8. Bei industrieller Serienfertigung werden als Normalleistung 26 Teile in der Stunde hergestellt. Für die Stückpreisermittlung wird mit einem Ecklohn von 18,60 € und einem Akkordzuschlag von 15 % gerechnet.
Zu berechnen sind:
a) Stückpreis bei Normalleistung
b) Bruttolohn eines Arbeitnehmers bei der Fertigung von 216 Teilen

9. Bei der Berechnung des Nettolohns im Geldakkord für eine Arbeitnehmerin, die in Teilzeit 30 h/Woche arbeitet, liegen folgende Angaben zugrunde: Normalleistung 13 Teile/h; Ecklohn 16,50 €; Akkordzuschlag 15 %. Abzüge vom Bruttomonatslohn, zu deren Einzug der Arbeitgeber verpflichtet ist: Lohnsteuer nach Steuerklasse I (s. Tabelle S. 230), Krankenversicherung 7,3 %, Rentenversicherung 9,3 %, Arbeitslosenversicherung 1,5 %, Pflegeversicherung 1,7 %. Zu berechnen sind:
a) Wochenbruttolohn (Geldakkord)
b) Monatsnettolohn

10. In einer Tariftabelle sind unter der Rubrik „Akkordrichtsätze“ für die Lohngruppe 5 folgende Werte angegeben: Tariflohn einschließlich 15%igem Akkordzuschlag 17,40 €, Geldfaktor 29,0 ct. Stimmt der Geldfaktor?

11. Zu berechnen sind die Geldfaktoren für folgende Tariflöhne zuzüglich 15 % Akkordzuschlag:
a) 15,42 €, b) 14,90, c) 14,35 €.

12. In einem Industriebetrieb wird im Zeitakkord gearbeitet. Die Normalleistung umfasst die Fertigung von 23 Teilen je Stunde; es wird mit einem Ecklohn von 16,40 € je Stunde und einem Akkordzuschlag von 15 % gerechnet. Ein Arbeitnehmer fertigt in der Woche 1 040 Teile. Zu berechnen sind:
a) Vorgabezeit je Teil in Minuten
b) Geldfaktor in ct
c) Bruttozeitakkordlohn

13. Eine verheiratete Arbeitnehmerin arbeitet im Monat Februar 158 Stunden im Zeitlohn. Sie erhält einen Grundlohn von 12,35 € sowie einen Zeitlohnzuschlag von 10 %. Der Arbeitgeber muss folgende Beträge einbehalten und an die zuständigen Stellen abführen: Lohnsteuer (s. Tabelle S. 230), Krankenversicherung 7,3 %, Rentenversicherung 9,3 %, Arbeitslosenversicherung 1,5 % und Pflegeversicherung 1,7 %.
Wie viel beträgt der Nettolohn im Monat Februar?

14. Ein 24-jähriger, unverheirateter Arbeitnehmer arbeitet im Monat September an 20 Arbeitstagen die tariflich festgelegten 7,6 Stunden/Tag und macht zusätzlich an 5 Tagen je 2,5 Überstunden sowie an einem Sonntag 8 Überstunden. Der Grundlohn beträgt je Stunde 11,25 € (Lohnzuschläge s. S. 228). An Abzügen werden einbehalten: Lohnsteuer (s. Tabelle S. 230), Krankenversicherung 7,3 %, Rentenversicherung 9,3 %, Arbeitslosenversicherung 1,5 % und Pflegeversicherung 1,7 %.
Zu berechnen ist der Monatsnettolohn des Arbeitnehmers, wenn die Überstunden nicht versteuert werden.

8.3 Gemeinkosten und Maschinenkosten*

Gemeinkosten

Allgemeine Kosten, die aufgewendet werden müssen, um einen Betrieb produktions- und lebensfähig zu erhalten, nennt man Gemeinkosten.

Der **prozentuale Gemeinkostensatz** errechnet sich aus dem Quotienten von Gemeinkosten und Fertigungslöhnen.

$$\text{Gemeinkostensatz} = \frac{\text{(Jahres-)Gemeinkosten}}{\text{(Jahres-)Fertigungslöhne}} \cdot 100\,\%$$

Prozentuale Gemeinkostensätze werden bei der Kalkulation jeweils auf ein Kalenderjahr bezogen, weil sich Gemeinkosten und Fertigungslöhne von Jahr zu Jahr ändern können.

Der **Gemeinkostensatz** kann verschiedenen Kostengruppen zugeordnet werden als:
- Fertigungslohngemeinkostensatz,
- Maschinengemeinkostensatz,
- Maschinenraumgemeinkostensatz,
- Bankraumgemeinkostensatz,
- Materialgemeinkostensatz.

Der **Fertigungslohn** ist in der Kalkulation der unmittelbar verrechenbare Lohn, der bei der Fertigung z. B. beim Zuschneiden, Furnieren, Verglasen oder Spritzen entsteht.

$$\text{Fertigungslohngemeinkostensatz} = \frac{\text{Jahreslohngemeinkosten}}{\text{Jahresfertigungslöhne}} \cdot 100\,\%$$

$$\text{Maschinengemeinkostensatz} = \frac{\text{Jahresmaschinengemeinkosten}}{\text{Jahresmaschinenfertigungslöhne}} \cdot 100\,\%$$

Die **Maschinenraum- und Bankraumgemeinkosten** sind verschieden hoch und werden getrennt errechnet.

$$\text{Maschinenraumgemeinkostensatz} = \frac{\text{Jahresmaschinenraumgemeinkosten}}{\text{Jahresmaschinenraumfertigungslöhne}} \cdot 100\,\%$$

$$\text{Bankraumgemeinkostensatz} = \frac{\text{Jahresbankraumgemeinkosten}}{\text{Jahresbankraumfertigungslöhne}} \cdot 100\,\%$$

* Aufgrund des dynamischen Marktgeschehens haben die hier verwendeten Kostengrößen exemplarischen Charakter.

Gemeinkosten sind:

- Miete, Pacht, Verzinsung und Abschreibung bei Produktions- und Büroräumen, Lagerplätzen, Maschinen und Einrichtungen
- Gemeinkostenlöhne, die nicht unmittelbar mit der Fertigung zu tun haben (indirekte Löhne), z. B. Löhne für Hilfsarbeiter/-innen, die Nebenarbeiten verrichten, für Unternehmer/-innen, Bürokräfte, technische Zeichner/-innen
- Ausgaben für Energie und Verbrauchsstoffe (Schmiermittel, Reinigungsmittel usw.)
- Verzinsung des Umlaufvermögens (Fertigungsmaterial, Lagerbestände)
- gesetzliche und freiwillige Sozialleistungen, Arbeitgeberanteil am Sozialversicherungsbeitrag
- Kosten für Büro und Verwaltung
- Gewerbe- und Grundsteuer
- Beiträge für Berufsorganisationen
- Ausgaben für Fachliteratur

Ein Betrieb hatte in einem Jahr für Fertigungslöhne einen Aufwand von 78 320,00 €. Im gleichen Zeitraum entstanden 141 000 € Gemeinkosten.
Wie viel Prozent beträgt der Gemeinkostensatz?

Lösung:

$$\text{Gemeinkostensatz} = \frac{\text{(Jahres-)Gemeinkosten}}{\text{(Jahres-)Fertigungslöhne}} \cdot 100\,\%$$

$$\text{Gemeinkostensatz} = \frac{141\,000\,€}{78\,320\,€} \cdot 100\,\% = \underline{\underline{180\,\%}}$$

Eine Handwerkerrechnung weist einen Verrechnungslohn von 80,50 €/h aus. Der Kunde reklamiert, weil der Tariflohn 27,30 €/h beträgt.
Wie viel Prozent beträgt der Gemeinkostensatz des Betriebs?

Lösung:
Gemeinkosten = Verrechnungslohn − Tariflohn
Gemeinkosten = 80,50 €/h − 27,30 €/h
= $\underline{\underline{53{,}20\,€/h}}$

$$\text{Gemeinkostensatz} = \frac{\text{(Jahres-)Gemeinkosten}}{\text{(Jahres-)Fertigungslöhne}} \cdot 100\,\%$$

$$\text{Gemeinkostensatz} = \frac{53{,}20\,€/h}{27{,}30\,€/h} \cdot 100\,\% = \underline{\underline{194{,}87\,\%}}$$

Materialgemeinkosten entstehen durch:
- Materialbeschaffung, z. B. Bestellung, Einkauf, Transport,
- Materiallagerung, z. B. Abschreibung des Lagerraums, Miete, Heizung, Beleuchtung, Zinsverlust, Materialverlust durch unsachgemäße Lagerung,
- Materialverwaltung, z. B. Löhne für Abeitskräfte in der Lagerhaltung und Materialausgabe.

$$\text{Materialgemeinkostensatz} = \frac{\text{Jahresmaterialgemeinkosten}}{\text{Jahresfertigungsmaterialkosten}} \cdot 100\,\%$$

Maschinenkosten

Abschreibung bedeutet, dass die Anlagekosten für Maschinen, Werkzeuge, Einrichtungen, Gebäude usw. auf mehrere Jahre – je nach Lebensdauer des Anlageguts – verteilt werden und in dieser Zeit als Teil der Gemeinkosten – von den Kundinnen und Kunden bezahlt – wieder dem Betrieb zufließen.

Bei der **linearen Abschreibung** wird der Abschreibungsbetrag vom Anschaffungswert berechnet. Er wird jährlich in gleicher Höhe vom Restwert (Buch- oder Zeitwert) abgezogen und bei den Gemeinkosten verrechnet.

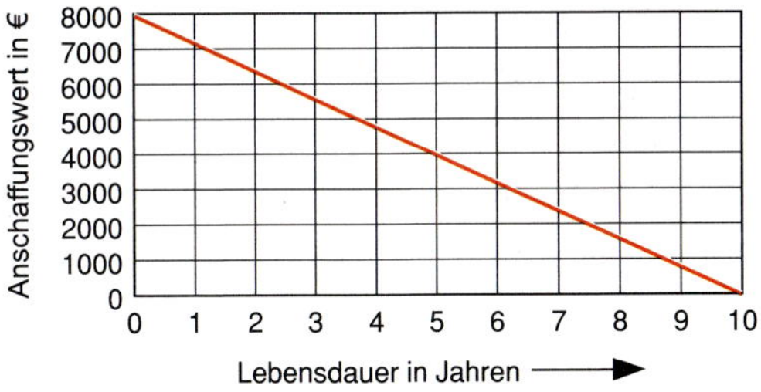

Bei der **degressiven Abschreibung** werden die Abschreibungsbeträge jährlich vom jeweiligen Restwert berechnet und von diesem abgezogen. Die jährlichen Abschreibungsbeträge sind also verschieden groß. Die Wertverluste sind erfahrungsgemäß in den ersten Jahren höher als in den folgenden.

Die degressive Abschreibung ist steuerlich nicht mehr im §7 EStG vorgesehen. Sie war für die Jahre 2009, 2010 auf Grund der schlechten Wirtschaftslage und für die Jahre 2020 bis 2023 in vierten Corona-Steuerhilfegesetz wieder eingeführt worden.

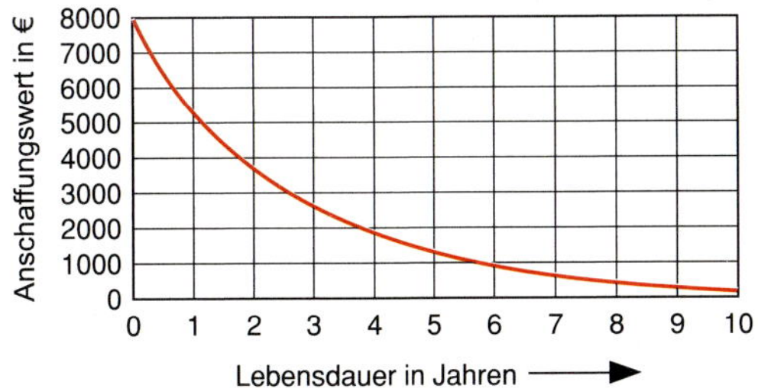

Der Anschaffungswert einer Maschine beträgt 4 000 €, die geschätzte Lebensdauer ist 10 Jahre. Zu berechnen sind:
a) Jahresbetrag in € bei linearer Abschreibung
b) Wert der Maschine nach 4-jähriger Benutzung

Lösung:

a)	Anschaffungswert	4 000,00 €
	jährlicher Abschreibungsbetrag	
	10 % von 4 000,00 €	400,00 €
b)	Anschaffungswert	4 000,00 €
	Restwert nach 1 Jahr	
	4 000,00 € – 400,00 €	= 3 600,00 €
	nach 2 Jahren	
	3 600,00 € – 400,00 €	= 3 200,00 €
	nach 3 Jahren	
	3 200,00 € – 400,00 €	= 2 800,00 €
	nach 4 Jahren	
	2 800,00 € – 400,00 €	= 2 600,00 €

Zum Vergleich: Der Anschaffungswert einer Maschine beträgt 4 000 €.
Zu berechnen ist der Maschinenwert bei degressiver Abschreibung nach 4 Jahren, wenn jährlich 30 % vom Restwert abgezogen werden.

Lösung:

Anschaffungswert	4 000,00 €
Abschreibungsbetrag nach 1 Jahr	
30 % von 4 000,00 €	1 200,00 €
Restwert nach 1 Jahr	2 800,00 €
Abschreibungsbetrag nach 2 Jahren	
30 % von 2 800,00 €	840,00 €
Restwert nach 2 Jahren	1 960,00 €
Abschreibungsbetrag nach 3 Jahren	
30 % von 1 960,00 €	588,00 €
Restwert nach 3 Jahren	1 372,00 €
Abschreibungsbetrag nach 4 Jahren	
30 % von 1 372,00 €	411,60 €
Restwert nach 4 Jahren	960,40 €

Bei den **Jahresbetriebskosten** sind zu unterscheiden:

- fixe (feste) Kosten, die unabhängig von der Betriebsdauer entstehen → Abschreibung und Verzinsung, Gemeinkosten für Miete, Gewerbesteuer, Gebäudebrandversicherung, Elektrogrundgebühren, Wartung und Reparatur (berechnet mit einem Prozentsatz der Anschaffungskosten);
- variable (bewegliche) Kosten, die von der Betriebsdauer abhängen → Betriebsstoffe (Elektrizität, Gas, Öl usw.), Reparaturen, Werkzeugverschleiß, Unfallschutzvorrichtungen, Beleuchtung, Heizung, Lohn- und Gemeinkosten für Maschinenarbeiter/-innen.

Für eine Holzbearbeitungsmaschine zum Anschaffungspreis von 3 500 € sind die Maschinenkosten/Std. zu berechnen.

Kosten in €/h	Nutzungsdauer pro Woche in h				
	1	4	8	16	32
fixe Kosten	17,00	4,75	2,30	1,25	0,65
variable Kosten	9,00	8,50	8,50	8,50	8,50
Maschinenkosten	26,00	13,25	10,80	9,75	9,15

Die **Maschinenkosten je Stunde** errechnen sich aus den (fixen und variablen) Jahresbetriebskosten der Maschine dividiert durch die jährliche Nutzungsdauer in Stunden.

$$\text{Maschinenkosten/Std.} = \frac{\text{Jahresbetriebskosten der Maschine}}{\text{Jährliche Nutzungsdauer der Maschine}}$$

Die **Maschinenkosten je Stück** sind der Quotient aus den Jahresbetriebskosten der Maschine und der Anzahl der gefertigten Werkstücke.

$$\text{Maschinenkosten/Stück} = \frac{\text{Jahresbetriebskosten der Maschine}}{\text{Anzahl der gefertigten Werkstücke}}$$

Für eine Kleinmaschine (Anschaffungswert 600 €) beträgt die jährliche lineare Abschreibung 20 %, die Verzinsung 5%; für Instandhaltung werden 3 % vom Anschaffungswert berechnet. Der monatliche Grundpreis für elektrische Energie beträgt 9,50 €. Für Schmier- und Putzmittel werden im Jahr 15,00 €, für Ersatzteile 85,00 € aufgewendet. Die jährliche Nutzungsdauer der Maschine betrug 680 Stunden. Die Kosten für elektrische Energie betrugen für den 1,85-kW-Motor 18,0 ct je kWh.
Zu berechnen sind:
a) Jahresbetriebskosten in €
b) Maschinenkosten je Stunde in €

Lösung:

a)	Abschreibung 20 % von 600,00 €	120,00 €
	Verzinsung 5 % von 600,00 €	30,00 €
	Instandhaltung 3 % von 600,00 €	18,00 €
	Grundpreis für elektrische Energie 12 · 9,50 €	114,00 €
	fixe Kosten	282,00 €
	Schmier- und Putzmittel	15,00 €
	Ersatzteile	85,00 €
	Elektrische Energie 680 h · 1,85 kW · 18 ct/kWh	226,50 €
	variable Kosten	326,50 €
	Jahresbetriebskosten	608,50 €

b) $$\text{Maschinenkosten/Std.} = \frac{\text{Jahresbetriebskosten der Maschine}}{\text{Jährliche Nutzungsdauer der Maschine}} = \frac{608{,}50}{680\ \text{h}} = \underline{\underline{0{,}90\ €/\text{h}}}$$

Aufgaben

1. Ein Unternehmer berechnet für seinen Betrieb den Fertigungslohngemeinkostensatz für das nächste Geschäftsjahr. Die Jahresfertigungslöhne betrugen 134 258,00 €, die Jahreslohngemeinkosten 230 085,00 €.
Welchen Lohngemeinkostenzuschlag muss der Unternehmer bei kalkulatorischen Berechnungen im kommenden Jahr einsetzen?

2. Wie hoch ist der Lohngemeinkostensatz, wenn im vorausgehenden Kalenderjahr gemäß der Buchführung folgende Aufwendungen entstanden sind? Im Bankraum: für Jahresfertigungslöhne 48 800,00 €, für Jahreslohngemeinkosten 55 200,00 €.
Im Maschinenraum: für Jahresfertigungslöhne 18 400,00 €, für Jahreslohngemeinkosten 74 000,00 €.

3. Zu ermitteln ist der Fertigungslohngemeinkostensatz für einen kleinen Holzbearbeitungsbetrieb bei einem Aufwand für Jahresfertigungslöhne von 113 920,00 € und für Jahreslohngemeinkosten von 208 048,00 €.

4. Für einen Holzbearbeitungsbetrieb mit 12 Angestellten ergaben sich aufgrund der Nachkalkulation innerhalb eines Geschäftsjahres 22 083 Arbeitsstunden. Der durchschnittliche Stundenlohn betrug 11,75 €. Im Bank- und Maschinenraum entstanden im selben Zeitraum Aufwendungen in Höhe von 335 720,73 € für die Jahreslohngemeinkosten.
Zu berechnen ist der Fertigungslohngemeinkostensatz.

5. Welchen Stundensatz kann eine Unternehmerin einem Kunden für Reparaturarbeiten berechnen, wenn der Geselle einen Stundenlohn von 12,20 € erhält? Die Unternehmerin rechnet für Reparaturarbeiten mit einem Fertigungslohngemeinkostensatz von 180 % zuzüglich 15 % für Wagnis und Gewinn und 19 % Mehrwertsteuer.

6. Es entstanden folgende Aufwendungen:

Fertigungsmaterial	1 130,00 €
Fertigungslöhne	2 675,00 €
Selbstkosten	9 205,00 €

Der Gemeinkostensatz (s. S. 232) ist zu berechnen.

7. Ein Holzverarbeitungsbetrieb berechnet zu Beginn eines neuen Geschäftsjahrs die Gemeinkostensätze aufgrund folgender Werte:

	Jahresfertigungslöhne	Jahreslohngemeinkosten
Montage	76 433,00 €	138 400,00 €
Maschinenraum	91 650,00 €	256 500,00 €
Bankraum	276 000,00 €	394 310,00 €

Wie groß sind die Gemeinkostensätze für a) Montage, b) Maschinenraum, c) Bankraum?

8. Ein Holzverarbeitungsbetrieb kaufte am 28. September 2019 eine Bandschleifmaschine für 18 250,00 €. Die jährliche lineare Abschreibung beträgt 12 %. Welchen Buchwert hat die Maschine am 31. Dezember 2021?

9. Der Anschaffungspreis einer Tischfräsmaschine mit Werkzeug und Ausstattung beträgt 11 440,00 €. Es wird mit einer Lebensdauer von 8 Jahren gerechnet. Zu ermitteln ist der Buchwert der Maschine nach 5 Jahren Laufzeit bei:
a) linearer Abschreibung
b) degressiver Abschreibung (30 %)

10. Der Anschaffungspreis einer Dickenhobelmaschine beträgt 14 400,00 €. Die jährliche lineare Abschreibung wird auf 10 % festgelegt, die Verzinsung beträgt 4,5 %. Für Instandhaltung werden 2,5 % vom Anschaffungspreis berechnet.
Der monatliche Grundpreis des Elektrizitäts-Versorgungs-Unternehmens (EVU) beträgt 38,10 €. Die Jahreskosten für Reinigung und Wartung belaufen sich auf 239,00 €, für Reparaturen auf 43,40 €. Die Elektromotoren mit einer Leistungsaufnahme von insgesamt 5,37 kW sind im Berechnungsjahr 870 Stunden (jährliche Nutzungsdauer) gelaufen. 1 kWh kostet 43 ct. Zu berechnen sind:
a) fixe Kosten im 1. Jahr nach Anschaffung der Maschine in €
b) variable Kosten im gleichen Zeitraum in €
c) Betriebskosten je Stunde in €

11. Eine Kleinmaschine kostete bei der Anschaffung 953,00 €. Die lineare Abschreibung beträgt 12 %, die Verzinsung 5 %. Für Instandhaltung werden 2,5 % vom Anschaffungspreis angesetzt.
Bei einer durchschnittlichen monatlichen Nutzungsdauer von 67 Stunden, einer Leistung von 0,85 kW bei einem Energiepreis von 34 ct je kWh und einem Grundpreis für elektrische Energie von 14,85 € sind die Betriebskosten für eine Stunde zu berechnen.

12. Eine Format-Tischkreissägemaschine mit einer Motorleistung von 4,65 kW kostete bei der Anschaffung 12 400,00 €. Das Unternehmen setzt bei der Berechnung der kalkulatorischen Kosten einen Abschreibungssatz von 10 % ein; für Verzinsung werden 6 %, für Instandsetzung 3 % berechnet. Die Maschine läuft an 283 Arbeitstagen im Jahr täglich 3,4 Stunden. Das EVU berechnet einen monatlichen Grundpreis von 56,00 €; der Energiepreis je kWh beträgt 34 ct.
Zu berechnen sind:
a) fixe Kosten je Arbeitsstunde in €
b) variable Kosten je Arbeitsstunde in €
c) Betriebskosten je Arbeitsstunde in €
d) Kosten für 1 Maschinenstunde (ohne Lohngemeinkosten) bei einem Stundenlohn des Maschinenarbeiters von 13,25 €

13. Ein Unternehmen möchte die Produktion durch Herstellung von Einbauschränken erweitern. Dazu ist die Anschaffung einer elektrisch beheizten, hydraulischen Presse zum Preis von 19 260,00 € notwendig. Bei der vorausgehenden Berechnung der Maschinenkosten werden folgende Werte berücksichtigt:
Lineare Abschreibung jährlich 30 %, Verzinsung 5 %, Instandhaltung 2 %, wöchentliche Nutzungsdauer 2,5 Stunden bei 47 Arbeitswochen im Jahr. Die durchschnittliche Leistungsaufnahme beträgt 23 kW. Das EVU berechnet für 1 kWh 0,24 € und einen monatlichen Grundpreis von 248,40 €.
Zu berechnen sind die Betriebskosten je Stunde nach a) 1-jähriger, b) 2-jähriger, c) 3-jähriger Benutzung.

14. Eine elektronisch gesteuerte Holzbearbeitungsmaschine kostet 52 150,00 €. Für den Einsatz der Maschine müssen die Kosten pro Betriebsstunde berechnet werden. Folgende Angaben sind bei der Berechnung zu berücksichtigen:
monatliche betriebliche Arbeitszeit 154 h, jährliche Auslastung der Maschine 60 %, lineare Abschreibung 10 %, Verzinsung vom Neuwert 7,5 %, Aufwand für Wartung und Reparatur 6 %. Die Maschine besitzt einen 380-V-Drehstrommotor mit einer Stromaufnahme von 16 A, $\cos \phi = 0{,}85$. Der Energiepreis je kWh beträgt 34 ct. Die Maschinenfacharbeiterin, die die Maschine bedient, erhält einen Stundenlohn von 13,15 €; die kalkulatorischen Lohngemeinkosten betragen 135 %.
Zu berechnen sind:
a) fixe Kosten pro Jahr
b) variable Kosten pro Jahr
c) Kosten je Betriebsstunde in €

15. Ein Leichttransporter mit Holzpritsche hatte einen Anschaffungspreis von 19 500,00 €. Die lineare Abschreibung beträgt 30 %, die Verzinsung des Anschaffungspreises 6 %. Der Unternehmer zahlt jährlich für Kfz-Steuer 175,00 €, für Haftpflicht 237,00 €. Der Transporter fährt im Berechnungsjahr 22 718 km; je km werden für Reifenverschleiß 2,5 ct berechnet, für Wartung und Reparatur 5,6 ct und für Ölverbrauch 0,9 ct. Die Garagenmiete beträgt monatlich 32,00 €. Der Benzinverbrauch je 100 km liegt im Durchschnitt bei 10,8 l, der Benzinpreis je Liter beträgt 2,00 €.
Zu berechnen sind:
a) fixe Kosten im 3. Jahr nach der Anschaffung in €
b) variable Kosten in €
c) Kosten je km Fahrtstrecke im 3. Jahr nach der Anschaffung in €

8.4 Durchführung einer Kalkulation

Begriffe

Die **Kalkulation** (Kostenrechnung) erfasst systematisch alle Kosten, die bei der Produktion oder Reparatur von Erzeugnissen entstehen. Sie bildet die Grundlage für die Betriebsführung und ermöglicht die Kontrolle der Wirtschaftlichkeit und betrieblichen Leistungsfähigkeit (→ Arbeitsabläufe, Transportwege, Einsatz von Betriebsmitteln).

In der **Vorkalkulation** wird vor der Herstellung eines Erzeugnisses der Angebots-(Verkaufs-)preis möglichst genau ermittelt. Mithilfe von Zeichnungen werden Materiallisten erstellt und die Werkstoffkosten genau errechnet. Die Fertigungslöhne müssen geschätzt werden (Erfahrungswerte).

Die **Zwischenkalkulation** ermöglicht während längerfristiger Fertigungen etwaige Kostenkorrekturen und sichert die Einhaltung von Terminen.

In der **Nachkalkulation** werden nach Fertigstellung eines Auftrages mit genau erstellten Unterlagen (Material- und Stundenzettel) die Vorgaben der Vorkalkulation überprüft. Die Ergebnisse sind Erfahrungswerte für neue, ähnliche Vorkalkulationen. Sie geben auch Aufschluss über Gewinn und Verlust.

Kosten in der Kalkulation

Arbeitskraft	Lohnkosten
Werkstoffe	Materialkosten
Betriebsmittel	Gemeinkosten

Zeitlicher Einsatz der Kalkulation

Vorkalkulation	→ Angebotspreis
Zwischenkalkulation	→ Kontrolle
Nachkalkulation	→ Erfahrungswerte, Gewinn und Verlust

Zuschlagskalkulation – Durchführung

Die Zuschlagskalkulation wird vorwiegend im Handwerk angewendet, weil die herzustellenden Produkte verschiedenartig sind und unterschiedliche Kosten verursachen. Bei jedem Auftrag werden:

- Einzelkosten für Material und Lohn direkt verrechnet,
- Gemeinkosten den Einzelkosten prozentual zugeschlagen.

Die **Fertigungslohnkosten** werden als Einzelkosten unterschieden nach:

- Bankraum,
- Maschinenraum,
- Montage.

Fertigungsmaterial
\+ Fertigungslöhne
\+ Gemeinkosten
\+ Sonderkosten Fertigung
= Selbstkosten (Herstellungskosten)
\+ Wagnis und Gewinn
\+ Sonderposten Vertrieb
= Nettopreis
\+ MwSt.
= Bruttopreis

Die **Fertigungsmaterialkosten** sind Einzelkosten. Man unterscheidet:

- Hauptmaterialien, z. B. Vollholz, Platten, Furniere, Glas, Kunststoffe,
- Hilfswerkstoffe, z. B. Beschläge, Leim, Schrauben, Dichtungsmittel, Oberflächenmaterialien,
- Halbfabrikate,
- Fremdleistungen, z. B. Glasschiebetüren.

Gemeinkosten sind nicht direkt verrechenbar. Sie werden prozentual zugeschlagen auf:

- Fertigungsmaterial,
- Bankraumlöhne,
- Maschinenraumlöhne,
- Montagelöhne.

Die **Selbstkosten (Herstellungskosten)** ergeben sich aus der Addition von Fertigungsmaterialkosten, Fertigungslohnkosten (Sonderkosten der Fertigung) und Gemeinkosten.

Sonderkosten der Fertigung als Zuschlag für Überstunden und Baustunden entstehen nicht bei jedem Auftrag und bleiben bei den folgenden Beispielen unberücksichtigt.

Wagnis und Gewinn werden als Rücklage für den Betrieb den Selbstkosten prozentual zugeschlagen.

Sonderkosten des Vertriebs für Verpackung, Fracht und Versicherung bleiben hier ebenfalls unberücksichtigt.

Der **Nettopreis** setzt sich aus den Selbstkosten, den Zuschlägen für Wagnis und Gewinn und den Vertriebskosten zusammen.

Die **Mehrwertsteuer** wird als prozentualer Zuschlag auf den Nettopreis berechnet.

Ein Kalkulationsschema, das übersichtlich gestaltet ist und leicht ausgefüllt und gelesen werden kann, ist bei der Zuschlagskalkulation unentbehrlich. In der Schule kann vereinfacht wie im Beispiel verfahren werden.

Bei der Herstellung eines Werkstücks sind die folgenden Kosten entstanden:

1. Materialkosten lt. Materialliste für Holzwerkstoffe 165,70 €; für Oberflächenmaterial 12,10 € und für Beschläge 16,43 €.
2. Lohnkosten je Std. 12,50 €; Fertigungszeiten im Bankraum 15,3 Std., im Maschinenraum 4,2 Std.

Berechnet werden für Lohngemeinkostenzuschläge im Bankraum 140 %, im Maschinenraum 270 % sowie für Wagnis und Gewinn 15 %. Die Mehrwertsteuer beträgt 19 %.
Der Bruttopreis ist ohne Benutzung eines Kalkulationsvordrucks zu berechnen.

Lösung:

Fertigungsmaterial		
Holzwerkstoffe lt. Materialliste	165,70 €	
Hilfswerkstoffe lt. Beschlagliste	16,43 €	
Oberflächenmaterial	12,10 €	
Fertigungsmaterialgemeinkostenzuschlag	–	
		194,23 €
Fertigungslöhne		
Masch.-raum 4,2 Std. je 12,50 €	52,50 €	
Bankraum 15,3 Std. je 12,50 €	191,25 €	
		243,75 €
Lohngemeinkostenzuschlag		
270 % auf Maschinenraumlöhne von 52,50 €	141,75 €	
140 % auf Bankraumlöhne von 191,25 €	267,75 €	409,50 €
Selbstkosten		847,48 €
Wagnis und Gewinn 15 %		
15 % von 847,48 €		127,12 €
Nettopreis		974,60 €
Mehrwertsteuer (MwSt.) 19 %		
19 % von 974,60 €		185,17 €
Bruttopreis		1 159,78 €

Die **Zuschlagskalkulation mit einem Formblatt** wird in Vor- und Nachkalkulation – wie in Betrieben üblich – am Beispiel einer Haustür vorgestellt.

Auftrag Nr.	123/90
Auftraggeber	N. Neumann
Auftrag	Haustür

VOR- UND NACHKALKULATION

Materialart Eiche

Oberfläche DD-Lack

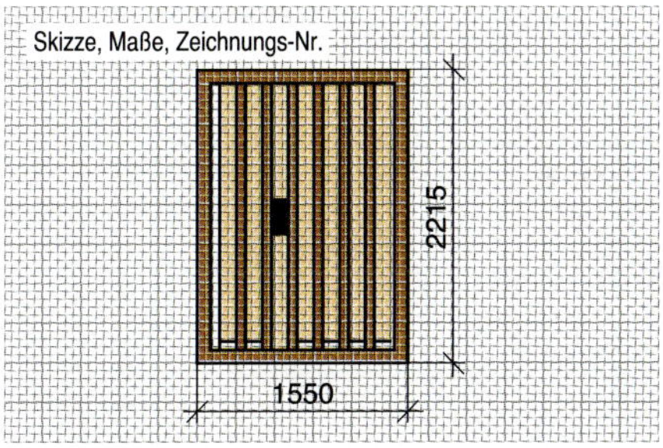

	je Einheit	Vorkalkulation €		Nachkalkulation €	
Hauptwerkstoffe					
lt. Materialliste		701	75		
Hilfswerkstoffe					
Beschläge	je Einheit				
lt. Beschlagliste		472	00		
Leim (Kleber) B4; 0,8 kg	7,40	5	92		
Schrauben Stück					
Schleifmittel, Kleinmaterial		14	50		
Dichtungsmaterial 2 Kartuschen Montagesch.	6,75	13	50		
Oberflächenmaterial					
DD-Lack, 3,5 kg	7,50	26	25		
Halbfabrikate Fremdleistungen					
PVC-Profil, 10,5 m	1,95	20	48		
Fertigungsmaterial		1254	40		

Tag 28.09.20..

Zeichen Kd

				Vorkalkulation €		%	Nachkalkulation €		%
❶ Fertigungsmaterial									
			Übertrag	1254	40	31	2526	64	31
❷ Fertigungslöhne									
	Vor.-K.	Nach.-K.							
Masch'raum	19	17,2	Std. à 13,00	247	00		223	60	
Bankraum	60	64,3	Std. à 13,00	780	00		835	90	
Montage	10	8,6	Std. à 13,00	130	00		111	80	
			Std. à						
				1157	00	22	1171	30	22
❸ Gemeinkosten									
10	% auf die Materialkosten			125	44		125	44	
280	% auf Maschinenraum-Löhne			691	60		628	08	
180	% auf Bankraum-Löhne			1404	00		1504	62	
180	% auf Montage-Löhne			234	00		201	24	
	% auf								
				2329	60	47	2331	94	47
❹ Sonderkosten d. Fertigung									
Zuschläge									
auf	Baustunden à								
auf	Überstunden à								
auf									
	% lohngeb. Gemeink. auf Zuschl.								
Gerätevorhaltung									
Selbstkosten (Herstellkosten) (1 + 2 + 3 + 4)				4741	00	100	4757	64	100
❺ Wagnis + Gewinn									
Vor- 15 %	Nach - Kalkulation 15 % der Selbstkosten			711	15		713	65	
❻ Sonderkosten d. Vertriebs									
Ausgangsfrachten									
Provisionsverpflichtungen									
			Summe	5452	15		5471	29	
			Netto-Preis	5452	15		5471	29	
			~~Gewinn~~/Verlust				19	14	

Mehrwertsteuer bei der Angebotsabgabe bzw. bei der Rechnungsstellung nicht vergessen!

Bei der **Zuschlagskalkulation mit Datenverarbeitung** werden lediglich die Material- und Lohnkosten in das Kalkulationsschema eingetragen. Das Computerprogramm berechnet aus diesen Daten bei gegebenen Zuschlagssätzen die Selbstkosten, den Netto- und den Bruttopreis.

Mit Excel erstellt.

Zuschlagskalkulation

Berechnung erfolgt wie bei der Materialliste durch Spalten und Zeilen!

Auftrag Nr.:
Zeichnung Nr.:
Holzliste Nr.:

Gegenstand:
Holzart:
Oberfläche:

Auftraggeber:
Angebot:
Bestellung:
bearbeitet:

Lieferung:
Rechnung:
den

B	C	D	E	F
Zusammenstellung/Werkstoffe			€	€
laut Materialliste			370,00	
				370,00
Beschläge	Einheit Anzahl	Preis je Einheit		
Hilfswerkstoffe	Menge		16,43	
Leim				
Furnierleim (m²)				
Schleifmittel				
Schrauben, Nägel				
Kleinmaterial				
Oberflächen-Material			12,10	
Grund- u. Decklack (m²)				
			28,53	28,53
Halbfabrikat-Fremdleistung				
Werkstoffkosten				398,53

G H	I	J	K	L
			€	€
Werkstoffkosten			398,53	
...... % Materialgemeinkosten				398,53
Sonderkosten der Fertigung				
Fertigungslöhne	Std.	Lohn		
Maschinenarbeit	14,5	13,00	188,50	
Handarbeit	23,7	12,25	290,33	
Oberfläche				478,83
Gemeinkosten				
270 % aus Maschine			508,95	
140 % aus Handarbeit			406,46	
...... % aus Oberfläche				
Gemeinkosten				915,41
			Herstellkosten	1792,76
...... % Verwaltungsgemeinkosten				
...... % Vertriebsgemeinkosten				
			Selbstkosten	1792,76
Wagnis und Gewinn				
15 % von Selbstkosten				268,91
Sonstige Aufwendungen				
Zuschläge: Montagestd. je				
Überstd. je				
Sonderkosten des Vertriebs				
Verpackung, Fracht, Transport				
Nettopreis				2061,67
Mehrwertsteuer	19 %			391,72
Kalkulierter Preis				2453,39
Angeboten/Berechnet				
Auswertung:				

Aufgaben

1. Eine Nachkalkulation ergibt Aufwendungen für:
Fertigungsmaterial: Platten 147,36 €, Beschläge 20,85 €, Oberflächenmaterial 13,36 €;
Fertigungszeiten: Maschinenraum 2,4 Stunden, Bankraum 11,5 Std., Fertigungslohnkosten je Stunde 13,10 €.
Kalkuliert wird mit Lohngemeinkostenzuschlägen auf Bankraumlöhne von 160 %, auf Maschinenraumlöhne von 250 %. Wagnis und Gewinn 15 %; MwSt. 19 %.
Zu berechnen ist der Bruttopreis in €.

2. Für eine Reparaturarbeit entsteht folgender Aufwand:
1. Fertigungsmaterial 76,86 €, Beschläge und Schrauben 12,68 €.
2. An direkt zu verrechender Arbeitszeit werden für die Tätigkeiten im Maschinenraum 1,7 Stunden und für die Arbeiten im Bankraum 6,3 Stunden notiert. Fertigungslohnkosten je Stunde 13,00 €. Der Kalkulation liegen Lohngemeinkostenzuschläge für den Maschinenraum von 280 % und für den Bankraum von 150 % zugrunde.
Wie hoch ist der Bruttopreis für die Reparatur bei 12 % Zuschlag für Wagnis und Gewinn sowie 19 % Mehrwertsteuer?

3. Die Nachkalkulation für einen Schrank ergab folgende Materialkosten: Spanplatten 255,50 €, Furnier 123,00 €, KUF-Leim 27,60 €, Beschläge und Hilfswerkstoffe 31,75 €, Oberflächenmaterial 48,30 €. Der Zeitaufwand für Maschinenarbeit betrug 9,6 Stunden, für Bankarbeit 34,8 Stunden bei einem Stundenlohn von 12,90 €. Die betrieblichen Gemeinkostenzuschläge belaufen sich beim Maschinenraum auf 280 %, beim Bankraum auf 140 %.
Zu berechnen ist nach dem Schema (s. S. 238) der Bruttopreis in €, wenn für Wagnis und Gewinn 15 % und für Mehrwertsteuer 19 % zugeschlagen werden.

4. Für einen Wohnungsumbau werden 5 gleichartige Zimmertüren hergestellt und eingebaut. Für das Angebot wird eine Vorkalkulation aufgestellt, bei der je Zimmertür folgende Aufwendungen zugrunde gelegt werden:
Fertigungsmaterial lt. Materiallisten für Vollholz und Platten 593,50 €, für Beschläge und Zubehör 246,50 €, für KUF-Leim und DD-Lack 48,80 €. Als Zeitaufwand für Maschinenarbeit werden 4,5 Stunden, für Bankarbeit und Montage 24 Stunden geschätzt. Der Stundenlohn beträgt 13,05 €. Für die Lohngemeinkostenzuschläge wird im Bankraum mit 150 %, im Maschinenraum mit 270 % gerechnet. Wagnis und Gewinn betragen 12 %, Mehrwertsteuer 19 %.
Zu berechnen ist der Bruttopreis in € für alle 5 Türen.

5. Einem Unternehmer entstanden bei der Herstellung eines Tischs in Kirschbaum gemäß der Nachkalkulation folgende Kosten:
Holz lt. Materialliste 430,50 €, Oberflächenmaterial 8,75 €. Den Arbeitszetteln entnahm er für den Zeitaufwand im Maschinenraum 1,3 Stunden, im Bankraum 9,5 Stunden. Der bisherige Stundenlohn in Höhe von 11,80 € wird um 4,3 % erhöht. Die Gemeinkostenzuschläge betragen: für Fertigungsmaterial 10 %, für Maschinenraumlöhne 280 %, für Bankraumlöhne 150 %.
Welchen Bruttopreis ergibt die Nachkalkulation bei 15 % Zuschlag für Wagnis und Gewinn sowie 19 % Mehrwertsteuer?

6. Für ein einflügeliges Dreh-Kipp-Verbundfenster in Kiefer mit Blendrahmenaußenmaßen von 1 430 mm/1 570 mm wurden bei der Nachkalkulation folgende Aufwendungen ermittelt:
Fertigungsmaterial lt. Materialliste 83,10 €; Beschläge einschließlich Dreh-Kipp-Beschlag mit oberer Eckumlenkung sowie senkrechtem und waagerechtem Verschluss und Wetterschutzschiene mit zusätzlicher Dichtung 317,00 €; Holzimprägnierung und -grundierung 32,45 €; Fensterglas für Innen- und Außenflügel einschließlich Versiegelung 179,40 €; Maschinenarbeitszeit für Hobeln, Profilieren und Eckverbindungen 135 Minuten, Handarbeitszeit 108 Minuten bei einem Stundenlohn von je 13,00 €.
Der Lohnkostenaufwand für Montage belief sich auf 81,70 €. Der Lohngemeinkostenzuschlag für Maschinenarbeit wird mit 260 %, für Handarbeit mit 140 % und für Montage mit 180 % angesetzt.
Zu berechnen ist der Angebotspreis ohne Mehrwertsteuer bei 15 % Zuschlag für Wagnis und Gewinn.

7. Für den Angebotspreis eines Einbauschranks wird eine Vorkalkulation aufgestellt. Die gesamten Kosten für das Fertigungsmaterial belaufen sich auf 1 216,00 €.
Der Stundenlohn beträgt 12,90 € und wird für 12,5 Stunden Maschinenarbeit und 22,5 Stunden Bankarbeit berechnet. Die Lohngemeinkostenzuschläge für Maschinenarbeit werden mit 280 %, für Bankarbeit mit 140 % angesetzt. 18 % für Wagnis und Gewinn sowie 19 % für Mehrwertsteuer werden zugeschlagen.
Zu berechnen sind:
a) Bruttopreis in €
b) tatsächlicher prozentualer Zuschlag für Wagnis und Gewinn, da die Kundin wegen verspäteter Lieferung und Einbau des Schranks nur 3 400,00 € bezahlte. Die Nachkalkulation ergab einen Selbstkostenpreis von 2 650,00 €.

8. Eine Holzdecke mit den Maßen 5,17 m/6,31 m wird mit einem Quadratmeterpreis von 263,00 € angeboten. In einer Nachkalkulation ist zu berechnen, ob die Vorkalkulation gestimmt hat.
Bei der Nachkalkulation haben sich ergeben: Fertigmenge an Vollholz Fichte 1,235 m^3 zum Preis von 342,50 €/m^3, Verschnittzuschlag 30 %. Hilfswerkstoffe 57,50 €, Lack 37,50 €.
Im Bankraum und auf Montage wurden zusammen 144 Stunden gearbeitet, im Maschinenraum 26 Stunden. Der Stundenlohn beträgt 13,25 €. Lohngemeinkostenzuschläge für Bankraum 135 %, für Maschinenraum 270 %. Wagnis und Gewinn 15 %, ebenso 19 % Mehrwertsteuer.

9. Ein Kunde bestellt eine größere Anzahl von Büroschränken und bezahlt je Schrank netto 1 625,00 €.
Zu berechnen ist der Gewinn des Unternehmens in € und in % je Schrank, wenn mit folgenden Werten kalkuliert wird:
Fertigungsmaterialkosten: Vollholz, P2-Platten 133,70 €, Furnier 41,50 €, KPVAC-Leim, DD-Lack, Schleifmittel 38,10 €, Beschläge 74,10 €.
Fertigungslohnkosten: Maschinenraum 5,34 Stunden à 12,42 €, Bankraum 34,50 Stunden à 12,25 €.
Gemeinkostenzuschläge: Maschinenraum 280 %, Bankraum 150 %.

10. Eine Innenausbauarbeit kostet einschließlich Mehrwertsteuer 4 125,00 €. Die Nachkalkulation ergab folgende Werte: Vollholz, Platten und Furniere 913,80 €, Beschläge 127,50 €, Oberflächenmaterial 93,70 €. Zeitaufwand im Bankraum 45,4 Stunden, im Maschinenraum 25,3 Stunden; der Stundenlohn beträgt 12,30 €. Gemeinkostensätze für Fertigungsmaterialien 10 %, Bankraumlöhne 160 %, Maschinenraumlöhne 300 %.
Zu berechnen ist der vom Unternehmen erzielte Gewinn in %.

11. Eine Gesellin verdient 12,75 € in der Stunde. 30 % ihrer Arbeitszeit ist sie im Maschinenraum beschäftigt, den Rest im Bankraum. Im Maschinenraum wird mit einem Gemeinkostensatz von 280 %, im Bankraum mit 140 % gerechnet. Der Unternehmer rechnet mit 12 % für Wagnis und Gewinn, an das Finanzamt müssen 19 % Mehrwertsteuer abgeführt werden.
Zu berechnen ist der Stundenlohnverrechnungssatz in €.

12. 15 Tischplatten mit den Maßen 1650 mm/800 mm werden beidseitig furniert und lackiert. Trägermaterial P2-Platte, 28 mm dick, Preis 6,75 €/m^2, 15 % Verschnittzuschlag, Deckfurnier Oberseite kostet 9,20 €/m^2, Deckfurnier Unterseite 2,85 €/m^2, jeweils mit 40 % Verschnittzuschlag. Leimkosten je m^2 0,38 €, Lackkosten je m^2 1,17 €. Maschinenarbeit 6,0 Stunden, Bankarbeit 11,5 Stunden. Stundenlohn 11,90 €, Gemeinkostenzuschläge auf Bankarbeit 180 %, auf Maschinenarbeit 250 %.
Zu berechnen ist der Herstellungspreis für 1 m^2 fertige Tischplatte in €.

13. Ein Fensterbaubetrieb kalkuliert ein einflügeliges Einfachfenster mit Isolierverglasung, System IV 56, mit Rahmen- und Flügelholzquerschnitten von 78 mm/56 mm und Rahmenaußenmaßen von 1 330 mm/1 520 mm. Bei einem Kubikmeterpreis von 382,50 € belaufen sich einschließlich 60 % Verschnittzuschlag die Kosten für 1 m Fensterholzquerschnitt mit Rahmen, Flügelholz und Glasleiste auf 9,38 €; außerdem entsteht bei der Herstellung für 1 m dieses Querschnitts im Maschinenraum ein Zeitaufwand von 12,5 Minuten mit einem Minutenfaktor von 0,47 € und im Bankraum ein Zeitaufwand von 6,3 Minuten mit einem Minutenfaktor von 0,42 €, jeweils einschließlich Lohngemeinkostenzuschlag. Für die Eckverbindungen des einflügeligen Fensters werden noch 10,90 € zugeschlagen. Der Dreh-Kipp-Beschlag einschließlich Einbau kostet 74,15 €, die Wetterschutzschiene 4,92 €.
Das Isolierglas mit Bestellmaßen von 111 cm/131 cm wird mit 65,40 €/m^2 berechnet, zuzüglich 5,62 €/m^2 für Einsetzkosten und Versiegelung. Für die Montage berechnet das Unternehmen 64,75 €.
Zu berechnen ist der Bruttopreis des eingesetzten Fensters bei 15 % Zuschlag für Wagnis und Gewinn sowie 19 % Mehrwertsteuer.

Sinus 0° … 45°

Grad \ Min.	0'	10'	20'	30'	40'	50'	60'	
0	0,0000	0,0029	0,0058	0,0087	0,0116	0,0145	0,0175	89
1	0,0175	0,0204	0,0233	0,0262	0,0291	0,0320	0,0349	88
2	0,0349	0,0378	0,0407	0,0436	0,0465	0,0494	0,0523	87
3	0,0523	0,0552	0,0581	0,0610	0,0640	0,0669	0,0698	86
4	0,0698	0,0727	0,0756	0,0785	0,0814	0,0843	0,0872	85
5	0,0872	0,0901	0,0929	0,0958	0,0987	0,1016	0,1045	84
6	0,1045	0,1074	0,1103	0,1132	0,1161	0,1190	0,1219	83
7	0,1219	0,1248	0,1276	0,1305	0,1334	0,1363	0,1392	82
8	0,1392	0,1421	0,1449	0,1478	0,1507	0,1536	0,1564	81
9	0,1564	0,1593	0,1622	0,1650	0,1679	0,1708	0,1736	80
10	0,1736	0,1765	0,1794	0,1822	0,1851	0,1880	0,1908	79
11	0,1908	0,1937	0,1965	0,1994	0,2022	0,2051	0,2079	78
12	0,2079	0,2108	0,2136	0,2164	0,2193	0,2221	0,2250	77
13	0,2250	0,2278	0,2306	0,2334	0,2363	0,2391	0,2419	76
14	0,2419	0,2447	0,2476	0,2504	0,2532	0,2560	0,2588	75
15	0,2588	0,2616	0,2644	0,2672	0,2700	0,2728	0,2756	74
16	0,2756	0,2784	0,2812	0,2840	0,2868	0,2896	0,2924	73
17	0,2924	0,2952	0,2979	0,3007	0,3035	0,3062	0,3090	72
18	0,3090	0,3118	0,3145	0,3173	0,3201	0,3228	0,3256	71
19	0,3256	0,3283	0,3311	0,3338	0,3365	0,3393	0,3420	70
20	0,3420	0,3448	0,3475	0,3502	0,3529	0,3557	0,3584	69
21	0,3584	0,3611	0,3638	0,3665	0,3692	0,3719	0,3746	68
22	0,3746	0,3773	0,3800	0,3827	0,3854	0,3881	0,3907	67
23	0,3907	0,3934	0,3961	0,3987	0,4014	0,4041	0,4067	66
24	0,4067	0,4094	0,4120	0,4147	0,4173	0,4200	0,4226	65
25	0,4226	0,4253	0,4279	0,4305	0,4331	0,4358	0,4384	64
26	0,4384	0,4410	0,4436	0,4462	0,4488	0,4514	0,4540	63
27	0,4540	0,4566	0,4592	0,4617	0,4643	0,4669	0,4695	62
28	0,4695	0,4720	0,4746	0,4772	0,4797	0,4823	0,4848	61
29	0,4848	0,4874	0,4899	0,4924	0,4950	0,4975	0,5000	60
30	0,5000	0,5025	0,5050	0,5075	0,5100	0,5125	0,5150	59
31	0,5150	0,5175	0,5200	0,5225	0,5250	0,5275	0,5299	58
32	0,5299	0,5324	0,5348	0,5373	0,5398	0,5422	0,5446	57
33	0,5446	0,5471	0,5495	0,5519	0,5544	0,5568	0,5592	56
34	0,5592	0,5616	0,5640	0,5664	0,5688	0,5712	0,5736	55
35	0,5736	0,5760	0,5783	0,5807	0,5831	0,5854	0,5878	54
36	0,5878	0,5901	0,5925	0,5948	0,5972	0,5995	0,6018	53
37	0,6018	0,6041	0,6065	0,6088	0,6111	0,6134	0,6157	52
38	0,6157	0,6180	0,6202	0,6225	0,6248	0,6271	0,6293	51
39	0,6293	0,6316	0,6338	0,6361	0,6383	0,6406	0,6428	50
40	0,6428	0,6450	0,6472	0,6494	0,6517	0,6539	0,6561	49
41	0,6561	0,6583	0,6604	0,6626	0,6648	0,6670	0,6691	48
42	0,6691	0,6713	0,6734	0,6756	0,6777	0,6799	0,6820	47
43	0,6820	0,6841	0,6862	0,6884	0,6905	0,6926	0,6947	46
44	0,6947	0,6967	0,6988	0,7009	0,7030	0,7050	0,7071	45
	60'	50'	40'	30'	20'	10'	0'	Grad / Min.

Cosinus 45° … 90°

Sinus 45° … 90°

Grad \ Min.	0'	10'	20'	30'	40'	50'	60'	
45	0,7071	0,7092	0,7112	0,7133	0,7153	0,7173	0,7193	44
46	0,7193	0,7214	0,7234	0,7254	0,7274	0,7294	0,7314	43
47	0,7314	0,7333	0,7353	0,7373	0,7392	0,7412	0,7431	42
48	0,7431	0,7451	0,7470	0,7490	0,7509	0,7528	0,7547	41
49	0,7547	0,7566	0,7585	0,7604	0,7623	0,7642	0,7660	40
50	0,7660	0,7679	0,7698	0,7716	0,7735	0,7753	0,7771	39
51	0,7771	0,7790	0,7808	0,7826	0,7844	0,7862	0,7880	38
52	0,7880	0,7898	0,7916	0,7934	0,7951	0,7969	0,7986	37
53	0,7986	0,8004	0,8021	0,8039	0,8056	0,8073	0,8090	36
54	0,8090	0,8107	0,8124	0,8141	0,8158	0,8175	0,8192	35
55	0,8192	0,8208	0,8225	0,8241	0,8258	0,8274	0,8290	34
56	0,8290	0,8307	0,8323	0,8339	0,8355	0,8371	0,8387	33
57	0,8387	0,8403	0,8418	0,8434	0,8450	0,8465	0,8480	32
58	0,8480	0,8496	0,8511	0,8526	0,8542	0,8557	0,8572	31
59	0,8572	0,8587	0,8601	0,8616	0,8631	0,8646	0,8660	30
60	0,8660	0,8675	0,8689	0,8704	0,8718	0,8732	0,8746	29
61	0,8746	0,8760	0,8774	0,8788	0,8802	0,8816	0,8829	28
62	0,8829	0,8843	0,8857	0,8870	0,8884	0,8897	0,8910	27
63	0,8910	0,8923	0,8936	0,8949	0,8962	0,8975	0,8988	26
64	0,8988	0,9001	0,9013	0,9026	0,9038	0,9051	0,9063	25
65	0,9063	0,9075	0,9088	0,9100	0,9112	0,9124	0,9135	24
66	0,9135	0,9147	0,9159	0,9171	0,9182	0,9194	0,9205	23
67	0,9205	0,9216	0,9228	0,9239	0,9250	0,9261	0,9272	22
68	0,9272	0,9283	0,9293	0,9304	0,9315	0,9325	0,9336	21
69	0,9336	0,9346	0,9356	0,9367	0,9377	0,9387	0,9397	20
70	0,9397	0,9407	0,9417	0,9426	0,9436	0,9446	0,9455	19
71	0,9455	0,9465	0,9474	0,9483	0,9492	0,9502	0,9511	18
72	0,9511	0,9520	0,9528	0,9537	0,9546	0,9555	0,9563	17
73	0,9563	0,9572	0,9580	0,9588	0,9596	0,9605	0,9613	16
74	0,9613	0,9621	0,9628	0,9636	0,9644	0,9652	0,9659	15
75	0,9659	0,9667	0,9674	0,9681	0,9689	0,9696	0,9703	14
76	0,9703	0,9710	0,9717	0,9724	0,9730	0,9737	0,9744	13
77	0,9744	0,9750	0,9757	0,9763	0,9769	0,9775	0,9781	12
78	0,9781	0,9787	0,9793	0,9799	0,9805	0,9811	0,9816	11
79	0,9816	0,9822	0,9827	0,9833	0,9838	0,9843	0,9848	10
80	0,9848	0,9853	0,9858	0,9863	0,9868	0,9872	0,9877	9
81	0,9877	0,9881	0,9886	0,9890	0,9894	0,9899	0,9903	8
82	0,9903	0,9907	0,9911	0,9914	0,9918	0,9922	0,9925	7
83	0,9925	0,9929	0,9932	0,9936	0,9939	0,9942	0,9945	6
84	0,9945	0,9948	0,9951	0,9954	0,9957	0,9959	0,9962	5
85	0,9962	0,9964	0,9967	0,9969	0,9971	0,9974	0,9976	4
86	0,9976	0,9978	0,9980	0,9981	0,9983	0,9985	0,9986	3
87	0,9986	0,9988	0,9989	0,9990	0,9992	0,9993	0,9994	2
88	0,9994	0,9995	0,9996	0,9997	0,9997	0,9998	0,99985	1
89	0,99985	0,99989	0,99993	0,99996	0,99998	0,99999	1,0000	0
	60'	50'	40'	30'	20'	10'	0'	Grad / Min.

Cosinus 0° … 45°

Grad \ Min.	Tangens 0° … 45° 0'	10'	20'	30'	40«	50'	60'	Grad
0	0,0000	0,0029	0,0058	0,0087	0,0116	0,0145	0,0175	89
1	0,0175	0,0204	0,0233	0,0262	0,0291	0,0320	0,0349	88
2	0,0349	0,0378	0,0407	0,0437	0,0466	0,0495	0,0524	87
3	0,0524	0,0553	0,0582	0,0612	0,0641	0,0670	0,0699	86
4	0,0699	0,0729	0,0758	0,0787	0,0816	0,0846	0,0875	85
5	0,0875	0,0904	0,0934	0,0963	0,0992	0,1022	0,1051	84
6	0,1051	0,1080	0,1110	0,1139	0,1169	0,1198	0,1228	83
7	0,1228	0,1257	0,1287	0,1317	0,1346	0,1376	0,1405	82
8	0,1405	0,1435	0,1465	0,1495	0,1524	0,1554	0,1584	81
9	0,1584	0,1614	0,1644	0,1673	0,1703	0,1733	0,1763	80
10	0,1763	0,1793	0,1823	0,1853	0,1883	0,1914	0,1944	79
11	0,1944	0,1974	0,2004	0,2035	0,2065	0,2095	0,2126	78
12	0,2126	0,2156	0,2186	0,2217	0,2247	0,2278	0,2309	77
13	0,2309	0,2339	0,2370	0,2401	0,2432	0,2462	0,2493	76
14	0,2493	0,2524	0,2555	0,2586	0,2617	0,2648	0,2679	75
15	0,2679	0,2711	0,2742	0,2773	0,2805	0,2836	0,2867	74
16	0,2867	0,2899	0,2931	0,2962	0,2994	0,3026	0,3057	73
17	0,3057	0,3089	0,3121	0,3153	0,3185	0,3217	0,3249	72
18	0,3249	0,3281	0,3314	0,3346	0,3378	0,3411	0,3443	71
19	0,3443	0,3476	0,3508	0,3541	0,3574	0,3607	0,3640	70
20	0,3640	0,3673	0,3706	0,3739	0,3772	0,3805	0,3839	69
21	0,3839	0,3872	0,3906	0,3939	0,3973	0,4006	0,4040	68
22	0,4040	0,4074	0,4108	0,4142	0,4176	0,4210	0,4245	67
23	0,4245	0,4279	0,4314	0,4348	0,4383	0,4417	0,4452	66
24	0,4452	0,4487	0,4522	0,4557	0,4592	0,4628	0,4663	65
25	0,4663	0,4699	0,4734	0,4770	0,4806	0,4841	0,4877	64
26	0,4877	0,4913	0,4950	0,4986	0,5022	0,5059	0,5095	63
27	0,5095	0,5132	0,5169	0,5206	0,5243	0,5280	0,5317	62
28	0,5317	0,5354	0,5392	0,5430	0,5467	0,5505	0,5543	61
29	0,5543	0,5581	0,5619	0,5658	0,5696	0,5735	0,5774	60
30	0,5774	0,5812	0,5851	0,5890	0,5930	0,5969	0,6009	59
31	0,6009	0,6048	0,6088	0,6128	0,6168	0,6208	0,6249	58
32	0,6249	0,6289	0,6330	0,6371	0,6412	0,6453	0,6494	57
33	0,6494	0,6536	0,6577	0,6619	0,6661	0,6703	0,6745	56
34	0,6745	0,6787	0,6830	0,6873	0,6916	0,6959	0,7002	55
35	0,7002	0,7046	0,7089	0,7133	0,7177	0,7221	0,7265	54
36	0,7265	0,7310	0,7355	0,7400	0,7445	0,7490	0,7536	53
37	0,7536	0,7581	0,7627	0,7673	0,7720	0,7766	0,7813	52
38	0,7813	0,7860	0,7907	0,7954	0,8002	0,8050	0,8098	51
39	0,8098	0,8146	0,8195	0,8243	0,8292	0,8342	0,8391	50
40	0,8391	0,8441	0,8491	0,8541	0,8591	0,8642	0,8693	49
41	0,8693	0,8744	0,8796	0,8847	0,8899	0,8952	0,9004	48
42	0,9004	0,9057	0,9110	0,9163	0,9217	0,9271	0,9325	47
43	0,9325	0,9380	0,9435	0,9490	0,9545	0,9601	0,9657	46
44	0,9657	0,9713	0,9770	0,9827	0,9884	0,9942	1,0000	45
	60'	50'	40'	30'	20'	10'	0'	Grad / Min.
	Cotangens 45° … 90°							

Grad \ Min.	Tangens 45° … 90° 0'	10'	20'	30'	40'	50'	60'	Grad
45	1,0000	1,0058	1,0117	1,0176	1,0235	1,0295	1,0355	44
46	1,0355	1,0416	1,0477	1,0538	1,0599	1,0661	1,0724	43
47	1,0724	1,0786	1,0850	1,0913	1,0977	1,1041	1,1106	42
48	1,1106	1,1171	1,1237	1,1303	1,1369	1,1436	1,1504	41
49	1,1504	1,1571	1,1640	1,1708	1,1778	1,1847	1,1918	40
50	1,1918	1,1988	1,2059	1,2131	1,2203	1,2276	1,2349	39
51	1,2349	1,2423	1,2497	1,2572	1,2647	1,2723	1,2799	38
52	1,2799	1,2876	1,2954	1,3032	1,3111	1,3190	1,3270	37
53	1,3270	1,3351	1,3432	1,3514	1,3597	1,3680	1,3764	36
54	1,3764	1,3848	1,3934	1,4019	1,4106	1,4193	1,4281	35
55	1,4281	1,4370	1,4460	1,4550	1,4641	1,4733	1,4826	34
56	1,4826	1,4919	1,5013	1,5108	1,5204	1,5301	1,5399	33
57	1,5399	1,5497	1,5597	1,5696	1,5798	1,5900	1,6003	32
58	1,6003	1,6107	1,6213	1,6318	1,6426	1,6534	1,6643	31
59	1,6643	1,6753	1,6864	1,6977	1,7090	1,7205	1,7321	30
60	1,7321	1,7438	1,7556	1,7675	1,7796	1,7917	1,8041	29
61	1,8041	1,8165	1,8291	1,8418	1,8546	1,8676	1,8807	28
62	1,8807	0,8940	1,9074	1,9210	1,9347	1,9486	1,9626	27
63	1,9626	1,9768	1,9912	2,0057	2,0204	2,0353	2,0503	26
64	2,0503	2,0655	2,0809	2,0965	2,1123	2,1283	2,1445	25
65	2,1445	2,1609	2,1775	2,1943	2,2113	2,2286	2,2460	24
66	2,2460	2,2637	2,2817	2,2998	2,3183	2,3369	2,3558	23
67	2,3559	2,3750	2,3945	2,4142	2,4342	2,4545	2,4751	22
68	2,4751	2,4960	2,5172	2,5387	2,5605	2,5826	2,6051	21
69	2,6051	2,6279	2,6511	2,6746	2,6985	2,7228	2,7475	20
70	2,7475	2,7725	2,7980	2,8239	2,8502	2,8770	2,9042	19
71	2,9042	2,9319	2,9600	2,9887	3,0178	3,0475	3,0777	18
72	3,0777	3,1084	3,1397	3,1716	3,2041	3,2371	3,2709	17
73	3,2709	3,3052	3,3402	3,3759	3,4124	3,4495	3,4874	16
74	3,4874	3,5261	3,5656	3,6059	3,6470	3,6891	3,7321	15
75	3,7321	3,7760	3,8208	3,8667	3,9136	3,9617	4,0108	14
76	4,0108	4,0611	4,1126	4,1653	4,2193	4,2747	4,3315	13
77	4,3315	4,3897	4,4494	4,5107	4,5736	4,6383	4,7046	12
78	4,7046	4,7729	4,8430	4,9152	4,9894	5,0658	5,1446	11
79	5,1446	5,2257	5,3093	5,3955	5,4845	5,5764	5,6713	10
80	5,6713	5,7694	5,8708	5,9758	6,0844	6,1970	6,3138	9
81	6,3138	6,4348	6,5605	6,6912	6,8269	6,9682	7,1154	8
82	7,1154	7,2687	7,4287	7,5958	7,7704	7,9530	8,1444	7
83	8,1444	8,3450	8,5556	8,7769	9,0098	9,2553	9,5144	6
84	9,5144	9,7882	10,0780	10,3854	10,7019	11,0594	11,4301	5
85	11,4301	11,8262	12,2505	12,7062	13,1969	13,7267	14,3007	4
86	14,3007	14,9244	15,6048	16,3499	17,1693	18,0750	19,0811	3
87	19,0811	20,2056	21,4704	22,9038	24,5418	26,4316	28,6363	2
88	28,6363	31,2416	34,3678	38,1885	42,9641	49,1039	57,2900	1
89	57,2900	68,7501	85,9398	114,5887	171,885	343,774		0
	60'	50'	40'	30'	20'	10'	0'	Grad / Min.
	Cotangens 0° … 45°							

Stichwortverzeichnis

A

B

C

D

E

F

G

H

I

J

K

L

M

N

O

P

Q

R

Bildquellverzeichnis:

|Di Gaspare, Michele (Bild und Technik Agentur für technische Grafik und Visualisierung), Bergheim: 38.1, 38.2, 38.3, 39.3, 49.1, 50.1, 55.1, 57.1, 63.2, 64.6, 66.1, 67.1, 67.3, 67.4, 68.2, 68.5, 69.1, 70.1, 74.1, 74.2, 74.3, 76.1, 76.2, 76.3, 77.1, 77.2, 77.3, 79.1, 79.2, 91.1, 92.4, 93.1, 93.2, 96.1, 101.2, 101.3, 105.4, 106.2, 106.4, 115.6, 118.1, 118.5, 119.2, 120.2, 121.3, 121.5, 122.1, 122.4, 123.1, 127.1, 127.8, 128.1, 134.2, 137.1, 138.1, 138.2, 138.3, 138.4, 138.5, 139.2, 139.3, 140.2, 147.1, 156.1, 156.2, 156.3, 158.2, 159.2, 161.2, 168.1, 168.2, 168.3, 168.4, 174.1, 175.1, 179.1, 182.1, 182.2, 183.1, 183.2, 184.1, 187.1, 189.3, 191.2, 195.2, 196.2, 205.1, 206.2, 211.3, 218.1, 219.2, 220.1, 233.1, 233.2. |Pagina Media, Laudenbach: 11.1, 15.1, 16.1, 16.2, 17.1, 18.1, 19.1, 19.2, 19.3, 19.4, 19.5, 26.1, 27.1, 27.2, 27.3, 34.1, 34.2, 34.3, 39.1, 39.2, 40.1, 40.2, 40.3, 40.4, 40.5, 40.6, 40.7, 43.1, 43.2, 47.1, 47.2, 50.2, 50.3, 51.1, 51.2, 51.3, 52.1, 52.2, 53.1, 53.2, 53.3, 54.1, 54.2, 54.3, 55.2, 58.1, 58.2, 58.3, 59.1, 59.2, 59.3, 60.1, 60.2, 63.1, 64.1, 64.2, 64.3, 64.4, 64.5, 64.7, 64.8, 64.9, 65.1, 65.2, 65.3, 66.2, 67.2, 67.5, 68.1, 68.3, 68.4, 69.2, 69.3, 70.2, 71.1, 71.2, 71.3, 71.4, 71.5, 71.6, 71.7, 71.8, 71.9, 71.10, 71.11, 71.12, 72.1, 72.2, 72.3, 72.4, 73.1, 73.2, 73.3, 73.4, 73.5, 73.6, 77.4, 78.1, 78.2, 78.3, 80.1, 80.2, 80.3, 80.4, 80.5, 81.1, 81.2, 81.3, 81.4, 81.5, 81.6, 81.7, 81.8, 81.9, 82.1, 82.2, 82.3, 82.4, 83.1, 85.1, 88.1, 88.2, 88.3, 89.1, 89.2, 89.3, 89.4, 89.5, 91.2, 92.1, 92.2, 92.3, 92.5, 92.6, 93.3, 94.1, 95.1, 95.2, 95.3, 95.4, 95.5, 96.2, 96.3, 96.4, 96.5, 96.6, 97.1, 98.1, 98.2, 99.1, 99.2, 99.3, 99.4, 100.1, 100.2, 100.3, 101.1, 104.1, 104.2, 104.3, 105.1, 105.2, 105.3, 105.5, 105.6, 105.7, 106.1, 106.3, 106.5, 107.1, 107.2, 107.3, 107.4, 108.1, 109.1, 109.2, 109.3, 110.1, 110.2, 111.1, 111.2, 111.3, 111.4, 111.5, 112.1, 112.2, 112.3, 112.4, 112.5, 112.6, 112.7, 112.8, 112.9, 113.1, 113.2, 113.3, 114.1, 114.2, 114.3, 114.4, 114.5, 115.1, 115.2, 115.3, 115.4, 115.5, 115.7, 115.8, 115.9, 116.1, 116.2, 116.3, 116.4, 117.1, 118.2, 118.3, 118.4, 119.1, 119.3, 119.4, 119.5, 119.6, 119.7, 120.1, 121.1, 121.2, 121.4, 122.2, 122.3, 122.5, 122.6, 122.7, 122.8, 122.9, 122.10, 123.2, 123.3, 123.4, 123.5, 123.6, 124.1, 124.2, 124.3, 125.1, 125.2, 126.1, 126.2, 126.3, 127.2, 127.3, 127.4, 127.5, 127.6, 127.7, 127.9, 129.1, 129.2, 129.3, 130.1, 130.2, 130.3, 130.4, 130.5, 130.6, 130.7, 131.1, 131.2, 132.1, 132.2, 134.1, 135.1, 135.2, 135.3, 135.4, 135.5, 136.1, 136.2, 136.3, 136.4, 136.5, 137.2, 137.3, 139.1, 140.1, 140.3, 140.4, 140.5, 141.1, 141.2, 142.1, 142.2, 143.1, 143.2, 143.3, 143.4, 144.1, 145.1, 146.1, 149.1, 149.2, 149.3, 153.1, 153.2, 156.4, 157.1, 157.2, 157.3, 158.1, 158.3, 158.4, 159.1, 159.3, 159.4, 159.5, 159.6, 160.1, 160.2, 160.3, 161.1, 162.1, 162.2, 164.1, 164.2, 164.3, 165.1, 165.2, 166.1, 167.1, 167.2, 167.3, 170.1, 170.2, 170.3, 170.4, 171.1, 173.1, 173.2, 173.3, 175.2, 177.1, 177.2, 180.1, 185.1, 185.2, 185.3, 185.4, 186.1, 188.1, 188.2, 189.1, 189.2, 190.1, 191.1, 194.1, 194.2, 195.1, 196.1, 198.1, 198.2, 198.3, 199.1, 199.2, 201.1, 201.2, 202.1, 206.1, 206.3, 206.4, 208.1, 208.2, 208.3, 208.4, 208.5, 208.6, 208.7, 208.8, 208.9, 210.1, 210.2, 210.3, 210.4, 210.5, 210.6, 211.1, 211.2, 211.4, 211.5, 217.1, 217.2, 218.2, 219.1, 219.3, 219.4, 219.5, 220.2, 220.3, 220.4, 220.5, 220.6, 222.1, 223.1, 224.1, 224.2, 224.3, 225.1, 225.2, 225.3, 226.1, 226.2, 237.1, 239.1, 240.1, 243.1, 244.1. |stock.adobe.com, Dublin: deagreez 1.1; Fornasar, Giulio Titel, Titel, Titel; nsdpower 1.2; silke Titel, Titel.